南京航空航天大学研究生教育教学改革专项（优质教学资源建设）项目资助

计算机视觉三维测量与建模

李明磊 著

電子工業出版社
Publishing House of Electronics Industry
北京·BEIJING

内 容 简 介

基于计算机视觉的三维空间数据获取和处理技术正处在一个蓬勃发展的时期，相关的三维测量与建模的研究成果被广泛地应用于各个行业领域中。与数字图像处理技术相比，计算机视觉三维测量与建模技术更关注观测场景的空间几何结构信息和传感器载体的位置姿态信息。它利用射影几何、线性代数和数值优化等理论，从二维影像数据中恢复重建出三维空间结构信息和传感器的位置姿态数据，使观测者能够获得目标对象的三维物理尺寸数据以及摄像机等传感器的位置姿态关系。此外，三维点云的数据形式近年来受到越来越多的关注，许多应用问题的解决方法都从二维影像处理过渡到三维点云处理。本书介绍摄像机成像的基本数学模型，分析摄像机的标定原理、影像的特征提取与匹配算法、由运动恢复结构的理论和流程，以及由立体视觉重建稠密三维点云的方法。此外，本书进一步延伸到图形学几何建模的相关知识，介绍三维点云的空间滤波理论和表面网格化的建模方法。书中包含著者多年的学习和实践积累，可以为读者提供计算机视觉相关的三维数据获取与处理的理论和技术参考。

本书既可以作为高等院校计算机视觉、摄影测量与遥感和电子信息工程等相关专业的研究生或高年级本科生的参考教材，又可以作为针对三维数据处理进行研究的学者和科研人员的参考书，同时可供工业从业者和决策者参考阅读。

图书在版编目（CIP）数据

计算机视觉三维测量与建模 / 李明磊著. —北京：电子工业出版社，2022.12
ISBN 978-7-121-44671-9

Ⅰ. ①计… Ⅱ. ①李… Ⅲ. ①计算机视觉－高等学校－教材 Ⅳ. ①TP302.7

中国版本图书馆 CIP 数据核字（2022）第 236516 号

责任编辑：王晓庆
印　　刷：北京虎彩文化传播有限公司
装　　订：北京虎彩文化传播有限公司
出版发行：电子工业出版社
　　　　　北京市海淀区万寿路 173 信箱　邮编：100036
开　　本：787×1092　1/16　印张：16　　字数：410 千字
版　　次：2022 年 12 月第 1 版
印　　次：2023 年 11 月第 4 次印刷
定　　价：69.00 元

凡所购买电子工业出版社图书有缺损问题，请向购买书店调换。若书店售缺，请与本社发行部联系，联系及邮购电话：（010）88254888，88258888。

质量投诉请发邮件至 zlts@phei.com.cn，盗版侵权举报请发邮件至 dbqq@phei.com.cn。

本书咨询联系方式：（010）88254113，wangxq@phei.com.cn。

前 言

三维空间信息数据的获取与处理技术在进入 21 世纪以后得到了长足的发展，并展示出了巨大的应用潜力。它与计算机视觉、计算机图形学、工业制造、机器人视觉导航定位、测绘遥感、生态环保、游戏影音和生物医学等学科领域密切相关。在现实中，三维重建技术有着丰富多样的应用场景，复杂场景的实时建模和可视化渲染技术仍处在一个方兴未艾的发展阶段。本书介绍的空间数据主要包含观测场景和探测目标的空间位置数据、几何结构数据和运动姿态数据等，这些数据用点、线和面等几何图形基元，以及附着于这些基元的属性信息，来表达现实世界的空间现象。

快速有效地从物体和场景中捕捉重建数字化的三维信息是一项研究热点和难点，其中，工业视觉检测是计算机视觉与精密测量结合的技术，其研究和应用始于 20 世纪六七十年代，其作为机器视觉的重要部分，成功解决了实际应用中现场测量的问题。如今，三维空间信息的应用更加广泛，计算机图形学、虚拟现实技术和通信技术对三维信息的要求越来越高，这项工作的重要性又上了一个新的台阶。因此，不仅要对少数点进行高精度测量，而且要测量连续完整的场景和物体的外表面几何形状。现有的三维测量系统通常是围绕专门的硬件搭建的（比如激光扫描仪或立体相机），这导致了这些系统的成本很高。然而很多新应用要求使用低成本的稳健采集系统，这就刺激了使用摄像机来采集数据，恢复重建三维数据模型。

本书将尝试为以下问题提供答案，即如何从影像中获取三维空间信息，以及如何计算恢复传感器的位置姿态参数，为此用户需要事先知道哪些概念和方法。编写本书的目的之一是把计算机视觉中与三维空间数据重建相关的理论和方法结合起来，使实际项目的设计者和开发者能够理解算法中的数学原理，可以自信地解决各种问题。本书的潜在读者应该对数学原理的一般知识有所了解，尤其是高等数学、线性代数和概率论等。

尽管作者在撰写本书时试图保持连贯的思想，由一个章节导出下一个章节，但是在具体情况下，这是难以实现的。例如，光束法平差是摄像机标定和三维重建模型整体优化的重要内容，在介绍这些内容时难免将其分开到不同的章节中。同样，特征提取和匹配技术在对极几何、双目影像密集匹配和三维点云分割等模块中都有提及和使用，本书在组织这些内容时也进行了相应的拆分介绍，影像的像素点运算和匹配对应问题也分散在各个章节之中。因此，在阅读本书时，建议的方法是先通篇浏览，对各个知识点以及相互之间的关联有整体的了解，然后具体到每一章中对基本理论推导进行更深入的阅读，同时读者必须在章节之间移动阅读，达到了解相关主题概念的目的。

本书对计算机视觉中的三维空间数据处理的理论和算法进行介绍，并结合具体的应用案例分析了各种算法的性质。每一章都提供了算法基础原理和相应的技术发展，描述了特定算法系统中的步骤和对应的评价机制。

第 1 章，首先介绍了数字影像的基本概念，以及射影几何和透视投影成像过程等基础知识。这些基础知识在数字影像处理和计算机图形学等中都是必不可少的内容。本书仍然再一次对其展开进行介绍，这是因为要了解后续章节的知识，必须要对这部分基础内容有深刻的理解和认识。

第 2 章，介绍了摄像机标定的原理和方法，摄像机的标定参数对基于影像的三维重建技术而言是至关重要的。标定本身需要的理论和技术方法融汇了特征匹配、对极几何恢复、三角测量和光束法平差等诸多知识点。可以简单地说，掌握了标定技术，就掌握了绝大部分基于影像的三维重建理论基础。

第 3 章，主要介绍了一些经典的影像特征提取与匹配技术。特征匹配是一种初级算法，是很多模式识别和几何建模的前提步骤。但是，优良的特征提取和匹配算法需要考虑很多环境因素，需要有技巧性地进行设计，这些设计至今仍是许多先进工业级算法技术的核心秘密。

第 4 章，介绍了由运动恢复结构的理论基础，阐明了由运动恢复结构的基本步骤。掌握本章的内容，读者就具备了探索实现影像三维重建的能力，即从若干序列影像中，用数学方法重建观测场景的三维空间结构。

第 5 章，针对双目立体视觉这个主题进行了讨论，从极线校正、密集匹配、三角测量和光束法平差优化等方面都给出了详细的概念解释，对一些经典算法进行了介绍。双目立体视觉可以作为学习影像三维重建阶段最佳的一个入门方向，因为双目立体视觉有相对成熟的指导资料，而且容易获得可视化的反馈。双目系统容易配置和调试，反复测试练习并积累经验，能够为初学者建立更复杂的三维测量系统提供预备知识。

从第 6 章开始，本书的重点从基于影像的三维重建获得三维点云数据，过渡到了基于三维点云或网格数据的处理。第 6 章到第 8 章，更多的是围绕密集三维重建后的点云数据展开的三维几何数据后处理。

第 6 章，结合多种数学理论，讨论了对三维点云数据进行法向量估计、点云去噪和场景分割的概念与方法，提及了包含模式识别和深度学习等理论在内的一些算法。

第 7 章，更进一步地讨论了点云的三维特征提取与配准方法，目的是实现跨时间、跨空间采集的数据之间的配准和融合，包括从影像或者激光雷达扫描仪获得的多源数据之间的配准理论。有了利用三维重建技术获得的三维点云，结合点云的分割、配准和融合等技术，就已经能够解决相当一部分的现实应用问题，包括机器人的导航避障、医疗康复监护、影视娱乐模型制作和工业测量等。

第 8 章，从点云数据处理再次过渡到表面网格模型数据处理。表面网格模型有着不同于二维影像和三维点云的空间特质，这部分内容与计算机图形学有着更为密切的关系。第 8 章重点介绍了不同的表面网格化建模理论方法，以及三维模型的滤波去噪理论方法。至此，本书实现了对数据采集与处理流程的系统性的介绍，即从数据采集端对三维空间场景进行感知探测，并最终以三维点云或者网格化的三维模型方式呈现给用户的应用终端。

本书内容紧跟时代的发展，并结合最新的学术动态，对影像处理、视觉重建、点云滤波和表面建模处理等内容进行综合介绍。从理论基础、技术实现和应用案例等方面进行阐述。此外，本书具有较强的实用性，不仅对基于视觉的三维重建与数据处理的理论知识进行分析和探讨，还对相关的实践应用进行阐述，尽量避免理论学习的枯燥乏味，努力提高内容的可读性。

最后，感谢我的家人在我撰写本书的过程中给予的支持，为我创造了良好舒心的环境。感谢我的导师前辈、朋友同事和研究生们在工作中给予的关心、鼓励和帮助。在写作过程中，查阅了很多与之相关的资料，吸收了多方学者的研究成果，借鉴了很多同行专家的观点，在此表示感谢！由于计算机视觉三维测量与建模技术如今仍处在日新月异的动态发展过程当中，以及著者水平有限，书中介绍内容的跨度大，难免有疏漏或不妥之处，请广大读者批评指正，著者将在后续工作中不断完善。再次感谢所有予以支持的人们。

目　录

第1章 绪 论

影像数据是一种重要的信息载体，具有信息量丰富和内容直观的优点。一幅二维数字影像可以用一个二维亮度函数表示，函数的值与传感器接收到的来自物理源的能量强度相关。影像处理技术早在 20 世纪初期就已经开始发展，早期的研究内容主要包括画质增强、图像复原、特征提取与匹配、影像融合和目标检测识别等。在最近三十年的时间里，计算机的处理能力和信息技术的发展都出现了显著的突破。作为数字影像处理的延展，更高层次的计算机视觉（Computer Vision）的相关理论和技术迎来了一个崭新的蓬勃发展时期，在学术界和工业界的研究热度持续保持在高位，其中基于影像的三维空间信息获取和处理技术有了前所未有的突破。

三维扫描和测量系统在现实生活中具有非常广泛的应用前景。在测绘遥感领域，影像三维重建系统或三维激光扫描设备通常被用于重建大型结构，如桥梁、道路、地形或建筑物等。对于文物古迹等对象，利用三维重建技术可以获得考古发现的三维模型或进行文物数字化存档。在医学领域，计算机断层扫描设备被用来观察人体内部的三维情形。在养老和医疗康复领域，三维视觉系统能够被用来跟踪和分析人体运动特性，评估人员的康复水平。在影视娱乐领域，三维重建技术被用来快速构建动画数字人物和场景，比如三维体感摄像机增强了游戏中的玩家交互能力。在机器人领域，三维视觉系统被用于感知周围环境，构建三维地图，服务于避障、导航和定位抓取目标等任务。在工业制造领域，三维视觉测量设备可以获得工业产品的整体或者零部件的几何形状，为检验产品的加工精度和分析受力或受热造成的几何形态变化等提供支撑。在各个行业中，诸如此类的三维重建需求正在不断增长，并成为取代或辅助传统测量建模手段的重要途径。

基于影像的三维空间数据重建与处理技术是以影像处理为基础发展起来的，其最早起源和摄影测量（Photogrammetry）技术密切相关。1837 年，J. N. Niépce 和 J. Daguerre 首次发明了可用的成像技术。之后在 1849 年，法国人 A. Laussedat 第一次实现利用影像交会进行地形图编制，他也因此被称为“摄影测量之父”，之后摄影测量技术逐渐在军事和民用测绘领域被推广应用。在 1900 年之前，几乎所有的影像建模技术都是服务于地形制图和测绘工作的。Photogrammetry 一词最早由 A. Meydenbauer 在 1893 提出，Meydenbauer 也是已知最早使用摄影测量技术进行建筑测量的人。1939 年，王之卓先生从德国柏林工业大学获得博士学位，之后回中国传授摄影测量学理论，是中国摄影测量与遥感学科的奠基人。在 20 世纪 80 年代初，D. Marr 概括地提出了计算视觉理论，他解释了一种从二维影像到三维几何结构的重建理论框架，随后相关领域的大量学者不断地丰富和完善了该理论。

数字影像处理离不开计算机，它是指为达到某种预期目的，将影像信号转换成数字信号，并利用计算机对其进行处理的过程。数字影像处理的发展和数字信号处理技术、传感技术、图形技术的发展密切相关。影像的生成方式和应用领域多种多样，本章重点介绍各类影像数据的一些共性概念，并对数据处理中常用的几何基础进行推导。

1.1 数字影像

1.1.1 数字影像概念

物理世界的物体针对不同频段的电磁波具有不同的辐射、吸收和透射特性。通常数字影像的成像过程是传感器将接收到的辐射、反射或透射的电磁波，从光信号转换为电信号，再转换为数字信号的过程。辐射量是从光源流出能量的总量，通常用瓦特度量。由于传感器的感光元件是众多离散化的单元，由此形成了影像对场景的离散化表达。

影像的亮度函数的形成是对观测场景辐射、反射或透射的连续光信号进行离散化数字采样的过程。该过程包含对场景的连续光信号在空间位置进行采样离散化，同时对离散坐标位置的能量幅值进行量化编码，形成一幅二维形式的影像数据。采样和量化这两个步骤对应了影像的空间分辨率和灰度级分辨率两个概念。

一幅二维影像存储在硬件介质中的核心数据是一个二维数据矩阵，数据矩阵的每个元素被称为像素或像元（Pixel）。每个像素对应在矩阵中的位置具有整数型的行坐标和列坐标。在像平面坐标系下，像素对应位置的坐标可以记作$[x\ y]^{\mathrm{T}}$。每个像素记录了采样量化得到的光信号强度值，称为强度或亮度（Intensity）。因此，一幅影像可以表达为一个二维的离散函数$I = f(x, y)$。

像素是影像的基本元素，下面以常见的电荷耦合元器件（Charge-Coupled Devices，CCD）感光传感器组成的成像平面为例。CCD 是一种半导体器件，能够把光信号转换为电信号，通过阵列式的排列，获得对连续场景的光场的离散化采样，形成数字影像。这些排列整齐的微小光敏物质构成了像素集合。假如一个最小感光单元的物理尺寸为 6μm，则一个像素的物理尺寸也计为 6μm，像素的物理尺寸设计受到设备尺寸、加工工艺和原材料感光度等因素的影响。

一幅影像所记录的观测场景的尺寸与观测距离和视场角有关。以影像宽度为例，一个像素所能显示的物理对象尺寸可以从几纳米到几千米变化，这称为空间分辨率，如透射电子显微镜的分辨率为 0.2nm，而遥感卫星的影像分辨率通常在米级甚至几十米。为了在像素的基础之上表达更详尽的细节信息，有些算法通过数值模拟处理，可以采样获得“亚像素”级别的表达。比如一张 1024 像素×1024 像素的影像选择了二分之一的亚像素精度之后，就等于创建了一张 2048 像素×2048 像素的离散点阵，进而对该点阵进行亮度插值。

另一种常见的对影像分辨率的定义是每英寸影像含有多少个点或像素，即 ppi（pixel per inch）。影像分辨率越高，画面细节越丰富，单位面积的像素数量越多，画面越细腻。分辨率越高，影像细节越清晰，但产生的影像文件尺寸越大，同时处理的时间也越长，对设备的要求也越高。所以在制作影像时，要根据需要合理地选择分辨率。打印机分辨率又称为输出分辨率，是指打印机输出影像时每英寸的点数（dot per inch，dpi）。在像素值总数不变的情况下，将影像分辨率调高，则影像实际打印尺寸变小。打印机分辨率决定了输出影像的质量，打印机分辨率高，可以减少打印的锯齿边缘，在灰度的半色调表现上也会较为平滑。打印机的分辨率可达到 300dpi 以上，甚至 720dpi，此时需要使用特殊纸张，而较老机型的激光打印机的分辨率通常为 300～360dpi。随着超微细碳粉技术的成熟，新型激光打印机的分辨率可达到 600～1200dpi，作为专业排版输出已经绰绰有余了。人的视觉系统能够区分细节的最大分辨率是 300dpi，超过这个分辨率，人眼是很难直观地看出差别的。当然每个人对于清晰度的要求是不一样的，一般来说，能达到 200dpi 就能让大部分人满意，所以 200 万像素的图像冲印成 6 寸的照片，在大部分人看来还是很清晰的。

1.1.2　常见的影像类型

数字影像可以来自多种信息源，可以是可见光影像，也可以是不可见波谱的影像（如 X 射线影像、γ射线影像、超声波影像或红外影像等）。从影像反映的客观实体尺度看，可以小到电子显微镜影像，大到航空照片和遥感影像，甚至天文望远镜影像。这些来自不同信息源的影像只要被变换为数字编码形式，就可用二维数组表示的单图层或多图层影像组合而成，并且均可用计算机来处理。

常见的彩色影像的每个像素位置记录了红、绿、蓝三个颜色图层的亮度值，通过三个值的组合来表达彩色信息。此时矩阵的每个像素实际对应一个包含三个亮度参量的向量 $[R\ G\ B]^{\mathrm{T}}$。可见光覆盖电磁波谱波长为 380～760nm，用来描述彩色光源质量的三个常用的基本量是辐射量、光强和亮度。光强用流明度量，它给出了观察者从光源接收的能量总和的度量。亮度是一个主观描绘子，它实际上是不可度量的，是经过主观量化设置的参数范围与度量细度。

灰度影像指的是影像只有一个颜色亮度图层，此时每个像素仅包含一个亮度值。每个图层的每个元素可以取值的范围和亮度分辨率直接相关。计算机采用二进制设计原理，最常采用一字节（Byte）来记录一个亮度值。一字节包含 8 比特（bit），因此灰度级分辨率有 256 种取值，对应亮度值的取值区间为[0, 255]，这个取值就是颜色的灰度级分辨率。

二值影像是灰度影像的一个特例，二值影像的灰度级仅包含 0 和 1 两个值。二值影像常被应用于分割、分类或掩模处理中，因为二进制取值可以用来代表阳性（Positive）和阴性（Negative）两种判断。

深度图影像是在计算机视觉和摄影测量中常见的一种空间数据表达方式。深度图影像的像素记录的数值是从视点到观测场景的表面的深度信息，对应了一个 Z 值（深度值）。这里的 Z 值是以一种广泛采用的影像坐标系中的垂直于像平面方向的距离值，因此深度图的灰度级分辨率更加灵活多变，其取值可以是任意的浮点值。由于深度图记录的并非是颜色强度信息，而是与距离有关的空间位置信息，因此它也可以反映为一种 2.5 维度的数据。

多光谱影像的每个像素包含在多个电磁频谱带内的采集到的能量信息，每个频带信息都是一幅灰度影像。每个像素的频谱亮度都可以组成一个亮度矢量，这个矢量是利用多光谱影像进行地物分类解析的重要基础特征。普通的彩色影像包含红、绿、蓝三个色带的频谱亮度，因此可以说彩色影像是多光谱影像的一个特例。多光谱影像的每个光谱通道影像都是一个灰度影像，可以从中选择 3 个谱段的影像并分别赋予红、绿、蓝三色的色度信息，从而形成一幅伪彩色影像。比如美国从 20 世纪 70 年代开始发射系列化的陆地卫星 Landsat，早期搭载了多光谱扫描仪（Multispectral Scanner System，MSS），之后又搭载了专题制图仪（Thematic Mapper，TM），到后来在 1999 年发射的 Landsat-7 卫星上搭载了增强型专题制图仪（Enhanced Thematic Mapper plus，ETM+）。ETM+被动地接收来自地表反射的太阳辐射和散射的热辐射，它有 8 个波段的传感器，覆盖了从红外线到可见光的不同波长范围。我国也有相似的高分系列遥感卫星，截至 2020 年 10 月，我国高分系列已经从高分一号发展到高分十三号。高分系列卫星的传感器涵盖了多光谱、高光谱摄像机和微波传感器等，构建了一个具有高空间分辨率和高光谱分辨率能力的对地观测系统。

伪彩色影像是一种更加灵活的自定义彩色影像。它根据颜色查找表或颜色映射函数将像素元数据中的记录值v映射到一种颜色值$[R\ G\ B]^{\mathrm{T}}$，由单通道的数值计算出三通道的影像，实现对温度、距离、湿度、降水量等信息的彩色可视化。热成像的显示是一种常见的伪彩色影像用例，通常红外摄像机仅具有一个光谱带并且以伪彩色显示其灰度影像。在高光谱遥感影像处理中，影像具有多个光谱带，即有多幅通道图层的亮度影像。从中选出三个通道，并分别赋值给 RGB 三种颜色通道，就可以获得一种可视化的伪彩色影像。显而易见，使用不同的排列组合选择三个通道，能够获得不同的伪彩色影像。各种影像类型的示意如图 1.1 所示。

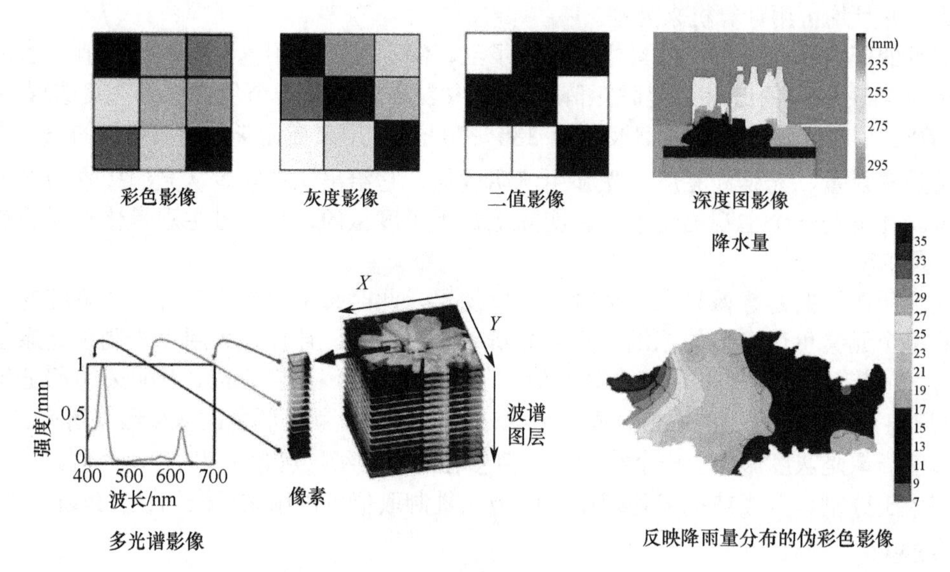

图 1.1　各种影像类型的示意

1.1.3　空间域和频率域处理

经典的数字影像处理的方法种类繁多，这些方法根据不同的分类标准，可以得到不同的分类结果。根据算法的作用域不同，可以将其分为空间域方法和变换域（如频率域）方法。

空间域影像处理方法是指在影像的二维像素平面空间域内，直接对影像进行处理。空间域影像处理方法主要分为两大类，即点处理法和邻域处理法。

点处理法直接对影像的独立像素点进行灰度值变换处理。第一类点处理法通过灰度级变换函数（如对数变换、伽马变换或分段线性函数等）完成图像灰度级的扩展或压缩，达到改善图像主观视觉效果的目的。另外有专门基于直方图的影像处理方法，直方图均衡化方法通过调整影像的灰度级分布，使得亮度值在整个灰度级范围上分布更加均衡，提高了影像的对比度。简单来说，影像直方图就是对亮度分布的像素个数进行统计的一种方法，可以认为是一幅影像的亮度值的概率密度函数。对比度较低的图像适合使用直方图均衡化方法来增强图像细节。

邻域处理法使用窗口模板对影像进行卷积计算，对某一像素点的操作与该点周围的其他点相关。窗口模板形式的空间域滤波处理充分考虑像素邻域像素点对中心点的影响，卷积核包括高斯算子、拉普拉斯算子（Laplacian Operator）和坎尼（Canny）边缘检测算子等，可以实现图像平滑、锐化、去噪和提取边缘等。本书的 3.2 节对这部分算法内容做进一步的介绍。

与空间域处理方法的思路不同，在变换域中的影像处理方法需要通过各种影像变换方法将影像从空间域转换到变换域（如频率域），得到变换域系数阵列。然后，在变换域中对影像进行处理，处理完成后再将影像从变换域进行反变换到空间域，得到最后的结果影像。变换域影像处理方法所使用的影像变换主要有傅里叶变换、离散余弦变换、沃尔什变换、哈达玛变换、小波变换和轮廓波变换等。这部分知识在数字图像处理的论著中有详细介绍，读者可以参考数字图像处理的相关文献进行了解。

1.2　射影几何学基础

射影几何（Projective Geometry）具有数学形式简单的特性，它在许多光学成像系统的研究中被使用。射影几何是研究图形的射影性质，即它们经过射影变换后，依然保持不变的图形性质的几何学分支学科。几何元素在射影层、仿射层、度量层和欧几里得层中的成层问题是学习视觉三维重建的一项重要的基础内容。

射影几何的起源可以回溯到欧洲文艺复兴时期，伴随着透视绘画的兴起，人们对数学透视法展开了探索研究。在 19 世纪时，德国数学家施陶特的研究将射影几何学的概念脱离了长度度量，逐渐揭示了射影几何和欧氏几何的关联与区别。在逻辑上，射影几何要先于欧氏几何，射影几何是更为基本的一种概念。学者们利用综合法研究射影几何，取得了令人瞩目的丰硕成果，并促使射影几何发展为一门独立的学科。

1.2.1　射影几何意义

射影几何学也叫投影几何学，在经典几何学中，射影几何处于一个特殊的地位，通过它可以把其他一些几何学联系起来。在射影几何学中，把无穷远点视为“理想点”。欧氏直线再加上一个无穷点就是射影几何中的直线，如果一个平面内的两条直线平行，那么这两条直线就交于这两条直线共有的无穷远点。使用射影几何进行数学表达的优点包括：

（1）提供了一个统一的框架来表示几何图元，如点、线和平面；

（2）可以在无穷远处以直接的方式操作点、线和平面；

（3）为许多几何操作（如构造、交集和变换）提供了线性表示方式。

使用射影几何可以为估计变换参数提供一个线性框架。在使用未标定的摄像机进行三维重建时，射影几何的方法通常被用于获取影像定向参数的近似值。

1.2.2　射影变换

通常，n 维射影空间中的点 $\boldsymbol{x}$ 的坐标用一个 $n+1$ 维的向量来表示 $\boldsymbol{x}=[x_1 \ \cdots \ x_{n+1}]^{\mathrm{T}}$ ，这些坐标中至少有一项是非零的，这样的坐标被称为齐次坐标。当点的坐标中的 $x_{n+1}=0$ 时，该点被认为是无穷远处的点。在本书中，点本身和其坐标向量有时会使用相同的符号表示。

如果两个点 $\boldsymbol{x}$ 和 $\boldsymbol{y}$ 的坐标之间只存在唯一的非零尺度变换， $x_i=\lambda y_i$ ，其中 $1 \leqslant i \leqslant n+1$，那么就可以将这两点看作等价类的（尺度不重要），等价类用 $\boldsymbol{x} \sim \boldsymbol{y}$ 表示。

射影变换是射影空间之间的映射关系，它保持了空间中的共线性，即共线点映射之后得到的仍是共线点。一个从 $\mathbb{R}^m$ 空间到 $\mathbb{R}^n$ 空间的射影变换在数学上可以用一个维度为 $(m+1)\times(n+1)$ 的矩阵 $\boldsymbol{H}$ 表示，点之间的变换都是线性变换：$\boldsymbol{x}\to\boldsymbol{x}'\sim\boldsymbol{H}\boldsymbol{x}$。注意带有非零标量 λ 的 $\boldsymbol{H}$ 和 $\lambda\boldsymbol{H}$ 是等价的射影变换。

射影基是在射影几何学中推广的坐标系。n 维射影空间中的射影基是由一组 $n+2$ 个向量组成的集合，其中任意 $n+1$ 个向量都是线性无关的。这里存在一组标准射影基，它的前 $n+1$ 个向量分别是 $\boldsymbol{e}_i=\begin{bmatrix}0 & \cdots & 1 & \cdots & 0\end{bmatrix}^{\mathrm{T}}$，它表示第 i 个基的第 i 个元素是 1；第 $n+2$ 个向量是 $\boldsymbol{e}_{n+2}=\begin{bmatrix}1 & \cdots & 1 & \cdots & 1\end{bmatrix}^{\mathrm{T}}$。$\mathbb{R}^n$ 空间中的任意一个射影点 $\boldsymbol{m}$ 都可以用任意 $n+1$ 个标准射影基中的点的线性组合表示，形如：$\boldsymbol{m}=\sum_{i=1}^{n+1}\lambda_i\boldsymbol{e}_i$。

可以证明，任何射影基都可以通过唯一确定的射影变换变成标准射影基。同样，如果有两组点集 $\{\boldsymbol{m}_1,\cdots,\boldsymbol{m}_{n+2}\}$ 和 $\{\boldsymbol{m}_1',\cdots,\boldsymbol{m}_{n+2}'\}$ 能够分别构成两组射影基，那就存在一个唯一的射影变换，使得 $\boldsymbol{m}_i'\sim\boldsymbol{T}\boldsymbol{m}_i$（$1\leqslant i\leqslant n+2$），这个射影变换 $\boldsymbol{T}$ 就代表射影基之间的变换，特别要注意的是，$\boldsymbol{T}$ 是可逆矩阵。

1.2.3 二维射影空间

射影平面是一个 $\mathbb{R}^2$ 的二维射影空间，在这个射影空间中，点的齐次坐标表示为三维向量 $\boldsymbol{m}=[x\ y\ w]^{\mathrm{T}}$。平面上的直线 $\boldsymbol{l}$ 方程可以表示为 $ax+by+c=0$，所以直线 $\boldsymbol{l}$ 也表示为一个三维向量 $\boldsymbol{l}=[a\ b\ c]^{\mathrm{T}}$。直线 $\boldsymbol{l}$ 和矢量 $[a\ b\ c]^{\mathrm{T}}$ 并非是完全一一对应的，因为任意常数因子 k 可以满足 $kax+kby+kc=0$，而 $[a\ b\ c]^{\mathrm{T}}$ 和 $[ka\ kb\ kc]^{\mathrm{T}}$ 对应的是同一条直线，这种等价关系的矢量被称为齐次矢量，$\boldsymbol{l}=[a\ b\ c]^{\mathrm{T}}$ 是直线 $\boldsymbol{l}$ 的一种齐次表达。

当 $\boldsymbol{l}^{\mathrm{T}}\boldsymbol{m}=0$ 成立时，它表示某点 $\boldsymbol{m}$ 在某线 $\boldsymbol{l}$ 上。这个等式一样可以解释为一条线通过一个点，$\boldsymbol{m}^{\mathrm{T}}\boldsymbol{l}=0$。这种等式两边的对称性证明了在射影空间中的线与点没有本质的区别，这就是所谓的对偶性。当一条线穿过两个点时，可以用这两个点的叉积表示这条线，即 $\boldsymbol{m}_1\times\boldsymbol{m}_2$，也可以写成

$$\boldsymbol{l}\sim[\boldsymbol{m}_1]_\times\boldsymbol{m}_2 \tag{1.1}$$

$$[\boldsymbol{m}_1]_\times=\begin{bmatrix}0 & w_1 & -y_1\\ -w_1 & 0 & x_1\\ y_1 & -x_1 & 0\end{bmatrix} \tag{1.2}$$

根据对偶性，可以得到两条直线相交于一点的公式。所有通过一个特定点的线可以形成一个直线集合，如果直线 $\boldsymbol{l}_1$ 和直线 $\boldsymbol{l}_2$ 是线集中不同的两条线，那么其他所有的线都可以用它们的线性组合表示：$\boldsymbol{l}\sim\lambda_1\boldsymbol{l}_1+\lambda_2\boldsymbol{l}_2$，其中，$\lambda_1$ 和 λ_2 是线性组合的比例因子，而起决定作用的是 λ_1/λ_2。

在二维空间点的齐次坐标 $[x\ y\ w]^{\mathrm{T}}$ 中，当 $w=0$ 时，这些点被称为理想点或无穷远点。$x:y$ 的值指定一个具体的无穷远点，这些无穷远点都在一条无穷远直线上，即 $\boldsymbol{l}_\infty=[0\ 0\ 1]^{\mathrm{T}}$，很容易通过 $\boldsymbol{l}_\infty{}^{\mathrm{T}}[x\ y\ 0]^{\mathrm{T}}=0$ 验证。

1. 射影变换

二维射影变换（也称为二维单应变换）是指二维平面上的单应变换，可以表示为 $\mathbb{R}^2 \to \mathbb{R}'^2$ 。$\mathbb{R}^2 \to \mathbb{R}'^2$ 的单应转换矩阵被称为单应矩阵，用 $\boldsymbol{H}$ 表示。二维射影平面的基由 4 个不共线的点组成，而单应变换可以由 4 组点对应确定，二维单应矩阵 $\boldsymbol{H}$ 为 3×3 矩阵，它有 8 个自由度（减掉一个尺度因子）。在 λ 不为 0 时，$\boldsymbol{H}$ 和 $\lambda\boldsymbol{H}$ 代表的单应矩阵是等价的。在变换前后，几何元素的共点、共线、交叉比、相切、拐点、切线的不连续性都将保持不变。射影平面中的点坐标的转换表达形式为

$$\boldsymbol{m} \to \boldsymbol{m}' \sim \boldsymbol{H}\boldsymbol{m} \tag{1.3}$$

$$\begin{bmatrix} x' \\ y' \\ 1 \end{bmatrix}_{m'} = \lambda \begin{bmatrix} a_{11} & a_{12} & a_{13} \\ a_{21} & a_{22} & a_{23} \\ a_{31} & a_{32} & 1 \end{bmatrix} \begin{bmatrix} x \\ y \\ 1 \end{bmatrix}_{m} \tag{1.4}$$

对于直线变换而言，通过对直线 $\boldsymbol{l}$ 上的点进行变换，然后找到由变换之后的点 $\boldsymbol{m}'$ 确定的直线，就能得到相应变换后的直线 $\boldsymbol{l}'$ 。因为 $\boldsymbol{l}^{\mathrm{T}}\boldsymbol{m}=0$，$\boldsymbol{l}^{\mathrm{T}}(\boldsymbol{H}^{-1}\boldsymbol{H})\boldsymbol{m}=0$ ，而且因为 $\boldsymbol{l}'^{\mathrm{T}}\boldsymbol{m}'=0$ ，$\boldsymbol{l}'^{\mathrm{T}}(\boldsymbol{H}\boldsymbol{m})=0$ ，所以 $\boldsymbol{l}'^{\mathrm{T}}=\boldsymbol{l}^{\mathrm{T}}\boldsymbol{H}^{-1}$ 。因此，可以得到二维射影空间中的直线的变换方程为

$$\boldsymbol{l} \to \boldsymbol{l}' \sim \boldsymbol{H}^{-\mathrm{T}}\boldsymbol{l} \tag{1.5}$$

其中，$\boldsymbol{H}^{-\mathrm{T}}=(\boldsymbol{H}^{-1})^{\mathrm{T}}=(\boldsymbol{H}^{\mathrm{T}})^{-1}$ 。

可以把一个 $\boldsymbol{H}$ 分解为 $\boldsymbol{H}=\boldsymbol{H}_{\mathrm{S}}\cdot\boldsymbol{H}_{\mathrm{A}}\cdot\boldsymbol{H}_{\mathrm{P}}$ ，其中 $\boldsymbol{H}_{\mathrm{S}}$ 为相似变换（由旋转、平移、缩放运算组成，4 自由度），$\boldsymbol{H}_{\mathrm{A}}$ 为仿射变换（增加 2 自由度），$\boldsymbol{H}_{\mathrm{P}}$ 为一种有约束的透视变换（增加 2 自由度）。

$$\boldsymbol{H}=\boldsymbol{H}_{\mathrm{S}}\cdot\boldsymbol{H}_{\mathrm{A}}\cdot\boldsymbol{H}_{\mathrm{P}}=\begin{bmatrix} s\boldsymbol{R} & \boldsymbol{t}/v \\ \boldsymbol{0}^{\mathrm{T}} & 1 \end{bmatrix}\begin{bmatrix} \boldsymbol{K} & \boldsymbol{0} \\ \boldsymbol{0}^{\mathrm{T}} & 1 \end{bmatrix}\begin{bmatrix} \boldsymbol{I} & \boldsymbol{0} \\ \boldsymbol{v}^{\mathrm{T}} & v \end{bmatrix}=\begin{bmatrix} \boldsymbol{A} & \boldsymbol{t} \\ \boldsymbol{v}^{\mathrm{T}} & v \end{bmatrix} \tag{1.6}$$

其中，$\boldsymbol{A}=s\boldsymbol{R}\boldsymbol{K}+\boldsymbol{t}\boldsymbol{v}^{\mathrm{T}}/v$ ，$\boldsymbol{K}$ 是满足 $\det\boldsymbol{K}=1$ 归一化的上三角矩阵。

相似性变换是仿射变换的一个特例，仿射变换又是单应变换的一个特例。

摄像机的成像平面是一个先天的平面，如果观测场景也满足平面的特性，则成像平面和场景平面之间存在着一组单应转换关系。

2. 二次曲线

在平面空间中，二次曲线（Conics）也被称为圆锥曲线，有 3 种类型，分别是双曲线、椭圆和抛物线。这 3 类曲线都是不同方向的平面与三维的圆锥相交产生的截线。如果平面只与圆锥顶点一点相交，则是一种退化了的二次曲线。在非齐次坐标系中，二次曲线的方程是 $ax^2+bxy+cy^2+dx+ey+f=0$ 。对应于一个二阶多项式，利用 $x \to x_1/x_3$ 和 $y \to x_2/x_3$ 进行齐次化表达，得到

$$ax_1^2+bx_1x_2+cx_2^2+dx_1x_3+ex_2x_3+fx_3^2=0$$

写成矩阵的形式为

$$\boldsymbol{x}^{\mathrm{T}}\boldsymbol{C}\boldsymbol{x}=0 \tag{1.7}$$

其中，二次曲线系数矩阵 $\boldsymbol{C}$ 是一个对称矩阵，它的元素为

$$C=\begin{bmatrix} a & b/2 & d/2 \\ b/2 & c & e/2 \\ d/2 & e/2 & f \end{bmatrix} \tag{1.8}$$

$\boldsymbol{C}$ 是二次曲线的齐次表示，非退化的圆锥曲线有 5 个自由度，即由 5 个点定义。任何单应变换 $\boldsymbol{H}$ 都会使圆锥曲线变形并产生一个新的圆锥曲线，即存在 $\boldsymbol{C}' \sim \boldsymbol{H}^{-1}\boldsymbol{C}\boldsymbol{H}^{-\mathrm{T}}$。圆锥曲线在多视立体几何和摄像机标定的研究中是非常有用的。过非退化的圆锥曲线 $\boldsymbol{C}$ 上的点 $\boldsymbol{x}$ 的切线 $\boldsymbol{l}$ 的表示为

$$\boldsymbol{l}=\boldsymbol{C}\boldsymbol{x} \tag{1.9}$$

容易推导出，与圆锥曲线 $\boldsymbol{C}$ 相切的直线 $\boldsymbol{l}$ 的集合都满足 $\boldsymbol{l}^{\mathrm{T}}\boldsymbol{C}^{-1}\boldsymbol{l}=0$。因此，$\boldsymbol{C}^{-1}$ 被称为圆锥曲线 $\boldsymbol{C}$ 的对偶圆锥曲线（Dual Conic）或圆锥曲线包络（Conic Envelop）。

1.2.4 三维射影空间

三维射影空间是一个 $\mathbb{R}^3$ 的射影空间，在这个射影空间中，点的齐次坐标表示为 4 维向量 $\boldsymbol{M}=[X \quad Y \quad Z \quad W]^{\mathrm{T}}$。当 $W=0$ 时，该点为无穷远点。在三维空间中，点的对偶实体是面，相应的面也可以用 4 维的齐次向量表示，即 $\boldsymbol{\Pi}=[a \quad b \quad c \quad d]^{\mathrm{T}}$。$\boldsymbol{M}$ 点位于 $\boldsymbol{\Pi}$ 平面上的充要条件是

$$\boldsymbol{\Pi}^{\mathrm{T}}\boldsymbol{M}=0 \tag{1.10}$$

在这个空间中，一条线可以表示成两个点的线性组合 $\lambda_1\boldsymbol{M}_1+\lambda_2\boldsymbol{M}_2$，也可表现为两个面的相交 $\boldsymbol{\Pi}_1 \cap \boldsymbol{\Pi}_2$。

与二维射影空间上的单应变换类似，在两个不同的三维射影空间中，点和面在 $\mathbb{R}^3$ 与 $\mathbb{R}'^3$ 的转换方程为

$$\boldsymbol{M} \to \boldsymbol{M}' \sim \boldsymbol{T}\boldsymbol{M} \tag{1.11}$$

$$\boldsymbol{\Pi} \to \boldsymbol{\Pi}' \sim \boldsymbol{T}^{-1}\boldsymbol{\Pi} \tag{1.12}$$

其中，$\boldsymbol{T}$ 是一个 4×4 的转换矩阵。

绝对圆锥曲线（Absolute Conic）是在无穷远平面上的一条二次曲线（Conic）。绝对圆锥曲线具有一条重要的特性：对于刚体变换具有不变性。物体只发生平移变换和旋转变换，而形状不变，这类变换称为刚体变换。

设有无穷远平面 $\boldsymbol{\Pi}_\infty$，这个平面在三维空间中处于无穷远处。对于空间中的点 $\boldsymbol{M}=[X \quad Y \quad Z \quad W]^{\mathrm{T}}$，如果这个点在平面 $\boldsymbol{\Pi}_\infty$ 内，则应当满足 $W=0$。在三维空间中，任意一个平面中的所有圆在平面 $\boldsymbol{\Pi}_\infty$ 上的投影都必经过两个点，这两点被称为虚圆点。所有平面上的圆的虚圆点在 $\boldsymbol{\Pi}_\infty$ 上组成了绝对圆锥曲线，通常记为 $\boldsymbol{\Omega}_\infty$。$\boldsymbol{\Omega}_\infty$ 上的点 $\boldsymbol{M}$ 满足：$X^2+Y^2+Z^2=0$，$W=0$。因此可知，$\boldsymbol{M}^{\mathrm{T}}\boldsymbol{M}=0$。绝对圆锥曲线上的点经过刚性坐标转换后点的 $\boldsymbol{M}'$，仍然满足 $\boldsymbol{M}'^{\mathrm{T}}\boldsymbol{M}'=0$，即它对于刚体变换具有不变性。这里的变换不变性是指 $\boldsymbol{\Omega}_\infty$ 上的点集合不变，而不是点位不动。$\boldsymbol{\Omega}_\infty$ 上的点变换后仍位于 $\boldsymbol{\Omega}_\infty$ 上，不会映射出该圆锥曲线。

绝对圆锥曲线 $\boldsymbol{\Omega}_\infty$ 在成像平面上对应的影像被称为绝对圆锥曲线影像（Image of the Absolute Conic，IAC），通常记为 $\boldsymbol{\omega}$。绝对圆锥曲线的成像构成一个虚构曲线，这个虚拟曲

线与摄像机的外参完全无关，而仅仅由摄像机的内参决定。因此，如果找到了 IAC，那就可以求解出摄像机的内参数。这部分内容将在第 2 章中的度量自标定和基于灭点的自标定方法中介绍。

1.2.5 二维仿射变换

二维仿射变换（Affine Transformation）在射影几何变换的基础上增加了一条更严格的平行不变性约束，所有的射影变换性质都符合仿射变换性质。仿射变换是射影变换的一个特例，仿射变换是投影中心在无穷远处，从而使投影射线平行。如果一组线或平面在无穷远处相交，那就称之为平行线或平行面。仿射变换群的一个新增不变量是沿某一方向的长度之比，这是在无穷远处的等价交叉比。仿射变换的作用是保持图形的“平直性”和“平行性”，直线经仿射变换后依然为直线，且直线之间的相对位置关系保持不变，平行线经仿射变换后依然为平行线，且直线上点的位置顺序不会发生变化。

仿射变换是通过一系列原子变换复合实现的，这些原子变换包括：平移、缩放、旋转和错切，如图 1.2 所示。这些原子变换满足线性变换，因此可以组合为一个线性转换矩阵。二维平面空间的仿射变换同样是一个大小为 3×3 的矩阵，记为$\boldsymbol{T}_{\mathrm{A}}$，自由度为 6，如式（1.13）。非共线的三组对应点对能够唯一地确定一组仿射变换参数。$\boldsymbol{T}_{\mathrm{A}}$ 与二维射影平面中的单应矩阵 $\boldsymbol{H}$ 的区别在于仿射变换矩阵第三行的前两位元素 a_{31} 与 a_{32} 等于 0。

$$\boldsymbol{m}' \sim \boldsymbol{T}_{\mathrm{A}}\boldsymbol{m}$$
$$\begin{bmatrix} x' \\ y' \\ 1 \end{bmatrix}_{\boldsymbol{m}'} \sim \begin{bmatrix} a_{11} & a_{12} & b_1 \\ a_{21} & a_{22} & b_2 \\ 0 & 0 & 1 \end{bmatrix} \begin{bmatrix} x \\ y \\ 1 \end{bmatrix}_{\boldsymbol{m}} \tag{1.13}$$

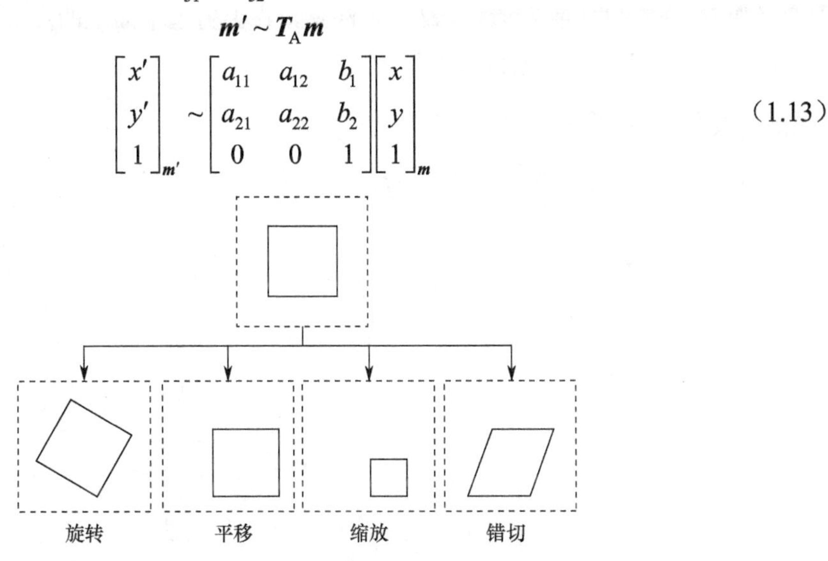

图 1.2 仿射变换通过一系列原子变换复合实现

使用射影变换和仿射变换对理想点进行坐标转换，根据$\boldsymbol{T}_{\mathrm{A}}$和 $\boldsymbol{H}$ 矩阵的形式，可以很容易证明：仿射变换之后，无穷远点仍在无穷远处；射影变换后，无穷远点被映射到有限点。因此，射影变换能对灭点（Vanishing Point，也称为消影点）进行建模。

三维空间中同样存在仿射变换，这里的仿射变换区别于三维射影变换的地方在于定义了一个特殊平面，称为无穷远平面。这个平面一般定义为$\boldsymbol{\Pi}_{\infty}=[0\quad 0\quad 0\quad 1]^{\mathrm{T}}$或$W=0$。三维射影空间可以被视为包含映射下的仿射空间：$A^3 \to \mathbb{R}^3:[X\quad Y\quad Z]^{\mathrm{T}} \to [X\quad Y\quad Z\quad 1]^{\mathrm{T}}$。这

是一个点对点的映射，在三维射影空间中，$W=0$ 的平面可以被视为包含无限远的点 $\|\boldsymbol{M}\|\to\infty$，所以这些点可以表示为

$$\left[\frac{X}{\|\boldsymbol{M}\|}\quad\frac{Y}{\|\boldsymbol{M}\|}\quad\frac{Z}{\|\boldsymbol{M}\|}\quad\frac{1}{\|\boldsymbol{M}\|}\right]^{\mathrm{T}}\sim\left[X_\infty\ Y_\infty\ Z_\infty\ 0\right]^{\mathrm{T}}\tag{1.14}$$

这些点所在的平面因此也叫作无穷远平面 $\boldsymbol{\Pi}_\infty$。

严格来讲，无穷远平面并不属于仿射空间 A^3，它包含的点坐标不能用仿射、度量和欧氏三维空间非齐次坐标表示。一个三维空间中的仿射变换可以按照如下方式表示

$$\begin{bmatrix}X'\\Y'\\Z'\end{bmatrix}=\begin{bmatrix}a_{11}&a_{12}&a_{13}\\a_{21}&a_{22}&a_{23}\\a_{31}&a_{32}&a_{33}\end{bmatrix}\begin{bmatrix}X\\Y\\Z\end{bmatrix}+\begin{bmatrix}a_{14}\\a_{24}\\a_{34}\end{bmatrix}\tag{1.15}$$

其中，$\det(a_{ij})\neq 0$。当使用齐次坐标表达时，可以按照以下形式重写 $\boldsymbol{M}'\sim\boldsymbol{T}_{\mathrm{A}}\boldsymbol{M}$。

$$\boldsymbol{T}_{\mathrm{A}}\sim\begin{bmatrix}a_{11}&a_{12}&a_{13}&a_{14}\\a_{21}&a_{22}&a_{23}&a_{24}\\a_{31}&a_{32}&a_{33}&a_{34}\\0&0&0&1\end{bmatrix}\tag{1.16}$$

三维的仿射变换计算有 12 个独立自由度，也很容易证明，这种变换使无穷远平面保持不变（如 $\boldsymbol{\Pi}_\infty\sim\boldsymbol{T}_{\mathrm{A}}^{-\mathrm{T}}\boldsymbol{\Pi}_\infty$ 或 $\boldsymbol{T}_{\mathrm{A}}^{\mathrm{T}}\boldsymbol{\Pi}_\infty\sim\boldsymbol{\Pi}_\infty$）。注意，在无穷远平面上的点仍然可以在仿射变换下改变，但这些点仍停留在无穷远平面上。

1.2.6 几何元素的分层表达

如图 1.3 所示，在三维空间中，有以下几点。

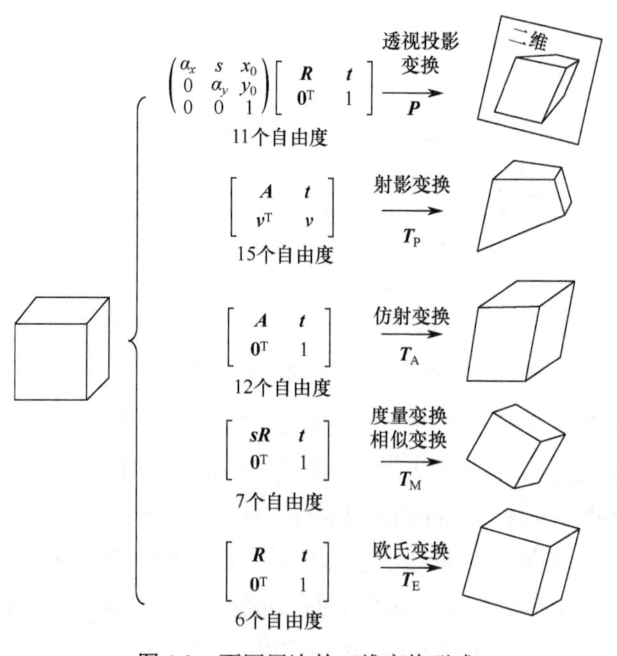

图 1.3 不同层次的三维变换形式

- 欧氏变换的特性是保持欧氏距离不变，它有 3 个旋转角度参数和 3 个平移参数，共 6 个自由度；
- 相似变换在欧氏变换的基础上增加了 1 个各向同性的尺度参数，有 7 个自由度，保持距离的比例不变；
- 仿射变换包含 3 个旋转角度、3 个平移参数、3 个各向异性尺度参数和 3 个错切参数，有 12 个自由度，变换后的平行线依然保持平行，平行线所分割的线段及区域成比例。
- 射影变换（单应变换）在仿射变换的基础增加了 3 个自由度，有 15 个自由度。射影变换使得影像在不同的位置具有不同的尺度变换，变换后保持原有的三点共线特性。

透视投影变换不同于上述变换，它是从三维空间到二维空间的射影变换，有 11 个自由度，可以分解为 5 个自由度的摄像机内参和 6 个自由度的表示摄像机位置姿态的外参。透视投影变换比射影变换缺少的 4 个自由度可以理解为固定了 4 个参数确定一个投影平面。

在基于影像的三维空间信息处理中，求解射影变换中的单应矩阵，具有广泛的应用范围，包括摄像机标定、场景结构重建、摄像机位姿估计和多视图场景的深度估计等。

1.3 欧氏空间坐标转换

1.3.1 二维坐标转换

在欧氏空间中，刚性物体的坐标平移变换是一种刚性变换。将二维空间点 $[x\ y\ 1]^{\mathrm{T}}$ 平移一个矢量移动到 $[x+t_x \quad y+t_y \quad 1]^{\mathrm{T}}$，这个过程不会让物体发生形变。

旋转变换也是刚性变换，旋转变换不会改变结构的角度值，笛卡儿坐标系下旋转操作转换到“对数-极”坐标系下即等效为平移操作，因此被称为相似性变换。

缩放与错切则是两种不同的非刚性变换。

设 $X'-Y'$ 坐标系是原来 $X-Y$ 坐标系正向（右手螺旋）旋转 θ 角度得到的新坐标系，二维欧氏空间中的一个点 q 在两套坐标系下有两个坐标值 $[x_q\ y_q\ 1]^{\mathrm{T}}$ 和 $[x_q'\ y_q'\ 1]^{\mathrm{T}}$。可以通过旋转角直接由原来的坐标计算出新的坐标。如图 1.4 所示，由于坐标轴的旋转和点的矢量旋转是相对运动，因此在推导两个二维坐标转换计算式时可以理解为坐标轴固定，点的矢量 $\overrightarrow{Oq}$ 反方向旋转了 θ 角，点矢量 $\overrightarrow{Oq}$ 与 x 轴的夹角由 β 变为了 $\beta-\theta$。根据三角函数算术，可以得到如下转换公式

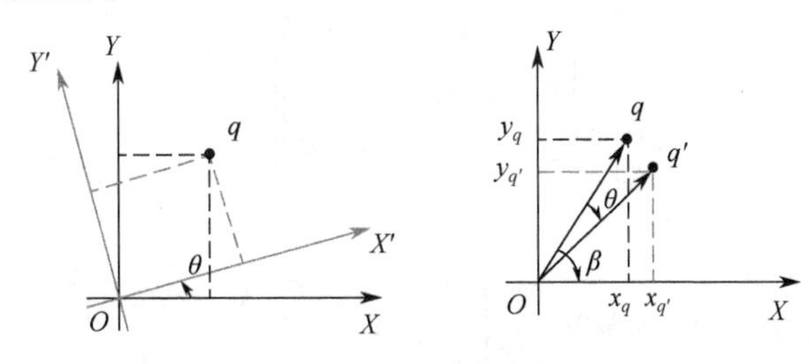

图 1.4 二维坐标转换计算

$$x_q = \overrightarrow{Oq} \cdot \cos\beta \quad \rightarrow \quad \cos\beta = x_q / \overrightarrow{Oq}$$
$$y_q = \overrightarrow{Oq} \cdot \sin\beta \qquad \sin\beta = y_q / \overrightarrow{Oq} \tag{1.17}$$

$$\begin{aligned} x'_q &= \overrightarrow{Oq} \cdot \cos(\beta-\theta) = \overrightarrow{Oq}(\cos\beta\cos\theta + \sin\beta\sin\theta) \\ y'_q &= \overrightarrow{Oq} \cdot \sin(\beta-\theta) = \overrightarrow{Oq}(\sin\beta\cos\theta - \cos\beta\sin\theta) \end{aligned} \tag{1.18}$$

将式（1.17）的 $\cos\beta$ 和 $\sin\beta$ 代入式（1.18）中，得到两套坐标参数的转换方程为

$$\begin{aligned} x'_q &= x_q\cos\theta + y_q\sin\theta \\ y'_q &= -x_q\sin\theta + y_q\cos\theta \end{aligned} \tag{1.19}$$

写出向量的形式形如

$$\begin{bmatrix} x'_q \\ y'_q \\ 1 \end{bmatrix} = \begin{bmatrix} \cos\theta & \sin\theta & 0 \\ -\sin\theta & \cos\theta & 0 \\ 0 & 0 & 1 \end{bmatrix} \begin{bmatrix} x_q \\ y_q \\ 1 \end{bmatrix} \tag{1.20}$$

1.3.2 三维坐标转换

在三维空间中，欧拉角和四元数是很常用的姿态旋转关系的表示方法。下面主要介绍欧拉角的表示方法。三维坐标旋转与二维过程相似，三维欧氏空间里的旋转转换对应了三个坐标轴的转换。如图 1.5 所示，当固定一个轴时，比如以 Z 轴为旋转轴，坐标转换计算公式为

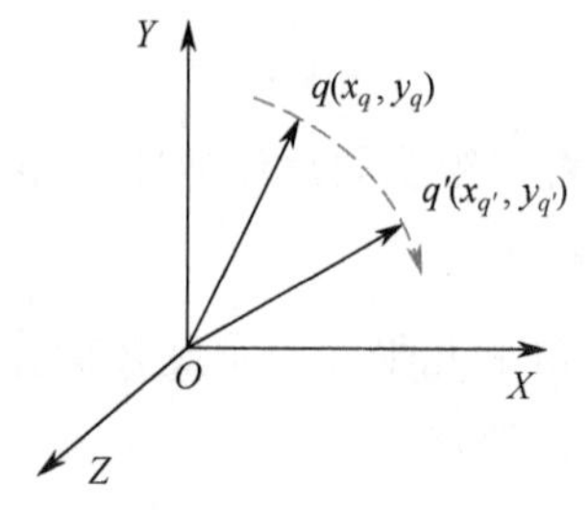

图 1.5 固定旋转轴的坐标转换计算

$$\begin{aligned} x'_q &= x_q\cos\theta + y_q\sin\theta \\ y'_q &= -x_q\sin\theta + y_q\cos\theta \\ z'_q &= z_q \end{aligned} \tag{1.21}$$

写成矩阵形式，有

$$\begin{bmatrix} x'_q \\ y'_q \\ z'_q \end{bmatrix} = \begin{bmatrix} \cos\theta & \sin\theta & 0 \\ -\sin\theta & \cos\theta & 0 \\ 0 & 0 & 1 \end{bmatrix} \begin{bmatrix} x_q \\ y_q \\ z_q \end{bmatrix} \tag{1.22}$$

这种旋转被称为欧拉旋转，是以瑞士数学家莱昂哈德·欧拉（1707—1783 年）的名字命名的。

当依次固定一个轴，并绕固定轴旋转时，可以得到以下关系。

固定 X 轴时，有

$$\begin{bmatrix} x'_q \\ y'_q \\ z'_q \end{bmatrix} = \begin{bmatrix} 1 & 0 & 0 \\ 0 & \cos\theta & \sin\theta \\ 0 & -\sin\theta & \cos\theta \end{bmatrix} \begin{bmatrix} x_q \\ y_q \\ z_q \end{bmatrix} \tag{1.23}$$

固定 Y 轴时，有

$$\begin{aligned} z'_q &= z_q\cos\theta + x_q\sin\theta \\ x'_q &= -z_q\sin\theta + x_q\cos\theta \end{aligned} \rightarrow \begin{bmatrix} x'_q \\ y'_q \\ z'_q \end{bmatrix} = \begin{bmatrix} \cos\theta & 0 & -\sin\theta \\ 0 & 1 & 0 \\ \sin\theta & 0 & \cos\theta \end{bmatrix} \begin{bmatrix} x_q \\ y_q \\ z_q \end{bmatrix} \tag{1.24}$$

上述三种旋转也被称为偏航（绕 Z 轴）$\boldsymbol{R}_{\text{yaw}}$、俯仰（绕 X 轴）$\boldsymbol{R}_{\text{pitch}}$ 和滚动（绕 Y 轴）$\boldsymbol{R}_{\text{roll}}$，如图 1.6 所示。不同的文献资料对于三个旋转的定义有所不同，有时也会采用左手螺旋准则定义正方向，这些情况下的转换矩阵需要单独考虑。

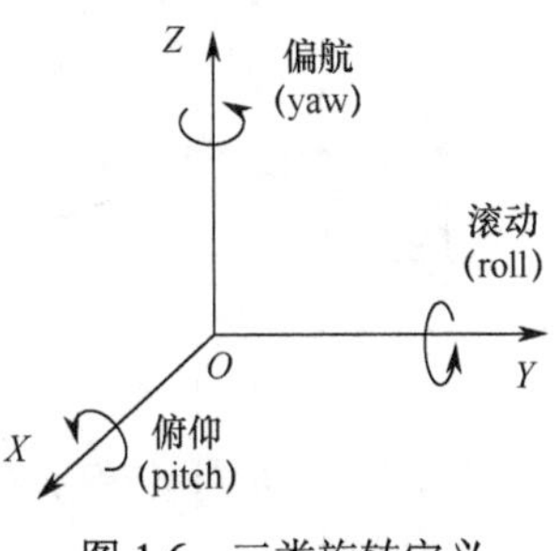

图 1.6　三类旋转定义

欧拉角的定义比较直观，但其很难直接表示出是如何从一姿态转换到另一姿态的。从同一姿态出发，不同的旋转顺序会有最终不同的姿态。另外，用三个旋转角度来表示姿态，姿态的表示具有奇异性，所谓奇异性，是指同一个姿态转换关系存在多个欧拉角的表示。

利用矩阵的形式表示旋转转换运算，可以非常清晰地解释三轴联动的转换过程。一个常见的级联是"滚动-俯仰-偏航"转换，可以用一个矩阵相乘的表达式进行计算，即

$$\boldsymbol{X}' = \boldsymbol{R}_{\text{yaw}}\boldsymbol{R}_{\text{roll}}\boldsymbol{R}_{\text{pitch}}\boldsymbol{X} \tag{1.25}$$

级联过程中的三个单独的旋转矩阵都是正交矩阵，即它们的逆矩阵等于它们的转置矩阵，$\boldsymbol{R}^{\mathrm{T}} = \boldsymbol{R}^{-1}$。需要注意，不同文献对于选择旋转轴的定义有所不同，因此公式会有一些差异，但基本形式是类似的，而且推导的过程也可以相互参考。在摄影测量领域中，坐标系中的 X 轴和 Y 轴的定义符合笛卡儿右手系规则，而 Z 轴与笛卡儿右手系规则相反，在推导时需要单独考虑。

本书中的坐标轴定义统一使用符合"笛卡儿右手系规则"的定义方式。当使用 φ、ω 和 κ 来分别表示俯仰、滚动和偏航三个角度时，式（1.25）可以表达为

$$\begin{bmatrix} x'_q \\ y'_q \\ z'_q \end{bmatrix} = \begin{bmatrix} \cos\kappa & \sin\kappa & 0 \\ -\sin\kappa & \cos\kappa & 0 \\ 0 & 0 & 1 \end{bmatrix} \begin{bmatrix} \cos\omega & 0 & -\sin\omega \\ 0 & 1 & 0 \\ \sin\omega & 0 & \cos\omega \end{bmatrix} \begin{bmatrix} 1 & 0 & 0 \\ 0 & \cos\varphi & \sin\varphi \\ 0 & -\sin\varphi & \cos\varphi \end{bmatrix} \begin{bmatrix} x_q \\ y_q \\ z_q \end{bmatrix} \tag{1.26}$$

写成齐次坐标的形式，旋转的过程表示为

$$\begin{bmatrix} x'_q \\ y'_q \\ z'_q \\ 1 \end{bmatrix} = \begin{bmatrix} a_{11} & a_{12} & a_{13} & 0 \\ a_{21} & a_{22} & a_{23} & 0 \\ a_{31} & a_{32} & a_{33} & 0 \\ 0 & 0 & 0 & 1 \end{bmatrix} \begin{bmatrix} x_q \\ y_q \\ z_q \\ 1 \end{bmatrix} \tag{1.27}$$

通过代入公式计算，可以得到旋转矩阵的各元素与三个转角的计算关系如下

$$\begin{aligned} a_{11} &= \cos\omega \times \cos\kappa \\ a_{12} &= \cos\varphi \times \sin\kappa + \cos\kappa \times \sin\omega \times \sin\varphi \\ a_{13} &= \sin\kappa \times \sin\varphi - \cos\kappa \times \cos\varphi \times \sin\omega \\ a_{21} &= -\cos\omega \times \sin\kappa \\ a_{22} &= \cos\kappa \times \cos\varphi - \sin\kappa \times \sin\omega \times \sin\varphi \\ a_{23} &= \cos\kappa \times \sin\varphi + \cos\varphi \times \sin\kappa \times \sin\omega \\ a_{31} &= \sin\omega \\ a_{32} &= -\cos\omega \times \sin\varphi \\ a_{33} &= \cos\omega \times \cos\varphi \end{aligned} \tag{1.28}$$

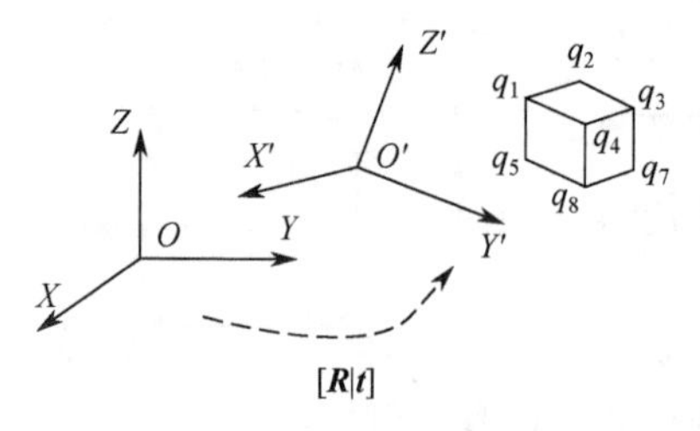

图 1.7 空间坐标转换示意图

三维欧氏空间的坐标转换由尺度因子、旋转变换和平移变换构成，对应 7 个自由度。当坐标变换基于刚性假设时，空间结构的内部拓扑及位置关系不发生改变，尺度因子通常等于 1。空间坐标转换示意图如图 1.7 所示。

使用射影几何表达方式，设三维空间中的一点 $\boldsymbol{M}$ 的坐标表示为 $\boldsymbol{M}=[x\ y\ z\ 1]^{\mathrm{T}}$，点 $\boldsymbol{M}$ 的坐标从原三维坐标系基准转换到另一个三维坐标系下的转换矩阵可以写成 $[\boldsymbol{R}\,|\,\boldsymbol{t}]$ 的形式，其中 $\boldsymbol{R}\in \mathrm{SO}(3)$ 表示旋转矩阵，$\mathrm{SO}(3)$ 是特殊正交组，$\boldsymbol{t}\in\mathbb{R}^3$ 表示平移矩阵。两组三维坐标的转换矩阵可以表示为

$$\begin{bmatrix} \boldsymbol{R} & \boldsymbol{t} \\ \boldsymbol{0}^{\mathrm{T}} & 1 \end{bmatrix} = \begin{bmatrix} r_{11} & r_{12} & r_{13} & t_1 \\ r_{21} & r_{22} & r_{23} & t_2 \\ r_{31} & r_{32} & r_{33} & t_3 \\ 0 & 0 & 0 & 1 \end{bmatrix} \tag{1.29}$$

1.4 成像模型与成像系统中的坐标系

1.4.1 成像模型中的几何元素

光学透镜成像系统中较常用的摄像机模型是小孔成像模型，除非明确指出，本书中讨论涉及的成像模型都是基于小孔模型展开的。当光线通过小孔时，在像平面上会呈现出物体清晰的影像。在实际的情况下，小孔总是有一定物理尺寸的，因此像平面的一点能够接收到锥形区域内的所有光线。

根据光线沿直线传播的原理，物理世界中的一点经过小孔摄像机成像，在像平面上将得到一个投影像点，该过程满足三点一线的几何关系，即光心、像点、物点共线。投影点的位置是由投影中心和成像平面的位置决定的。

图 1.8 描绘了成像模型中的各组成结构的几何元素及其关系。C 点表示光心（Optical Center），又被称为摄影中心，它是在空间中介于三维场景和二维像平面之间的一个点。成像平面（焦平面）位于光心的后方且呈现倒置，但通常为了直观表示，将成像平面描述在负焦距的方向上。

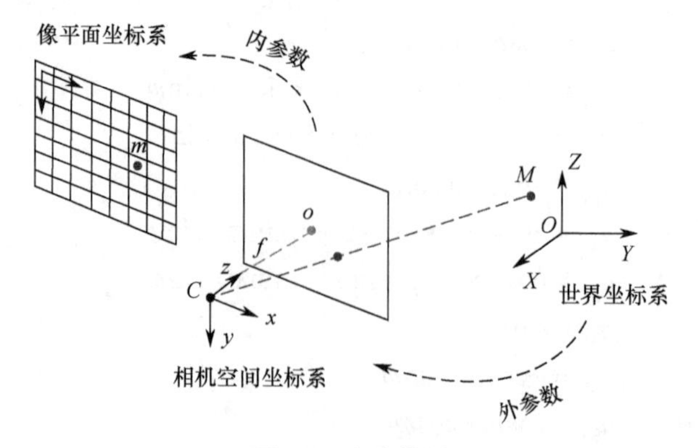

图 1.8 成像模型

主光轴（Principal Axis）是过光心且垂直于像平面的一条直线，主光轴与像平面的交点被称为主点（Principal Point），光心与主点之间的距离被称为主距，以符号 b 表示。对于实际镜头而言，主距通常会稍大于镜头的焦距 f，在设计算法时由于摄影目标的距离远大于 b，因此可以直接用 f 来表示主距。

1.4.2　成像系统中的坐标系

在分析影像三维重建问题时，了解像素的空间分辨率尤其重要。一个三维世界中的点，经过投影变换对应在二维像平面中形成一个成像点，这个成像点有一个像素坐标参数。为了描述光学成像的过程，通常需要引入几种坐标系。

1．世界坐标系

为了描述观测场景的空间位置属性，第一个需要建立的基本的三维坐标系是世界坐标系，也被称为全局坐标系。因为所有需要测量的物体以及摄像机本身都存在于现实的三维空间中，因此需要一个统一的坐标基准来描述这些物体的位置，以及它们之间的相对位置关系，在这个坐标系中可以用 $[X\ Y\ Z\ 1]^{\mathrm{T}}$ 表示物体的坐标。它是一种三维坐标系，可以运用欧氏空间理论中的内积运算来计算角度值，使用模运算来计算长度值。摄影成像中的世界坐标系不必限定为大地测量领域的全球坐标框架（如 WGS84 坐标系），全局坐标系可以由观测场景自身的结构来定义，根据观测的任务来寻找参考点构建参考框架，可以自定义原点、三个坐标轴的指向等。

2．像空间辅助坐标系

第二类坐标系是像空间辅助坐标系，也被称为相机空间坐标系。它类似于摄影测量学中的像空间辅助坐标系，是以摄像机为分析基准的坐标系，也是从三维空间转换到二维空间的一个桥梁。它的原点定义在摄像机镜头光心的位置，x 轴和 y 轴的指向与成像平面的行、列方向平行，z 轴垂直于像平面，并且与主光轴共线。

观测目标点在 z 轴方向的距离值对应深度值。摄影测量和计算机视觉两个学科通常在定义相机空间坐标系时，对于 y 轴和 z 轴的指向存在关于 x 轴 180°的旋转的区别，即 y 和 z 轴是相反的指向关系。这是由于最早的摄影测量源自航空测绘应用，高程信息向上取正，传递到航摄相片由此定义 z 轴与视线方向相反为正。计算机视觉中直接以沿着摄影视线发出方向为正。以计算机视觉的坐标指向为例，x 轴以向右为正方向，y 轴以向下为正方向，z 轴以沿摄影方向向前延伸为正方向。如图 1.8 所示，相机空间坐标系的坐标原点为成像光心 C 所处的位置。此外，内参数和外参数包含关于两两坐标系转换的基本参数，其具体定义和标定方法将在第 2 章中介绍。

3．像平面坐标系

第三个重要的坐标系是像平面坐标系。摄像机对三维场景拍照，属于透视投影变换，是将观测点的坐标值从三维空间转换到二维空间的射影变换。像平面坐标系的长度单位为像素，它描述影像内部点的坐标系，与前面两个坐标系不同，这是一个二维坐标系。影像数据矩阵的行、列两个维度形成了理想的正交关系，因此可以直接定义坐标轴的方向。但原点的位置和坐标轴的正负指向仍有不同的定义方式，比如定义坐标原点在影像的左上角第一个像素（数字图像处理中广泛采用的方式），该平面坐标系称为像素坐标系；定义坐标原点在影像的左下角第一个像素（OpenGL 绘图引擎中纹理影像的定义方式）；定义坐标原点在影像的主点位置，主点指的是主光轴与像平面的交点，通常靠近影像的中心点，这类定义在三维计算机视觉和摄影测量领域广泛采用。

1.4.3 透视投影成像模型

一个三维目标点在世界坐标系和相机空间坐标系两套三维坐标系中的转换关系，能够通过旋转和平移矩阵计算。如图 1.9 所示，其中 M 点在世界坐标系和相机空间坐标系下的坐标分别为 $\boldsymbol{M}^C=[x_M^C\ y_M^C\ z_M^C\ 1]^{\mathrm{T}}$ 和 $\boldsymbol{M}^W=[X_M^W\ Y_M^W\ Z_M^W\ 1]^{\mathrm{T}}$，则两套坐标的转换关系为

$$\boldsymbol{M}^C=\begin{bmatrix}\boldsymbol{R}^{WC} & \boldsymbol{t}\\ \boldsymbol{0}_3^{\mathrm{T}} & 1\end{bmatrix}\boldsymbol{M}^W \tag{1.30}$$

其中，$\boldsymbol{t}$ 是平移矩阵，$\boldsymbol{R}^{WC}$ 表示从世界坐标系到相机空间坐标系的旋转矩阵。由 $-\boldsymbol{R}^{WC}\boldsymbol{t}$ 计算出的是光心在世界坐标系中的位置。

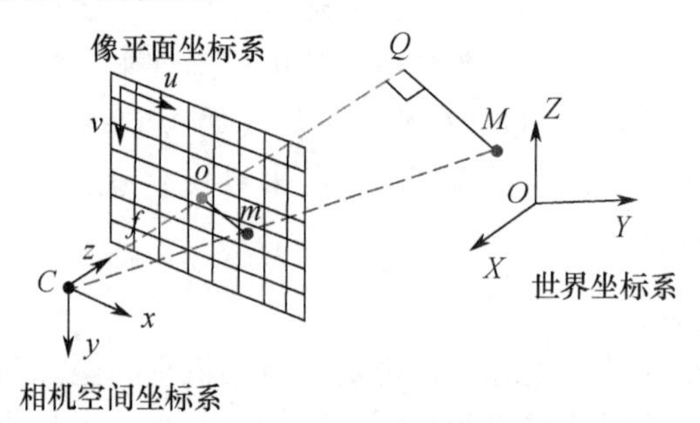

图 1.9　空间坐标转换示意图（注：尽管实际成像的摄像机具有多个镜片组成，光学系统模型仍可以用一个单一的焦距和光圈数对其进行描述）

暂时不考虑畸变因素的影响，相机空间坐标系和像平面坐标系的关系存在相似性变换。如图 1.9 所示，三角形 Cmo 和三角形 CMQ 相似，Q 是 M 点在射影深度 z 方向上的投影点。相似三角形的比例因子等于像点 m 在相机空间坐标系中的深度值（所有像点的深度值都等于主距 f ）与目标点 M 在相机空间坐标系中的深度值 $CQ=z_M^C$ 的比值：f/z_M^C。为简化符号，后面将省略上标 C 和 W。因此，像点 m 在相机空间坐标系下的 x 和 y 坐标分别为

$$\begin{aligned}x_m&=\frac{f}{z_M}x_M\\ y_m&=\frac{f}{z_M}y_M\end{aligned} \tag{1.31}$$

此外，影像中的坐标点并不会对应到成像平面上的物理尺寸的坐标点。对于 CCD 摄像机而言，两者之间的关系取决于像素感光单元的物理尺寸和形状以及 CCD 芯片在摄像机中的位置。对于标准照片相机，它们之间的关系取决于影像数字化扫描的方式。通常定义像平面坐标系的原点在左上角，所以像点坐标通过加上像主点的像素坐标 $[u_o\ v_o\ 1]^{\mathrm{T}}$ 可以平移到像平面坐标系基准下，得到像平面点的坐标 u_m 和 v_m 分别为

$$\begin{bmatrix} u_m \\ v_m \\ 1 \end{bmatrix} = \begin{bmatrix} \dfrac{1}{p_x} & \tan\alpha\dfrac{1}{p_y} & u_o \\ 0 & \dfrac{1}{p_y} & v_o \\ 0 & 0 & 1 \end{bmatrix} \begin{bmatrix} x_m \\ y_m \\ 1 \end{bmatrix} = \begin{bmatrix} \dfrac{f}{p_x} & \tan\alpha\dfrac{f}{p_y} & u_o \\ 0 & \dfrac{f}{p_y} & v_o \\ 0 & 0 & 1 \end{bmatrix} \begin{bmatrix} \dfrac{x_M}{z_M} \\ \dfrac{y_M}{z_M} \\ 1 \end{bmatrix} \tag{1.32}$$

其中，p_x 和 p_y 代表一个像素在物理尺寸上的宽与高，利用这两个量可以把坐标值从物理尺寸过渡到整型的像素尺寸。

α 是图 1.10 中标注的倾斜角度。由于只有 f/p_x 和 f/p_y 的比率比较重要，因此可以把公式简化为

$$\begin{bmatrix} u_m \\ v_m \\ 1 \end{bmatrix} = \begin{bmatrix} f_x & s & u_o \\ 0 & f_y & v_o \\ 0 & 0 & 1 \end{bmatrix} \begin{bmatrix} \dfrac{x_M}{z_M} \\ \dfrac{y_M}{z_M} \\ 1 \end{bmatrix} \tag{1.33}$$

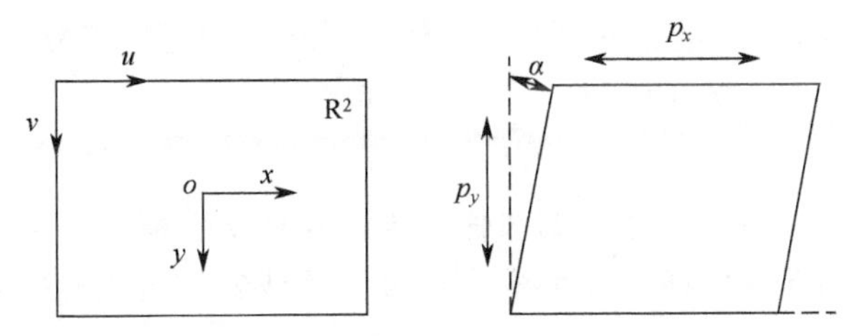

图 1.10 从成像平面坐标到影像坐标

在这里 f_x 和 f_y 是以像素为单位的在行和列方向上测量的焦距尺寸，s 是由非矩形像素引起的倾斜因子。上述的上三角矩阵称为摄像机的标定内参数矩阵，使用符号 $\boldsymbol{K}$ 表示。对于大多数摄像机来说，像素都是完整的矩形，因此 s 十分接近 0。而且，主点一般距离影像中心都很近。在计算精确的标定参数时，这些假设经常会用作初始参数，参与一个更复杂的迭代优化计算过程中。

综上，场景中的三维点 $\boldsymbol{M}=[X_M\ Y_M\ Z_M\ 1]^{\mathrm{T}}$ 投影到二维像平面上得到像面点 $\boldsymbol{m}=[u_m\ v_m\ 1]^{\mathrm{T}}$ 的转换过程可以用如下两个公式表达

$$\begin{bmatrix} x_M \\ y_M \\ z_M \end{bmatrix} = \begin{bmatrix} r_{11} & r_{12} & r_{13} & t_1 \\ r_{21} & r_{22} & r_{23} & t_2 \\ r_{31} & r_{32} & r_{33} & t_3 \end{bmatrix} \begin{bmatrix} x_M \\ y_M \\ z_M \\ 1 \end{bmatrix} \tag{1.34}$$

$$\begin{bmatrix} u_m \\ v_m \\ 1 \end{bmatrix} = \lambda \begin{bmatrix} f_x & s & u_o \\ 0 & f_y & v_o \\ 0 & 0 & 1 \end{bmatrix} \begin{bmatrix} x_M \\ y_M \\ z_M \end{bmatrix} \tag{1.35}$$

其中，$\lambda=1/z_M$ 为尺度因子；像主点坐标 $[u_o\ v_o\ 1]^{\mathrm{T}}$ 通常为接近像面中心的某一位置。进一

步简写为

$$m \sim K[R|t]M \tag{1.36}$$

或

$$m \sim PM \tag{1.37}$$

这个 3×4 的 P 矩阵称为射影摄像机矩阵（Camera Matrix）。$[R|t]$ 是与摄像机的位置姿态相关的外部参数，它描述了从世界坐标系到相机空间坐标系的转换。摄像机中心 C 这一点在世界坐标系中的坐标为

$$[X_C \quad Y_C \quad Z_C]^{\mathrm{T}} = -R^{\mathrm{T}}t \tag{1.38}$$

因为 R 是正交矩阵，所以 $R^{\mathrm{T}} = R^{-1}$。

摄像机的运动等价于场景的反向运动，因此可以建模为

$$M^W = \begin{bmatrix} R^{\mathrm{T}} & -R^{\mathrm{T}}t \\ \mathbf{0}_3^{\mathrm{T}} & 1 \end{bmatrix} M^C \tag{1.39}$$

容易证明 $\begin{bmatrix} R^{\mathrm{T}} & -R^{\mathrm{T}}t \\ \mathbf{0}_3^{\mathrm{T}} & 1 \end{bmatrix}$ 是 $\begin{bmatrix} R & t \\ \mathbf{0}_3^{\mathrm{T}} & 1 \end{bmatrix}$ 的逆矩阵。

因 $l^{\mathrm{T}}m = 0$ 和 $\Pi^{\mathrm{T}}M = 0$，故把式（1.37）代入 $l^{\mathrm{T}}m = 0$ 得到 $l^{\mathrm{T}}PM \sim \Pi^{\mathrm{T}}M$。对应于反投影影像线 l（核线）的平面 Π（核面）也可以得到

$$\Pi \sim P^{\mathrm{T}}l \tag{1.40}$$

这种模型描述满足大多数摄像机的成像过程，但在某些情况下还要考虑其他情况的影响，比如径向畸变和对焦模糊等。在要求高精度测量或者使用低端摄像机时，就必须要考虑这些因素的影响。

有时还要考虑在光学系统中由目标点到单一影像或者到指定的几何位置带来的误差。这些误差被称为像差，在一般摄像机模型中存在很多种像差（如像散、色差、球面像差、慧差、场相差曲率和畸变像差）。这里不过多展开，感兴趣的读者可以检索几何光学或摄影测量领域的相关文献。

实际使用的镜头的成像效果不会完全满足理想的小孔成像，最终的成像总会存在一些畸变。畸变是光线穿过摄像机镜头时发生的非线性现象，原因是镜头难以实现理想的薄度，特别是短焦距镜头。当现实情况不满足小孔摄像机的假设时，解决办法是将摄像机的数学模型进行扩展，加入畸变几何校正模型，常用的有径向畸变模型和切向畸变模型。径向畸变和切向畸变在使用广角镜头（短焦镜头）的情况下尤其明显，成像点越远离像平面中心，这些畸变就越严重。

径向畸变是指像素点径向向影像中心或影像边缘偏移，这一现象是由物体与透镜轴角度不同而受到不同的放大造成的。

Brown 在 1966 年提出了一种基于级数展开的镜头畸变的解析模型，该方法通过求解整体光束法平差，可以同时确定镜头参数、影像的外参数和控制点在相机空间坐标系中的三维坐标。之后，Brown 又于 1971 年提出通过利用透视投影直线保持的性质，通过影像中的直线要素，推导径向畸变和切向畸变的计算模型。

本书介绍的镜头畸变模型采用由 Brown 提出的而后被 Heikkilä 和 Silvén 在 1997 年扩展的模型。这里首先将成像点在像空间坐标系下深度按照焦距 f 的比例归一化为单位 1 的深度。如图 1.11 所示，在 $z=1$ 的平面上，根据光心、像点和物点三点一线的原理，归一化投影平面上的坐标为

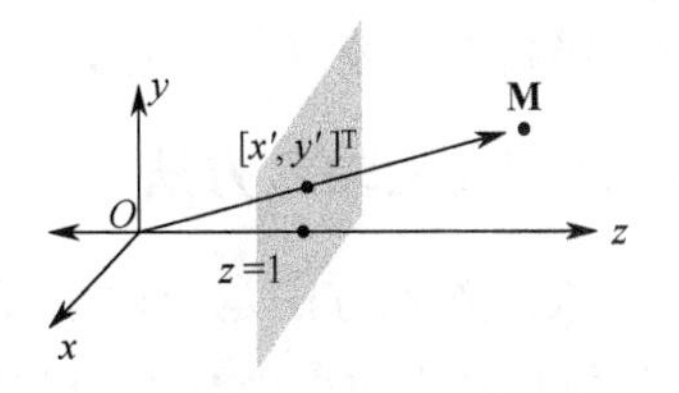

图 1.11　深度归一化的像空间坐标系

$$\begin{bmatrix} x' \\ y' \\ 1 \end{bmatrix} = \begin{bmatrix} x_M / z_M \\ y_M / z_M \\ 1 \end{bmatrix} \tag{1.41}$$

下面考虑畸变模型的像点计算式

$$\begin{aligned} x'' &= x' \frac{1+k_1 r^2 + k_2 r^4 + k_3 r^6}{1+k_4 r^2 + k_5 r^4 + k_6 r^6} + 2p_1 x'y' + p_2(r^2 + 2x'^2) \\ y'' &= y' \frac{1+k_1 r^2 + k_2 r^4 + k_3 r^6}{1+k_4 r^2 + k_5 r^4 + k_6 r^6} + p_1(r^2 + 2y'^2) + 2p_2 x'y' \end{aligned} \tag{1.42}$$

其中，$r^2 = x'^2 + y'^2$ 表示径向距离。$k_1, k_2, \cdots, k_6$ 和 p_1，p_2 分别表示径向畸变参数和切向畸变参数。k_1 用来校正变化较小的中心位置，k_2 用来校正变化较大的边缘位置，k_3 用来校正鱼眼镜头，一般的镜头只需要用到 k_1 和 k_2 两个参数。然后投影点在像平面上的实际观测位置的坐标为

$$\begin{bmatrix} u \\ v \\ 1 \end{bmatrix} = \begin{bmatrix} f_x & s & u_o \\ 0 & f_y & v_o \\ 0 & 0 & 1 \end{bmatrix} \begin{bmatrix} x'' \\ y'' \\ 1 \end{bmatrix} \tag{1.43}$$

总之，在以影像为基础数据进行三维重建的工作中，影像的畸变通常是必须要考虑的因素。对影像畸变进行纠正的过程叫作影像校正，影像校正需要使用到影像内参数标定的解算结果。对于光学结构固定的相机设备来说，这些内参数在标定之后对于摄像机拍摄所有影像都是不变的。对于具有放大和聚焦功能的摄像机来说，焦距可以发生明显改变，主点位置也可能会改变，需要另外考虑。摄像机标定的内容将在第 2 章中进行详细的介绍。

1.5　常见的三维成像方式

目前，针对三维场景建模的空间数据获取手段不断更新换代，已经有非常多种类的硬件设备涌现到市场中，对此空间数据获取的发展趋势表现为方法的集成性和应用的综合性更加普遍。如何选择合适的数据获取手段成为一项必须综合考虑多方面因素的问题，取决的因素主要包括：目标场景的扫描内容、目标场景的尺度大小、对结果的精度要求以及项目的经费支撑能力等。

空间数据获取是硬件设备采集和算法处理相结合的过程，得到能够表达观测目标空间位置属性的几何元素信息。不失一般性，在本书中空间结构数据主要指三维点云和传感器位置姿态等信息，它是空间结构恢复的输出，也是表面几何建模的输入。根据获取手段的不同，

空间结构数据获取方法主要包括人工输入方法、主动式扫描方法和被动式扫描方法。

1.5.1 人工输入方法

人工输入方法是一种最直接的获取三维模型的方式之一。该方法利用计算机辅助设计（Computer Aided Design，CAD）类软件工具（如 Autodesk AutoCAD、Autodesk 3DMax、Google SketchUp 和 Unigraphics NX 等）通过人工输入的方式确立模型的几何位置信息，并进行交互式的手工建模和渲染。这一类软件系统能够为用户的产品设计及加工过程提供数字化的外形观察和验证。熟练的操作员可以利用这种方法得到精细的场景模型和逼真的外观渲染，在过去很长一段时间内它都是三维建筑模型构建的主要技术手段。

在前期没有测量数据或设计蓝图的情况下，人工建模的方法需要采用人眼视觉判断作为操作定位的标准而非物理测量值的精准定位，重建的几何位置结果缺乏准确性，无法精确地反映现实场景。此外，对于一些大尺度的场景重建应用，比如大型的游戏建模或三维城市地图建模，采用纯手工的制作方式是非常费时费力的，无法满足目前对于大规模场景重建的应用需求。

1.5.2 主动式扫描方法

主动式扫描仪通过投影出某种电磁波模式（如红外线、结构化可见光或特定图案）到观测目标表面，然后被一个传感器捕获，对所捕获的图案进行分析，可以得到目标表面上的特征位置。基于不同的测量原理，主动式扫描仪系统可以分为三类：飞行时间扫描仪、相移扫描仪和主动三角测量扫描仪。

1. 飞行时间（Time Of Flight，TOF）扫描仪

TOF 类型的扫描仪通过测量从发射端发出的辐射波到目标表面的往返时间来计算目标表面点的距离。知道了辐射波的传输速度和往返时间，就可以计算出距离，即 $D=ct/2$，其中 D 是测量距离，c 是光速，t 是测距信号从发射到接收的时间。通过改变发射方向，系统能采样到目标表面上的不同位置的点，从而覆盖扫描场景。根据所使用的辐射波的类型不同，TOF 设备可以被细分为激光雷达（利用高频光波）、微波雷达（利用低频电磁波）和声呐（利用声波）。

光学 TOF 系统是最常用的，这种系统有时也被称为激光雷达或激光探测与测距（LiDAR，Light Detection And Ranging）系统，如图 1.12（a）所示。这是一种利用激光脉冲对目标进行主动测量的方式，所以也称为脉冲式测量。它的特点是具有一个相对高的采集速度（1 万～10 万点每秒），并且测距可以达到几千米。通常光学 TOF 扫描仪的精度会受到高速的采集速度的限制。实际中，一个 1mm 深度测量精度要求的时间测量达到皮秒（$1ps=10^{-12}s$）级的精度。因此，这类系统通常适用于测量非常大的和远的对象，如建筑物和地形测量。

20 世纪 60 年代，人们最先探索利用 LiDAR 技术进行海道测量。之后 20 世纪 70 年代，人们开展了多项试验，发现了激光在遥感领域的巨大应用潜力。20 世纪 80 年代后，机载 LiDAR 得到了迅速发展，其中包括美国 NASA 研制的大气海洋 LiDAR 系统（AOL）以及机载地形测量设备（ATM）等。

我国在 20 世纪 90 年代也开展了机载 LiDAR 系统的集成研究，其中，中国科学院遥感应用研究所的李树楷团队研究的机载激光扫描测距-成像系统于 1996 年完成了系统原理样机的研制，该系统将激光测距仪与多光谱扫描成像仪集成到一组硬件系统，通过硬件实现

数字高程信息与光学影像的精确配准，直接获取地学编码影像。机载 LiDAR 可快速获取数字地形模型（Digital Terrain Models，DTM）和数字表面模型（Digital Surface Models，DSM），并可用于地形测图。配以高精度数码摄像机，可同时完成地表纹理的采集，该方法逐渐成为目前数字城市三维建模广泛使用的数据获取手段。

2. 相移扫描仪

相移扫描仪利用正弦调制的强度随时间变换的激光束进行测量。通过观测发射信号和反射信号的相位差，计算目标与传感器之间的往返距离，如图 1.12（b）所示。通常，相位可以在同一周期内加以区分，但信号的周期数存在歧义。为了解决这种模糊性，多个频率的信号被同时使用，联合解算出信号的周期数。这种测距方式一般使用连续光源 He-Ne 激光器，利用了调制和差频等技术，可以实现较高精度的测量，从而满足精密测距的需求。该方法具有和 TOF 法相似的测量效果，但可以达到一个更高的采集速度（每秒 50 万点）。

此外，可以将脉冲式和相位式扫描两种技术结合起来，形成一种新型的脉冲-相位式测距仪。利用发射脉冲信号和接收脉冲信号的时间差实现对距离值的粗测，然后用发射和接收的连续信号之间的相位差来实现精确测距。目前手持式激光测距仪大多采用的是脉冲-相位式激光测距原理。

3. 主动三角测量扫描仪

主动三角测量系统从一个方向发出连贯的或不连贯的光模式，然后在另一个方向进行观测。在这类系统内可以通过不同的模式进行进一步的区分，如利用单一的激光光斑、激光线、激光网格或更复杂的结构模式，如伪随机条形码等。如果发射源是一个低发散的激光束，在目标表面会形成一个圆形点，这个点可以被另一个接收端传感器观测到。知道了发射端的位置、发射光束方向、目标点在传感器上的成像位置和接收端传感器光心位置，就可以通过三角测量的原理获得目标在空间中的位置信息，如图 1.12（c）所示。当使用更复杂的模式（比如线或栅格等）时，每帧可以获得更多点的测量。

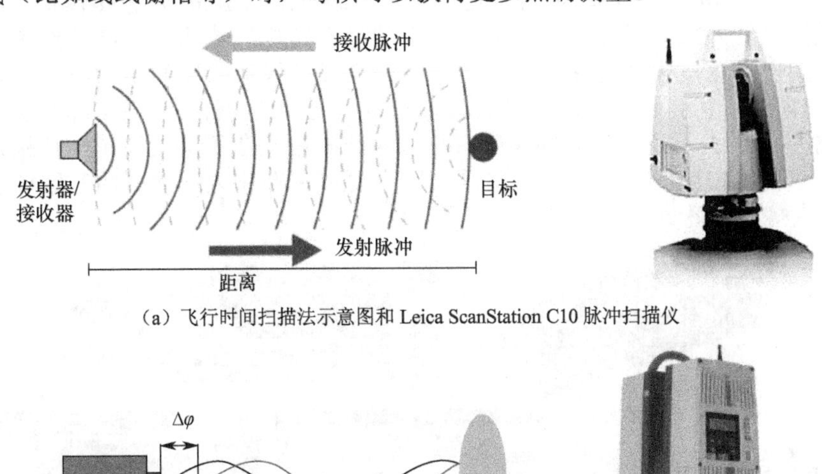

（a）飞行时间扫描法示意图和 Leica ScanStation C10 脉冲扫描仪

（b）相移扫描法示意图和 Leica HDS6200 相位扫描仪

图 1.12　主动式三维激光扫描仪

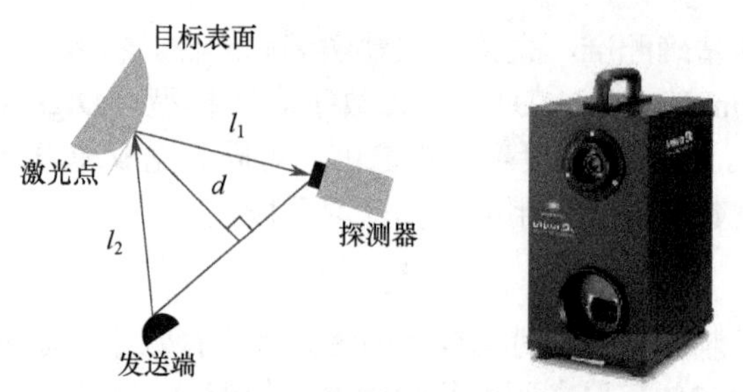

（c）三角测量扫描法示意图和 Minolta Vivid 9i 扫描仪

图 1.12 主动式三维激光扫描仪（续）

结构光扫描仪是一种较为常见的三角测量扫描仪，如图 1.13 所示，它首先发射模式化的光束到目标表面，通过观测模式在物体表面的变形来探测物体表面形态。然而，这种方法有一个严重的缺点：物体的表面颜色和周围光的反射光的颜色会影响观测结果。因此，在面对彩色或有纹理的对象时，需要考虑其他类型的编码。

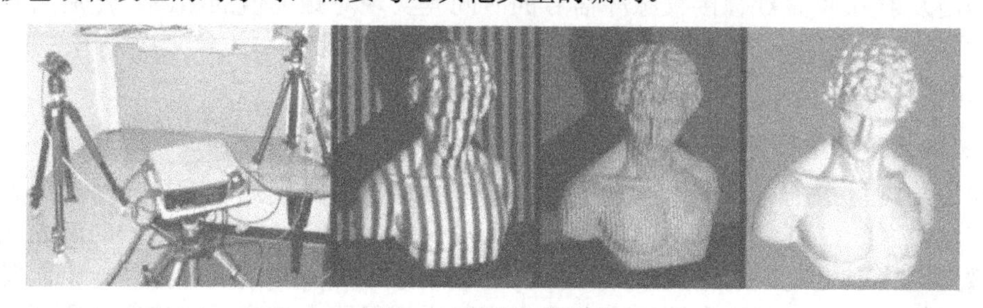

图 1.13 结构光扫描仪

彩色深度摄像机的传感器是一种 RGBD 传感器，也属于结构光扫描仪，近些年有许多消费级的产品出现在市场上。典型的商业产品有 Microsoft Kinect（如图 1.14 所示）、Asus Xtion PRO LIVE、Intel Realsense 等。这种摄像机装置配有 RGB 彩色摄像机、红外投影仪和红外摄像机。红外摄像机捕捉影像的场景上的静态结构模式影像，红外摄像机拍摄场景上的模式化图斑，这些模式化图斑是由一台红外波段的投影仪照射出的不同直径的伪随机圆点图斑组成的。由于不会与可见光波段相干扰，因此也就降低了对照明条件的约束。RGBD 摄像机的最大不足在于它的精度有限，基线长度限制了测距范围，特别是它的深度影像的分辨率偏低。因此，该技术目前的应用主要停留在室内环境下的三维场景重建，难以满足室外大规模的场景重建的需求。

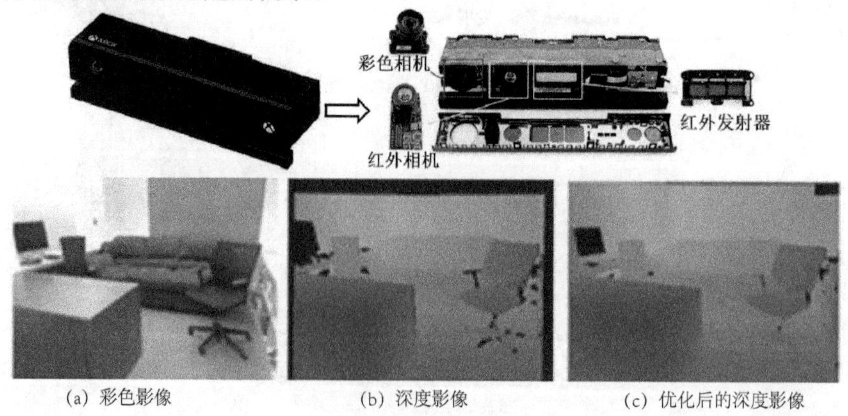

(a) 彩色影像 (b) 深度影像 (c) 优化后的深度影像

图 1.14 RGBD 类型的彩色深度摄像机

1.5.3 被动式扫描方法

一般主动扫描仪的设备较复杂，重量相对较大，成本都相对高，这些局限性促使了人们转向寻求基于影像的被动模式三维建模研究。被动式扫描仪不发出任何辐射波，它们通过观测目标传递来的辐射信号来进行数据测量，通常基于影像传感器（如 CCD 摄像机）采集影像。利用摄像机从不同角度获取目标场景的影像，或者通过调节焦距来观测场景内的信息，然后分析影像来计算场景中三维点的坐标。

被动式扫描通常具有采集设备价格低、采集操作简单灵活等优点，然而在获取密集的空间信息时算法的计算复杂度也会相应提高。根据计算空间结构信息的原理不同，可以将被动式影像重建算法分为以下几类：立体视觉测量/由运动恢复结构（Shape from Stereo）、由阴影恢复结构（Shape from Shading/Photometric Stereo）、由剪影恢复结构（Shape from Silhouettes）、由纹理恢复结构（Shape from Texture）和由聚焦恢复结构（Shape from Focus/Defocus）等。

1．立体视觉测量

这类系统对两幅或两幅以上的观测影像进行处理，找到空间点在多幅影像上的同名投影点，根据三角测量原理解算像点的空间坐标。其中，标定工作是解决问题的一项关键内容，即需要获取摄像机的内方位元素（主点、焦距和镜头畸变等）和像片的外方位元素（摄影中心空间位置和影像姿态）。另一个关键问题就是匹配，匹配是立体视觉测量系统中的难点问题，目标是找到多幅影像中的同名对应点，具体研究可以分为特征匹配和密集匹配等。本书的主体内容有相当多的部分是围绕基于立体视觉测量这类系统开展介绍的。

2．由阴影恢复结构

由阴影恢复结构算法首先确定目标反射模型以及观测时的光照方向，然后通过近似求解辐照度方程从而得到影像对应的观测目标的三维信息。研究内容主要包括如何建立反射模型、如何估计光照方向以及由反射模型求解辐照度方程近似解等问题。算法要求目标物体表面应当具有相同的光照反射特性，因此在对纹理缺乏、反射特性均一的地外星体（如月球和火星）使用卫星观测技术进行地形制图时，有一定的应用性。

3．由剪影恢复结构

这类系统从不同的角度来测量物体的轮廓信息，其中典型的扫描方式所使用的设备包括一个旋转的托台、统一的背景色（简化轮廓的提取程序）和一个独立的摄像机。利用旋转托台使物体旋转，摄像机捕捉目标物体的不同角度的轮廓影像。每个观测轮廓可以被视为一个包含对象的投影光线的锥。所有视锥的交点决定了物体的近似形状。这类系统的硬件组成简单，但一个缺陷是对于目标的凹结构表面无法形成轮廓剪影，因此无法恢复出相应的结构。

4．由纹理恢复结构

通过观察目标场景中的规则纹理在影像上的透视收缩变化，可以分析出场景的局部表面变化信息。该方法的主要步骤包括抽取重复纹理模式或者测量局部频率，以计算局部仿射变形，然后推测局部表面方向。从目标的纹理或轮廓提取信息进行形状结构的恢复技术，可以得到有趣的三维数字化结果，可在被动式建模中提供有用的线索，但在实际中很少有这类三维扫描仪的产品。

5．由聚焦恢复结构

测量物体深度的一个重要线索是成像模糊的程度，它随着物体表面远离摄像机焦距而增大。在这类扫描过程中，传统的摄像机使用不同的焦距捕捉相同场景的影像。在不同的影像中，通过判断同一区域的频率内容强度，来识别该区域在哪一幅影像上获得最佳的聚焦。确定了最佳聚焦的光学中心的焦长距离，然后可以计算从摄像机到聚焦区域的距离。通常情况下，这类重建精度取决于采样设置和实际的镜头的视场深度，整体而言难以做出非常精确的重建。

1.6　三维计算机视觉的应用

1.6.1　三维计算机视觉测量的应用领域

计算机视觉三维测量的研究目标是使计算机具有通过影像认知三维环境信息的能力。这种能力将不仅使机器感知三维环境中物体的几何信息，如形状、位置、姿态和运动等，而且能对它们进行描述、存储、识别与理解。现如今三维计算机视觉测量技术已经应用到各行各业，下面仅选择几个代表性的应用领域做简要介绍。

1．工业测量

在工业测量领域中，对工业部件的三维形状的测量方式可以分为接触式和非接触式两种。接触式技术可能是破坏性的，如切片，通过将对象剖切成连续组装在一起的二维形状来减小分析的尺寸。它也可以是非破坏性的，如关节臂，缓慢但准确地探测三维点。非接触式技术通常测量目标的一块表面区域，而不是单个点，而且避免了与被测物体发生任何物理接触，从而消除任何载荷效应，避免损坏被测物体。计算机视觉三维测量就是一种非常典型的非接触式测量，在工业制造领域中，三维视觉设备可以获得工业产品的整体或者零部件的几何形状，为检验产品的加工精度和分析受力或受热造成的几何形态变化等提供支撑。

在基于视觉的工业测量领域中，被测目标物体表面的反光性或吸光性的强弱会决定是否可以测得有效信号。比如，半透明的物体的透明度过高，会导致测量信号严重失真。此外，目标的轮廓通常是十分重要的一个信号检测信息，清晰可识别的轮廓对于许多工业测量而言是关系到检测质量和精度的重要因素。

2．三维测绘遥感

基于影像的三维重建系统或三维激光扫描设备可以获得大型空间目标的三维模型数据。在测绘遥感领域中，对桥梁、道路、地形和建筑物进行三维测量是许多工程的必要任务。此外，在文物古迹保护、数字化城市绘图和深空探测行星制图等方面，也需要进行测绘以获得三维信息。

无人机三维航空摄影测量是一项具有代表性的三维测绘遥感技术。航空摄影测量已经具有很长的发展历史，但随着无人机与数码相机技术的发展，基于无人机平台的数字化三维航摄建模技术迸发出了新的活力。它显示出了作业效率高、建模速度快、测量精度高和数字化程度高的优势。相比卫星遥感和人工测绘的方法，无人机三维航测建模具有更高的作业灵活性，通过多视图影像三维重建方法，可以做到在短时间内快速完成数十至几百平方千米的三维模型建模。

3. 机器人导航定位

在机器人导航定位领域中，三维视觉系统是一种十分重要的环境感知工具。基于视觉影像的定位技术具有成本低、精度高、无须对场景现有结构进行改动等优势。无人系统获取视觉影像后，处理器构建出机器人所处环境的三维地图，进而服务于避障、导航和定位抓取目标等任务。

在 1986 年的国际机器人与自动化大会上，并发定位与制图（Simultaneous Localization And Mapping，SLAM）的概念被提出，之后迅速地成为机器人系统研制的一项必要任务。SLAM 指机器人在没有任何先验知识的情况下，根据传感器数据实时构建周围环境地图，同时根据该地图推测自身的定位参数。影像和激光雷达是目前应用最广泛的两类 SLAM 传感器。

除上述提到的应用领域外，三维计算机视觉在影视广告制作、医学诊断、环境监测保护和军事训练等领域都有着广阔的应用潜力。比如，增强现实（Augmented Reality，AR）技术使用实时观测的影像，计算出摄像机的位置及姿态，在实测影像上叠加虚拟的图像、视频或三维模型，达到虚实结合的人际互动效果。

1.6.2 三维计算机视觉测量系统的常见技术指标参数

三维计算机视觉测量系统的常见技术指标参数包括以下几个。

（1）视场范围（Field Of View，FOV）。在基于二维影像的数据处理中，视场角的大小决定了视野范围。视场通常包含水平视场角和垂直视场角 2 个维度，该参数与镜头的焦距和感光元件的尺寸相关。

（2）工作距离。即传感器到能够有效观测的被测目标表面的距离，每种摄像机的工作距离都是不一样的，摄像机能够清晰成像的工作距离和景深的概念相关。

（3）测量范围。该参数是指传感器在有效的工作距离内，能够测量的近视场到远视场的距离范围，也叫距离测量范围；另外，在单次测量时，测量范围也可以指能够获得的最小的以及最大的观测目标的物理尺寸值，也叫尺寸测量范围。

（4）分辨率。通常该参数是指成像传感器的空间采样数目。通俗的影像分辨率就是影像水平方向的像素点数×垂直方向的像素点数。标清的分辨率就是 1280 像素×720 像素，也称为 720P；高清的分辨率就是 1920 像素×1080 像素，也称为 1080P。结合观测距离参数，可以间接得出可以识别的最小尺寸，这与传感器的感光元件（如 CCD 芯片的晶圆尺寸）有关系。

（5）测量频率/帧率。一般指每秒可以完成的单次完整三维扫描测量的频次，单次测量时间包含成像所需的曝光时间、数据传输时间和程序计算时间等。对于人眼来说，一般运动场景下的影像观测达到 15 帧/秒时就可以认为是实时观测的效果了；但是对于目标快速运动的场景，需要摄像机满足每秒 30 帧及以上的帧率。

（6）测量精度。通过三维重建算法，可以实现的几何尺寸测量精度。在近景测量的领域中，根据算法和方案的不同，不同的视觉三维测量方法的精度变化可以在几十微米至几十厘米的范围内。

（7）重复精度。它是指在同样的观测条件下，对被测目标重复测量，各次测量值的偏差。重复精度越高，说明测量系统的稳定性越强。

1.6.3 三维计算机视觉与摄影测量的关系

三维计算机视觉是与摄影测量学具有同宗同源特点的一门三维测量学科。摄影测量学属于测绘学科的一个分支，至今已有百年的发展历史。它经历了从模拟信号处理到解析处理，再到数字化处理的发展阶段。当被测物体的尺寸或摄影距离较小时，这类摄影测量技术又被称为近景摄影测量（Close-range Photogrammetry），这个距离通常是几米到几十米的观测距离。近景摄影测量与计算机视觉三维测量的相似性更加明显。

计算机视觉三维测量技术与数字近景摄影测量的许多基础原理是一脉相承的，但关注的应用重点有所区别，偏重的技术也有所差异。两者的主要差异在于以下几点。

第一点，计算机视觉三维测量主要使用齐次坐标表示点的转换，注重使用矩阵的性质（比如矩阵分解）来计算摄像机参数和结构参数；而摄影测量学的核心是基于共线方程的成像函数，常常需要一个相对可靠的初始值，然后在初始值附近进行泰勒级数展开，利用非线性迭代的最小二乘法平差方法求解各类未知参数。

另外，两者对坐标系统的定义方式有所区别，这主要是因为摄影测量学要服务于测绘应用的目的，会尽量将其定义的坐标系与大地坐标系的坐标轴指向一致。这种定义方式的一种体现反映在航空摄影测量学中，它的像空间辅助坐标系的 Z 坐标轴指向和摄影光轴的指向相反，目的是在摄像机向下观测成像时，其与大地坐标系的 Z 坐标轴指向一致。

三维计算机视觉理论中有大量的概念是从摄影测量学科中借鉴和发展而来的。在最近的三十年间，计算机视觉受益于其庞大的研究群体和广泛的应用领域，不断地丰富拓展了其理论方法，又反哺了摄影测量学科的发展。深度学习技术在三维计算机视觉和摄影测量学中的发展就是最典型的一个说明。如今，学科间的交流和交叉越来越多，从技术的应用方面而言，摄影测量学与三维计算机视觉经过多年的发展和相互借鉴，两者之间的差异已经日趋模糊。

1.6.4 三维计算机视觉测量面临的问题

尽管计算机视觉理论在许多应用领域中都取得了突破性的进展，然而当人们动手开发一套面向具体应用的视觉系统时会发现，这样的一套系统会面临各种各样的现实困难和挑战（如图 1.15 所示）。为了应对这些困难，工程师需要不断地调整方案、改进设计和增加限制性约束。这些工作往往占据了系统开发的大多数工作量，需要做大量的实践经验积累，而且真正使得系统能够产业化并且具备优势的关键都在这些微妙的处理中。

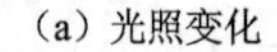

（a）光照变化　　（b）角度变化

图 1.15　成像系统面临的挑战问题示例

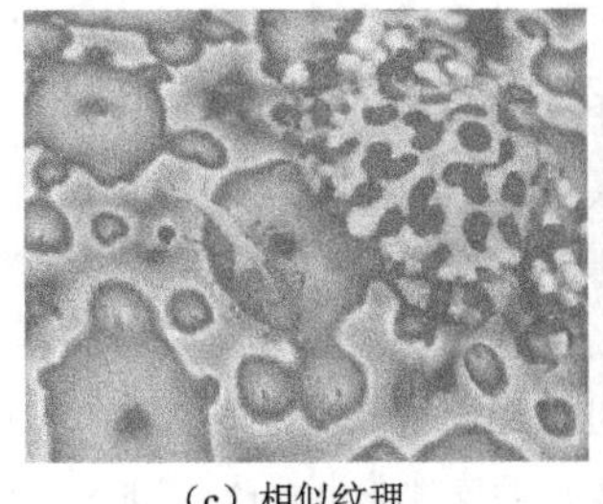
（c）相似纹理

（d）运动目标

（e）变形

图 1.15 成像系统面临的挑战问题示例（续）

首先，光照问题永远是三维计算机视觉测量技术无法回避的一项挑战。无论是主动探测还是被动探测，都需要传感器获得足够的辐射能量照射。光照的强度和角度会引起物体表面的明暗变化，一种稳健的算法需要能够顾及这种变化在空间和时间上的不确定性。

其次，场景自身的结构通常都会存在不同程度的深度变化。传感器从不同的角度对场景进行拍摄时，这种深度引起的遮挡会使影像信号或测距信号失去空间的连续性。在信号不连续的位置，基于微分特性的特征提取技术会存在歧义，并且表面建模技术需要对这些不连续位置做出估计来获得一个完整的模型结果。

最后，相似纹理、目标运动和变形等因素都会导致在不同的影像之间难以获得稳定的可关联的特征。非刚性的结构对建模技术提出了更高的要求，需要对目标的表达方式做出适应柔性结构的定义，这在人体/面部建模工作中的研究中体现得非常明显。

1.7 小结

三维计算机视觉测量的一种重要原始数据是数字影像，了解数字影像处理技术是学习计算机视觉技术的前提条件。此外，要掌握三维计算机视觉测量的原理与方法，需要对射影几何学有深刻的认识和理解。射影几何作为一种数学工具，它使一些几何元素基元，即点、线和面，能够在一个统一的数学框架下进行描述。几何元素基元构成了三维结构的基本组成单位，因此射影几何学对于分析成像方程和坐标转换过程起到重要的作用。三维计算机视觉与几何学、计算机图形学和摄影测量与遥感等学科有着深厚的渊源，许多概念在这些学科中都能够找到对照。本章介绍的知识是后续章节的基础，在阅读后续章节的过程中会需要读者反复回顾本章的一些内容来帮助理解和推导。

参考文献

[1] 陈述彭，童庆禧，郭华东. 遥感信息机理研究[M]. 北京：科学出版社，1998.

[2] 程亮，李满春，龚健雅. LiDAR 数据与正射影像结合的三维屋顶模型重建方法[J]. 武汉大学学报（信息科学版），2013，38（2）：208-216.

[3] 冯文灏. 近景摄影测量[M]. 武汉：武汉大学出版社，2002.

[4] 高满屯. 计算机视觉研究中的投影理论和方法[M]. 西安：西北工业大学出版社，1998.

[5] 郭启全. 计算机图形学教程[M]. 北京：机械工业出版社，2003.

[6] 黄桂平. 数字近景工业摄影测量理论、方法与应用[M]. 北京：科学出版社，2006.

[7] 李德仁，王树根，周月琴. 摄影测量与遥感概论[M]. 北京：测绘出版社，2008.

[8] 李广云，李宗春. 工业测量系统原理与应用[M]. 北京：测绘出版社，2011.
[9] 李介谷. 计算机视觉的理论和实践[M]. 2 版. 上海：上海交通大学出版社，1991.
[10] 李明磊. 基于序列影像的三维场景建模研究[D]. 北京：中国科学院大学，2016.
[11] 李清泉，杨必胜，史文中，等. 三维空间数据的实时获取、建模与可视化[M]. 武汉：武汉大学出版社，2003.
[12] 李树楷，薛永祺. 高效三维遥感集成技术系统[M]. 北京：科学出版社，2000.
[13] 林宗坚，刘先林，张继贤，等. 精确时空立体景观虚拟现实[M]. 西安：西安地图出版社，2005.
[14] 刘传才. 图像理解与计算机视觉[M]. 厦门：厦门大学出版社，2002.
[15] 刘贵喜，杨万海. 基于多尺度对比度塔的图像融合方法及性能评价[J]. 光学学报，2001，21（11）：1336-1341.
[16] 刘少创. 协同论航空遥感影像理解[D]. 武汉：武汉测绘科技大学，1996.
[17] 龙霄潇，程新景，朱昊，等. 三维视觉前沿进展[J]. 中国图象图形学报，2021，26（06）：1389-1428.
[18] 马颂德，张正友. 计算机视觉：计算理论与算法基础[M]. 北京：科学出版社，1998.
[19] 邱茂林，马颂德，李毅. 计算机视觉中摄像机定标综述[J]. 自动化学报，2000，126（01）：43-55.
[20] 阮秋琦. 数字图像处理学[M]. 北京：电子工业出版社，2007.
[21] 单忠德，刘丰. 复合材料预制体数字化三维织造成形[M]. 北京：机械工业出版社，2019.
[22] 孙即祥. 模式识别中的特征提取与计算机视觉不变量[M]. 北京：国防工业出版社，2001.
[23] 王程，陈峰，吴金建，等. 视觉传感机理与数据处理进展[J].中国图象图形学报，2020，2020（1）：19-30.
[24] 王之卓. 摄影测量原理[M]. 北京：测绘出版社，1979.
[25] 徐德，谭民，李原. 机器人视觉测量与控制[M]. 北京：国防工业出版社，2016.
[26] 许志群，吴海霞. 射影几何基础[M]. 北京：高等教育出版社，1987.
[27] 杨帆. 数字图像处理与分析[M]. 北京：北京航空航天大学出版社，2007.
[28] 尤红建，刘彤，刘少创，等. 利用 3 维成像仪快速生成遥感地学编码图像[J]. 测绘学报，2000，29（4）：324-328.
[29] 袁保宗. 三维计算机视觉的进展[J]. 电子学报，1992，20（7）：80-86.
[30] 张剑清，潘励，王树根. 摄影测量学[M]. 北京：测绘出版社，2006.
[31] 张祖勋，张剑清. 数字摄影测量学(第二版) [M]. 武汉：武汉大学出版社，2002.
[32] 郑南宁. 计算机视觉与模式识别[M]. 北京：国防工业出版社，1998.
[33] 钟耳顺，宋关福，汤国安. 大数据地理信息系统：原理、技术与应用[M]. 北京：清华大学出版社，2020.
[34] Bolles R C, Baker H H, Marimont D H. Epipolar-plane image analysis: an approach to determining structure from motion[J]. International Journal of Computer Vision, 1987, 1(1): 7-55.
[35] Brown D C. Close-range camera calibration[J]. Photogrammetric Engineering and Remote Sensing, 1971, 37(8): 855-866.
[36] Brown D C. Decentering distortion of lenses[J]. Photogrammetric Engineering and Remote Sensing, 1966, 32(3): 444-462.
[37] Buckler M, Jayasuriya S, Sampson A. Reconfiguring the imaging pipeline for computer vision[C]. IEEE ICCV. Venice, Italy, 2017, 975-984.
[38] Cohen A, Sattler T, Pollefeys M. Merging the unmatchable: stitching visually disconnected SfM models[C]. IEEE ICCV. Santiago, Chile, 2015, 2129-2137.

[39] Faugeras O. Three-dimensional computer vision[M]. Cambridge: MIT Press, 1993.

[40] Gonzales R C, Woods R E. Digital image processing(4th Edition)[M]. Pearson, 2018.

[41] Gortler S. Foundations of 3D computer graphics[M]. Cambridge: MIT Press, 2012.

[42] Hartley R, Zisserman A. Multiple view geometry in computer vision[M]. UK: Cambridge University Press, 2004.

[43] Heikkilä J, Silvén O. A four-step camera calibration procedure with implicit image correction[C]. IEEE CVPR. San Juan, PR, USA, 1997, 106-1112.

[44] Hu Z Y, Wu F C. A note on the number of solutions of the non-coplanar P4P problem[J]. IEEE Transactions on Pattern Analysis and Machine Intelligence, 2002, 24(4): 550-555.

[45] Jin H, Soatto S, Yezzi A J. Multi-view stereo reconstruction of dense shape and complex appearance[J]. International Journal of Computer Vision, 2005, 63(3): 175-189.

[46] Ma Y, Soatto S, Kosecka J, et al. An invitation to 3-d vision: from images to geometric models[M]. Berlin: Springer Science and Business Media, 2012.

[47] Marr D. Vision: a computational investigation into the human representation and processing of visual information[J]. The Quarterly Review of Biology, 58(2). W.H. Freeman and Company, San Francisco, 1982.

[48] Oliver N M, Rosario B, Pentland A P. A Bayesian computer vision system for modeling human interactions[J]. IEEE Transactions on Pattern Analysis and Machine Intelligence, 2000, 22(8): 255-272.

[49] Park S Y, Subbarao M. A multi-view 3D modeling system based on stereo vision techniques[J]. Machine Vision and Applications, 2005, 16(3): 148-156.

[50] Parker J R. Algorithms for image processing and computer vision[M]. New Jersey: WILEY, 2010.

[51] Prince S J D. Computer vision: models, learning, and Inference[M]. London: Cambridge University Press, 2012.

[52] Remondino F, El-Hakim S. Image-based 3D Modelling: a review[J]. Photogrammetric Record, 2010, 21(115): 269-291.

[53] Seitz S M, Curless B, Diebel J, et al. A comparison and evaluation of multi-view stereo reconstruction algorithms[C]. IEEE CVPR. New York, NY, USA, 2006, 17-22.

[54] Strecha C, Hansen W V, Gool L V, et al. On benchmarking camera calibration and multi-view stereo for high resolution imagery[C]. 2008 IEEE Conference on Computer Vision and Pattern Recognition. Anchorage, AK, USA, 2008, 1-8.

[55] Szeliski R. Computer vision: algorithms and applications[M]. London: Springer, 2010.

[56] Westoby M J, Brasington J, Glasser N F, et al. 'Structure-from-Motion' photogrammetry: a low-cost, effective tool for geoscience applications[J]. Geomorphology, 2012, 179: 300-314.

[57] Wu Y H, Hu Z Y. The invariant representations of a quadric cone and a twisted cubic[J]. IEEE Transactions on Pattern Analysis and Machine Intelligence, 2003, 25(10): 1329-1332.

第 2 章　摄像机的几何标定

标定一词本身是一个十分广泛的概念，现实应用中的标定任务包含辐射标定（Radiometric Calibration）、颜色标定（Color Calibration）、几何标定（Geometric Calibration）和噪声标定（Noise Calibration）等。本章所介绍的标定主要是面向光学摄像机的几何标定。

基于影像的三维重建能够被广泛推广得益于摄像机传感器的持续发展改进。消费级的摄像机提供了便捷的渠道，能够产生高质量和高分辨率的影像。高分辨率的影像带来的细节可用于从相邻像素中唯一地识别出相关像素，从而应用于基于影像的三维重建算法，用于在多幅影像中找到相似像素的关联对应关系。需要注意，分辨率越高，则像素越多，但是并不单纯意味着会使三维重建的质量越好，镜头的光学特性质量也很重要。使用质量差的镜头拍摄分辨率很高的影像并不能改善三维测量结果，反而可能会使结果更糟。摄像机几何标定可以获得摄像机的内部参数，利用这些参数能够通过几何校正（Rectification）的方法改善影像的质量。

当人们使用摄像机作为一种三维空间测量的工具时，首先需要定义一个关于摄像机的数学模型，即用数学的方法描述真实世界中的物体投影到成像平面上的过程。通常有两类重要的摄像机模型，第一类是透视投影摄像机模型，它的成像过程以小孔成像原理为基础，可以被称为射影摄像机；第二类是一种极端情况下的小孔成像，即成像光心在无穷远处，此时摄像机模型是仿射摄像机，它是平行投影的自然推广。

射影摄像机是现实生活中很普遍的摄像机模型，可以用射影几何的数学方法研究摄像机模型的构造。比如，投影中心和像平面可以非常简单地根据它们的矩阵形式进行表示，射影摄像机的内在性质可以用同样的代数表示式来计算。因此，本书绝大多数的讨论都是围绕射影摄像机开展的。

摄像机标定的多数算法需要特征对应和对极几何的理论基础，而这两部分内容会在后面章节中介绍。读者初次学习本章内容时，可以和后面章节的知识贯穿起来，通过反复回顾对比来学习掌握。

2.1　摄像机标定参数

摄像机几何标定的相关参数主要包含内参数和外参数。内参数是摄像机固有的参数，在出厂时刻就伴随而来。如果硬件系统不发生改变，内参数在一次标定获得之后，可以长期使用。外参数则反映摄像机在物理世界坐标系中的位置和姿态参数，是一个与观测任务和观测场景相关的参数。

2.1.1　内参数

在透视投影成像的过程中，摄像机使用镜头来提高进入成像平面的光亮度，减小了光线传输所需的能量。如图 2.1 所示，在实际应用的摄像机中，镜头由多个透镜组成，因此透镜的成像效果不会像小孔成像那样完全符合线性模型的特点。光线传输穿过透镜会在感光器件平面上产生非线性的失真，称为影像的畸变。

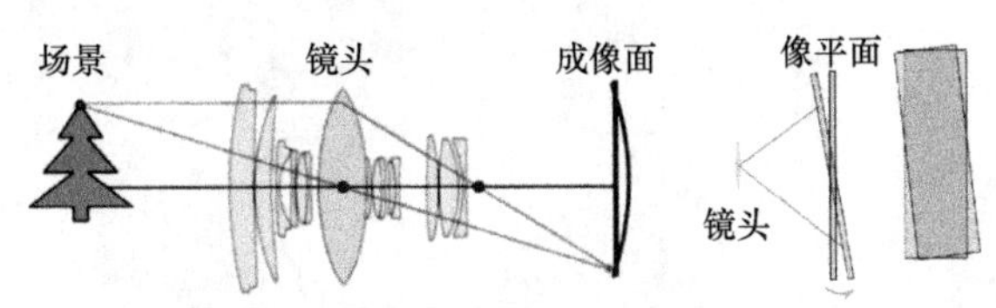

图 2.1　镜头的硬件因素关联了内参数

摄像机镜头引起的畸变可以通过数学建模的方法进行估计，进而能够获得对观测影像的适当的校准纠正。具体而言，透镜导致的影像失真的数学模型被称为畸变模型。可以利用非线性优化的方法计算出畸变模型的系数，从而提供应用于数字图像处理中去除几何畸变的校正公式。

有了摄像机的焦距和主点等参数，以及镜头的畸变参数，就可以得到完整的摄像机的固有几何参数，即摄像机的内参数。内参数包含摄像机模型的几何参数和镜头畸变参数。在对畸变进行定义时，人们通常把其分为两类：径向畸变和切向畸变，如图 2.2 所示。

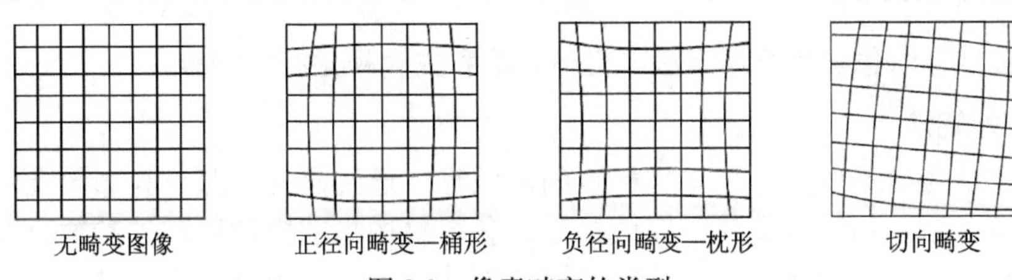

图 2.2　像素畸变的类型

径向畸变一般是由透镜本身的形状造成的。在实际的工业生产中，透镜本身是薄厚不一的，这就导致物理世界中的一条直线投影到像平面时，它就会变成一条曲线。相较于影像中心位置，在靠近边缘位置的畸变会更明显。焦距越短，这些失真越明显。由于机械模具制作的透镜是中心对称的，因此径向畸变一般也是中心对称的，径向畸变大致也分为两种：桶形畸变和枕形畸变。

切向畸变通常是由透镜安装位置不良造成的。当透镜没有与像平面保持完全平行时，镜头主光轴偏向使其与像平面不完全垂直，就会产生切向畸变。图 2.3 举例给出了一组实验测定的径向畸变和切向畸变的分量在影像中的分布情况。畸变校正的工作就是使影像的这些失真变形得到纠正，如图 2.4 所示。

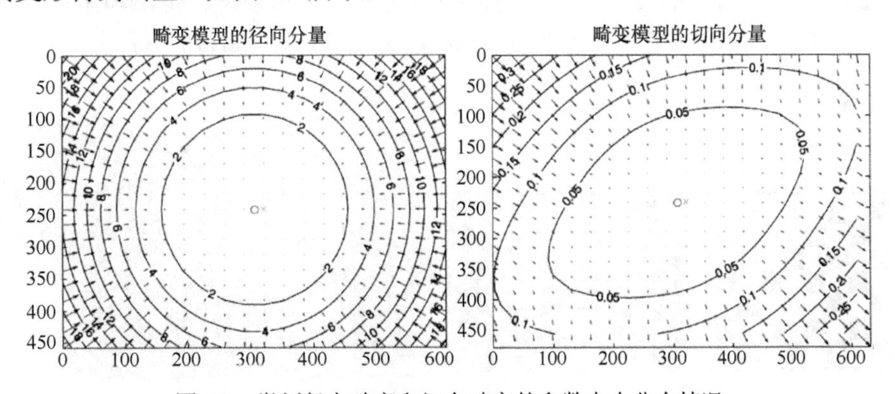

图 2.3　举例径向畸变和切向畸变的参数大小分布情况

图 2.4 畸变校正前、后的影像比较

2.1.2 外参数

广义上的影像几何标定工作除了求解摄像机的内参数，还包含求解影像的外参数。与内参数呼应，外参数是像空间辅助坐标系在观测目标所在的世界坐标系下的转换关系参数，通常用一组旋转角和平移向量表达。摄像机的标定技术可以是对内参数和外参数分别进行标定，也可以是将内外参数模型进行绑定，统一标定内外参数。

2.1.3 标定方法分类

摄像机标定方法包含传统标定法、自标定法和主动视觉标定法等。

1．传统标定法

传统标定法需要借助具有已知坐标点的参照物，通过建立参照点与影像上的同名像素点之间的对应关系，由特定算法来完成标定，获得摄像机的内参数和外参数。在工业测量领域中，传统标定法是摄像机标定最常使用的方法之一，因为这种方法具有较高的精度、较强的稳定性和可靠性。在工业测量时，对摄像机的内参数标定一般不需要实时处理，并且标定物的控制条件能够用多种灵活的方式交互设置。

标定使用的参照物可以分为平面参照物、三维参照物或者三维标定场，如图 2.5 所示。当利用三维参照物做标定时，甚至可以只用一张影像就完成解算。但三维参考物的构建和维护成本比较高，需要测量出三维点的高精度坐标，参照物的移动和组装过程都有可能造成这些三维点的测量值发生变化。平面参照物的结构相对简单，制作起来也比较容易。但使用平面参照物的算法需要采集两幅或更多影像进行标定解算。此外，参照对象的独立校准测量过程是必不可少的，即要事先获得精确的参照物几何坐标。三维参照物的校准工作通常需要高精度的测量仪器（如测量机器人）和复杂专业的操作才能完成，这也是传统标定法的局限。常见的传统标定法有网格标定法、环形模型标定法和矩形模型标定法等。2.2 节中将介绍传统标定法中常采用的 DLT 标定方法、Tsai1987 标定方法和张正友标定方法。

图 2.5 二维（左）和三维（中、右）形式的参照物

2. 自标定法

自标定法是不需要已知坐标参照物的一种标定法。自标定法源于 20 世纪 90 年代初，这种方法从影像上自动或半自动地提取特征点来作为控制点，仅仅依靠未标定的影像之间的几何关系确定摄像机参数，相对来说灵活方便。

目前的自标定法主要利用摄像机的运动约束。摄像机的运动约束条件太苛刻，因此使其在实际的很多应用中会失效。此外，利用场景约束是较常见的自标定方法，它主要是利用场景中的一些平行或者正交的信息来解算内参数。场景约束中，三维空间中的平行线在影像平面上的交点被称为灭点，即射影几何中二维平面上的无穷远点。灭点是射影几何中一个非常重要的特征，所以很多学者研究了基于灭点的摄像机自标定法。本章的 2.3 节将会对该方法进行介绍。

3. 主动视觉标定法

主动视觉标定法借助摄像机本身的已知的或可控的运动信息进行标定。采用这种标定法不需要参照物，只需运动摄像机本身就可以做标定。首先，约束摄像机在三维场景中做两组纯平移运动，由影像间的特征匹配结果来解算摄像机的内参数。或者是控制摄像机围绕光轴做旋转运动来解算摄像机的内参数。该标定法的算法比较简单，通常可以获得线性解。但操作起来比较困难，并且不适用于运动参数未知且无法控制的场合。

在 20 世纪中期，航空摄影测量使用的摄像机基本都采用传统标定法在实验室内进行内参数标定工作。因为那一时期的航空摄像机的镜头以固定方式聚焦到无穷远并且不包含光圈（Iris）元件，在这种情况下摄像机的主距等于焦距。可以利用一个含有标记的平板，利用透镜的角投影特性来计算主距。沿影像平面中的若干径向射线进行测量，以隐式模拟的方法找到能够最好补偿径向畸变影响的参数，选择补偿校准参数的平均值作为主距值。像平面主点坐标基于自准直方法确定。另外，在一些立体测绘的装置中，通过光学校正元件补偿径向畸变。早期由于用于影像采集使用的胶片分辨率比较低，因此不考虑切向畸变的影响。

2.2 摄像机内参数标定

2.2.1 直接线性变换法

Abdel-Aziz Y I 和 Karara H M 在 1971 年提出了直接线性变换（Direct Linear Transform，DLT）标定方法用于确定影像的内外参数[18]。DLT 标定方法的关键是根据透视投影成像的方程建立控制点在世界坐标系下的坐标和在像平面坐标系下的坐标的适当转换。首先，透视投影的成像方程可以表示为

$$\lambda\begin{bmatrix}\hat{u}\\ \hat{v}\\ -f\end{bmatrix}=\boldsymbol{R}\begin{bmatrix}X-X_C\\ Y-Y_C\\ Z-Z_C\end{bmatrix}=\begin{bmatrix}r_{11} & r_{12} & r_{13}\\ r_{21} & r_{22} & r_{23}\\ r_{31} & r_{32} & r_{33}\end{bmatrix}\begin{bmatrix}X-X_C\\ Y-Y_C\\ Z-Z_C\end{bmatrix} \tag{2.1}$$

其中，$\boldsymbol{R}$ 表示像空间坐标系相对于世界坐标系的旋转矩阵，$\hat{u}$ 和 $\hat{v}$ 表示控制点在像平面上进行了中心化之后的坐标（相对于像主点）。注意与第 1 章公式中的 x' 和 y' 区分，此处 $\hat{u}$ 和 $\hat{v}$ 没有进行 z 方向的深度归一化，它们的单位是像素。$[X \quad Y \quad Z]^{\mathrm{T}}$ 表示目标点在世界坐标系下的三维坐标，$[X_C \quad Y_C \quad Z_C]^{\mathrm{T}}$ 表示像空间辅助坐标系的原点在世界坐标系下的坐标。

f 是以像素为单位的主距长度。λ 是将坐标从场景尺度转换为像素尺度的转换比例因子，具体表示为

$$\lambda = \frac{r_{31}(X - X_C) + r_{32}(Y - Y_C) + r_{33}(Z - Z_C)}{f}$$

考虑主点坐标值 $\begin{bmatrix} u_0 & v_0 \end{bmatrix}^{\mathrm{T}}$ 和成像传感器平面的扭曲（Skew）因子 k_u 和 k_v，式（2.1）可以展开为

$$\begin{aligned} \hat{u} = u - u_0 &= -\frac{f}{k_u} \frac{r_{11}\left(X - X_C\right) + r_{12}\left(Y - Y_C\right) + r_{13}\left(Z - Z_C\right)}{r_{31}\left(X - X_C\right) + r_{32}\left(Y - Y_C\right) + r_{33}\left(Z - Z_C\right)} \\ \hat{v} = v - v_0 &= -\frac{f}{k_v} \frac{r_{21}\left(X - X_C\right) + r_{22}\left(Y - Y_C\right) + r_{23}\left(Z - Z_C\right)}{r_{31}\left(X - X_C\right) + r_{32}\left(Y - Y_C\right) + r_{33}\left(Z - Z_C\right)} \end{aligned} \tag{2.2}$$

可以将 f / k_u 简写为 f_u，f / k_v 简写为 f_v。调整式（2.2）的形式，等号左边只保留像点坐标 $\begin{bmatrix} u & v \end{bmatrix}^{\mathrm{T}}$，得到

$$\begin{aligned} u &= \frac{L_1 X + L_2 Y + L_3 Z + L_4}{L_9 X + L_{10} Y + L_{11} Z + 1} \\ v &= \frac{L_5 X + L_6 Y + L_7 Z + L_8}{L_9 X + L_{10} Y + L_{11} Z + 1} \end{aligned} \tag{2.3}$$

根据式（2.3），像点坐标 $\begin{bmatrix} u & v \end{bmatrix}^{\mathrm{T}}$ 仅依赖于控制点的世界坐标 $\begin{bmatrix} X & Y & Z \end{bmatrix}^{\mathrm{T}}$ 和 11 个常量参数，这些参数是由影像的内、外参数构成的，确定了摄像机的成像特性。令 $D = -(r_{31}X_C + r_{32}Y_C + r_{33}Z_C)$，这 11 个参数的具体表达式为

$$\begin{aligned} L_1 &= \frac{r_{31}u_0 - r_{11}f_u}{D} \\ L_2 &= \frac{r_{32}u_0 - r_{12}f_u}{D} \\ L_3 &= \frac{r_{33}u_0 - r_{13}f_u}{D} \\ L_4 &= \frac{\left(r_{11}f_u - r_{31}u_0\right)X_C + \left(r_{12}f_u - r_{32}u_0\right)Y_C + \left(r_{13}f_u - r_{33}u_0\right)Z_C}{D} \\ L_5 &= \frac{r_{31}v_0 - r_{21}f_v}{D} \\ L_6 &= \frac{r_{32}v_0 - r_{22}f_v}{D} \\ L_7 &= \frac{r_{33}v_0 - r_{23}f_v}{D} \\ L_8 &= \frac{\left(r_{21}f_v - r_{31}v_0\right)X_C + \left(r_{22}f_v - r_{32}v_0\right)Y_C + \left(r_{23}f_v - r_{33}v_0\right)Z_C}{D} \\ L_9 &= \frac{r_{31}}{D} \\ L_{10} &= \frac{r_{32}}{D} \\ L_{11} &= \frac{r_{33}}{D} \end{aligned} \tag{2.4}$$

径向畸变和切向畸变引起的是像点坐标$\begin{bmatrix}u & v\end{bmatrix}^{\mathrm{T}}$发生偏移，设偏移量为$\begin{bmatrix}\Delta u & \Delta v\end{bmatrix}^{\mathrm{T}}$。根据第 1 章的式（1.38），有

$$x'' = x'\frac{1+k_1r^2+k_2r^4+k_3r^6}{1+k_4r^2+k_5r^4+k_6r^6}+2p_1x'y'+p_2(r^2+2x'^2)$$

$$y'' = y'\frac{1+k_1r^2+k_2r^4+k_3r^6}{1+k_4r^2+k_5r^4+k_6r^6}+p_1(r^2+2y'^2)+2p_2x'y'$$

$$\begin{aligned}\Delta u &= (u-u_0)\left(L_{12}r^2+L_{13}r^4+L_{14}r^6\right)+L_{15}\left(r^2+2(u-u_0)^2\right)+L_{16}(v-v_0)(u-u_0)\\ \Delta v &= (v-v_0)\left(L_{12}r^2+L_{13}r^4+L_{14}r^6\right)+L_{15}(v-v_0)(u-u_0)+L_{16}\left(r^2+2(v-v_0)^2\right)\end{aligned} \tag{2.5}$$

L_{12}, L_{13}, L_{14}是引入的与径向畸变相关的参数，L_{15}和L_{16}是切向畸变的参数。将式（2.3）中的像点坐标$\begin{bmatrix}u & v\end{bmatrix}^{\mathrm{T}}$用$\begin{bmatrix}u+\Delta u & v+\Delta v\end{bmatrix}^{\mathrm{T}}$来代替，并将式（2.5）代入，可以得到包含参数$L_1,\cdots,L_{16}$的综合表达式。设第 i 个控制点的坐标为$\begin{bmatrix}X_i & Y_i & Z_i\end{bmatrix}^{\mathrm{T}}$，令$Q_i = L_9X_i + L_{10}Y_i + L_{11}Z_i + 1$，$\xi_i = u_i - u_0$，$\eta_i = v_i - v_0$，则一个控制点可以形成一组表达式

$$\begin{bmatrix}\frac{X_i}{Q_i} & \frac{Z_i}{Q_i} & \frac{Y_i}{Q_i} & \frac{1}{Q_i} & 0 & 0 & 0 & 0 & \frac{-u_iX_i}{Q_i} & \frac{-u_iY_i}{Q_i} & \frac{-u_iZ_i}{Q_i} & \xi_i r_i^2 & \xi_i r_i^4 & \xi_i r_i^6 & r_i^2+2\xi_i^2 & \eta_i\xi_i\\ 0 & 0 & 0 & 0 & \frac{X_i}{Q_i} & \frac{Z_i}{Q_i} & \frac{Y_i}{Q_i} & \frac{1}{Q_i} & \frac{-v_iX_i}{Q_i} & \frac{-v_iY_i}{Q_i} & \frac{-v_iZ_i}{Q_i} & \eta_i r_i^2 & \eta_i r_i^4 & \eta_i r_i^6 & \eta_i\xi_i & r_i^2+2\eta_i^2\end{bmatrix}\begin{bmatrix}L_1\\ \cdots\\ L_{16}\end{bmatrix} = \begin{bmatrix}u_i/Q_i\\ v_i/Q_i\end{bmatrix} \tag{2.6}$$

当观测到控制点个数为 n 时，可以得到如式（2.6）所示的 n 个表达式，共 $2n$ 个方程，这些方程写出矩阵的形式，有

$$\boldsymbol{AL} = \boldsymbol{B} \tag{2.7}$$

式中，$\boldsymbol{A}$ 是 $2n\times16$ 的系数矩阵，$\boldsymbol{B}$ 是 $2n$ 行的列向量，$\boldsymbol{L}$ 是 16 维的待求参数向量。

求解 16 个未知参数的最小观测点个数需求是 8 个。如果不考虑镜头畸变参数的影响，只有 11 个未知参数，需要的最小观测点个数是 6 个。由于存在像点观测误差，因此需要多余的观测量来组成超定方程，利用最小二乘的方法求解位置参数

$$\boldsymbol{L} = (\boldsymbol{A}^{\mathrm{T}}\boldsymbol{A})^{-1}\boldsymbol{A}^{\mathrm{T}}\boldsymbol{B} \tag{2.8}$$

式中，$(\boldsymbol{A}^{\mathrm{T}}\boldsymbol{A})^{-1}\boldsymbol{A}^{\mathrm{T}}$ 称为矩阵 $\boldsymbol{A}$ 的伪逆。需要注意的是，由于系数矩阵 $\boldsymbol{A}$ 中的 Q_i 含有待求参数 L_9, L_{10}, L_{11}，因此需要给这些参数一个初始值，通过迭代的方法进行参数的求解。此外，标定所用的观测点需要满足非共面的性质，观测点在三维空间中具有离散的开阔的分布。否则，系数矩阵 $\boldsymbol{M}$ 的伪逆不存在。

DLT 标定方法具有算法直接和简单易用的特点，但也存在一些固有问题。首先，不能保证 DLT 标定方法求解的旋转矩阵 $\boldsymbol{R}$ 满足正交性，而实际的旋转矩阵应当是一个正交矩阵。如果要使 DLT 标定方法的结果满足正交性约束，则需要使用非线性优化的方法计算，而不是迭代计算能够实现的。第二个缺点是算法的求解并不完全等价于光束法平差。光束法平差的目标函数是使像点的重投影误差最小，而式（2.8）表明 DLT 标定方法的目标函数是最小化比例缩放了的像点坐标$\begin{bmatrix}u_i/Q_i & v_i/Q_i\end{bmatrix}^{\mathrm{T}}$，这样的目标函数并不能保证任意情况的

误差测量都是合理的。

摄像机的实际成像过程是将三维空间点投影到影像的步骤。如果已知影像的内、外参数和三维空间点的三维坐标，按照影像的投影矩阵可以得到计算的投影点影像坐标。这是一个估计投影点的计算过程，即重投影计算。受各方面参数精度的影响，真实的三维空间点在影像平面上的投影（即观测量）和重投影（计算得到的估计量）存在差值，该差值被称为重投影误差。

2.2.2 Tsai1987 标定方法

Tsai R Y 在 1987 年研究建立了一种基于径向约束的摄像机标定算法[44]，Tsai1987 标定方法根据场景中的一组控制点坐标 ${}^{W}\boldsymbol{x}=[x\ y\ z]^{\mathrm{T}}$ 和它们对应的影像点坐标 ${}^{I}\boldsymbol{x}=[\hat{u}\ \hat{v}]^{\mathrm{T}}$ 来获得摄像机参数。在 Tsai1987 标定方法的第一阶段，基于小孔模型方程获得了一些摄像机外参数（旋转矩阵 $\boldsymbol{R}$ 的元素和平移向量 $\boldsymbol{t}$ 的两个分量）的估计

$$\frac{\hat{u}}{f}=s\frac{r_{11}x+r_{12}y+r_{13}z+t_x}{r_{31}x+r_{32}y+r_{33}z+t_z} \tag{2.9}$$

$$\frac{\hat{v}}{f}=\frac{r_{21}x+r_{22}y+r_{23}z+t_y}{r_{31}x+r_{32}y+r_{33}z+t_z} \tag{2.10}$$

这里与第 1.4 节中的成像方程定义一致，s 是矩形像素的纵横比，系数 r_{ij} 是旋转矩阵 $\boldsymbol{R}$ 的元素，$\boldsymbol{t}=[t_x\ t_y\ t_z]^{\mathrm{T}}$。由 Horn 在 2000 年的推导[32]，将式（2.9）除以式（2.10）可得到与主距 f 和径向透镜畸变无关的表达式

$$\frac{\hat{u}}{\hat{v}}=s\frac{r_{11}x+r_{12}y+r_{13}z+t_x}{r_{21}x+r_{22}y+r_{23}z+t_y} \tag{2.11}$$

该式仅取决于从主点到像点的方向，然后将式（2.11）转换成摄像机参数中的线性方程。根据已知的控制点坐标和观察到的对应影像点，这个方程由 $\boldsymbol{R}$ 的元素和平移分量 t_x、t_y 在最小二乘意义上求解，考虑到得到的方程的齐次性，其中一个平移分量必须被归一化。

在标定中，对已知几何坐标的参照物目标进行成像，得到了目标点与影像之间的对应关系，这些构成标定所依据的基本数据。Tsai1987 标定方法首先尝试用线性最小二乘拟合方法，尽可能多地获得参数估计。由于这些问题可以用伪逆矩阵来求解，因此，这是一种方便快捷的方法。

在初始化的步骤中，参数之间的约束（如旋转矩阵的正交性）不会被强制执行，最小化的不是影像平面中的误差，而是简化分析并构成线性方程的量。但是，这不会影响最终结果，因为这些估计的参数值仅用作最终优化的起始值。

在后续的优化步骤中，利用非线性迭代优化的方法计算待求参数的差值，该方法在观测影像点与目标模型预测值之间找到最佳拟合。目标点位于一个平面时和非共面时的标定方法的细节有所不同。平面标定参照目标比三维目标更容易制造和维护，但限制了标定的方式。

Horn[32]指出，摄像机参数是独立估计的，即估计的旋转矩阵一般不是正交的，并且给出了产生最相似正交旋转矩阵的方法。正交性条件使得 s 和整体比例因子得以确定，然后由（2.9）和式（2.10）获得主距 f 和平移分量 t_z。

对于平面标定板这一特殊情况，可以始终选择世界坐标系，使所有控制点的 $z=0$，并相应地应用式（2.9）、式（2.10）和式（2.11）。虽然这种特殊情况只产生大小为 2×2 的旋

转矩阵子矩阵，但这已经使得我们能够估计完全正交旋转矩阵。对于 Tsai1987 标定方法的第二阶段，Horn 将其定义为影像平面中重投影误差的最小化。在这个过程中，已经估计的参数被细化，主点$[u_0\ v_0]^{\mathrm{T}}$和径向、切向畸变系数根据非线性优化方法来确定。

2.2.3 Zhang1999 标定方法

张正友（Zhang Z）在 1999 年[47]提出了 Zhang1999 标定方法，为了使用摄像机在不同视角和距离处观察平面标定装置而专门设计。Zhang1999 标定方法是根据射影几何框架设计提出的。对于平面标定装置，总是存在世界坐标系的，使得其上的所有点都满足$Z=0$。随后，在齐次归一化坐标系中用式（2.12）描述影像形成，其中矢量$\boldsymbol{r}_i$表示旋转矩阵$\boldsymbol{R}$的第i列向量。

$$\begin{bmatrix} u \\ v \\ 1 \end{bmatrix} \sim \boldsymbol{A}[\boldsymbol{R} \mid \boldsymbol{t}] \begin{bmatrix} X \\ Y \\ 0 \\ 1 \end{bmatrix} = \boldsymbol{A}[\boldsymbol{r}_1 \mid \boldsymbol{r}_2 \mid \boldsymbol{t}] \begin{bmatrix} X \\ Y \\ 1 \end{bmatrix} \tag{2.12}$$

在$Z=0$的标定装置（标定板）上的空间点用$[X\quad Y]^{\mathrm{T}}$表示。归一化齐次坐标中的对应向量由$\boldsymbol{M}=[X\quad Y\quad 1]^{\mathrm{T}}$给出。根据式（2.12），在没有镜头畸变的情况下，可以通过应用单应性矩阵$\boldsymbol{H}$，从相应的场景点$\boldsymbol{M}$获得影像点$\boldsymbol{m}$。回顾第 1 章的射影几何内容，单应性表示投影平面中矢量（长度 3）的线性变换，它由一个3×3的矩阵给出，并且具有 8 个自由度。这样就可以得到

$$\boldsymbol{m} \sim \boldsymbol{HM},\quad \boldsymbol{H} \sim \boldsymbol{A}[\boldsymbol{r}_1\quad \boldsymbol{r}_2\quad \boldsymbol{t}] \tag{2.13}$$

为了计算单应性矩阵$\boldsymbol{H}$，设计一种非线性优化的过程，该过程使投影到影像平面中的场景点的欧氏重投影误差达到最小。设$\boldsymbol{H}$的列向量由$\boldsymbol{h}_1$、$\boldsymbol{h}_2$和$\boldsymbol{h}_3$表示，可以得到

$$[\boldsymbol{h}_1\quad \boldsymbol{h}_2\quad \boldsymbol{h}_3] = \lambda\boldsymbol{A}[\boldsymbol{r}_1\quad \boldsymbol{r}_2\quad \boldsymbol{t}] \tag{2.14}$$

其中，λ是比例因子。由式（2.14）可得，$\boldsymbol{r}_1=(1/\lambda)\boldsymbol{A}^{-1}\boldsymbol{h}_1$，$\boldsymbol{r}_2=(1/\lambda)\boldsymbol{A}^{-1}\boldsymbol{h}_2$，$\lambda=1/\left\|\boldsymbol{A}^{-1}\boldsymbol{h}_1\right\|=1/\left\|\boldsymbol{A}^{-1}\boldsymbol{h}_2\right\|$。$\boldsymbol{r}_1$和$\boldsymbol{r}_2$满足正交性，存在$\boldsymbol{r}_1^{\mathrm{T}}\cdot\boldsymbol{r}_2=0$，$\boldsymbol{r}_1^{\mathrm{T}}\cdot\boldsymbol{r}_1=\boldsymbol{r}_2^{\mathrm{T}}\cdot\boldsymbol{r}_2$，可以推导得到摄像机内参的约束条件

$$\begin{gathered} \boldsymbol{h}_1^{\mathrm{T}}\boldsymbol{A}^{-\mathrm{T}}\boldsymbol{A}^{-1}\boldsymbol{h}_2=0 \\ \boldsymbol{h}_1^{\mathrm{T}}\boldsymbol{A}^{-\mathrm{T}}\boldsymbol{A}^{-1}\boldsymbol{h}_1=\boldsymbol{h}_2^{\mathrm{T}}\boldsymbol{A}^{-\mathrm{T}}\boldsymbol{A}^{-1}\boldsymbol{h}_2 \end{gathered} \tag{2.15}$$

在方程（2.15）中，表达式$\boldsymbol{A}^{-\mathrm{T}}$是$(\boldsymbol{A}^{\mathrm{T}})^{-1}$的缩写。

定义对称矩阵$\boldsymbol{B}$

$$\boldsymbol{B}=\boldsymbol{A}^{-\mathrm{T}}\boldsymbol{A}^{-1} \tag{2.16}$$

该对称矩阵$\boldsymbol{B}$可由 6 维向量$\boldsymbol{b}=[B_{11}\ B_{12}\ B_{22}\ B_{13}\ B_{23}\ B_{33}]^{\mathrm{T}}$来定义。用$\boldsymbol{h}_i=[h_{i1}\ h_{i2}\ h_{i3}]^{\mathrm{T}}$来表示单应性矩阵$\boldsymbol{H}$的列向量，从而得到

$$\boldsymbol{h}_i^{\mathrm{T}}\boldsymbol{B}\boldsymbol{h}_j=\boldsymbol{v}_{ij}^{\mathrm{T}}\boldsymbol{b} \tag{2.17}$$

向量$\boldsymbol{v}_{ij}$的表达式为

$$\boldsymbol{v}_{ij}=[h_{i1}h_{j1}\ \ h_{i1}h_{j2}+h_{i2}h_{j1}\ \ h_{i2}h_{j2}\ \ h_{i3}h_{j1}+h_{i1}h_{j3}\ \ h_{i3}h_{j2}+h_{i2}h_{j3}\ \ h_{i3}h_{j3}]^{\mathrm{T}} \tag{2.18}$$

方程（2.15）现在被重写为以下形式

$$\begin{pmatrix} \boldsymbol{v}_{12}^{\mathrm{T}} \\ (\boldsymbol{v}_{11}-\boldsymbol{v}_{22})^{\mathrm{T}} \end{pmatrix}\boldsymbol{b}=0 \tag{2.19}$$

获取平面标定装置的n幅影像，产生形如式（2.19）所示的n个等式，从而得到$\boldsymbol{b}$的齐次线性方程，其中$\boldsymbol{V}$为$2n\times 6$的矩阵

$$\boldsymbol{V}\boldsymbol{b}=0 \tag{2.20}$$

只要$n\geqslant 3$，由式（2.20）就可以得出$\boldsymbol{b}$的解，这个解在比例因子上是唯一的。对于$n=2$的影像和没有歪斜的影像传感器，对应的矩阵元素A_{12}为零，在特殊情况下，添加某些约束条件$(0,1,0,0,0,0)\boldsymbol{b}=0$也可以得到$\boldsymbol{b}$的解。如果只有一个标定影像是可用的，假设一个没有偏斜的像素传感器（$A_{12}=0$），将由u_0和v_0给出的主点设置为影像中心，并且仅从标定影像估计两个矩阵元素A_{11}和A_{22}。由线性代数的相关内容可以知道，式（2.20）的齐次线性方程的解对应于属于最小特征值的6×6矩阵$\boldsymbol{V}^{\mathrm{T}}\boldsymbol{V}$的特征向量。

使用获得的$\boldsymbol{b}$值，根据关系式$\boldsymbol{B}=v\boldsymbol{A}^{-\mathrm{T}}\boldsymbol{A}$确定摄像机内参，其中，$v$是比例因子，如下

$$\begin{gathered} v_0=A_{23}=(B_{12}B_{13}-B_{11}B_{23})/(B_{11}B_{22}-B_{12}^2) \\ v=B_{33}-[B_{13}^2+v_0\left(B_{12}B_{13}-B_{11}B_{23}\right)]/B_{11} \\ \alpha_u=A_{11}=\sqrt{v/B_{11}} \\ \alpha_v=A_{22}=\sqrt{vB_{11}/(B_{11}B_{22}-B_{12}^2)} \\ \alpha_u\cot\theta=A_{12}=-\frac{B_{12}\alpha_u^2\alpha_v}{v} \\ u_0=A_{13}=\frac{A_{12}v_0}{\alpha_v}-\frac{B_{13}\alpha_u^2}{v} \end{gathered} \tag{2.21}$$

注意，在式（2.21）中使用的是矩阵元素。然后根据式（2.22）获得每个影像的外参数

$$\begin{gathered} \boldsymbol{r}_1=\lambda\boldsymbol{A}^{-1}\boldsymbol{h}_1 \\ \boldsymbol{r}_2=\lambda\boldsymbol{A}^{-1}\boldsymbol{h}_2 \\ \boldsymbol{r}_3=\boldsymbol{r}_1\times\boldsymbol{r}_2 \\ \boldsymbol{t}=\lambda\boldsymbol{A}^{-1}\boldsymbol{h}_3 \end{gathered} \tag{2.22}$$

然而，根据式（2.22）计算的矩阵$\boldsymbol{R}$不一定满足施加在旋转矩阵上的正交性约束。为了初始化随后的非线性光束法平差过程，提出了一种新方法，即根据 Frobenius 范数确定最接近给定3×3矩阵的正交旋转矩阵。

类似于 DLT 标定方法，至此计算的摄像机内参数和外参数通过最小化代数误差度量来获得，这在物理上是没有意义的。使用这些参数作为基于误差项（2.23）的最小化约束调整步骤初始值

$$\sum_{i=1}^{n}\sum_{j=1}^{m}\left\|\boldsymbol{m}_{ij}-\boldsymbol{A}(\boldsymbol{R}_i\boldsymbol{M}_j+\boldsymbol{t})\right\|^2 \tag{2.23}$$

在最优化过程中，由 Rodrigues 矢量$\boldsymbol{r}$描述旋转矩阵$\boldsymbol{R}$。该矢量的方向指示旋转轴的方向，其范数表示弧度中的旋转角。通过使用 Press 等人在 2007 年所提出的列文伯格-马奎特（Levenberg-Marquardt，LM）算法将光束法平差误差项（2.23）最小化。

考虑到径向透镜畸变，利用的畸变模型中的切向畸变是忽略不计的。在小径向畸变情

况下，畸变模型中的系数只有 k_1 和 k_3 明显偏离 0，采用以下过程来估计 k_1 和 k_3：通过设定 $k_1 = k_3 = 0$，根据小孔模型产生投影控制点，获得摄像机参数的初始解。参数 k_1 和 k_3 在第二步中通过超定线性方程组、最小化投影影像点和观察影像点之间影像平面中的平均欧几里得距离来计算。通过迭代应用此过程获得 k_1 和 k_3 的最终值。

由于观察到的迭代技术收敛缓慢，可使用一种替代方法，即通过将畸变参数适当地结合到误差项（2.23）中，并与其他摄像机参数同时估计来确定透镜畸变。

2.3　静态场景多视角下摄像机系统的自标定

上述的摄像机标定方法都依赖于采集一组已知几何坐标的标定装置的影像，这些标定装置具有明确的控制点，可以从标定影像中以高精度选点方法进行提取。对于没有专门标定装置的摄像机标定，只依赖于从未知几何场景的一组影像中提取的特征点和它们之间建立的对应关系，称为“自标定”。

2.3.1　基础矩阵

本节遵循 Hartley R 和 Zisserman A 在其著作[29]中的方法对基础矩阵进行介绍。从未知静态场景的多个视角进行自标定的第一步是确定在影像对之间的基础矩阵 $\boldsymbol{F}$（Fundamental Matrix）。$\boldsymbol{F}$ 是一个 3×3 的矩阵，表达了影像像对的像点之间的对应关系，在本书的第 4 章中将对其进行详细介绍。$\boldsymbol{F}$ 矩阵包含立体像对的两幅影像在拍摄时相互之间的空间几何关系（外参数）以及摄像机检校参数（内参数），包括旋转、位移、像主点坐标和焦距。$\boldsymbol{F}$ 矩阵的秩为 2，并且可以自由缩放（无尺度化），所以只需 7 对同名点即可估算出 $\boldsymbol{F}$ 的元素。对于立体像对中的一对同名点，它们的齐次化影像坐标分别为 $\boldsymbol{m}$ 与 $\boldsymbol{m}'$，$\boldsymbol{Fm}$ 表示一条必定经过 $\boldsymbol{m}'$ 的直线（极线），这意味着立体像对的所有同名点对都满足

$$\boldsymbol{m}'^{\mathrm{T}}\boldsymbol{F}\boldsymbol{m} = 0 \tag{2.24}$$

如果已知两个摄像机投影矩阵 $\boldsymbol{P}_1$ 和 $\boldsymbol{P}_2$，就能够利用像素关联来快速完成场景的投影重建。如果有 7 个或更多的点对应关系 $\boldsymbol{m}_i^{I_1} \sim \boldsymbol{m}_i^{I_2} (i = 1,2,\cdots)$ 可用，用矢量 $[u_1\ v_1\ 1]^{\mathrm{T}}$ 和 $[u_2\ v_2\ 1]^{\mathrm{T}}$ 表示归一化坐标中的影像点 $\boldsymbol{m}^{I_1} \sim \boldsymbol{m}^{I_2}$。根据式（2.24），每一对同名点都能够提供一组包含基础矩阵 $\boldsymbol{F}$ 元素的方程

$$u_1u_2F_{11} + u_2v_1F_{12} + u_2F_{13} + u_1v_2F_{21} + v_1v_2F_{22} + v_2F_{23} + u_1F_{31} + v_1F_{32} + F_{33} = 0$$

在式（2.24）中，$\boldsymbol{F}$ 的矩阵元素系数仅取决于所测量的坐标 $\boldsymbol{m}^{I_1} \sim \boldsymbol{m}^{I_2}$。将长度为 9 的矢量 $\boldsymbol{f}$ 定义为由从 $\boldsymbol{F}$ 中抽取的所有元素组成的行矩阵，方程变为

$$\left(u_1u_2, u_2v_1, u_2, u_1v_2, v_1v_2, v_2, u_1, v_1, 1\right)\boldsymbol{f} = 0 \tag{2.25}$$

然后，当观测到 n 个同名点对应时，矩阵元素的方程组如下

$$\boldsymbol{Gf} = \begin{bmatrix} u_1^{(1)}u_2^{(1)} & u_2^{(1)}v_1^{(1)} & u_2^{(1)} & u_1^{(1)}v_2^{(1)} & v_1^{(1)}v_2^{(1)} & v_2^{(1)} & u_1^{(1)} & v_1^{(1)} & 1 \\ \cdots & \cdots & \cdots & \cdots & \cdots & \cdots & \cdots & \cdots & \cdots \\ u_1^{(n)}u_2^{(n)} & u_2^{(n)}v_1^{(n)} & u_2^{(n)} & u_1^{(n)}v_2^{(n)} & v_1^{(n)}v_2^{(n)} & v_2^{(n)} & u_1^{(n)} & v_1^{(n)} & 1 \end{bmatrix}\boldsymbol{f} = \boldsymbol{0} \tag{2.26}$$

式（2.26）中矢量 $\boldsymbol{f}$ 组成的基础矩阵 $\boldsymbol{F}$ 的比例因子仍不确定。如果系数矩阵 $\boldsymbol{G}$ 的秩为 8，则直接得到唯一解（未知尺度）。但是，如果假设由于测量噪声而使测量的点对应关系

不准确，则即使仅考虑 8 点对应关系，系数矩阵$\boldsymbol{G}$的秩也仍为9，如果将更多的点对应关系考虑进来，则可以提高$\boldsymbol{F}$解的准确度。在这种情况下，$\boldsymbol{f}$的最小二乘解由$\boldsymbol{G}$的一个奇异向量给出，该奇异向量对应于其最小奇异值，其中$\|\boldsymbol{Gf}\|$在$\|\boldsymbol{f}\|=1$时取得最小值。

这种方法存在的问题是由于存在测量噪声，从式（2.26）中获得的$\boldsymbol{F}$矩阵的秩通常不是2，而影像对的核心由$\boldsymbol{F}$的左右零向量给出，即分别属于$\boldsymbol{F}^{\mathrm{T}}$和$\boldsymbol{F}$的零特征值对应的特征向量。如果$\boldsymbol{F}$的秩大于2，则以上情况不存在。通过替换基于系数矩阵$\boldsymbol{G}$的奇异值分解（Singular Value Decomposition，SVD）所获得的解，能够实现$\boldsymbol{F}$的秩为2这个约束条件。通过计算并要求满足上述约束，由式（2.26）中矢量$\boldsymbol{f}$的元素组成矩阵$\bar{\boldsymbol{F}}$，使得$\|\boldsymbol{F}-\bar{\boldsymbol{F}}\|_F$最小，且$\det\bar{\boldsymbol{F}}=0$。$\|\boldsymbol{X}\|_F$表示矩阵$\boldsymbol{X}$的 Frobenius 范数，元素$\boldsymbol{x}_{ij}$由式（2.27）给出，其中$\boldsymbol{X}^*$是$\boldsymbol{X}$的共轭转置，$\sigma_i$是奇异值

$$\|\boldsymbol{X}\|_F^2=\sum_{i=1}^{m}\sum_{j=1}^{n}\left|\boldsymbol{x}_{ij}\right|^2=\mathrm{trace}\left(\boldsymbol{X}^*\boldsymbol{X}\right)=\sum_{i=1}^{\min(m,n)}\sigma_i^2 \tag{2.27}$$

如果假定$\boldsymbol{F}=\boldsymbol{UDV}^{\mathrm{T}}$是$\boldsymbol{F}$的奇异值分解，$\boldsymbol{D}$为对角矩阵且$\boldsymbol{D}=\mathrm{diag}(r,s,t)$，其中$r\geqslant s\geqslant t$，$\bar{\boldsymbol{F}}$使得$\|\boldsymbol{F}-\bar{\boldsymbol{F}}\|_F$范数最小化，$\bar{\boldsymbol{F}}=\boldsymbol{U}\mathrm{diag}(r,s,0)\boldsymbol{V}^{\mathrm{T}}$。

针对这种情况，学者们提出了改进的“8 点算法”来确定基础矩阵$\boldsymbol{F}$。基础矩阵的元素可能具有不同的数量级，因此可以通过每幅影像中的平移和缩放变换来归一化影像点的传感器像素坐标。传感器坐标由$[u_i^j \quad v_i^j \quad 1]^{\mathrm{T}}$给出，$j\in\{1,2\}$表示影像索引，$i$表示一对对应点的索引。因此，在归一化齐次坐标中给出影像点的平均值被移到传感器坐标系的原点，并且它们到原点的均方根距离值为$\sqrt{2}$。根据式（2.28）执行该变换，其中转换矩阵$\boldsymbol{T}_j$由式（2.29）给出

$$\begin{pmatrix}\breve{u}_i^j\\ \breve{v}_i^j\\ 1\end{pmatrix}=\boldsymbol{T}_j\begin{pmatrix}u_i^j\\ v_i^j\\ 1\end{pmatrix} \tag{2.28}$$

$$\boldsymbol{T}_j=\begin{bmatrix}S_j & 0 & -S_j u_i^j i\\ 0 & S_j & -S_j v_i^j i\\ 0 & 0 & 1\end{bmatrix},S_j=\frac{\sqrt{2}}{\sqrt{(u_i^j-u_{i\,i}^j)^2+(v_i^j-v_{i\,i}^j)^2{}_i}} \tag{2.29}$$

随后，基于式（2.26）获得归一化的基础矩阵$\breve{\boldsymbol{F}}$，其中影像点$[u_i^j \; v_i^j \; 1]^{\mathrm{T}}$被归一化的影像点$[\breve{u}_i^j \; \breve{v}_i^j \; 1]^{\mathrm{T}}$代替，使用上述基于 SVD 分解的过程对$\breve{\boldsymbol{F}}$执行奇异性约束。根据$\boldsymbol{F}=\boldsymbol{T}_2^{\mathrm{T}}\breve{\boldsymbol{F}}\boldsymbol{T}_1$对$\breve{\boldsymbol{F}}$进行去归一化，然后得到原始影像点的基础矩阵$\boldsymbol{F}$。

确定基础矩阵$\boldsymbol{F}$的线性方法都依赖于纯代数而非物理意义上的误差度量。相反，“黄金标准方法”产生一个基础矩阵，该矩阵在测量对应点$\boldsymbol{m}^{I_1}\sim\boldsymbol{m}^{I_2}$与估计对应点$\hat{\boldsymbol{m}}^{I_1}\sim\hat{\boldsymbol{m}}^{I_2}$之间的影像平面中的欧氏距离方面是最优的，这正好满足关系式$\hat{\boldsymbol{m}}^{I_1\mathrm{T}}\boldsymbol{F}\hat{\boldsymbol{m}}^{I_2}=0$。因此，使误差项（2.30）最小化是很有必要的

$$E_G=\sum_i[d^2(\boldsymbol{m}_i^{I_1},\hat{\boldsymbol{m}}_i^{I_1})+d^2(\boldsymbol{m}_i^{I_2},\hat{\boldsymbol{m}}_i^{I_2})] \tag{2.30}$$

在式（2.30）中，距离测度$d^2(\boldsymbol{m}_i^{I_j},\hat{\boldsymbol{m}}_i^{I_j})$描述了影像点$\boldsymbol{m}_i^{I_j}$和$\hat{\boldsymbol{m}}_i^{I_j}$之间的影像平面中的欧氏距离，即重投影误差。为了最小化误差项（2.30），将摄像机投影矩阵定义为$\boldsymbol{P}_1=[\boldsymbol{I}\,|\,\boldsymbol{0}]$（称

为规范形式），$P_2=[R|t]$，并将属于测量点 $m_i^{I_1}$ 和 $m_i^{I_2}$ 对应的三维点定义为 M_i。接着可以得到 $\hat{m}_i^{I_1}=P_1M_i$，$\hat{m}_i^{I_2}=P_2M_i$。通过最小化式（2.30）误差项 E_G，能够优化投影矩阵 P_2 及场景点 M_i 的解。由于摄像机矩阵 P_1 的特殊形式，矩阵 F 满足 $F=[t]_\times R$。相应的估计影像点 $\hat{m}_i^{I_1}$ 和 $\hat{m}_i^{I_2}$ 恰好满足关系 $\hat{m}^{I_1\mathrm{T}}F\hat{m}^{I_2}=0$。利用 Levenberg-Marquardt 方法等非线性优化算法将欧氏误差项（2.30）降至最小。

2.3.2　度量自标定

本节根据文献[29]提出的方案，介绍如何基于场景的投影重建完成度量自标定。在一个度量坐标系中，摄像机被标定且恢复出在欧氏世界坐标系中的场景结构。本节的内容与由运动恢复结构（Structure From Motion，SFM）的内容有一定的相似性。

设有 n 幅不同位置的影像，每幅都对应了一个 3×4 维的欧氏投影摄像机矩阵 $P_i^{(M)}$，其对三维场景中的点 M_j 成像产生影像点的过程为 $m_j^{I_i}=P_i^{(M)}M_j$。摄像机矩阵可以写成 $P_i^{(M)}=K_i[R_i|t_i]$，其中 $i=1,\cdots,n$。K_i 是摄像机的内参数矩阵

$$K=\begin{bmatrix} f_x & s & u_o \\ 0 & f_y & v_o \\ 0 & 0 & 1 \end{bmatrix}$$

根据基础矩阵可以投影重建求出射影几何形式的投影矩阵 P_i，即 $P_i=[[\tilde{e}_2]_\times F|\tilde{e}_2]$。一种更通用的形式是

$$P_i=[[\tilde{e}_2]_\times F+\tilde{e}_2V^{\mathrm{T}}|\lambda\tilde{e}_2]$$

其中 V 是一个任意的 3×1 矩阵，$\lambda\neq0$。对应的欧氏矩阵 $P_i^{(M)}$ 由式（2.31）获得

$$P_i^{(M)}=P_iH \tag{2.31}$$

其中 $i=1,\cdots,n$，H 为 4×4 投影变换，度量自标定的目的是确定方程（2.31）中的 H。

假定世界坐标系的坐标原点和坐标轴的指向与参考摄像机 1 的坐标系相同，即 $R_1=I$ 和 $t_1=0$。矩阵 R_i 和平移矢量 t_i 表示摄像机 i 相对于摄像机 1 的旋转和平移参数。此外，有 $P_1^{(M)}=K_1[I|0]$。射影投影矩阵 P_1 被设置为其规范形式 $P_1=[I|0]$。如果 H 写成

$$H=\begin{bmatrix} B & t \\ v^{\mathrm{T}} & k \end{bmatrix} \tag{2.32}$$

则方程（2.31）改写为简化形式 $[K_1|0]=[I|0]H$，从中可以很容易地推断出 $B=K_1$ 和 $t=0$。为了防止矩阵 H 变为奇异矩阵，需要它的元素 $h_{44}=k\neq0$。一种比较好的选择是设置 $h_{44}=k=1$，从而得到

$$H=\begin{bmatrix} K_1 & 0 \\ v^{\mathrm{T}} & 1 \end{bmatrix} \tag{2.33}$$

在这些条件下，无穷远处的平面对应于

$$\tilde{\pi}_\infty=H^{-\mathrm{T}}\begin{pmatrix}0\\0\\0\\1\end{pmatrix}=\begin{bmatrix} K_1^{-\mathrm{T}} & -K_1^{-\mathrm{T}}v \\ 0^{\mathrm{T}} & 1 \end{bmatrix}\begin{pmatrix}0\\0\\0\\1\end{pmatrix}=\begin{pmatrix}-K_1^{-\mathrm{T}}v\\1\end{pmatrix} \tag{2.34}$$

因此，$\boldsymbol{v}^{\mathrm{T}}=-\boldsymbol{p}^{\mathrm{T}}\boldsymbol{K}$，其中上三角矩阵 $\boldsymbol{K}\equiv\boldsymbol{K}_1$ 表示第一个摄像机的内标定参数。式（2.33）可以写为

$$\boldsymbol{H}=\begin{bmatrix}\boldsymbol{K} & \boldsymbol{0}\\ -\boldsymbol{p}^{\mathrm{T}}\boldsymbol{K} & 1\end{bmatrix} \tag{2.35}$$

然后，度量重构标定的过程变为确定 $\boldsymbol{p}$ 的三个分量和 $\boldsymbol{K}$ 的 5 个独立矩阵元素。

自标定基本方程及其求解方法：

为了确定自标定的基本方程，将投影重建的射影投影矩阵表示为 $\boldsymbol{P}_i=[\boldsymbol{B}_i\,|\,\boldsymbol{b}_i]$。结合式（2.31）和式（2.32）可以得到

$$\boldsymbol{K}_i\boldsymbol{R}_i=(\boldsymbol{B}_i-\boldsymbol{b}_i\boldsymbol{p}^{\mathrm{T}})\boldsymbol{K}_1 \tag{2.36}$$

其中 $i=2,\cdots,m$，$\boldsymbol{R}_i=\boldsymbol{K}_i^{-1}(\boldsymbol{B}_i-\boldsymbol{b}_i\boldsymbol{p}^{\mathrm{T}})\boldsymbol{K}_1$。从旋转矩阵的正交性来看，$\boldsymbol{R}\boldsymbol{R}^{\mathrm{T}}=\boldsymbol{I}$，因此可以得到

$$\boldsymbol{K}_i\boldsymbol{K}_i^{\mathrm{T}}=(\boldsymbol{B}_i-\boldsymbol{b}_i\boldsymbol{p}^{\mathrm{T}})\boldsymbol{K}_1\boldsymbol{K}_1^{\mathrm{T}}(\boldsymbol{B}_i-\boldsymbol{b}_i\boldsymbol{p}^{\mathrm{T}})^{\mathrm{T}} \tag{2.37}$$

这个重要的表达式代表了自标定的基本方程。根据摄像机矩阵 $\boldsymbol{K}_i$ 元素的定义，如主点 $[u_0\ v_0]^{\mathrm{T}}$ 或倾斜角 θ，由式（2.37）得出计算 $\boldsymbol{p}$ 和 $\boldsymbol{K}_1$ 的 8 个未知参数的方程。

很多情况下，所有参与三维重建的影像是由一台摄像机拍摄的，因此都有相同的内参。那么式（2.37）可以改写为

$$\boldsymbol{K}\boldsymbol{K}^{\mathrm{T}}=\left(\boldsymbol{B}_i-\boldsymbol{b}\boldsymbol{p}^{\mathrm{T}}\right)\boldsymbol{K}\boldsymbol{K}^{\mathrm{T}}(\boldsymbol{B}_i-\boldsymbol{b}\boldsymbol{p}^{\mathrm{T}})^{\mathrm{T}} \tag{2.38}$$

由于式（2.38）的左右两边都是一个对称的 3×3 矩阵，并且方程是齐次的，因此除第一个视图外的每个视图都提供了 5 个额外的约束条件，使得对于 $m(m\geqslant3)$ 幅影像可获得 8 个未知参数以及针对 $\boldsymbol{K}$ 的解。

在自标定基本方程的背景下，Hartley R 和 Zisserman A[29]引入了几个几何实体。在射影几何中，由平面和圆锥体之间的交点所构成的曲线（即圆形、椭圆、抛物面和双曲线）的一般表示由圆锥曲线给出。圆锥曲线的投影表示是一个矩阵 $\boldsymbol{C}$，对于圆锥曲线 $\boldsymbol{C}$ 上的所有点 $\tilde{\boldsymbol{m}}$，有 $\tilde{\boldsymbol{m}}^{\mathrm{T}}\boldsymbol{C}\tilde{\boldsymbol{m}}$。圆锥曲线的对偶也是圆锥曲线，因为圆锥曲线既可以由属于它的点定义，也可以由与这些点相对应的线或平面定义，从而形成圆锥曲线的“包络”。

绝对二次曲线 $\boldsymbol{\Omega}_\infty$ 位于无穷远平面 $\tilde{\boldsymbol{\pi}}_\infty$ 上。一个重要的实体是绝对二次曲线 $\boldsymbol{\Omega}$ 的对偶，它被称为绝对对偶二次曲面，用 $\boldsymbol{Q}_\infty^*$ 表示。在一个欧氏坐标系中，$\boldsymbol{Q}_\infty^*$ 变为其规范形式 $\boldsymbol{Q}_\infty^*=\tilde{\boldsymbol{I}}=\mathrm{diag}(1,1,1,0)$，而其一般形式对应于 $\boldsymbol{Q}_\infty^*=\boldsymbol{H}\tilde{\boldsymbol{I}}\boldsymbol{H}^{\mathrm{T}}$。

在度量自标定的前提下，相关的两个实体是“绝对圆锥曲线影像”（Image of Absolute Conic，IAC）和“绝对圆锥曲线的耦合影像”（Dual Image of the Absolute Conic，DIAC），它们分别由 $\boldsymbol{\omega}$ 和 $\boldsymbol{\omega}^*$ 表示。它们包括摄像机内参数 $\boldsymbol{K}$ 矩阵的信息，是根据式（2.39）给出的

$$\boldsymbol{\omega}=(\boldsymbol{K}\boldsymbol{K}^{\mathrm{T}})^{-1}=\boldsymbol{K}^{-\mathrm{T}}\boldsymbol{K}^{-1}\ \text{且}\ \boldsymbol{\omega}^*=\boldsymbol{\omega}^{-1}=\boldsymbol{K}\boldsymbol{K}^{\mathrm{T}} \tag{2.39}$$

一旦矩阵 $\boldsymbol{\omega}^*$ 已知，基于 Cholesky 因式分解矩阵就很容易获得（Press 等人于 2007 年提出）。就摄像机内参数本身而言，$\boldsymbol{\omega}^*=\boldsymbol{K}\boldsymbol{K}^{\mathrm{T}}$ 可以表示为

$$\boldsymbol{\omega}^*=\begin{bmatrix}\alpha_u^2+\alpha_u^2\cot^2\theta+u_0^2 & \alpha_u\alpha_v\cos\theta/\sin^2\theta+u_0v_0 & u_0\\ \alpha_u\alpha_v\cos\theta/\sin^2\theta+u_0v_0 & \alpha_v^2/\sin^2\theta+v_0^2 & v_0\\ u_0 & v_0 & 1\end{bmatrix} \tag{2.40}$$

当用 IAC ω_i 和 DIAC ω_i^* 表示时，自标定的基本方程式（2.37）变为

$$\omega_i^* = (\boldsymbol{B}_i - \boldsymbol{b}_i\boldsymbol{p}^{\mathrm{T}})\omega_1^*(\boldsymbol{B}_i - \boldsymbol{b}_i\boldsymbol{p}^{\mathrm{T}})^{\mathrm{T}} \tag{2.41}$$

$$\omega_i = (\boldsymbol{B}_i - \boldsymbol{b}_i\boldsymbol{p}^{\mathrm{T}})^{-\mathrm{T}}\omega_1(\boldsymbol{B}_i - \boldsymbol{b}_i\boldsymbol{p}^{\mathrm{T}})^{-1}$$

绝对双二次曲面 $\boldsymbol{Q}_\infty^*$ 的影像与 DIAC 相同，可以表示为式（2.42），其中 $\boldsymbol{P}$ 表示摄像机的射影投影矩阵，式（2.42）等价于自标定基本方程（2.41）

$$\boldsymbol{\omega}^* = \boldsymbol{P}\boldsymbol{Q}_\infty^*\boldsymbol{P}^{\mathrm{T}} \tag{2.42}$$

此时，绝对双二次曲线的度量自标定过程如下。

（1）基于矩阵 $\boldsymbol{\omega}^*$ 的已知元素，尤其是其中的零值元素，使用式（2.42）中的已知投影矩阵 $\boldsymbol{P}$，可以进一步来确定 $\boldsymbol{Q}_\infty^*$。例如，对于已知的主点 $[u_0\ v_0]^{\mathrm{T}}$，传感器坐标系可以被转换成 $u_0 = v_0 = 0$，从而得到 $\omega_{13}^* = \omega_{23}^* = \omega_{31}^* = \omega_{32}^* = 0$。此外，零斜角（即 $\theta = 90^\circ$）产生 $\omega_{12}^* = \omega_{21}^* = 0$。

（2）根据 $\boldsymbol{Q}_\infty^* = \boldsymbol{H}\tilde{\boldsymbol{I}}\boldsymbol{H}^{\mathrm{T}}$ 和 $\tilde{\boldsymbol{I}} = \mathrm{diag}(1,1,1,0)$ 确定基于绝对对偶二次曲面 $\boldsymbol{Q}_\infty^*$ 特征值分解的变换 $\boldsymbol{H}$。

（3）确定度量摄像机的欧氏投影矩阵 $\boldsymbol{P}^{(M)} = \boldsymbol{P}\boldsymbol{H}$ 和场景点坐标 $\boldsymbol{M}_i^{(M)} = \boldsymbol{H}^{-1}\boldsymbol{M}_i$。由于 $\boldsymbol{P}^{(M)}$ 和 $\boldsymbol{M}_i^{(M)}$ 的解仅仅是基于代数而不是物理意义上的误差项来获得的，因此很适合通过光束法平差算法（Bundle Adjustment，BA）来进行优化求解。

自标定的另一种方法是基于 Kruppa 方程[35]的，它们最初由 Kruppa E 在 1913 年引入，并由 Hartley R 在 1997 年[30]修改，以建立基于基础矩阵 $\boldsymbol{F}$ 的 SVD 分解关系，其在 DIAC 的参数中产生二次方程。这种方案的主要优点是它不需要投影重建。另一种被 Hartley R 和 Zisserman A[29]称为“分层自标定”的方法是逐步从投影到仿射，最后到度量重建。

场景重建和自标定投影技术的总结如表 2.1 所示[29]。

表 2.1　场景重建和自标定投影技术的总结

本质矩阵：${}^{I_1}\tilde{\boldsymbol{m}}'^{\mathrm{T}}\boldsymbol{E}\,{}^{I_2}\tilde{\boldsymbol{m}}' = 0$	基础矩阵：${}^{S_2}\tilde{\boldsymbol{m}}^{\mathrm{T}}\boldsymbol{F}\,{}^{S_1}\tilde{\boldsymbol{m}} = 0$，$\boldsymbol{F} = \boldsymbol{K}_2^{-\mathrm{T}}\boldsymbol{E}\boldsymbol{K}_1^{-1}$
极点：$\tilde{\boldsymbol{e}}_2^{\mathrm{T}}\boldsymbol{F} = 0$，$\boldsymbol{F}\tilde{\boldsymbol{e}}_1 = 0$	
欧氏投影矩阵与射影投影矩阵： $\boldsymbol{P}_i^{(M)} = \boldsymbol{P}_i\boldsymbol{H}$，$\boldsymbol{H} = \begin{bmatrix}\boldsymbol{K}_1 & 0\\ \boldsymbol{v}^{\mathrm{T}} & 1\end{bmatrix}$	投影重建（线性方法） $\boldsymbol{P}_1 = [\boldsymbol{I}\mid 0]$，$\boldsymbol{P}_2 = [[\tilde{\boldsymbol{e}}_2]_\times\boldsymbol{F}\mid\tilde{\boldsymbol{e}}_2]$， $\boldsymbol{G}^W\tilde{\boldsymbol{m}} = 0$，$\boldsymbol{G} = \begin{bmatrix}u_1\tilde{\boldsymbol{p}}_1^{(3)\mathrm{T}} - \tilde{\boldsymbol{p}}_1^{(1)\mathrm{T}}\\ v_1\tilde{\boldsymbol{p}}_1^{(3)\mathrm{T}} - \tilde{\boldsymbol{p}}_1^{(2)\mathrm{T}}\\ u_2\tilde{\boldsymbol{p}}_2^{(3)\mathrm{T}} - \tilde{\boldsymbol{p}}_2^{(1)\mathrm{T}}\\ v_2\tilde{\boldsymbol{p}}_2^{(3)\mathrm{T}} - \tilde{\boldsymbol{p}}_2^{(2)\mathrm{T}}\end{bmatrix}$． 基于影像中的最小欧氏距离的非线性投影重建
绝对圆锥曲线影像（IAC） $\boldsymbol{\omega} = (\boldsymbol{K}\boldsymbol{K}^{\mathrm{T}})^{-1} = \boldsymbol{K}^{-\mathrm{T}}\boldsymbol{K}^{-1}$	绝对圆锥曲线的对偶影像（DIAC） $\boldsymbol{\omega}^* = \boldsymbol{\omega}^{-1} = \boldsymbol{K}\boldsymbol{K}^{\mathrm{T}}$
自标定基本方程 $\omega_i^* = (\boldsymbol{B}_i - \boldsymbol{b}_i\boldsymbol{p}^{\mathrm{T}})\omega_1^*(\boldsymbol{B}_i - \boldsymbol{b}_i\boldsymbol{p}^{\mathrm{T}})^{\mathrm{T}}$ $\omega_i = (\boldsymbol{B}_i - \boldsymbol{b}_i\boldsymbol{p}^{\mathrm{T}})^{-\mathrm{T}}\omega_1(\boldsymbol{B}_i - \boldsymbol{b}_i\boldsymbol{p}^{\mathrm{T}})^{-1}$ 其中，$\boldsymbol{P}_i = [\boldsymbol{B}_i\mid\boldsymbol{b}_i]$	基于绝对二次曲面的自标定 $\boldsymbol{\omega}^* = \boldsymbol{P}\boldsymbol{Q}_\infty^*\boldsymbol{P}^{\mathrm{T}}$，$\boldsymbol{Q}_\infty^* = \boldsymbol{H}\tilde{\boldsymbol{I}}\boldsymbol{H}^{\mathrm{T}}$ $\boldsymbol{P}^{(M)} = \boldsymbol{P}\boldsymbol{H}$，$\boldsymbol{M}_i^{(M)} = \boldsymbol{H}^{-1}\boldsymbol{M}_i$

值得注意的是，所有度量自标定方法产生的三维场景结构都是没有尺度因素的，即比例关系是准确的，但物理尺寸是缺失的。需要通过一组物理尺寸已知的参照物或者已知摄像机的位移参数，可以计算出决定三维重建的实际物理尺寸。

2.3.3 基于灭点的自标定方法

迄今为止所描述的自标定方法需要大量采集的影像之间的点对应关系。在某些场景中，尤其是那些包含诸如建筑物等人造物体的场景，从所采集的影像中提取线条而不是明确定义的点可能会更方便，如图 2.6 所示。场景中的平行线隐含了一组射影关系，它为影像标定提供了一种完全不同于之前算法的标定思路。

图 2.6 人造场景中存在的平行线特征

场景中的两条平行线在无穷远处相交。在投影影像上，这些线通常不是平行的，并且在具有明确定义的影像坐标的影像点 $\boldsymbol{v}$ 处相交，这样的点称为“灭点”，如图 2.7 所示。图 2.8 给出了两个灭点的夹角的示意图。

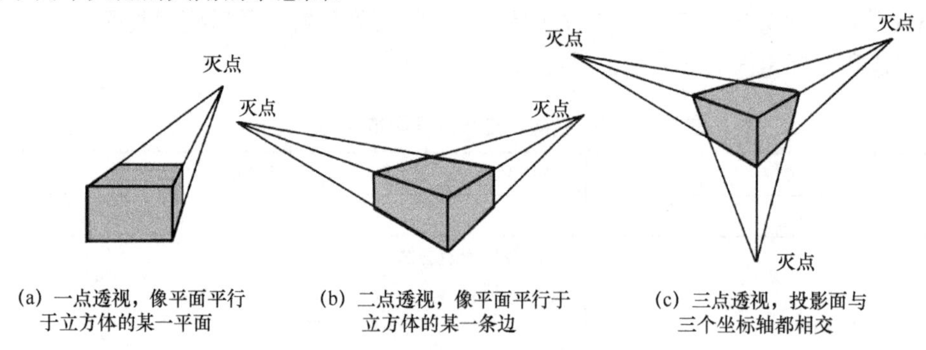

(a) 一点透视，像平面平行于立方体的某一平面

(b) 二点透视，像平面平行于立方体的某一条边

(c) 三点透视，投影面与三个坐标轴都相交

图 2.7 一个立方体的投影影像的灭点的 3 种情况

Cipolla R 等人在 1999 年[22]提出了一种基于三个灭点直接估计摄像机内参数的算法，其相互关联的方向彼此正交。通过从影像中手动提取出场景中存在的平行线，根据 Hartley R 和 Zisserman A 的方案[29]，灭点意味着正交方向允许确定 IAC $\boldsymbol{\omega}$。

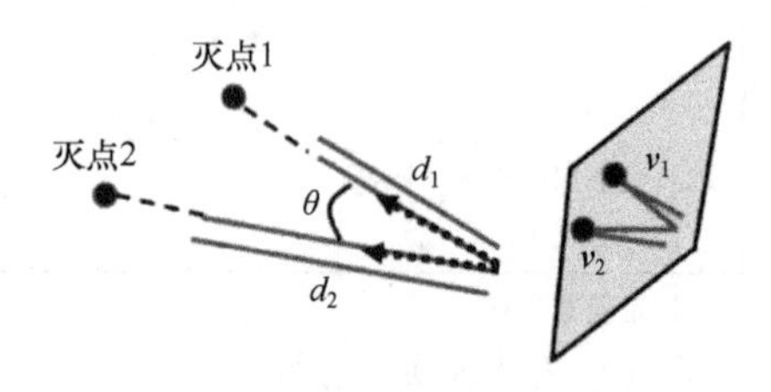

图 2.8 两个灭点的夹角

对于具有像平面坐标 $\boldsymbol{v}_1$ 和 $\boldsymbol{v}_2$ 的两个灭点，关系 $\boldsymbol{v}_1^{\mathrm{T}}\boldsymbol{\omega}\boldsymbol{v}_2 = 0$ 是有效的，表示正交方向的三个灭点允许估计二次曲线 $\boldsymbol{\omega}$ 的参数，$\boldsymbol{\omega} = \boldsymbol{K}^{-\mathrm{T}}\boldsymbol{K}^{-1}$。

假设一个三维方向为$\boldsymbol{e}=\begin{bmatrix}0 & 0 & 1\end{bmatrix}^{\mathrm{T}}$。这个方向上的消失点映射到影像平面为

$$\boldsymbol{v}=\boldsymbol{K}\left[\boldsymbol{R}|\boldsymbol{t}\right]\begin{bmatrix}\boldsymbol{e}\\ \boldsymbol{0}\end{bmatrix}=\boldsymbol{KRe} \tag{2.43}$$

反过来，存在$\boldsymbol{e}=\boldsymbol{R}^{\mathrm{T}}\boldsymbol{K}^{-1}\boldsymbol{v}$。空间上两个互相垂直的向量：

$$\boldsymbol{e}_1^{\mathrm{T}}\boldsymbol{e}_2=(\boldsymbol{R}^{\mathrm{T}}\boldsymbol{K}^{-1}\boldsymbol{v}_1)^{\mathrm{T}}(\boldsymbol{R}^{\mathrm{T}}\boldsymbol{K}^{-1}\boldsymbol{v}_2)=\boldsymbol{0} \tag{2.44}$$

$$\boldsymbol{v}_1^{\mathrm{T}}\boldsymbol{K}^{-\mathrm{T}}\boldsymbol{R}\boldsymbol{R}^{\mathrm{T}}\boldsymbol{K}^{-1}\boldsymbol{v}_2=\boldsymbol{v}_1^{\mathrm{T}}\boldsymbol{K}^{-\mathrm{T}}\boldsymbol{K}^{-1}\boldsymbol{v}_2=\boldsymbol{0} \tag{2.45}$$

想要在单幅影像中总是检测到 3 个可靠的相互正交方向的灭点，难度较大，因此 Grammatikopoulos L 等人[27]将基于灭点的方法扩展到一个框架，该框架用同一摄像机独立获取多幅影像（因此不一定都显示相同的对象），每幅影像只要求检测出 2 个正交方向的灭点。从影像中提取的灭点也用于推算镜头畸变系数。Grammatikopoulos L 等人给出了这种算法的自动化方法，线条被自动提取并且确定灭点像素位置。该方法采用了多个使用同一摄像机独立采集的影像，每幅影像显示 2 个或 3 个相互正交的灭点。

2.4　摄像机系统的半自动标定

摄像机投影成像系统的内参数和外参数的自标定，可以通过场景三维重建的过程来确定，相当于三维重建的“副产品”，该内容通过本书的第 4 章由运动恢复结构的介绍会有进一步的了解。自标定和三维重建的耦合实现是基于影像之间大量的点对应关系得到的。然而，在现实观测条件中，并非每个场景点的分布都适用于基于自标定的摄像机参数的准确确定。例如，如果场景点的分布是基于平面分布的，即控制点满足共面性，而非三维离散的分布形式，这时许多线性方法都会失效。因此，在摄像机标定过程中，期望能够以高精度和高可靠性的技术提取场景点像素坐标。

在自标定情况下，错误的点对应关系会引起严重的错误解算问题。当错误的像素匹配关联（即粗差或异常值（Outlier））未被检测排除时，最终重建结果可能出现很大误差。检测排除粗差的方法有许多，其中 RANSAC 方法[24]是使用最为广泛的，RANSAC 为 Random Sample Consensus 的缩写，它的思想是从一组包含异常数据的样本数据集中通过随机抽样生成候选的参数模型，然后用其余的数据样本估计参数模型的准确度。迭代循环随机采样，每次都能生成一组模型，在所有迭代过程中找到所有样本吻合度最高的那组模型，即计算出数据的数学模型参数，进而将不满足模型参数条件的数据判别为异常值。

$\boldsymbol{M}$ 估计量[42]也是一种优化技术。RANSAC 或者 $\boldsymbol{M}$ 估计往往不能完全解决匹配误差的问题。在某些情况下，场景甚至可能不包含明确定义的点特征。例如，如果需要重建弱纹理或无纹理的表面，则此时 RANSAC 或者 $\boldsymbol{M}$ 估计无法起到作用。

此外，大多数匹配点搜索算法的自动方法都是假定场景中物体的表面是朗伯体的，而大多数真实的表面材料难免会具有镜面反射成分。如果镜面反射的部分被检测为一幅影像中的点特征，则该镜面分量可能导致不准确的影像点测量，它将与从另一个视角观测的影像中的不同物理表面点相关联，从而导致在测得的影像坐标中对应的点匹配关系不准确甚至有很大误差。在某些极端情况下，匹配点搜索变得很困难，因为具有镜面特性的表面在不同的视点下的成像可能看起来完全不相同。影像像素点的匹配对应问题将在第 3 章进行详细讨论。

基于上述问题，本节介绍基于精确控制的标定装置的半自动标定方法。与依赖于从未知几何形状的场景中提取点特征的自标定方法相比，该方法需要具有已知精确控制点的标定装置。简言之，半自动标定方法可以自动地从标定影像中提取出控制点的像素坐标，所以不需要用户交互，而且能够准确地实现像素点和场景点的关联，避免误匹配的影响。然后进行摄像机标定，其与 Zhang1999 标定方法确定内参数和外参数的方法类似。

2.4.1 标定装置

Bouguet 在 2007 年提出的标定装置由一个平面棋盘格图案组成，可以用激光打印机制作。该装置的部件将表示如下："方形"表示装置的黑色或白色区域，不需要严格要求是方形的，也可以是矩形的；"角点"是四个方格接触的点，而"装置角"表示一个大方形和三个方格接触的最外面的四个角。该标定装置搭建起来非常简单，但不提供定位，这对于未按照标准几何图形排列的摄像机系统是必需的。对于由没有锋利边缘的无记号标记组成的改进装置，即使只有一部分装置可见，也可以获得定位。图 2.9 给出了 Bouguet 的原始标定装置和 Kruger 等人在 2004 年提出的标定装置。

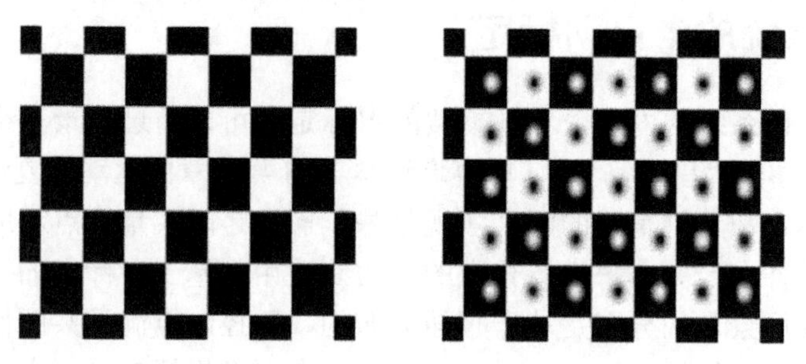

图 2.9 Bouguet 标定装置（左）和 Kruger 标定装置（右）

2.4.2 自动提取角点

典型的重投影误差的均方根误差（Root Mean Square Error，RMSE）应该是亚像素，理想情况下小于 0.5 像素。从棋盘格标定板中提取角点的像素坐标有一套相对成熟的流程。首先，对影像进行必要的滤波增强，减小噪声的干扰，并增大棋盘格亮度的对比度。然后，使用亮度加权运算将影像转换为灰度影像，并利用 Canny 边缘检测算子（第 3 章将介绍）提取边缘像素。此时，在理想情况下，应该可以把棋盘格的黑白过渡的边缘线检测到。对检测的边缘进行直线拟合，获得直线方程。然后，就可以在二维平面上，用拟合的直线方程计算两两直线的交点。直线相交的交点再经过关于棋盘格分布的先验约束判断，就筛选得到了影像中的棋盘格角点的坐标。通常令拟合的精度小于 0.1 像素，能够达到标定算法的精度要求。

直线拟合和亚像素精度位置估计是两种基于互相关模板匹配的算法。第一种方法是对完全可见标定装置假设起作用的。因此，通过互相关匹配的方式，它提取与标定装置中角点数量相等的一些最显著的特征。随后，异常值检测通过霍夫变换[33]和几何约束评估完成。在此基础上，线元素可以用最小二乘法粗略估计。不依赖于先前的检测特征，将直线交点用作初始角点预测位置，并进行抛物面拟合相关系数的最大距离搜索。第二种方法抛弃了完全可见标定装置的假设。它并不提取一个固定数值，而是根据其可靠性选择特征。如前面所述方法，完成粗特征分类和异常值检测；然后，对于每个潜在的装置角点进行判断，如果一个装置角点模板被印证复核了，就可以确定存在角度了。在亚像素精度中，确定特征位置之前的最终分类是通过沿着线段将特征累积成近似线来执行的。

这两种最先进的算法在遮挡、照明和噪声方面都非常优秀。由于相关过程的有效实现，它们对于实时处理是足够快速的。算法的限制在于假设通过角的直线在影像中看起来大致笔直。一旦透镜畸变变大，以至于和影像中的角点间距相当，这条直线假设就不成立，因此只有畸变较弱的镜头才能使用。如果需要用到广角镜头，镜头畸变将会增大。在影像中，透镜畸变使直线出现弯曲。与具有较弱畸变的镜头相比，这种效果直接导致第一分类阶段的霍夫累加器的累加模糊。在模糊的霍夫变化算法的累加器中，无法精确检测到最大值，从而出现错误线或现有线未被检测到。显然，这种现象与霍夫变换是全局算法这一事实直接相关。处理这种大的畸变的一种方式是把从整幅影像里进行整体检测方法改为分片的局部角点检测方法。图 2.10 给出了棋盘格提取的角点示例。

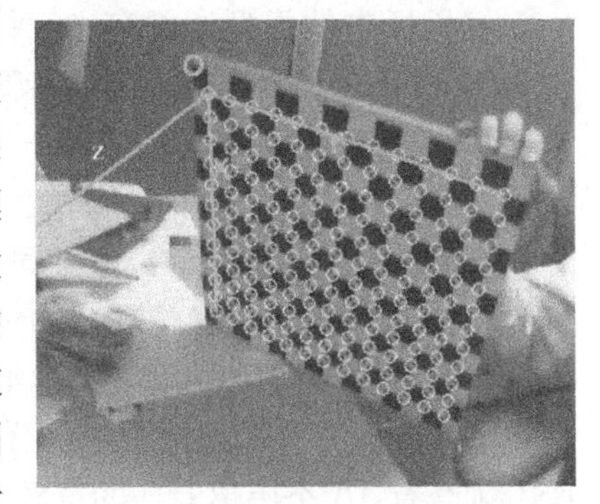

图 2.10　棋盘格提取的角点示例

2.4.3　人工靶标标志

在工业测量领域中，为了获得更高的测量精度，在采集观测数据时，可以借助人工靶标标志来提高影像点提取和匹配的精度。观测物体自身的特征提取精度可能会受到环境光或者观测角度变换所带来的影响，而不能总是保证特征匹配结果的稳定性，并且工业部件的表面往往是纹理单一的。因此使用编码靶标标志提取特征点是对待测点进行精确的识别和定位的一种有效手段，常用的人工标志如图 2.11 所示。

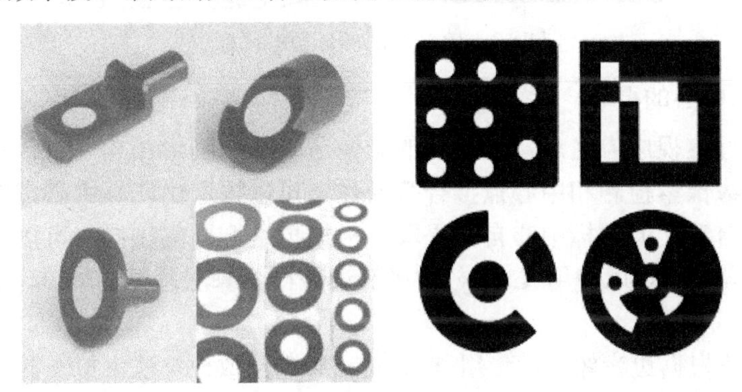

图 2.11　常用的人工标志：圆形定向反光标志（左）和编码标志（右）

1. 圆形定向反光标志

定向反光标志常以圆形定向反光标志（RRT，Retro Reflective Target）的形式呈现，其特点是反射亮度比漫射白色标志高出数百甚至上千倍，可以轻松使目标物的影像“消隐”而将 RRT 标志的影像突出。为了实现这种强烈的对比度，需要借助特殊的反光材料。定向反光标志的制作材料主要有高折射玻璃微珠和微晶立方角体，这类材料对激光和可见光都具有很好的定向反射能力。

2. 编码标志

编码标志通过一定的明暗区间排列组合，在靶标上进行编码。在获得不同的观测影像后，分别对靶标区域的像素进行解码。从不同的影像之间找到相同解码值的靶标点，就能够直接获得点的匹配对应关系。这种编码-解码的匹配方式，不需要对影像进行以亮度值差异为基础的特征提取和匹配处理，因此有更强的鲁棒性。

编码标志的类型通常有 3 种：点分布型、同心圆环型和马赛克组合型，还包括这三种方式的混合设计。无论采用哪种方式设计编码，基本的设计原则都是一致的，即要求：具有旋转缩放不变性、唯一可译性、对比度高、码表容量足够和能够提供唯一的定位基准点。

举例：图 2.12 所示为一个同心圆环型编码标志，它具有 10 位码。编码标志中心的圆称为定位圆，其圆心就是唯一的定位基准点，用于提供编码标志的位置信息。周围的环形扇形区域称为编码段，用来提供编码标志的编码值信息。由于环形编码在影像上没有明确的起点，因此每个编码段都能够作为码串的第一位，按顺时针组合码段，如果有 10 个编码段，则会有 10 个码串对应的读数。由于要求每个编码标志都只能有唯一的编码值，因此将解译的码值定为在所有码串的十进制数值中最小的一个值。在测量影像中，能够通过编码标志自身的编码值实现同名编码标志的匹配。

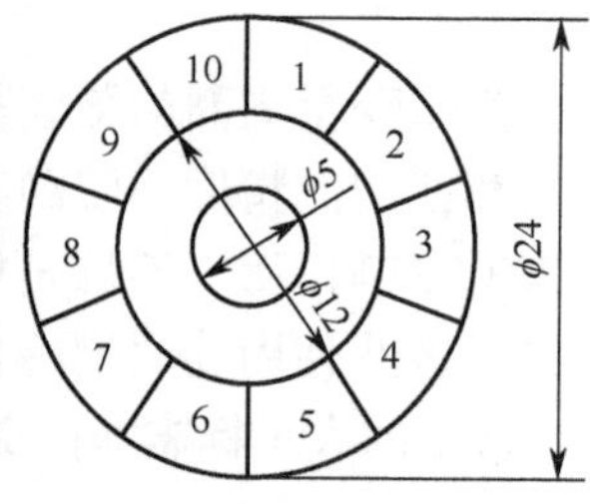

图 2.12 10 位同心圆环型编码标志

3. 圆形标志中心的提取

圆形标志经过透视成像之后，观测到的影像通常是椭圆形结构。对该影像进行亮度和对比度分析、边缘像素检测和中心点拟合等操作，可以提取出靶标中心点的亚像素级别的坐标，即实现全自动化的靶标中心自动提取。根据拟合椭圆的轴向，可以计算靶标平面的主平面方向。边缘检测可以使用 Canny 算子等边缘检测算法，得到二值化的仅包含边缘像素的影像。

下面主要介绍根据边缘像素，使用 Fitzgibbon 椭圆拟合算法来拟合椭圆参数[25]，求解靶标中心点的方法。Fitzgibbon 算法是一种最小二乘参数拟合的方法，椭圆参数方程为

$$F(\boldsymbol{X},\boldsymbol{P})=\boldsymbol{X}^{\mathrm{T}}\boldsymbol{P}=u^2a+uvb+v^2c+ud+ve+f=0 \tag{2.46}$$

其中，$\boldsymbol{P}=[a\ b\ c\ d\ e\ f]^{\mathrm{T}}$ 是表述椭圆方程的参数，$\boldsymbol{X}=[u^2\ uv\ v^2\ u\ v\ 1]^{\mathrm{T}}$ 表示由像点坐标组成的一组系数。给定一个像点坐标 $[u_i\ v_i]^{\mathrm{T}}$，就可以建立一个观测方程 $F(\boldsymbol{X}_i,\boldsymbol{P})$，该方程的值是像点到椭圆的距离值。当观测的边缘点个数大于 6 时，可以根据最小二乘原理求出椭圆参数。目标方程为

$$P = \arg\min \sum_{i=1}^{n} \| F(X_i, P) \|^2 = (AP)^{\mathrm{T}} AP$$
$$A = [X_1\ X_2\ \cdots\ X_n]^{\mathrm{T}} \tag{2.47}$$

此外，为了保证拟合的二次型函数是椭圆，需要附加约束条件 $4ac - b^2 = 1$。用拉格朗日乘数法，将约束条件代入每一组观测方程，最后构成新的目标方程。求解的结果是拟合的椭圆的参数向量 P。Fitzgibbon A 等人[25]证明了参数向量 P 是系数矩阵 $A^{\mathrm{T}}A$ 的唯一正特征值所对应的特征向量。根据参数向量 P 可以计算椭圆的中心点 $(x_{\mathrm{c}}, y_{\mathrm{c}})$ 为

$$x_{\mathrm{c}} = \frac{be - 2cd}{b^2 - 4ac},\ y_{\mathrm{c}} = \frac{bd - 2ae}{b^2 - 4ac} \tag{2.48}$$

基于靶标的半自动测量精度在很大程度上取决于影像的质量，体现在靶标成像的大小和边缘像素提取检测的能力上。靶标的区域越大，参与椭圆参数拟合的边缘像素点数量越多。图 2.13 给出了针对一组编码靶标影像的处理过程的示例。通常，在近景拍照时，采用式（2.48）的方法解算的中心点的像素坐标可以达到 0.1 像素的精度级别。

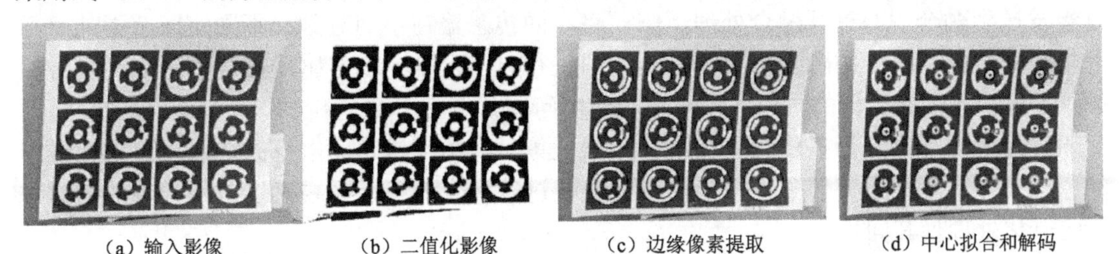

（a）输入影像　（b）二值化影像　（c）边缘像素提取　（d）中心拟合和解码

图 2.13　编码靶标的处理流程

2.5　摄像机与激光雷达的联合标定

2.5.1　多源融合的意义

与单传感器影像数据相比，多传感器数据所提供的信息具有冗余性和互补性。

多传感器数据的冗余性是指它们对环境或目标的表示、描述或解释的结果相同。冗余信息是一组由系统中相同或不同类型的传感器所提供的对环境中同一目标的感知数据。尽管这些数据的表达形式可能存在差异，但通过变换，可以将它们映射到同一个数据空间。这些变换的结果反映了目标某方面的特征，合理地利用这些冗余信息，可以减小误差和降低整体决策的不确定性，提高识别率和精确度。

互补性是指信息来自不同自由度且相互独立、由多个传感器提供的对同一个目标的感知数据。一般，这些数据无论是表现形式还是所表达的含义，都存在较大差异，反映了目标的不同特性。利用这些互补信息可以提高系统的准确性和结果的可信度。因此把多源传感器采集的图像数据各自的优势结合起来进行利用，获得对环境或对象的正确解释是十分重要的。

影像相关的数据融合处理通常分为三个不同的层次。

（1）像素级融合。合并关于同一场景的多个传感器的观测影像，生成复合影像。采用逐像素的采样方法，获得复合影像的像素亮度值。

（2）特征级融合。从原始影像中分别提取感兴趣的特征，然后对特征信息进行综合分析和处理，这是中等层次的融合。典型的特征信息有边缘特征、纹理特征和相似景深区域等。

（3）决策级融合。在进行融合处理前，先对原影像分别进行场景识别或判决，建立对同一目标或事件的初步判决。然后，对不同数据源的决策信息进行融合处理，获得最终的联合判决。

影像融合的三个层次不仅能够独立进行，还可以作为一个整体同时进行分层次融合。前一级的融合结果作为后一级的输入。像素级融合是融合多种传感器信息的有效途径，是现代多传感器数据处理和分析中非常重要的一步。如何把从不同传感器得到的图像融合起来，以便更充分地利用这些信息，成为影像处理领域重要的研究课题。

2.5.2 时空配准

各传感器由于存在观测的着重点不同、性能有差异、工作环境不同等多方面的因素，使得各传感器观测同一目标获得的测量数据也不一定同步。因此，不能将获得的测量数据直接发送到融合中心进行融合处理，需要将不同传感器在不同时刻、不同空间获得的目标采集数据转换到统一的融合时刻和空间，即进行时空配准。多传感器融合的感知测量方案必须要解决不同传感器的时间同步和空间同步问题。

时间同步配准是指多传感器在进行数据采集时，由于传感器本身的特性以及人为操作的原因，导致这些采集信息不同步，不能直接进行融合处理，需要对这些不同步的信息进行统一化处理使其同步。

需要空间同步配准的原因是，不同的传感器自身的性能及工作环境不同，在进行数据采集时，所用的坐标系并非统一的坐标系。因此，不同的传感器获取的异源数据，需要进行坐标转换，使其在同一个坐标系下进行表达。此外，在一些情况下，不同的传感器进行数据采集时不能安装在一起，传感器之间的相对距离过大，各传感器的测量数据也会出现不同的系统性偏差，因此，需要对不同传感器因为在空间中相对距离较大而造成的测量偏差进行计算补偿。

时间同步配准方法有两种思路，第一是通过时间配准算法在融合前就直接消除传感器测量数据的时间误差；第二种是通过异步融合的手段对不同步的测量信息直接进行融合处理。

2.5.3 摄像机与激光雷达的联合标定

在自动驾驶和工业测量领域中，人们常常会使用异源异构的传感器进行联合观测。其中，光探测与测距系统（Light Detection and Ranging，LiDAR，更普遍地被称为“激光雷达”）和视觉摄像机的联合使用是最常见的一种搭配方案。摄像机采集影像的优点是成本低，技术发展相对比较成熟。然而，通过影像获取三维的信息会缺少准确的物理尺度，深度信息精度低，另一个缺点是摄像机观测受环境光的制约明显。摄像机数据处理重建的深度信息不准确，但是分辨率高；激光雷达的测量精度虽然更高，但是分辨率低，特别是在 Z 轴上会有很大的系统漂移。目前多数 LiDAR 的空间分辨率普遍不如影像的分辨率高，此外成本也较高。LiDAR 与摄像机采集的数据形成了较好的互补性，融合的异源异构数据能够直接获取到比较准确的场景三维信息，稳定性比较高。

影像传感器和激光雷达传感器可以融合起来使用，此时一个精准的外参数就很重要。

针对摄像机和 LiDAR 的联合观测，本节介绍简单的几何标定算法原理。联合标定需要满足的假设前提是所有传感器都有一部分共同的观测范围。在过去几年，关于求解多传感器的外参数的联合标定的工作有很多，主要在自动驾驶和机器人应用领域。由于移动平台的固有限制，比如传感器只能采集到一个或者几个面，标定的过程一般是在传感器运行正常的人工布置的环境中执行的。

首先，分别标定出摄像机和 LiDAR 的各自内参数后，再进行联合标定，算法总体上分为参数初值估计和结果优化两部分。摄像机的内参数标定可以使用本章前面介绍的几何标定完成。联合标定就是要求出摄像机坐标系与激光雷达坐标系之间的坐标转换关系，如图 2.14 所示，这种转换关系表示为一个旋转矩阵和平移向量组成的关系矩阵$[\boldsymbol{R}|\boldsymbol{t}]$。

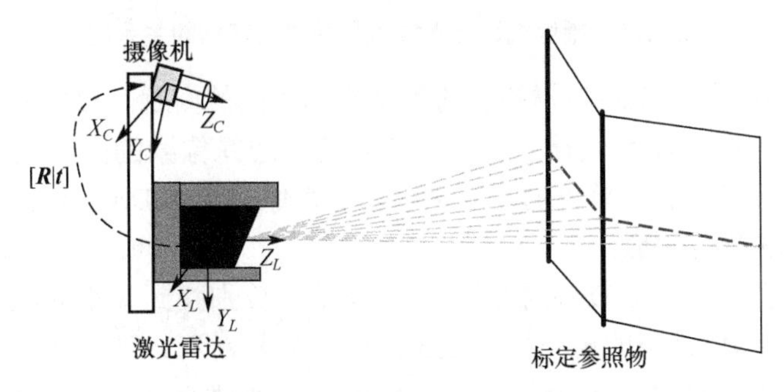

图 2.14　摄像机与 LiDAR 的标定

标定的过程是需要找影像平面和激光雷达的点云数据在不同视角下的对应点，所以一般都会用一些特殊的标定板作为目标，如三角板、多边形或者球体。

一种方法是在数据采集时，把多个标定用的平板放置在摄像机和 LiDAR 扫描仪的前方。使用设备对标定平板进行数据采集，获得二维影像和三维激光点云。平板的颜色应与背景颜色能够在图像上明显区分，并且平板的尺寸应足够大，以便扫描到足够的三维点。

联合标定可以产生一个转化矩阵$[\boldsymbol{R}|\boldsymbol{t}]$，建立起 LiDAR 三维测量点与影像重建三维点的对应关系，即

$$\boldsymbol{P}_L = \boldsymbol{R} \cdot \boldsymbol{P}_C + \boldsymbol{t} \tag{2.49}$$

其中，$\boldsymbol{R}$ 为旋转矩阵，$\boldsymbol{t}$ 为平移矢量。$\boldsymbol{P}_C$ 和 $\boldsymbol{P}_L$ 分别代表同名点在摄像机空间坐标系和 LiDAR 扫描仪坐标系下的三维坐标。

问题的关键在于如何找到空间点在摄像机空间坐标系和在 LiDAR 扫描仪坐标系下的一一对应的匹配点集$\{(\boldsymbol{P}_L, \boldsymbol{P}_C)_i\}$。如图 2.15 所示，展示了一组摄像机图像和 LiDAR 扫描的三维点云数据，其中棋盘格标定板被用来进行特征点提取，实现二维和三维点两类数据的匹配关联。

为了找到两组坐标系下的点的对应关系，不同的文献研究给出了多种不同的方案。Andreas Geiger 等人在 2012 年设计了一种方法，在场景中布置了多块棋盘格标定板，首先拍摄一幅影像作为参考影像，然后拍摄多幅影像，用基于影像重建三维结构的算法，重建出这些靶标点在参考影像的像空间坐标系下的三维坐标。这种方法同时实现了摄像机内参数的标定。在影像上提取棋盘格角点在第 2.4.2 节中已有所介绍，更多的关于特征提取的算法可以参见第 3 章的内容。为了获得高精度的标定参数，需要将角点的像素坐标定位到亚像素级别。另一方面，Andreas Geiger 等人用 LiDAR 扫描仪扫描同样的场景，采用区域增

长法，根据临近点的法向量相似性提取出属于标定板的三维点云。并使用最小二乘拟合的方法，拟合出标定板平面的方程。最后，使用迭代的方法找到标定板的影像重建的三维坐标和 LiDAR 扫描三维坐标的对应关系。

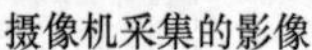

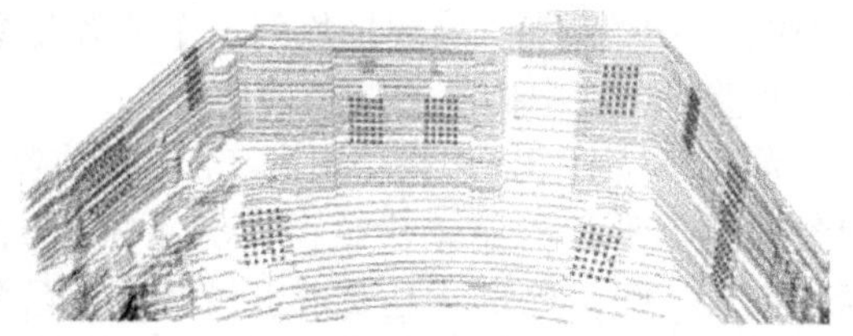

LiDAR扫描的三维点云

图 2.15 摄像机、激光雷达和标定板靶标的关系图

Park Y 等人[40]考虑到 LiDAR 扫描仪的角分辨率较低的问题，提出避免使用标定板的角点作为同名点进行关联，而是设计了一种提取多变形边缘像素的匹配关联方法。此时，标定板不再是棋盘格形式，而是单色的一块平板。在影像上和 LiDAR 点云中，分别提取边缘点，并利用拟合算法进行关联。

在像空间辅助坐标系和 LiDAR 扫描仪坐标系下，分别找到 3 组对应平面，它们的法向量分别为 $(\boldsymbol{n}_L^1, \boldsymbol{n}_C^1)$、$(\boldsymbol{n}_L^2, \boldsymbol{n}_C^2)$ 和 $(\boldsymbol{n}_L^3, \boldsymbol{n}_C^3)$。根据三组法向量对应，使平面法向量角度偏差最小化，可以快速地获得旋转矩阵 $\boldsymbol{R}$ 的一个初始估计。$\boldsymbol{R}$ 为满足 $\boldsymbol{R}^{\mathrm{T}}\boldsymbol{R} = \boldsymbol{I}_3$ 和 $\det \boldsymbol{R} = 1$ 的旋转矩阵。这是广泛研究的正交强制规范问题的一个实例，$\boldsymbol{R}$ 的初始估计的解析解为

$$\boldsymbol{R} = \arg\max \sum_{i=\{1,2,3\}} \boldsymbol{n}_L^{i\,\mathrm{T}} \boldsymbol{n}_C^i = \boldsymbol{V}\boldsymbol{U}^{\mathrm{T}} \tag{2.50}$$

式（2.50）利用了 SVD 分解的计算方法，即 $\sum_i (\boldsymbol{n}_L^i)^{\mathrm{T}} \boldsymbol{n}_C^i = \boldsymbol{U}\boldsymbol{S}\boldsymbol{V}^{\mathrm{T}}$。位移矢量的初始值则根据各种算法的关联对象有所区别，基本的计算思路都是根据旋转矩阵的初值代入后推导得到位置参数。

尽管寻找关联点的方法各有不同，但绝大多数算法的最后一步都是通过对坐标转换的残差函数进行最小化的优化方法求解转换矩阵 $\left[\boldsymbol{R} \mid \boldsymbol{t}\right]$。以第一阶段的转换矩阵初始值为迭代起点，目标函数的形式表示为

$$\min \sum_i [\boldsymbol{P}_L - (\boldsymbol{R} \cdot \boldsymbol{P}_C + \boldsymbol{t})]^2 \tag{2.51}$$

通过非线性优化方法求得使该函数达到最小值，解算出最终的转换矩阵 $\boldsymbol{R}$ 和 $\boldsymbol{t}$。

此外，如何评价联合标定方法的准确程度，仍是一个没有被完美解决的问题。因为在实际标定的时候，人们很难得到传感器之间的外参数的真值。

2.6 应用举例

2.6.1 标定工具箱

为了从影像中提取控制点的影像坐标，MATLAB 软件提供了摄像机标定工具包，该工具包在计算机视觉工具箱里提供应用程序和功能，以执行摄像机标定工作流中的所有基本任务：棋盘校准模式的全自动检测和定位，包括亚像素精度的角点检测；所有内参数和外

参数的估计；镜头的径向和切向畸变系数的计算；影像的畸变校正，支持校准标准、鱼眼镜头和立体视觉摄像机影像。它允许用户交互式地选择校准图像，设置失真系数，然后估计可以导出到 MATLAB 格式的摄像机参数。

OpenCV 开源库也提供了一种用于摄像机标定的标定板角点检测算法，该算法是基于角落亚像素精度搜索的一种初始扫描过程。这种初始扫描过程对二进制影像起作用，提取潜在的候选角点，并用循环折线逼近法试着对它们的排列分类。如果确定了所有期望的角点，则将结果定位到亚像素精度位置。这是一种梯度最小搜索，重新定位邻域窗口，直到中心保持在给定的阈值内。在实践中，这种轮廓分析有时会不稳定。为了避免由于平行影像和标定装置平面引起的奇异性，标定装置必须在一个确定的倾角下成像。如果角度过大或摄像机到装置的距离太远，针对不精确的多边形逼近，OpenCV 的角点提取可能会失败。

MATLAB 和 OpenCV 使用的畸变模型和标定方法基本一致，区别在于 MATLAB 使用 LM 非线性最小二乘算法进行优化，而 OpenCV 使用的是梯度下降优化算法。

此外，在一些完善的三维视觉算法库中，也集成了摄像机标定的开发工具箱。学习使用者可以结合自身的项目需求和硬件条件，采集标定影像，调用其函数运算获得期望的标定参数。

2.6.2　多源传感器联合标定

在自动驾驶汽车的研制领域中，L2 到 L4 等级的辅助/自动驾驶产品需要实现自动泊车、车道保持、行人障碍物预警、定位、测距、跟踪等不同难度的任务。这些空间数据测量和处理任务都离不开多传感器融合，其中前视相机、鱼眼相机、毫米波雷达、LiDAR、全球导航卫星系统（Global Navigation Satellite System，GNSS）、惯性测量元件（Inertial Measurement Unit，IMU）和轮式里程计（Wheel Odometer）等传感器组合工作是常态。多源传感器融合模式下的数据鲁棒性和准确度都高于单一传感器工作模式。图 2.16 给出了两种图像与深度传感器组合工作的举例。

图 2.16　威力登（Velodyne）HDL-64E 激光雷达扫描仪与三眼摄像机（左）；Kinect 彩色深度相机与双目摄像机（右）

我国的广州中海达卫星导航技术股份有限公司开发了一套移动测图系统（Mobile

Mapping System，MMS）（见图 2.17），该系统主要服务于地籍测量工作。地籍信息服务于国土部门，记录了各类房屋的详细位置、坐标、所有权和其他有价值的信息。MMS 测量系统使用激光雷达技术作为主要的数据采集手段，融合使用了全景摄像机、GNSS 等传感器，可以提供带有质量点云的地理编码图像，为数百万个点提供到每个点的距离、位置和角度测量。数据采集系统具有每秒数百万个点的速度测量，精度可达厘米。采集的点云可以被应用于三维建模、地形景观、地图街景等多种 GIS 应用中。这样的精度和效率要求系统在集成安装阶段就可实现精确的异源传感器标定，能够运用标定参数实时地完成数据配准。

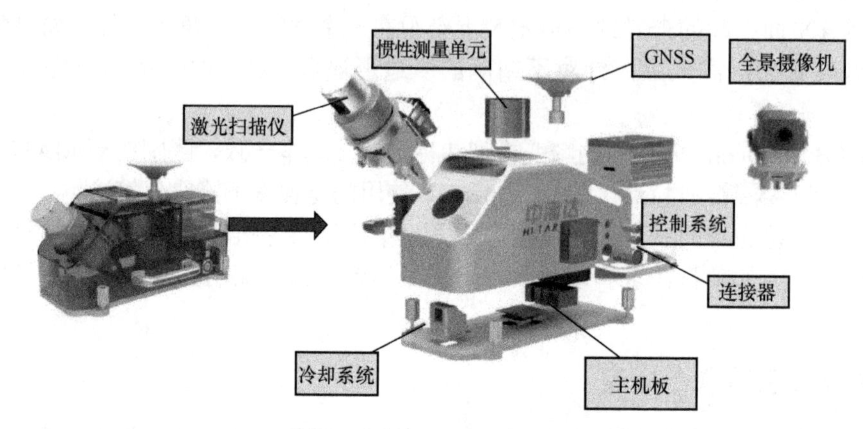

图 2.17 移动测图系统 MMS

与上述的 MMS 类似的多源融合探测系统产品在近些年有很多。数据采集工作完成后，使用专用的或者兼容的数据处理软件，能够将位置坐标、距离等数据整合成数字格式，服务于不同的行业应用。图 2.18 给出了一组联合标定后数据融合的示例，使用联合标定的参数，将可见光影像和 LiDAR 扫描三维点云进行融合，能够获得彩色点云数据。

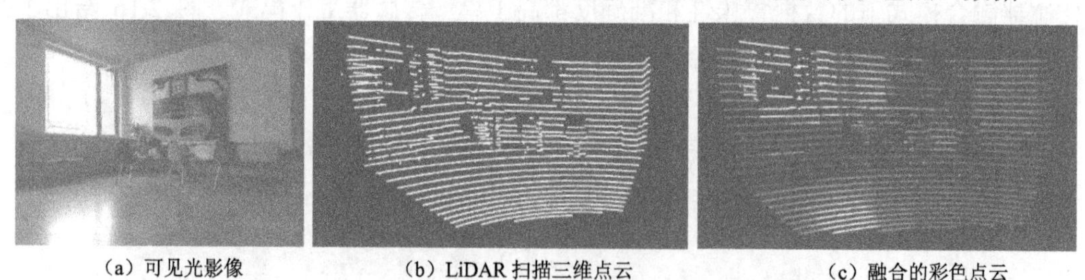

（a）可见光影像　（b）LiDAR 扫描三维点云　（c）融合的彩色点云

图 2.18 一组联合标定后数据融合的示例

线扫式的 LiDAR 设备的俯仰角分辨率比较低，通常仅为 0.5°，而且由于多次回波的因素，因此会存在混合像元的情况。在深度距离发生突变的边缘位置，如建筑物墙面的拐角处，由于具有较粗的角分辨率，因此扫描仪往往无法捕获准确的边缘点。使用一些软件工具，人工交互地选择同名点对应关系，这也是影像与 LiDAR 联合标定常用的方法。

2.7 小结

基于影像的三维重建技术高度依赖于摄像机的几何标定参数的准确性。标定既是一项成熟的技术，因为有很多工具可以使用，是一项不完全成熟的技术，因为在面临很多应用问题时，人们都需要单独设计标定方法或操作流程。一些标定方法是基于最小化重投影误差的原理来进行设计的。在重投影误差较大的情况下，一种可以采取的解决方法是缩小输入影像的尺寸，并相应地等比例修改摄像机参数，这将使重投影误差与缩放率成比例地减小。此外，可以发现同名点的关联和射影几何知识是贯穿于摄像机参数标定的基础内容。异源传感器的联合标定是一个新兴的活跃领域，由于它涉及不同性能的传感器和多样化的设备装配形式，因此很少有一种范式能够通用于各种标定任务。仔细观察可以发现，不同的标定方法的底层思想有很多共通的特点，因此熟悉了本章介绍的这些标定方法后，在设计其他标定方法时会事半功倍。

参考文献

[1] 冯文灏. 近景摄影测量[M]. 武汉：武汉大学出版社，2002.

[2] 高立志，方勇，林志航. 立体视觉测量中摄像机标定的新技术[J]. 电子学报，1999，27（002）：12-14.

[3] 高翔，张涛，等. 视觉 SLAM 十四讲：从理论到实践[M]. 2 版. 北京：电子工业出版社，2019.

[4] 胡占义，吴福朝. 基于主动视觉摄像机标定方法[J]. 计算机学报，2002，25（11）：1149-1156.

[5] 黄桂平. 数字近景工业摄影测量理论、方法与应用[M]. 北京：科学出版社，2006.

[6] 雷成，吴福朝，胡占义. Kruppa 方程与摄像机自标定[J]. 自动化学报，2001，27（005）：621-630.

[7] 罗逍，姚远，张金换. 一种毫米波雷达和摄像头联合标定方法[J]. 清华大学学报（自然科学版），2014，54（3）：289-293.

[8] 马颂德，张正友. 计算机视觉：计算理论与算法基础[M]. 北京：科学出版社，1998.

[9] 牛海涛，赵勋杰. 采用棋盘格模板的摄像机标定新方法[J]. 红外与激光工程，2011，40（1）：133-137.

[10] 潘勤敏，潘茂植. 逆向反光材料研究现状分析[J]. 化工新型材料，1997，25（3）：29-31.

[11] 权铁汉，于起峰. 摄影测量系统的高精度标定与修正[J]. 自动化学报，2000，26（6）：32-39.

[12] 王任享，胡莘，王建荣. 天绘一号无地面控制点摄影测量[J]. 测绘学报，2013，42（1）：1-5.

[13] 吴福朝，胡占义. 摄像机自标定的线性理论与算法[J]. 计算机学报，2001，24（11）：1121-1135.

[14] 项志宇，郑路. 摄像机与 3D 激光雷达联合标定的新方法[J]. 浙江大学学报（工学版），2009，43（8）：1401-1405.

[15] 谢文寒，张祖勋，张剑清. 一种新的基于灭点的相机标定方法[J]. 哈尔滨工业大学学报，2009，35（11）：105-108.

[16] 杨幸芳，黄玉美，高峰，等. 用于摄像机标定的棋盘图像角点检测新算法[J]. 仪器仪表学报，2011，32（5）：1109-1113.

[17] 张德海，梁晋，唐正宗，等. 基于近景摄影测量和三维光学测量的大幅面测量新方法[J]. 中国机械工程，2009，20（7）：817-822.

[18] Abdel-Aziz Y I, Karara H M. Direct linear transformation from comparator coordinates into object space coordinates in close-range photogrammetry[C]. Proceedings of the Symposium on Close-Range Photogrammetry (American Society of Photogrammetry), 1971.

[19] Bok Y, Jeong Y, Choi D G, et al. Capturing village-level heritages with a hand-held camera-laser fusion sensor[J]. International Journal of Computer Vision, 2011, 94(1): 36-53.

[20] Brown D C. Close-range camera calibration[J]. Photogrammetric Engineering and Remote Sensing, 1971, 37(8): 855-866.

[21] Brown L G. A survey of image registration techniques[J]. ACM Computing Surveys, 1992, 24(4): 325-376.
[22] Cipolla R, Drummond T, Robertson D P. Camera calibration from vanishing points in images of architectural scenes[C]. Proceedings 10th British Machine Vision Conference. Nottingham, UK, 1999, 382-391.
[23] Clarke T A, Fryer J G. The development of camera calibration methods and models[J]. The Photogrammetric Record, 1998, 16(91): 51-66.
[24] Fischler M A, Bolles R C. Random sample consensus: a paradigm for model fitting with applications to image analysis and automated cartography[J]. Communications of the ACM, 1981, 24(6): 381-395.
[25] Fitzgibbon A, Pilu M, Fisher R B. Direct least square fitting of ellipses[J]. IEEE Transactions on Pattern Analysis and Machine Intelligence, 1999, 21(5): 476-480.
[26] Geiger A, Moosmann F, Car O, et al. Automatic camera and range sensor calibration using a single shot[C]. 2012 IEEE International Conference on Robotics and Automation. Paul, MN, USA, 2012, 3936-3943.
[27] Grammatikopoulos L, Karras G, Petsa E. Camera calibration combining images with two vanishing points[J]. International Archives of the Photogrammetry, Remote Sensing and Spatial Information Sciences, 2004, 35(5):99-104.
[28] Habib A, Ghanma M, Morgan M, et al. Photogrammetric and LiDAR data registration using linear features[J]. Photogrammetric Engineering and Remote Sensing, 2005, 71(6): 699-707.
[29] Hartley R, Zisserman A. Multiple View Geometry in Computer Vision[M]. 2nd ed. Cambridge: Cambridge University Press, 2003.
[30] Hartley R. Kruppa's equations derived from the fundamental matrix[J]. IEEE Transactions on Pattern Analysis and Machine Intelligence, 1997, 19(2): 133-135.
[31] Horn. Robot Vision[M]. Cambridge: MIT Press, 2000.
[32] Horn. Tsai's Camera Calibration Method Revisited[M]. Cambridge: MIT Press, 2000.
[33] Jähne B. Digitale bildverarbeitung[M]. Springer, Berlin, Heidelberg, 2005.
[34] Krüger L E, Wöhler C, Würz-Wessel A, et al. In-factory calibration of multiocular camera systems[C]. Optical Metrology in Production Engineering. International Society for Optics and Photonics, 2004, 126-137.
[35] Kruppa E. Zur ermittlung eines objektes aus zwei perspektiven mit innerer orientierung[M]. Vienna: Akademie der Wissenschaften in Wien, 1913.
[36] Luhmann T, Fraser C, Maas H G. Sensor modelling and camera calibration for close-range photogrammetry[J]. Isprs Journal of Photogrammetry and Remote Sensing, 2016,115(may): 37-46.
[37] More J J. The Levenberg-Marquardt algorithm: implementation and theory[C]. Conference on numerical analysis, Dundee, UK, 28 Jun 1977.
[38] OpenCV[EB/OL]. https://docs.opencv.org/3.4.3/dc/dbb/tutorial_py_calibration.html, 2021.
[39] Pandey G, McBride J R, Savarese S, et al. Automatic extrinsic calibration of vision and lidar by maximizing mutual information[J]. Journal of Field Robotics, 2015, 32(5): 696-722.
[40] Park Y, Yun S, Won C S, et al. Calibration between color camera and 3D LIDAR instruments with a polygonal planar board[J]. Sensors, 2014, 14(3): 5333-5353.
[41] Remondino F, El-Hakim S. Image-based 3D modelling: a review[J]. Photogrammetric Record, 2010, 21(115): 269-291.
[42] Rey W J J. Introduction to robust and quasi-robust statistical methods[M]. Berlin: Springer, 1983.
[43] Szeliski R. Computer vision: algorithms and applications[M]. London: Springer, 2010.
[44] Tsai R Y. A versatile camera calibration technique for high-accuracy 3D machine vision metrology using off-

the-shelf TV cameras and lenses[J]. IEEE Journal on Robotics and Automation, 1987, 3(4): 323-344.

[45] Weng J, Cohen P. Camera calibration with distortion models and accuracy evaluation[J]. IEEE Transactions on Pattern Analysis and Machine Intelligence, 1992, 14(10): 965-980.

[46] Zhang Q, Pless R. Extrinsic calibration of a camera and laser range finder (improves camera calibration)[C]. 2004 IEEE/RSJ International Conference on Intelligent Robots and Systems (IROS), Sendai, Japan, 2301-2306, 2004.

[47] Zhang Z. Flexible camera calibration by viewing a plane from unknown orientations[C]. Proceedings of the Seventh IEEE International Conference on Computer Vision. Kerkyra, Greece, 1999, 666-673.

[48] Zhang Z. Camera calibration with one-dimensional objects[J]. IEEE Transactions on Pattern Analysis and Machine Intelligence, 2004, 26(7): 892-899.

第 3 章　影像特征提取表达

观测场景中的物体被计算机识别和处理是很复杂的一个过程，其中一个关键问题是如何表征这个物体的特征，并且由计算机根据这些特征区别不同的物体，或者关联匹配相同的物体。影像的匹配问题长期以来都是绝大多数计算机视觉任务的研究核心。早在 20 世纪 70 年代，美国为了给飞行器提供一套辅助导航系统，设计了影像匹配算法应用于武器攻击系统的末端制导，即利用影像匹配实现目标定位。20 世纪 80 年代以后，影像匹配技术的应用场景逐步从军事用途扩大到其他领域，成为现代信息处理领域中的一项极为重要的技术。

影像包含大量信息，而影像的像素有许多是冗余的，这也是影像压缩的前提。特征提取和表达需要剥离冗余的像素信息，找到不同影像之间的像素匹配对应关系，即来自同一场景点的同名像素点。由计算机自动找到不同影像的同名像素点对应是一个非常困难的问题，原因在于当我们对同一场景采集多幅影像时，摄影时刻的光照条件、拍摄角度和场景内的非刚性结构扰动等因素都会使影像之间的对应目标点的像素亮度值发生显著变化，从而增加匹配对应的搜索难度。

匹配关联问题需要利用一系列的基础影像处理技术进行组合求解，包括对原始数据进行必要的针对性的预处理。求解匹配对应问题的第一步通常都是进行特征提取，然后利用相似性度量对不同影像的特征进行关联搜索，建立潜在匹配对应关系列表。由于存在错误的特征对应关系，因此需要设计剔除误匹配的鲁棒算法。一旦找到了连续的视图之间的相互关联，就可以根据对极几何的原理，解算出影像特征对应的空间场景结构和影像的位置姿态，即利用基础矩阵和本质矩阵等关系恢复出射影几何关系，详见第 4 章。进一步可以根据极线约束条件，对具有重叠区域的多幅影像进行逐像素的密集像素匹配。本章内容针对影像的特征信息的表达展开介绍和讨论。

3.1　影像特征的基本概念

3.1.1　特征表达形式

影像的特征通常有多种表达方式，这些方式从各自不同的角度刻画了该特征的某些性质。影像间的像素点级别的匹配任务可以大致分为以特征点为对象的稀疏匹配和逐像素关联的密集匹配两类。在像素点级别之上，还有高级特征匹配，比如线特征匹配和面特征匹配。最后，语义型的对象级别匹配则是在关联上下文情境的基础上实现的一种高级匹配。

通常一个典型的特征匹配过程可以概括为三步：特征提取、特征描述和特征匹配。特征提取的目的是找到每一幅影像中具有特殊性质可以独立辨识的点、线或面等元素。针对点和线的提取算子有很多，而对于面特征的提取和表达研究则相对较少。

局部像素点特征提取是许多影像处理系统的基础组成部分，局部特征具有影像的确定性统计功能。稳定的特征旨在最大限度地减小照明和观测视角等各种外在因素的影响，同时保持特定的对象或类别的表征能力。局部特征的构建通常是通过先验知识来设计的，从人类视觉系统的知识中获得启发，与特定任务没有直接联系。因此，没有任何现有的特征提取功能能够胜任所有的数据处理任务。特定的任务需要采用或设计特定的方法，这已经成为一种特征相关的数据处理的常态。

3.1.2　像素特征的基本要求

1. 特征提取的基本要求

从影像中提出的特征点位置，通常都需要满足一些基本的特性条件，这些特性包括：

（1）特异性，即特征点所在的位置应该呈现出区别于非特征点的明显特性，比如影像中的目标物边缘像素具有较大的亮度梯度变化的位置；

（2）可关联性，即在不同视角的影像中，对应同一个场景点的特征点应该能被重复检测到，并具备在影像之间相互匹配关联的能力；

（3）稳定性，这主要是指特征点的提取位置精度以及其在影像中的分散程度在数学上具有稳定的可表达能力。

2. 特征描述的基本要求

特征描述是特征提取的后续，特征描述是指用某种数学方法对影像上的特征点进行详细的刻画，这样的数学表达被称为特征描述子。在多数的实际算法中，特征描述子是使用具有一定维度的特征向量来构建的。特征描述子应满足的基本要求包括：

（1）唯一性，即不同位置的特征点的描述结果应显著不同，否则在进行特征匹配时，很容易形成匹配歧义；

（2）独立性，即当使用高维向量作为描述子的数学表达时，其特征向量的各个维度间应该保持非相关的独立性，否则可以用降维算法对特征向量进行降维；

（3）稳定性，即在不满足光照恒常或刚性结构等预设的假设条件时，特征描述子仍能够保证获得相似的结果；

（4）不变性，即在不同影像中，同名点对应的特征描述子能够适应尺度、平移、旋转等变换，反映出相同或相似的数值。

特征匹配是找到不同影像间的同名特征点的对应关系，主要方法是在特征向量空间对提取的特征向量进行相似度判别。对于两个特征向量，计算其相似度常用的度量函数有：欧氏距离、余弦相似度（Cosine Similarity）、汉明距离（Hamming Distance）和切比雪夫距离（Chebyshev Distance）等。

3.1.3　邻域范围

影像的局部特征的内涵是影像局部统计，即使是一些全局特征表达的算法，也需要使用局部统计信息作为算法的基础组成。局部统计的前提是需要定义一个局部的信息分析区域，即像素邻域范围。

像素的邻域是一个紧凑的、简单连通的影像平面空间域子集，如图 3.1 所示。邻域集合的定义方式是灵活多样的，可以是规则形状的区域，也可以是任意形状的区域。一幅二维影像最简单的领域定义有四邻域、八邻域和对角邻域。例如，给定目标像素点位置

(x,y)，它的四邻域集合是$\{(x-1,y),(x+1,y),(x,y-1),(x,y+1)\}$，八邻域是四邻域和对角邻域的并集。多数算法在进行卷积运算或微分运算时，会把当前目标像素也纳入邻域像素集合。

除了在影像平面空间中检索邻域像素，很多尺度适应的特征提取算法会建立影像金字塔，从而构成立体的影像空间，邻域的检索范围也相应地从平面空间扩展到跨尺度的立体空间。

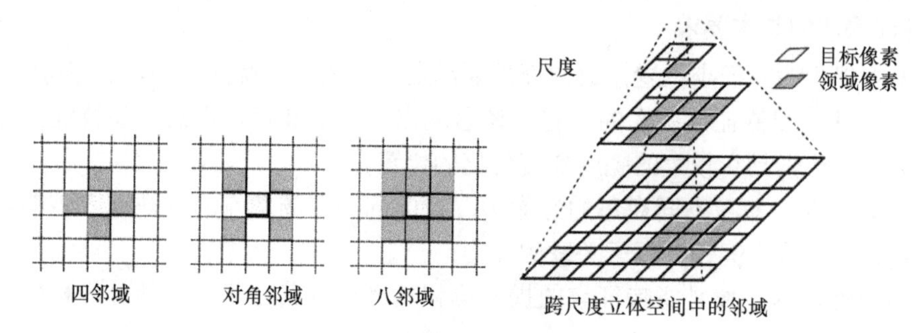

图 3.1 影像的像素邻域集合

3.2 边缘和线特征提取

线特征与边缘检测算法密切相关，影像中的边缘简单定义为亮度值不连续的区域。这样的定义导致一幅影像的边缘可以解释很多信息，如一个物体的边缘、物体内不同纹理的边缘和光影的边缘等，如图 3.2 所示。

图 3.2 不同区域的边缘

比较常见的边缘检测方法有微分算子和最优化算子。边缘提取用得最多的是微分算子，最优化算子的一个例子是基于能量最小化的 Snake 检测算法。

数字影像作为一个二维离散的空间域函数，基于微分方法的边缘特征提取实际上是基于影像灰度梯度的求解方法[10, 41]。假设影像灰度函数为$f(x,y)$，则影像灰度的一阶导数或梯度反映了影像中灰度的变换情况，可表示为

$$\nabla G(x,y)=\begin{bmatrix} G_x \\ G_y \end{bmatrix}=\begin{bmatrix} \dfrac{\partial f}{\partial x} \\ \dfrac{\partial f}{\partial y} \end{bmatrix} \tag{3.1}$$

式中，$\nabla G(x,y)$为梯度向量，G_x表示x方向的灰度梯度，G_y表示y方向的灰度梯度。

梯度向量$\nabla G(x,y)$所指向的方向即为灰度函数变化率最大的方向。梯度的模值$|\nabla G(x,y)|$和梯度向量所指向的方向$\alpha(x,y)$可按照以下面的公式进行计算

$$|\nabla G(x,y)|=\sqrt{{G_x}^2+{G_y}^2} \tag{3.2}$$

$$\alpha(x,y)=\arctan(G_y/G_x) \tag{3.3}$$

在实际的影像中，需要在计算像素的灰度梯度时进行离散化求解。根据对梯度求解方法的不同，可以分为中心差分法、向前差分法、向后差分法以及对角差分法。

3.2.1　梯度算子

1. Roberts 交叉算子

以对角差分为例，即 Roberts 交叉算子，它可以描述为使用两个 2×2 的卷积模板对影像进行处理

$$G_x=\begin{bmatrix}1 & 0\\ 0 & -1\end{bmatrix}*\boldsymbol{f}$$
$$G_y=\begin{bmatrix}0 & 1\\ -1 & 0\end{bmatrix}*\boldsymbol{f} \tag{3.4}$$

Roberts 交叉算子是一种简单快速的二维空间梯度测量，它突出了影像中对应于物体边缘的高空间频率区域。在其最常见的用法中，对运算符的输入和输出都是灰度影像。输出中每个点的像素值表示该点输入影像的空间梯度的估计绝对大小。Roberts 交叉算子理论上由一对 2×2 卷积核组成，其中一个核是另一个核旋转 90°的结果。

这些内核被设计为最大限度地响应与像素网格成 45°的边缘，两个垂直方向各有一个内核。这些内核可以单独应用于输入影像，以在每个方向上对梯度分量进行单独的测量（称为 G_x 和 G_y ）。然后可以将它们组合在一起，以找到每个点处梯度的绝对大小和该梯度的方向。梯度大小由式（3.2）给出。一般情况下，为了提高计算效率，算法开发时会使用不开平方的近似值

$$|G|=|G_x|+|G_y| \tag{3.5}$$

因此，像素 (x,y) 位置的梯度结果为

$$G(x,y)=|f(x,y)-f(x+1,y+1)|+|f(x+1,y)-f(x,y+1)| \tag{3.6}$$

使用 Roberts 交叉算子的主要原因是计算速度非常快。只需要检查 4 个输入像素，就可以确定每个输出像素的值，计算中只使用减法和加法。此外，没有要设置的参数。它的主要缺点是，由于它使用很小的内核，因此对噪声非常敏感。它也会对真正的边缘产生非常微弱的响应，除非它们非常锋利。

2. Prewitt 算子

准确地讲，Roberts 交叉算子提取的梯度值对应的像素位置是在 $(x+0.5,y+0.5)$ 范围内的一个非整数像素位置。后面有了扩展的 3×3 尺寸的精确定位梯度的算子，比如 Prewitt 算子，其使用的卷积核在两个方向上的数学形式为

$$\begin{bmatrix}-1 & 0 & 1\\ -1 & 0 & 1\\ -1 & 0 & 1\end{bmatrix},\begin{bmatrix}-1 & -1 & -1\\ 0 & 0 & 0\\ 1 & 1 & 1\end{bmatrix} \tag{3.7}$$

3. Sobel 算子

Sobel 算子对影像执行二维空间梯度测量，它强调与边缘相对应的高频的空间区域。通常，它用于查找输入灰度影像中每个点的近似绝对梯度大小。算子使用两个 3×3 的矩阵去和原始影像 $\boldsymbol{f}$ 卷积，分别得到横向 S_x 和纵向 S_y 的梯度值，如果梯度值大于某一个阈值，就认为这个点为边缘点

$$S_x = \begin{bmatrix} 1 & 0 & -1 \\ 2 & 0 & -2 \\ 1 & 0 & -1 \end{bmatrix} * \boldsymbol{f} \tag{3.8}$$

$$S_y = \begin{bmatrix} 1 & 2 & 1 \\ 0 & 0 & 0 \\ -1 & -2 & -1 \end{bmatrix} * \boldsymbol{f} \tag{3.9}$$

计算过程中，将影像的每个像素的横向和纵向的梯度值通过式（3.10）的方式合并，计算该点整体的梯度值大小

$$S = \sqrt{{S_x}^2 + {S_y}^2} \tag{3.10}$$

为了提高计算效率，可以使用不开平方的近似值代替 S

$$|S| = |S_x| + |S_y| \tag{3.11}$$

使用以下公式可以计算梯度方向 θ

$$\theta = \arctan\left(\frac{S_y}{S_x}\right) \tag{3.12}$$

与 Roberts 交叉算子一样，对于仅支持小整数像素值（如 8 位整数影像）的影像类型，该运算符的输出值很容易溢出允许的最大像素值。当这种情况发生时，标准做法是简单地将溢出的输出像素设置为最大允许值。通过使用支持更大范围像素值的影像类型，可以避免此问题。

由于 Sobel 算子具有平滑效果，因此在计算输出的结果中，影像中的自然边缘的线条宽度往往会占据几像素的宽度。为了处理这种情况，可能需要进行一些腐蚀运算，或者采用某种脊线跟踪算法进行后处理。

4. Laplacian 算子

拉普拉斯算子（Laplacian Operator）是欧氏空间中的一个二阶微分算子，如果 f 是二维空间的二阶可微的实函数，则 f 的拉普拉斯算子定义为

$$\Delta f = \nabla^2 f = \frac{\partial^2 f}{\partial x^2} + \frac{\partial^2 f}{\partial y^2} \tag{3.13}$$

影像处理作为一个离散化的二维空间实例，其中的拉普拉斯差分算子是二阶差分形式

$$\Delta f = \left[f(x+1,y) + f(x-1,y) + f(x,y+1) + f(x,y-1)\right] - 4f(x,y) \tag{3.14}$$

拉普拉斯算子的模板形式和扩展变换形式分别为

$$\begin{bmatrix} 0 & 1 & 0 \\ 1 & -4 & 1 \\ 0 & 1 & 0 \end{bmatrix} \qquad \begin{bmatrix} 1 & 1 & 1 \\ 1 & -9 & 1 \\ 1 & 1 & 1 \end{bmatrix}$$

影像中的边缘就是那些灰度发生跳变的区域，所以 Laplacian 锐化模板在边缘检测中很有用。此算子用二次微分正峰和负峰之间的过零点来确定，对孤立点或端点更敏感，因此特别适用于以突出影像中的孤立点、孤立线或线端点为目的的场合。同其他梯度算子一样，拉普拉斯算子也会增强影像中的噪声，有时在用拉普拉斯算子进行边缘检测时，可将影像先进行平滑处理。

拉普拉斯算子被用于影像锐化处理，其作用是使边缘的反差增强，从而使模糊影像变

得更加清晰。影像模糊的原因就是影像参与了平均运算或积分运算，因此可以对影像进行逆运算，如微分运算能够突出影像细节，使影像变得更清晰。由于拉普拉斯算子是一种微分算子，它的应用可增强影像中灰度突变的区域，减弱灰度的缓慢变化区域，因此锐化处理可选择拉普拉斯算子对原影像进行处理，产生描述灰度突变的影像，再将拉普拉斯影像与原始影像叠加而产生锐化影像。

5．梯度算子应用的对比举例

下面使用“Lena 影像”进行梯度影像提取，对比各种算子的运行效果。Lena 影像是 1972 年 11 月的花花公子杂志上的一幅插图，图像的人物是瑞典模特 Lena Soderberg。这幅影像目前已经成为使用最为广泛的测试影像。IEEE Transactions on Image Processing 期刊主编 David Munson 在 1996 年解释了 Lena 影像在学术界受欢迎的原因：第一，该影像适度地混合了尖锐、平滑、阴影和纹理各类型的像素区域，从而能很好地测试各种处理算法；第二，Lena 是一位美女，对于大部分的男性科研工作者来说，能有效地激发研究热情。

边缘检测算法主要基于影像强度函数的一阶和二阶导数计算，但这些导数计算对噪声比较敏感。因此，在梯度计算之前，通常需要对输入影像进行滤波去噪，并调用图像增强或阈值化算法进行处理，最后进行边缘检测。根据图 3.3 的结果，不同算子的比较分析如下。

（1）Roberts 交叉算子由于是交叉梯度算子，它对边缘正、负 45° 较多的影像提取边缘较为明显，但像素的定位准确率较差。

（2）Prewitt 算子对灰度渐变的影像边缘的提取效果较好，然而缺乏对距离权重的考虑。

（3）Sobel 算子考虑了距离权重的影响，对噪声较多的图像的处理效果更好。Sobel 算子的计算速度比 Roberts 交叉算子慢，但其较大的卷积核使输入影像更平滑，从而降低了算子对噪声的敏感度。与 Roberts 交叉算子相比，Sobel 算子通常也会为类似的边缘生成更高的输出值。

（4）Laplacian 算子对噪声比较敏感，由于其算法可能会出现双像素边界，因此常用来判断边缘像素位于图像的明区还是暗区。

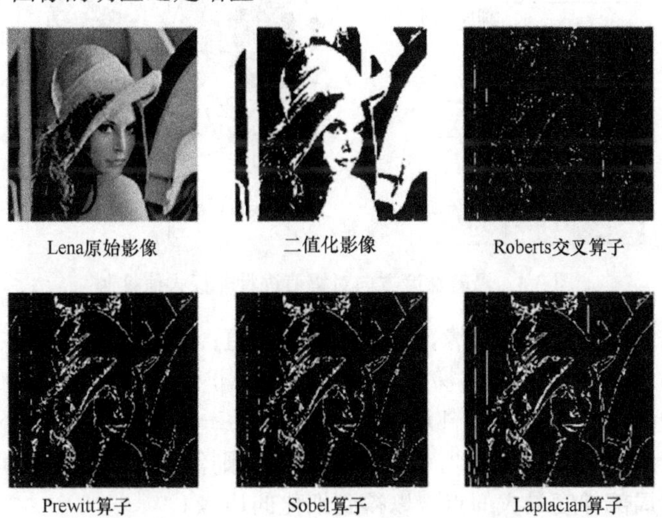

图 3.3　各类梯度算子在 Lena 影像上的测试比较

3.2.2 Canny 边缘检测

坎尼（Canny）边缘检测算法是 Canny J F 在 1986 年提出的[20]，他给出了判断边缘提取方法性能的指标。首先，好的边缘检测算法应该对影像信号的误差不敏感，即出现虚假边缘的概率要尽可能小。其次，最终提取的边缘应该尽可能地接近真实边缘，而且每个边缘位置只能有单一的点响应，而不是多个。从表面效果上来讲，Canny 算法是对 Sobel、Prewitt 等算子效果的进一步细化和更加准确的定位。Canny 算法的具体实现过程如下。

（1）首先对待处理的影像进行高斯滤波平滑处理，去除影像中的高斯噪声，有效抑制高斯噪声这样的高频分量。高斯滤波就是对整幅影像进行加权平均的过程，每个像素点的值都由其本身和邻域内的其他像素灰度值经过加权平均后得到。例如，使用 3×3 的高斯模板加权平均公式如下

$$g(x,y)=\frac{1}{16}\begin{bmatrix}1 & 2 & 1\\ 2 & 4 & 2\\ 1 & 2 & 1\end{bmatrix}*\boldsymbol{f} \tag{3.15}$$

（2）在高斯滤波后，计算像素的梯度幅值和具体方向。该步骤可选用的算子包括 Sobel 算子、Prewitt 算子、Roberts 交叉算子等。通常使用较多的是 Sobel 算子。

（3）进行非极大值抑制。沿着梯度方向对幅值进行非极大值抑制，对提取出的梯度幅值进行阈值过滤。具体采用双阈值技术进行边缘迟滞，设立高、低双阈值，对应进行强边缘和弱边缘像素的初步划分。

例如，3×3 区域内，边缘可以划分为垂直 90°、水平 0°、对角 45°和反对角 135°这 4 个方向。同样，梯度的反方向也是 4 个方向（与边缘方向正交）。为了进行非极大值抑制，将所有可能的方向量化为 4 个方向，如图 3.4 所示。

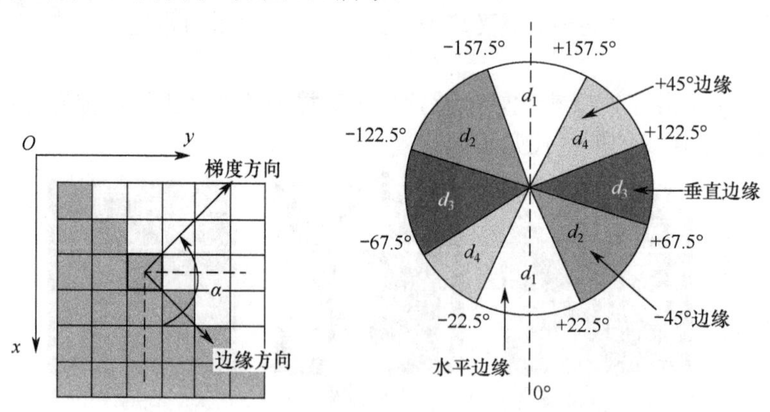

图 3.4　沿着梯度方向对幅值进行非极大值抑制

量化情况可以总结为：水平边缘，梯度方向为垂直；135°边缘，梯度方向为 45°；垂直边缘，梯度方向为水平；45°边缘，梯度方向为 135°。非极大值抑制即为沿着上述 4 种类型的梯度方向，比较 3×3 邻域内对应邻域值的大小。在每一点上，领域中心 x 与沿着其对应的梯度方向的两个像素相比，若中心像素为最大值，则保留；否则中心置 0。这样可以抑制非极大值，保留局部梯度最大的点，以得到细化的边缘。

（4）用双阈值算法检测。选取系数高阈值 t_{H} 和低阈值 t_{L}，比率为 2:1 或 3:1（一般取

t_H =0.3 或 0.2，t_L =0.1）。将小于低阈值的点抛弃；将大于高阈值 t_H 的点立即标记为确定强边缘点；将小于高阈值 t_H 、大于低阈值 t_L 的点定义为弱边缘点。

（5）对边缘点像素使用 8 连通区域进行进一步确认。如果存在连续临接的强边缘像素，则将其确定为输出边缘；如果弱边缘与强边缘临接，则弱边缘同样被输出为边缘；如果弱边缘像素或强边缘像素是孤立存在的，则抛弃这些边缘像素。

Canny 边缘检测采用高低双阈值方法进行边缘点的确定，并将不连续的边缘进行延伸，使得最终提取的边缘更加连续。该技术有优良的信噪比，边缘的错误检测率低，即将非边缘检测为边缘或将边缘检测为非边缘的概率要低得多。该技术有优良的定位性能，检测出的边缘位置要尽可能在实际边缘的中心，对同一边缘仅有唯一响应。

3.2.3　Snake 边缘提取

Snake（Active Contour Models）边缘提取模型是 Kass M 于 1987 年提出的[29]。它可以从比较复杂的影像中提出感兴趣的目标轮廓，并且能高效地跟踪目标区域或者物体的运动，因此在医学领域中得到广泛应用。Snake 的目标不像 Sobel 算子和 Canny 边缘检测算子等那样找到整张图的所有边缘像素，它只搜索给定的初始轮廓附近，达到将轮廓更新优化的目标。

Snake 边缘提取的主要原理如下：首先确定一个待提取目标的大致区域，并定义可表示边缘曲线的能量函数以及推动曲线运动的外力。外力使得轮廓不断沿着能量减小的方向运动，最终当能量最小时收敛得到目标的真实轮廓。Snake 边缘提取模型引入了高级的能量优化理论，如式（3.16）所示，在处理局部间断的边缘时，提取效果比传统轮廓提取方法的效果好

$$E_{\text{snake}}^{*}=\int_{0}^{1}E_{\text{snake}}\left(v(s)\right)\text{d}s \tag{3.16}$$

$$E_{\text{snake}}^{*}=\int_{0}^{1}\left(E_{\text{int}}\left(v(s)\right)+E_{\text{img}}\left(v(s)\right)+E_{\text{con}}\left(v(s)\right)\right)\text{d}s$$

式中，$E_{\text{int}}\left(v(s)\right)$ 指当前轮廓本身的能量，称为内部能量；$E_{\text{img}}\left(v(s)\right)$ 指影像上轮廓对应点的能量，称为外部能量；$E_{\text{con}}\left(v(s)\right)$ 是方差相关的项。

内部能量由两部分构成：一阶导数的模（称为弹性能量）和二阶导数的模（弯曲能量）

$$E_{\text{int}}\left(v(s)\right)=\left(\alpha(s)\left|v_s(s)\right|^2+\beta(s)\left|v_{ss}(s)\right|^2\right)/2$$

因为曲线曲率的关系，在闭合的轮廓曲线中，凸曲线按照法向量的方向具有向内的作用力；凹曲线的法向量向外，具有向外的力。而曲率计算是跟一阶导数、二阶导数相关的。在迭代过程中，弹性能量能快速地把轮廓压缩成光滑的圆；弯曲能量将轮廓拉成光滑的曲线或直线，它们的作用是保持轮廓的光滑和连续性。通常 α 越大，轮廓收敛越快；β 越大，轮廓越光滑。

外部影像能量分为三种：线性能量，通常和亮度相关；边缘能量，由影像的边缘组成，而边缘可以通过 Sobel 算子计算；终端能量，也称为角点能量。

线性能量：　$E_{\text{line}}=I(x,y)$

边缘能量：　$E_{\text{edge}}=-\left|\nabla I(x,y)\right|^2$

终端能量：　$E_{\text{term}}=\left(C_{yy}C_x^2-2C_{xy}C_xC_y+C_{xx}C_y^2\right)/\left(C_x^2+C_y^2\right)^{3/2}$

通常可以根据期望轮廓趋向于哪个方面来选择以上三种能量。在迭代优化过程中，外部能量会使轮廓（灰度）朝高梯度位置靠近。而通常梯度高的位置都是影像中前景与背景的界限或者物体与物体之间、物体内部不同部分的界限，适用于分割。

对于优化环节，优化的目标是找到总能量函数局部极小，通过能量函数极小或者迭代次数来控制迭代的终止。

3.2.4 霍夫变换检测直线

霍夫变换（Hough Transform）检测直线的方法是使用最为广泛的一种直线检测技术，在本书的第 2 章标定板影像的直线检测时已有初探。霍夫变换直线检测利用了在影像空间直角坐标系中的直线和极坐标参数空间中的点的对偶性。

经过平面空间中的一点 $\boldsymbol{m}$ 的一条直线 $\boldsymbol{l}_m$，在霍夫变换参数空间中表现为一个点 $\boldsymbol{Q}_{l_m}$；

经过平面空间中的一点 $\boldsymbol{m}$ 的所有直线 $\{\boldsymbol{l}_m|\boldsymbol{l}_m^{\mathrm{T}}\boldsymbol{m}=0\}$，在参数空间中形成一条类似余弦曲线 $\boldsymbol{S}_m$；

在平面空间中的一条直线 $\boldsymbol{l}$ 上的所有点 $\{\boldsymbol{m}_l|\boldsymbol{m}_l{}^{\mathrm{T}}\boldsymbol{l}=0\}$ 上的所有经过直线 $\{\boldsymbol{l}_{m_l}\}$ 所形成的余弦曲线簇 $\{\boldsymbol{S}_l\}$，在霍夫变换参数空间中必定相交于一点，而这一点正是直线 L 在参数空间中的对应点 $\boldsymbol{Q}_l$。如图 3.5 所示，假设已知直线 $\boldsymbol{l}$ 的极坐标方程为 $r=x\cos\theta+y\sin\theta$，那么经过该直线的所有点都将对应霍夫变换参数空间坐标系 $\boldsymbol{Q}_l$ 的点坐标为 (r,θ)。

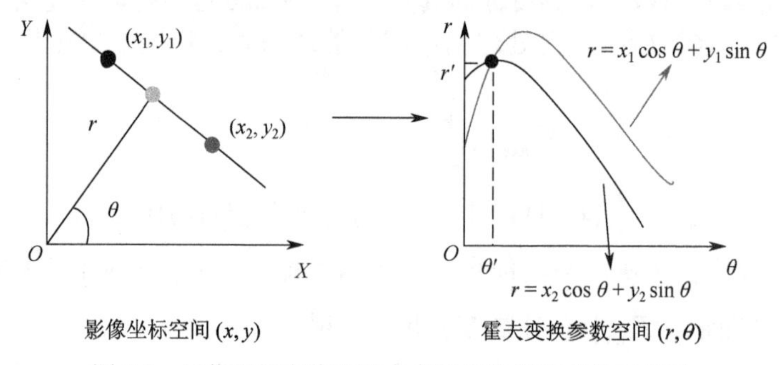

图 3.5 影像平面直线和霍夫变换参数空间点的对偶性

在影像空间中的直线上的每个点都会映射到霍夫变换参数空间中的相同参数点，如果影像上有足够多的点能够支持一条线特征的提取，那么在霍夫变换参数空间中，这些点支持的线的参数会在同一个位置聚集，如图 3.6 的中间子图所示。所以只要找到统计个数较大的霍夫变换参数空间点，就能对应找到影像空间中的直线。

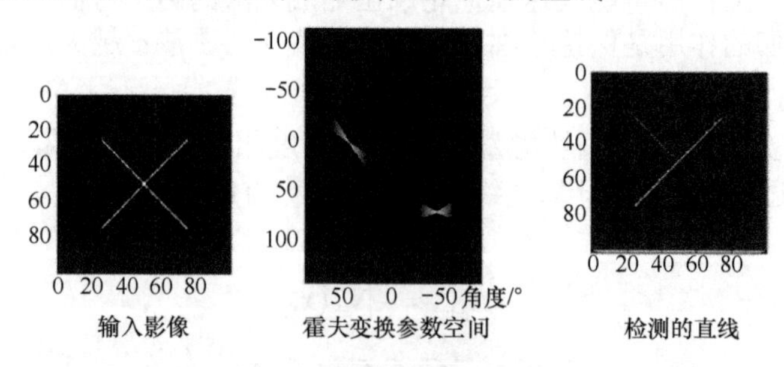

图 3.6 霍夫变换直线检测举例

霍夫变换直线检测的完整步骤如下。

（1）影像预处理，包括将彩色影像转换为灰度图，使用一定的平滑滤波器对高频噪声进行滤波去噪；

（2）进行边缘像素提取，可以使用 Laplacian 算子、Canny 算子或者 Sobel 算子等方法，然后对边缘提取的像素影像进行二值化；

（3）将二值化的影像的非零点映射到霍夫变换参数空间，在参数空间中记录并存储落在参数位置的点的个数。

（4）根据统计阈值进行判断，当某一参数位置的落入点个数大于某个阈值时，这里即为潜在的直线参数。使用非极大值抑制方法在局部范围内取极大值，过滤干扰直线。

3.3　点特征提取

点特征提取，主要是指找到一幅影像中的局部区域内的灰度变化最为明显的位置。角点是一种最直观的特征，它给人的印象就是在某个方向上亮度或色彩变化较大的点。它们数量丰富、抗干扰性强，在摄像机标定、影像匹配、运动估计和目标跟踪等领域中应用广泛。大多数文献中的特征提取主要是指点类型特征，它应尽可能地表现出目标独一无二的某种性质，并且同类表现出相似性，异类则表现出差异性。常用的点特征算法有 Harris 特征点、FAST 特征点、SIFT 特征点和 SURF 特征点等。

特征点能否用于跟踪或匹配取决于图片数据的类型（如视频或静止影像），之后也会从中得到一些潜在匹配关系，用这些就可计算出多视约束。然而，由于匹配对应点搜索问题是一个病态问题，匹配对应的点集有可能被大量的误匹配和异常值污染。

3.3.1　Harris 角点

Harris 角点是由 Harris 和 Stephens 在 1998 年提出的一种影像特征提取算法，目前已经成为特征提取的经典算法。Harris 角点是一种基于灰度影像的角点检测算法，因此在检测之前要将彩色影像转换为灰度影像。Harris 算法对角点做了一个合理的定义，即在一个固定大小的窗口内对窗口内的像素求和，如果在向任何方向移动后像素值都发生较大变化，则该位置即为角点。如果只在一个方向上发生巨大变化，那么它很可能是一个直线的边缘，只有当它在所有方向变化巨大时才能被认为是角点，那么变化多大才能算是巨大变化，这决定了检测出的角点质量。

在理解了 Harris 角点的大致定义后，再来看 Harris 角点的公式推导。假设 $E(u,v)$ 代表在以某一点 (x,y) 为中心的窗口像素向 x 方向移动 u 分量、向 y 方向移动 v 分量后的亮度值变化量的累加值，所以 $E(u,v)$ 是一种误差平方和（Sum of Squared Differences，SSD）

$$E(u,v)=\sum_{x,y}w(x,y)[I(x+u,y+v)-I(x,y)]^2 \tag{3.17}$$

这里的 $w(x,y)$ 是一个窗口权函数，在最简单的情况下可以直接令 $w(x,y)=1$，也就是不需要这里的 $w(x,y)$。但是为了更精确地检测到角点，一般情况下 $w(x,y)$ 可以设置为二维高斯权函数，因为这样中间高、两边低使得中间像素的权值更大。如果角点中心位于窗口中心，$E(u,v)$ 会明显比偏离角点中心的窗口的变化值大，可以以此来确定角点的像素级位置。

根据泰勒级数展开公式，能够将式（3.17）中的被减项表示为

$$I(x+u,y+v) \approx I(x,y) + uI_x + vI_y \tag{3.18}$$

其中，$I_x = \dfrac{\partial I}{\partial x}$，$I_y = \dfrac{\partial I}{\partial y}$。可以简化式（3.17）变成

$$E(u,v) = \sum_{x,y} w(x,y)[uI_x + vI_y]^2 \tag{3.19}$$

$$E(u,v) = \sum_{x,y} w(x,y)(u^2 I_x^2 + 2uvI_x I_y + v^2 I_y^2) \tag{3.20}$$

再将其转换为二次型矩阵

$$E(u,v) = w(x,y)[u \quad v]\left(\sum_{x,y}\begin{bmatrix} I_x^2 & I_x I_y \\ I_x I_y & I_y^2 \end{bmatrix}\right)\begin{bmatrix} u \\ v \end{bmatrix} \tag{3.21}$$

最后将中间的矩阵合并成一个矩阵，并定义为 $\boldsymbol{M}$，则

$$E(u,v) = [u \quad v]\boldsymbol{M}\begin{bmatrix} u \\ v \end{bmatrix} \tag{3.22}$$

这里矩阵 $\boldsymbol{M}$ 是实对称矩阵，即为

$$\boldsymbol{M} = \sum_{x,y} w(x,y)\begin{bmatrix} I_x^2 & I_x I_y \\ I_x I_y & I_y^2 \end{bmatrix} \tag{3.23}$$

到这里可以发现，Harris 角点并不需要直接求 $E(u,v)$ 来判断是否为角点，而是可以通过求 $\boldsymbol{M}$ 矩阵的特征值来判断。（1）当 $\boldsymbol{M}$ 的特征值一大一小时，说明检测到的是边界区域；（2）当特征值都很小时，说明影像在平坦区域；（3）当两个特征值都很大时，说明它是一个角点。假设求出的两个特征值分别为 λ_1 和 λ_2，则通过计算式（3.24）值的大小，就能够对该像素点是否为角点进行判断。

$$R = \det \boldsymbol{M} - k(\operatorname{trace} \boldsymbol{M})^2 \tag{3.24}$$

$$\det \boldsymbol{M} = \lambda_1 \lambda_2 \tag{3.25}$$

$$\operatorname{trace} \boldsymbol{M} = \lambda_1 + \lambda_2 \tag{3.26}$$

其中 k 是一个参数，一般其值在 0.04～0.06 范围内。为了更直观地理解上述内容，可以画出示意图，如图 3.7 和图 3.8 所示。

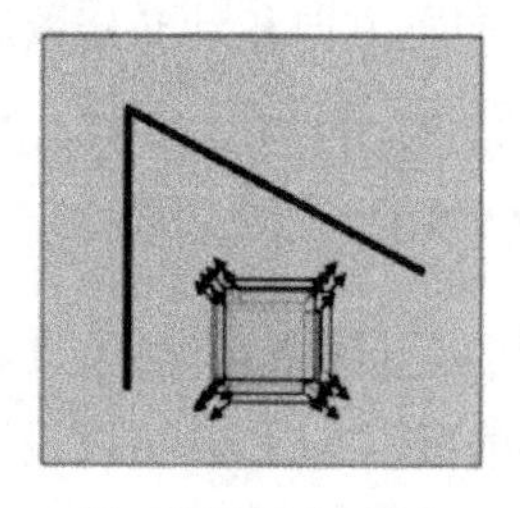

(a) 平坦区域上方向性弱

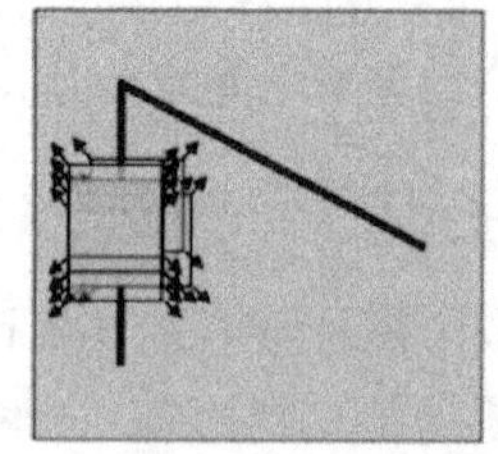

(b) 边缘像素沿边缘移动的方向性强

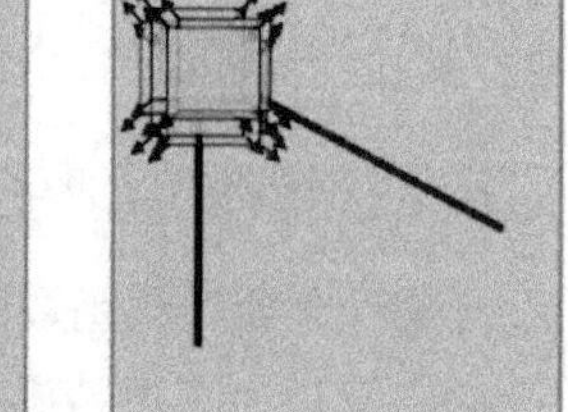

(c) 角点位置有两个较强的方向性

图 3.7　Harris 算法对角点的解释

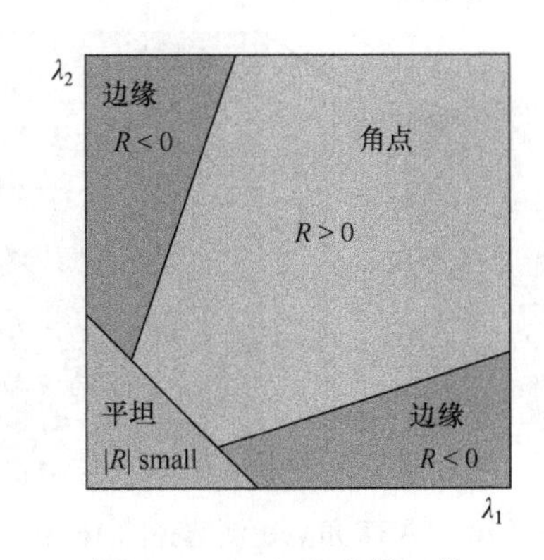

图 3.8　Harris 角点的 R 值

从影像可以看出，R 的值越大，影像越接近角点，因此也可以理解参数 k 用来筛选出不同质量的角点。Harris 角点提取的流程为：

（1）将原始图像转换为灰度影像；

（2）应用高斯滤波器来平滑噪声；

（3）应用 Sobel 算子寻找灰度图像中每个像素的 x 方向和 y 方向的梯度值；

（4）对于灰度图像中的每个像素 p，考虑其周围有一个 3×3 的窗口，并计算角点强度函数，称之为 Harris 分数；

（5）查找超过某个阈值并且是某个窗口中的局部最大值的像素（以防止重复特征）；

（6）对于满足第（5）条标准的每个像素，计算一个特征描述符。

为了使 Harris 算法能够具备尺度适应能力，有学者提出了 Harris-Laplacian 特征提取算法。该算法对输入影像建立变分辨率的影像金字塔，在影像平面空间使用 Harris 算子提取角点潜在位置，并且使用 Laplacian 算子在尺度空间进行差分运算。在立体影像空间中找到局部极大值的位置，该点就是 Harris-Laplacian 提取的角点，如图 3.9 所示。

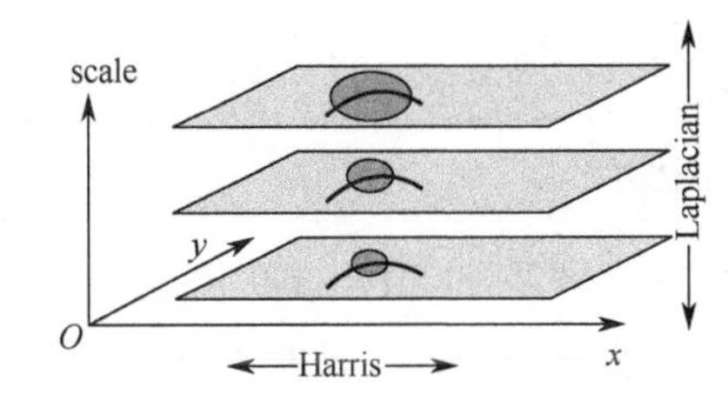

图 3.9　Harris-Laplacian 特征提取示意图

3.3.2　FAST 角点

FAST 角点的全称为 Features from Accelerated Segment Test，该角点提取算法由 Rosten 和 Drummond 在 2006 年首先提出。FAST 角点提取算法具有速度快、点数目丰富、精度高的优点，成为近年来备受关注的基于模板和机器学习的角点检测方法。

FAST 角点的基本原理为，以检测点为中心选择周围 16 个组成圆的点（见图 3.10），如果有连续 9 个点比中心像素值大或小，那么该点即为角点。在检测 FAST 角点时同样需要先将影像转换为灰度影像，因为角点属于少数，所以可以用一种快速算法来排除大部分的非角点。

FAST 角点提取的主要算法步骤如下。

（1）以目标像素 p 为中心，在半径为 3 的圆上提取出 16 个像素点的亮度值（$p1, p2, \cdots, p16$）。

（2）定义一个阈值。计算 $p1$、$p9$、$p5$、$p13$ 与中心 p 的亮度值的差，若它们的绝对值有至少 3 个超过亮度阈值 t，则将 p 当作候选角点，再进行下一步考察；否则，排除其是角点的可能性。

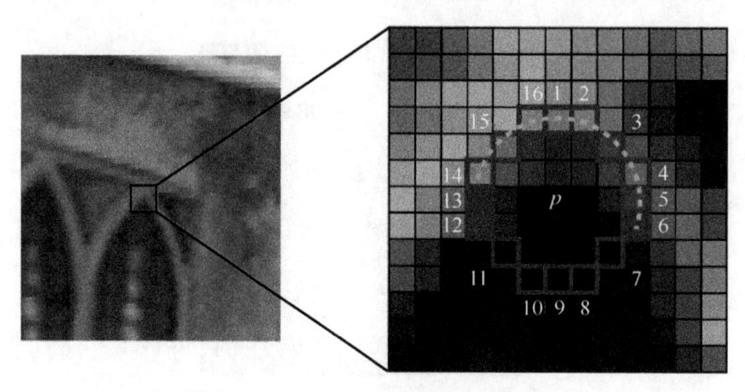

图 3.10 FAST 角点检测选择的 16 个点

（3）若 p 是候选角点，则计算 $p1$ 到 $p16$ 这 16 个点与中心 p 的像素亮度值的差，若它们中有至少连续 9 个超过阈值 t，则 p 继续作为角点进行判断；否则，排除其是角点的可能性。

（4）由于 FAST 角点的判断准则简单，会导致在一些边缘位置集中地检测到大量的冗余的角点。可以使用非极大值抑制的方法，解决从邻近的位置选取了多个冗余的角点的问题。对影像进行非极大值抑制：计算特征点出的 FAST 得分值（即 score 值，也即 s 值）。判断以特征点 p 为中心的一个邻域（如 3×3 或 5×5）内是否有多个特征点。如果有，判断每个特征点的 s 值。若 p 是邻域所有特征点中响应值最大的，则保留；否则，删除。若邻域内只有一个特征点（角点），则保留。得分 s 值的计算公式如下

$$s=\sum_{k\in[1,16]}\begin{cases}\left|I_k-I(p)\right|, & 若\left|I_k-I(p)\right|>t\\ 0, & 其他\end{cases} \tag{3.27}$$

式中，t 表示亮度阈值。图 3.11 给出了一组使用非极大值抑制前和抑制后的角点提取结果的对比示例。

上面的步骤是寻找 FAST-9 角点的方法。与之类似，可以选择 FAST-10、FAST-11、FAST-12 角点作为特征点，只是在步骤（3）中，超过阈值的个数不一样。FAST 角点算法实现起来简单，且以速度快著称。FAST 角点算法本身没有特征描述过程，原文作者使用角点周围的 16 个点的灰度值组成的向量来描述该特征点。此外，FAST 角点算法不具备尺度不变性和旋转不变性；当影像中的噪声点较多时，其鲁棒性不佳。

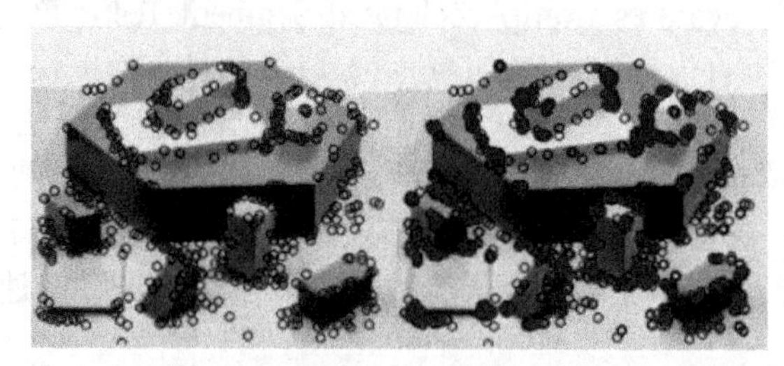

图 3.11 FAST 角点检测结果示例，左图为非极大值抑制后的角点提取结果，右图为没有做极大值抑制的结果

3.3.3 SIFT 特征提取

Lowe D G 在 1999 年的计算机视觉国际会议上提出了尺度不变特征转换（Scale

Invariant Feature Transform，SIFT）特征提取和描述算法[33]，又于 2006 年提出了加速稳健特征（Speeded Up Robust Features，SURF）局部特征算法，大大地提高了特征提取的速度。该方法对于存在遮挡、旋转、缩放和一定程度的视点变化等情况都具有较好的稳定性，已被成功地应用于各种领域，包括目标跟踪、拼接和影像恢复等。

SIFT 特征提取算法首先在像素尺度空间计算像素点上的灰度值的梯度影像；然后，提取出具有独立性和稳定性的特征点，并以 SIFT 描述符进行特征编码，来适应影像的空间尺度变化和旋转变化等影响。下面阐述 SIFT 特征提取算法的实现步骤。

（1）首先构建尺度空间。构建尺度空间的目的是检测在不同的尺度下都存在的特征点，而检测特征点较好的算子是高斯拉普拉斯 $\Delta^2 G$（Laplacian of Gaussian，LoG）。将 LoG 运用到影像中的特征检测时，运算量过大，通常使用差分高斯（Difference of Gaussian，DoG）来近似计算 LoG。

高斯金字塔的构建分为两步，首先对影像做高斯卷积平滑；然后对影像做降采样。基于一个高斯核函数与原影像函数进行卷积，并在高斯差分的基础上，进行分辨率降采样，构建高斯金字塔，形成高斯差分尺度空间，即 DoG 金字塔。

影像的尺度空间被定义为由可变尺度的高斯函数 $G(x,y,\sigma)$ 与输入影像 $I(x,y)$ 的卷积产生的函数 $L(x,y,\sigma)$

$$L(x,y,\sigma)=G(x,y,\sigma)*I(x,y) \tag{3.28}$$

其中

$$G(x,y,\sigma)=\frac{1}{2\pi\sigma^2}\mathrm{e}^{\frac{-(x^2+y^2)}{2\sigma^2}} \tag{3.29}$$

σ 是尺度空间因子，其值越小，表示图像被平滑得越少，相应的尺度也就越小。大尺度对应图像的概貌特征，小尺度对应图像的细节特征。为了有效检测尺度空间中稳定的关键点位置，先对不同尺度 $k\sigma$ 的高斯核（k 为比例因子）进行差分，然后将差分结果和影像进行卷积生成高斯差分尺度空间 $D(x,y,\sigma)$，如图 3.12 所示。

$$\begin{aligned}D(x,y,\sigma)&=\left[G(x,y,k\sigma)-G(x,y,\sigma)\right]*I(x,y)\\&=L(x,y,k\sigma)-L(x,y,\sigma)\end{aligned} \tag{3.30}$$

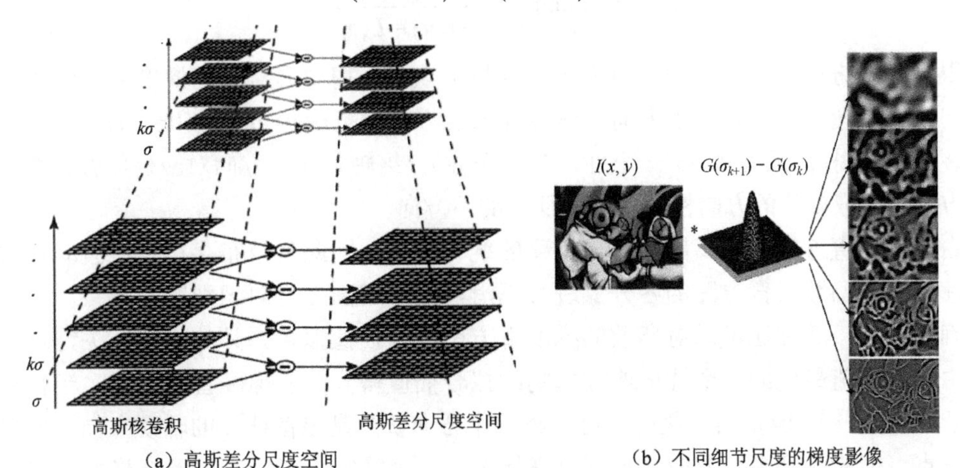

（a）高斯差分尺度空间　　（b）不同细节尺度的梯度影像

图 3.12　高斯差分尺度空间的构建示意图

尺度空间的意义在于两部分，首先是同分辨率的影像由于使用了不同的高斯核卷积，模糊了不同的细节，形成细节尺度上的区分；另外，对影像进行不同尺度的降采样操作，形成了分辨率上的尺度差异化。降采样操作时，通常是使用上一个分辨率影像组中的倒数第二张影像进行下采样，从而在尺度空间上形成了一个关于细节尺度的连续的变化。最终可以认为，高斯差分影像实际上是不同细节尺度的梯度影像。

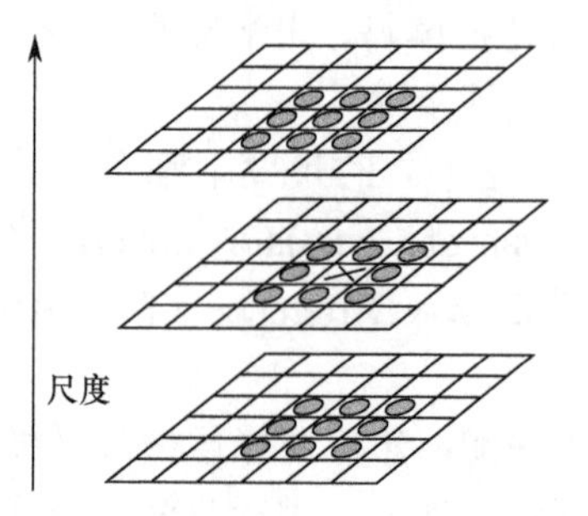

图 3.13 在高斯差分尺度空间检测极值点

（2）特征点定位。为了检测 $D(x,y,\sigma)$ 的局部最大值和最小值，将每个采样点与当前影像中的 8 个邻居以及上下比例中的 9 个邻居（共 26 个邻居）进行比较，如图 3.13 所示。只有当采样点的值比所有这些邻居都大或者比所有这些邻居都小时，才会被选中，并认为该点是影像在该尺度下的一个特征点。该检查的成本是相当低的，因为大多数采样点将在前几次检查后被淘汰。

（3）特征点过滤。特征点过滤就是将第 2 步检测到的特征点中曲率不对称的点和对比度低、不稳定的点过滤掉，这样做的目的是提高特征点的抗噪性能和匹配的稳定性。可以通过尺度空间 DoG 函数进行曲线拟合寻找极值点，这一步的本质是去掉 DoG 局部曲率非常不对称的点。要剔除的不符合要求的点主要有两种：低对比度的点和不稳定的边缘响应点。

（4）确定特征点的方向。经过上面的步骤已经找到了在不同尺度下都存在的特征点，为了实现影像旋转不变性，需要给特征点的方向进行赋值。利用特征点邻域像素的梯度分布特性来确定其方向参数，再利用影像的梯度直方图求取关键点局部结构的稳定方向。

找到了特征点的尺度空间位置 $L(x,y,\sigma)$，以特征点为中心、以 $3\times1.5\sigma$ 为半径的区域影像计算幅值 $m(x,y)$ 和幅角 $\theta(x,y)$ 方向

$$m(x,y)=\sqrt{\left[L(x+1,y)-L(x-1,y)\right]^2+\left[L(x,y+1)-L(x,y-1)\right]^2} \tag{3.31}$$

$$\theta(x,y)=\alpha\cdot\arctan\frac{L(x,y+1)-L(x,y-1)}{L(x+1,y)-L(x-1,y)} \tag{3.32}$$

得到梯度方向后，就要使用直方图统计特征点邻域内像素对应的梯度方向和幅值。梯度方向的直方图的横轴是梯度方向的角度（梯度方向的范围是 0°～360°，直方图每 36°一个柱，共 10 个柱；或者每 45°一个柱，共 8 个柱），纵轴是梯度方向对应梯度幅值的累加，在直方图中，取峰值的方向柱子就是特征点的主方向。

由于上述直方图是对离散化方向角度的统计结果，因此其分布存在随机波动。对此，可以使用高斯函数对直方图的各分量进行平滑，达到增强主方向识别度的效果。为了得到更精确的方向，通常还可以对离散的梯度直方图进行插值拟合。具体而言，关键点的方向可以由和主峰值最近的三个柱值通过抛物线拟合插值得到。在梯度直方图中，当存在一个相当于主峰值 80%能量的柱值时，可以将这个方向认为是该特征点的辅助方向。所以，一个特征点可能检测到多个方向（也可以理解为，一个特征点可能产生多个坐标、尺度相同

但方向不同的特征点）。Lowe 在论文中指出，15%的关键点具有多方向，而且这些点对匹配的稳定性很关键。

得到特征点的主方向后，对于每个特征点都可以得到三个信息(x,y,σ,θ)，即位置、尺度和方向。由此可以确定一个 SIFT 特征区域由三个值表示，中心表示特征点位置，半径表示关键点的尺度，箭头表示主方向。具有多个方向的关键点可以被复制成多份，然后将方向值分别赋给复制后的特征点，一个特征点就产生了多个坐标、尺度相等但方向不同的特征点。

（5）特征描述。特征描述子应具有较高的独立性，以保证匹配率。特征描述符的生成大致有三个步骤：①校正旋转主方向，确保旋转不变性；②生成特征描述子，最终形成一个 128 维的特征向量；③归一化处理，将特征向量长度进行归一化处理，进一步去除光照的影响。

图 3.14 对特征点的特征描述符的计算进行了示意说明。为了保证特征矢量的旋转不变性，以特征点为中心，将附近邻域内的所有像素旋转θ度（特征点的主方向），即将坐标轴旋转到特征点的主方向。关键点显示在图 3.14 左图部分的中间位置，其周围的每个小格都代表其邻域内的一个像素，小格中的箭头代表像素的梯度方向，其长度表示梯度的幅值，然后对其进行高斯加权。每 16 像素计算一个梯度方向直方图，该直方图有 8 个方向，8 个方向中的相邻两个方向相差 45°，绘制每个梯度方向的累加值的图，即可形成一个种子点，如图 3.14 右图部分所示。这样一来，4 个种子点就组成了一个关键点，每个种子点都有 8 个方向。通过邻域的方向来确定关键点的方向极大地提高了算法的抗噪性能，同时对含有定位误差的特征匹配也提供了较好的鲁棒性。

与求主方向不同，此时每个种子区域的梯度直方图在 0°～360°范围内划分为 8 个方向区间，每个区间为 45°，即每个种子点有 8 个方向的梯度强度信息。在实际的计算过程中，为了提高匹配的稳健性，Lowe D G 建议对每个关键点使用 4×4 共 16 个种子点来描述，这样一个关键点就可以产生 128 维的 SIFT 特征向量，如图 3.15 所示。

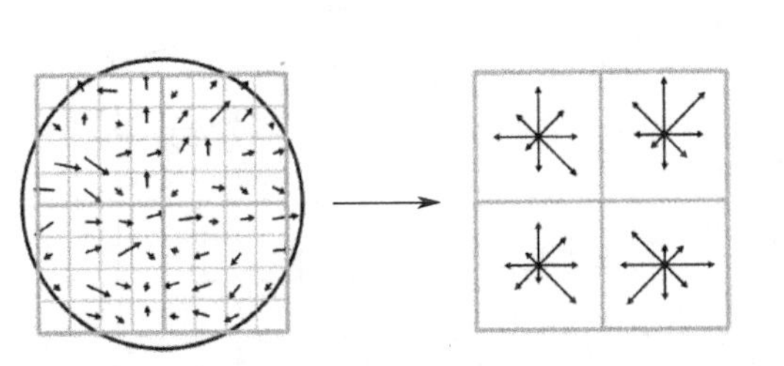

图 3.14　特征描述符的计算

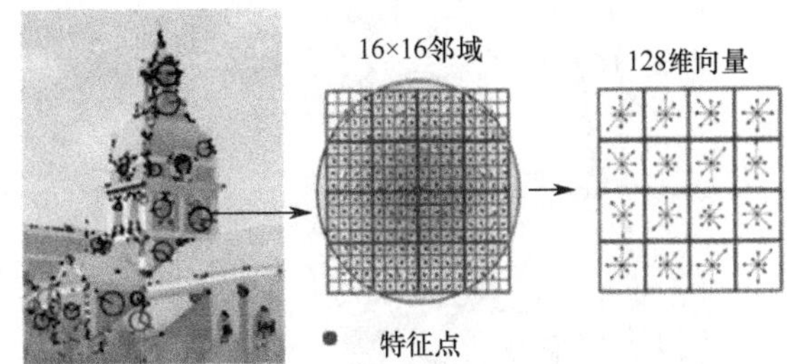

图 3.15　SIFT 特征提取与特征描述示意图

SIFT 特征描述有一种利用梯度向量构建二进制模版的方法，即从原有的 128 维向量的第一个元素开始，判断其是否大于平均值，如果大于则记录为 1，否则记录为 0，这样就构成了一个 128 个元素的二进制数。

SIFT 特征提取与特征描述的主要优点如下。

（1）局部性。特征是局部的，所以对遮挡和杂波非常鲁棒（没有预先分割）；

（2）独特性。单个特征可以与大体量的对象数据库相匹配；

（3）数量丰富。即使是很小的对象，也可以生成许多特征；

（4）可扩展性。可以很容易地扩展到各种不同的特性类型，每种特性类型都增加了健壮性。

图 3.16 给出了一组异视角影像的 SIFT 特征匹配示例，图中玩具车的角度和大小均存在一定程度的变化，SIFT 算法能够找到稳定的特征对应关系。有研究将 Harris 角点提取算法、SIFT 特征提取算法和 Harris-Laplacian 算法的性能进行了比较（见图 3.17），设计一种重复率（Repeatability Rate）指标。该指标等于相应算法在两幅影像之间找到的同名点特征关联的个数与所有可能的关联个数的比值。显然，比值越大，算法的性能越好。

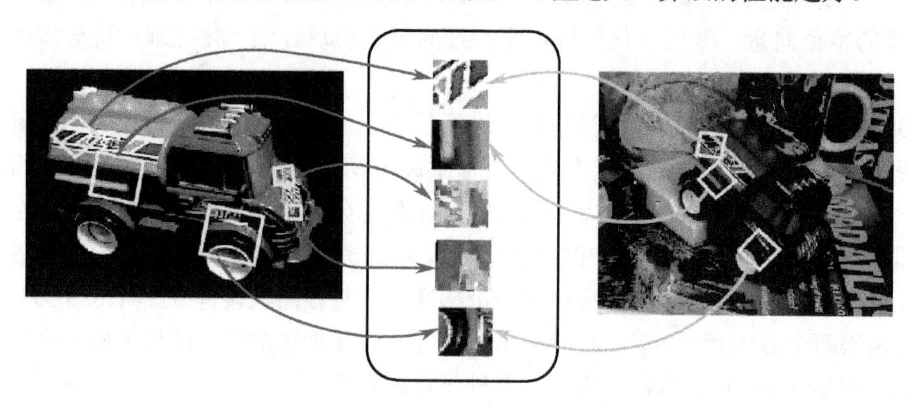

图 3.16　异视角影像的 SIFT 特征匹配示例

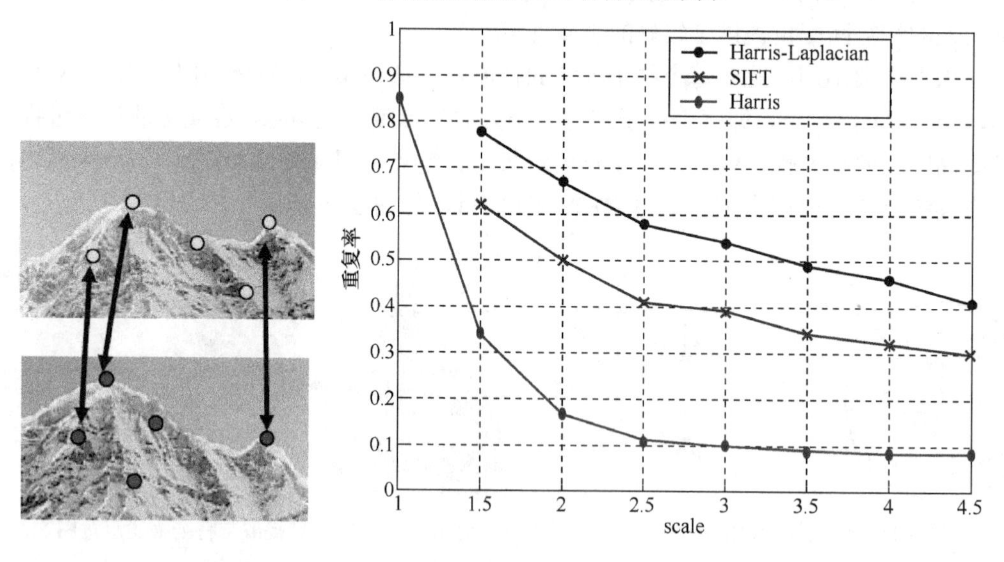

图 3.17　算法的比较[37]

3.3.4 SURF 特征提取

SURF 特征提取算法是在 SIFT 特征提取算法的基础上加以改进的一种特征提取算法，该算法于 2006 年发表在 ECCV 大会上，在速度性能方面具有优越性，可应用于视频目标跟踪和识别任务。SIFT 特征提取算法是用高斯差分 DoG 近似高斯拉普拉斯算子 LoG 建立尺度空间；而 SURF 特征提取算法则使用盒式滤波器（Box Filter）近似 LoG。

SURF 特征提取构造的变分辨率金字塔影像与 SIFT 特征提取的不同在于，SIFT 采用的是 DoG 影像空间，而 SURF 采用的是黑塞矩阵（Hessian Matrix）的行列式近似值建立影像空间。Hessian 矩阵是一个多元函数的二阶偏导数构成的方阵，描述了函数的局部曲率，由德国数学家 Ludwin Otto Hessian 于 19 世纪提出。构建 Hessian 矩阵的目的是生成影像稳定的边缘点，每个像素点都可以求出一个 Hessian 矩阵。

连续函数 $f(x,y)$ 的二阶微分 Hessian 矩阵为

$$\boldsymbol{H}_{f(x,y)}=\begin{vmatrix}\dfrac{\partial^2 f}{\partial x^2} & \dfrac{\partial^2 f}{\partial x\partial y}\\ \dfrac{\partial^2 f}{\partial x\partial y} & \dfrac{\partial^2 f}{\partial y^2}\end{vmatrix} \tag{3.33}$$

利用 Hessian 矩阵的行列式来判断点 (x,y) 是否是极值点，判别项为

$$\det(\boldsymbol{H})=\frac{\partial^2 f}{\partial x^2}\frac{\partial^2 f}{\partial y^2}-\left(\frac{\partial^2 f}{\partial x\partial y}\right)^2 \tag{3.34}$$

若 $\det(\boldsymbol{H})$ 小于 0，则 (x,y) 不是极值点；若大于 0，则该点是极值点。

SURF 特征提取的步骤如下。

（1）构建尺度空间。SURF 采用标准高斯核的二阶偏导对影像卷积运算，当尺度为 σ 时，在 (x,y) 处的 Hessian 矩阵为

$$\boldsymbol{H}(X,\sigma)=\begin{pmatrix}L_{xx}(X,\sigma) & L_{xy}(X,\sigma)\\ L_{xy}(X,\sigma) & L_{yy}(X,\sigma)\end{pmatrix} \tag{3.35}$$

式中，L_{xx} 是标准高斯函数对 X 的二阶偏导数与影像函数卷积的结果，L_{xy} 和 L_{yy} 同理

$$L_{xx}=\frac{\partial^2 G(x,y,\sigma)}{\partial x^2}*I(x,y) \tag{3.36}$$

高斯核是服从正态分布的，从中心点往外，系数越来越低，为了提高运算速度，Bay 等人使用了盒式滤波器来近似替代高斯二阶滤波器，提高运算速度。盒式滤波器将影像的滤波转换成计算影像上不同区域间像素和的加减运算问题，只需要简单几次查找积分图就可以完成。每个像素的 Hessian 矩阵行列式的近似值为

$$\det(\boldsymbol{H})=D_{xx}D_{yy}-(0.9\times D_{xy})^2 \tag{3.37}$$

式（3.37）中，三个盒式滤波器分别是 D_{xx}、D_{yy} 和 D_{xy}。D_{xx} 和 D_{yy} 是对 x 方向和 y 方向的二阶偏导，D_{xy} 是对 x 方向和 y 方向的联合偏导。如图 3.18 所示，第三个方块为采用盒式滤波器对第一个方块的近似，卷积结果记为 D_{yy}，方块中的数字表示对应颜色区域的权值，灰色代表 0。同理，D_{yy} 是对 L_{yy} 的近似。

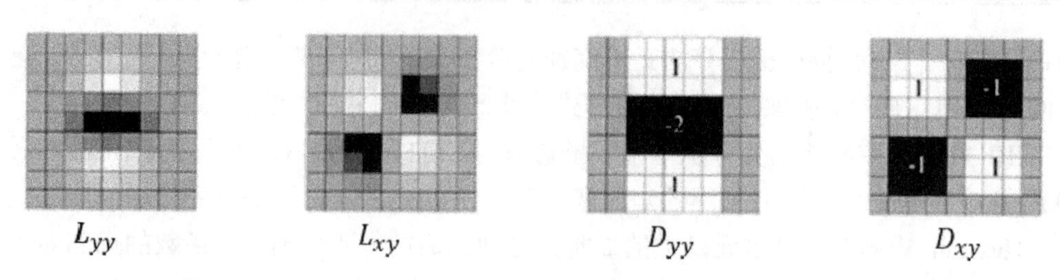

图 3.18 高斯滤波器（L_{yy}、L_{xy}）与盒式滤波器（D_{yy}、D_{xy}）的比较

在 SIFT 特征提取算法中，尺度空间影像是高斯函数与原影像函数的卷积，高斯函数的σ越大，尺度越大，影像越模糊。在 SIFT 中，尺度影像的金字塔每一层的建立都要在上一层结束之后再开始（图 3.19（a）），导致运行速度很慢。SURF 算法构建的尺度空间不改变影像尺寸的大小，而是通过改变模板的大小（图 3.19（b）），对影像进行滤波构造尺度空间。同时可以对金字塔中的每层都进行处理，大大地缩短了时间。

（2）特征点定位。将经过 Hessian 矩阵处理的每个像素点与二维影像空间和尺度空间邻域内的 26 个点进行比较，初步定位出关键点，再经过滤除能量比较弱的关键点以及错误定位的关键点，筛选出最终的稳定特征点。

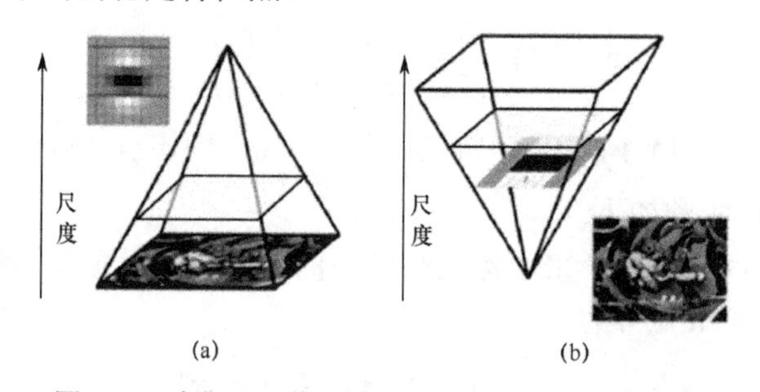

图 3.19 高斯金字塔影像与 SURF 尺度空间的构建

（3）特征点主方向分配。在 SURF 特征提取算法中，也需要给每个特征点分配一个主方向，这样才能确保特征点具有旋转不变性。采用的是统计特征点圆形邻域内的 Haar 小波特征。以特征点为中心，计算半径为 $6s$（s 为特征点所在的尺度值）的圆形邻域内的点在 x、y 方向的 Haar 小波（Haar 小波的边长取 $4s$）响应。

计算出影像在 Haar 小波的 x 和 y 方向上的响应值之后，对两个值进行因子为 $2s$ 的高斯加权，加权后的值分别表示在水平和垂直方向上的方向分量。Haar 特征值反映了影像灰度变化的情况，主方向就是描述那些灰度变化特别剧烈的区域方向。接着，以特征点为中心、张角为 60°的扇形滑动，计算窗口内的 Haar 小波响应值 dx、dy 的累加。在所有的向量中最长的（即在 x、y 方向分量最大的）为此特征点的方向（如图 3.20 所示）。

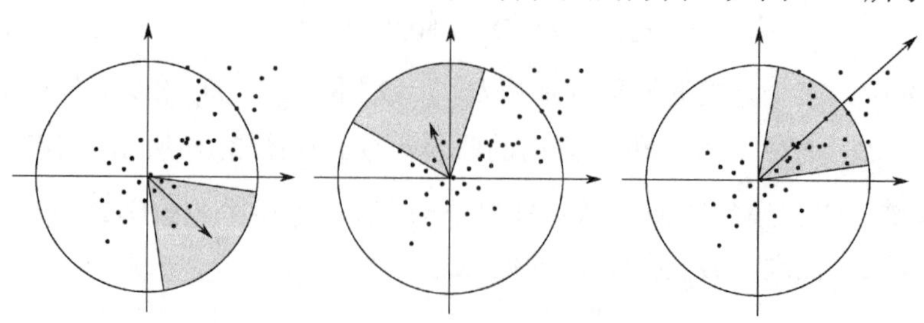

图 3.20 特征点主方向搜索

（4）SURF 特征描述子。在 SIFT 算法中，提取特征点周围 4×4 个区域块，统计每小块内的 8 个梯度方向，用这 4×4×8=128 维向量作为 SIFT 特征的描述子。在 SURF 算法中，也是在特征点周围一个方形区域内进行的，区域大小为 $20s \times 20s$（单位均为像素），但是所取得的矩形区域方向是与特征点主方向平行的。将它分成 4×4 个子块，每个子块包含 $5s \times 5s$（单位为像素）。统计每个子块内的像素点的 Haar 模板沿主方向和垂直方向上的响应，并统计响应值。由于有 16 个子块，每个子块统计 Σdx、$\Sigma|dx|$、Σdy 和 $\Sigma|dy|$ 4 个参数（如图 3.21 所示），所以特征点描述子由 64 维向量构成。

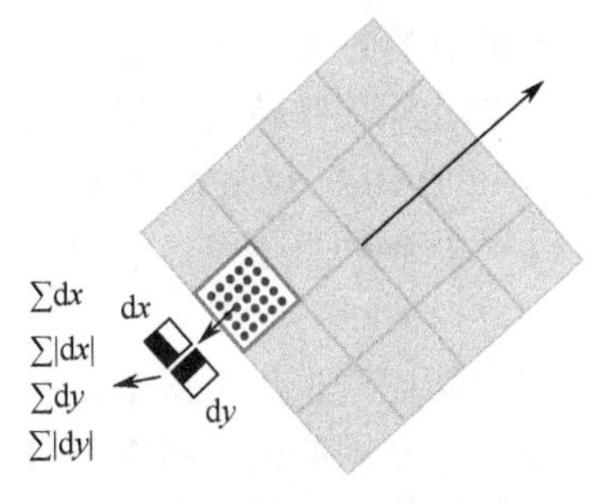

图 3.21　SURF 特征点描述

（5）BRIEF 特征描述子。原始的特征描述子使用浮点数，对内存的占用比较大。如 SIFT 特征描述子采用了 128 维的特征向量，一个特征点会占用 512 字节的空间。类似地，SURF 特征描述子采用 64 维的特征向量，它也将占用 256 字节的空间。如果一幅影像中有数千个特征点，那么 SIFT 或 SURF 特征描述子将占用大量的内存空间，对于那些资源紧张的应用，尤其是嵌入式的应用，这样的特征描述子显然是不可行的。而且，占有越大的空间，意味着匹配时间越长。

二进制鲁棒独立基本特征（Binary Robust Independent Elementary Features，BRIEF）特征描述方法[19]提供了一种计算二值化向量的特征描述方法。它需要先平滑影像，然后在特征点周围选择一个子图块（Patch），在这个 Patch 内通过一种选定的方法来挑选出 n 个点对 (p,q)。然后对每个点对比较亮度值，如果 $I(p)>I(q)$，则这个点对生成了二值化向量中一个为 1 的值，否则为 0。所有 n 个点对都进行比较之后，就生成了一个二进制串。由于 BRIEF 特征描述子是非常简单的 0 和 1 串，因此可以用汉明距离（Hamming Distance）来计算特征之间的相似度，实现匹配搜索。由于通过二进制位的异或操作（XOR 运算）和位计数，可以非常有效地计算汉明距离，因此在计算速度方面，BRIEF 特征描述方法很容易胜过其他描述符。

3.3.5　ORB 特征检测

ORB 是 Oriented fAST and Rotated BRIEF 的简称，ORB 算法可以用来对影像中的关键点快速创建特征向量，即它的最大特点就是快速。简单来说，该算法由两个步骤组成，分别是特征提取和特征描述。只是提取特征点的方法是通过改进 FAST 算法得到的，描述特征点的方法是由 BRIEF 算法发展得到的。所以，将 FAST 特征检测算法与 BRIEF 特征描述算法结合起来并加以改进与优化，便得到了 ORB 特征检测。

（1）oFAST 特征提取。ORB 的特征提取算法称为 oFAST，顾名思义，就是在 FAST 算法的基础上加入方向信息，简单来说就是先用 FAST 算法检测出特征点，再给该特征点定义一个方向，从而实现特征点的旋转不变性。

（2）rBRIEF 特征描述。在找到关键点并为其分配方向后，使用修改后的 BRIEF 版本创建特征向量，这个修改后的 BRIEF 版本称为 rBRIEF，即 Rotation-Aware BRIEF。无论对象的方向如何，它都可以为关键点创建相同的向量，使得 ORB 算法具有旋转不变性，意味着它可以在朝着任何角度旋转的影像中检测到相同的关键点。和 BRIEF 一样，

rBRIEF 首先在给定关键点周围的已界定 patch 中随机选择 256 个像素对，以构建 256 维向量。然后根据关键点的角度方向旋转这些随机像素对，使随机点的方向与关键点的一致。最后，rBRIEF 对比随机像素对的亮度并相应地分配 1 和 0 创建对应的特征向量，为影像中的所有关键点创建的所有特征向量集合被称为 ORB 描述符。BRIEF 算法有 5 种去点对的方法，但是 rBRIEF 算法放弃使用这 5 种方法，而是采用了一种新的基于统计学习的方法来选择点对集合。

首先需要建立一个测试集，测试集的大小为 30 万个，这里需要考虑测试集中每个点的 31×31 邻域。rBRIEF 算法与 BRIEF 算法都需要对影像进行高斯平滑，不同的是，高斯平滑影像之后，rBRIEF 算法是通过计算邻域内某个点的 5×5 邻域的灰度值来代替某个点对的值，然后比较点对的大小。这样做的好处是得到的特征值的抗噪性能更强。因此，在每个点的 31×31 的邻域内，会有(31−5+1)×(31−5+1)=729 个这样的子窗口，那么取点对的方法就有 M=265356 种，我们就要在这 M 种方法中选取相关性最小的 256 种方法。

ORB 描述符用包含二元特征的向量描述参考影像中的关键点。第二步是计算并保存查询影像的 ORB 描述符。获得参考和查询影像的描述符后，最后一步是使用相应的描述符对这两个影像进行关键点匹配。匹配函数的目的是看它们是否很相近和可以匹配。当匹配函数对比两个关键点时，它会根据某种指标得出匹配质量，这一指标表示关键点特征向量的相似性。可以将这个指标视为两个关键点之间的标准欧氏距离相似性。某些指标会直接检测特征向量是否包含相似顺序的 1 和 0。需要注意的是，不同的匹配函数使用不同的指标来判断匹配质量。

对于 ORB 等使用的二元描述符来说，通常使用汉明指标，因为它执行起来非常快。汉明指标通过计算二元描述符之间的不同位数量来判断两个关键点之间的匹配质量。在比较训练影像和查询影像的关键点时，差异数最小的关键点对被视为最佳匹配。匹配函数对比完训练影像和查询影像中的所有关键点后，返回最匹配的关键点对。

3.3.6 AKAZE 特征检测

虽然 SIFT、SURF 等在影像特征检测方面已经取得比较好的成果，但是这类都是基于高斯核的线性尺度空间的特征检测算法，相同尺度下每个点的变换是一样的。由于高斯函数是低通滤波函数，会平滑影像边缘，因此影像会损失许多细节信息。AKAZE 则是一种基于非线性尺度空间的特征点检测方法，该非线性尺度空间保证了影像边缘在尺度变换中信息损失量非常少，从而极大程度地保持了影像的细节信息。

（1）非线性尺度空间构建。非线性尺度空间的构建主要基于非线性扩散滤波原理，非线性扩散滤波的基本公式是

$$\frac{\partial L}{\partial t}=\mathrm{div}\left(c\left(x,y,t\right)\cdot\nabla L\right) \tag{3.38}$$

其中，div 和 ∇ 分别表示散度和梯度，t 是尺度参数，而函数 $c\left(x,y,t\right)$ 表示扩散的传导函数，正是该函数的引入使得扩散能够适应影像局部特征。尺度空间的构建方法是通过指数步长的系列组合来离散化尺度空间，各个层之间的尺度关系如下

$$\sigma_i(o,s)=\sigma_0\cdot 2^{o+\frac{s}{S}},o\in[0,\cdots,O-1],s\in[0,\cdots,S-1],i\in[0,\cdots,N] \tag{3.39}$$

式中，σ_0 是基本尺度，o 表示组序号，s 表示所在组的层序号，N 表示总的层数，为了进行非线性扩散滤波，需要将尺度空间中的尺度单元转换到时间单元概念，其转换如下

$$t_i=\frac{1}{2}\sigma_i^2,i=\{0,\cdots,N\} \tag{3.40}$$

（2）特征点定位。特征点定位与 SIFT 算法也非常相似，先计算各点在本层、上层和下层 3×3×3 的立方体空间邻域内响应值是否为极值，之后去掉重复点，最后得到亚像素级别的精确位置。

（3）计算特征点的主方向。所用的特征点主方向计算方法与 SURF 算法相似，在此不再赘述。

（4）建立描述子。采用 M-SURF 描述子，对于一个尺度为 σ_i 的特征，取该特征点邻域 $24\sigma_i\times24\sigma_i$ 的矩形，再将该矩形分成 4×4 个 $9\sigma_i\times9\sigma_i$ 的小矩形区域（每个相邻子区域都有 $4\sigma_i$ 个像素是重叠的），计算邻域内所有点的 x 和 y 方向导数，并且以标准差为 $2.5\sigma_i$ 的高斯函数进行加权，然后统计每个子区域内的 x 和 y 方向导数的和以及方向导数绝对值的和，对每个子区域再通过标准差为 $1.5\sigma_i$ 的高斯函数进行加权。

3.3.7 Lucas-Kanade 光流算法

光流问题是指尝试找出一幅影像中的点在第二幅影像中移动的位置，通常针对视频序列数据处理。假定第一幅影像中具有足够数量的点可以在第二幅影像中找到，其连续帧之间的像素点的运动矢量形成光流。光流可以用于场景中物体的运动估计，或者用于摄像机相对于整个场景的自运动估计。

光流算法的理想输出是两帧影像中每个关联像素的速度估计，或者等效一幅影像中每个像素的位移矢量，指示该像素在另一幅影像中的相对位置。如果影像中的每个像素都采用这种方法，通常称为稠密光流，否则称为稀疏光流。稀疏光流是指仅跟踪影像中有限的特征点（如图 3.22 所示），通常是快速且可靠的，计算成本远远小于稠密光流。

图 3.22 稀疏光流矢量在影像中的分布示例

1981 年，Lucas 和 Kanade 提出了 Lucas-Kanade（LK）算法[31]，然后在此基础之上，Tomasi 和 Kanade 在 1991 年提出了 KLT 特征跟踪（Kanade-Lucas-Tomasi Feature Tracker）算法，实现了针对运动摄像头的目标跟踪，之后又由 Shi 和 Tomasi 两人完整清晰地在他们的论文里阐述了 LK 光流算法。该算法主要对影像进行 Harris 或者 FAST 角点特征检测并将角点位置记录下，再针对下一帧影像使用光流法对这些角点进行跟踪。针对固定摄像头的大目标跟踪同样也可以使用 KLT 光流算法，并且在该情况下光流算法的应用会变得更加简单，因为光流算法在跟踪时会剔除所有不移动的角点。

LK 光流算法的基本思想基于以下三个假设，前两个是光流算法的基本假设，第三个是LK 算法特有的。

- 亮度恒定假设：场景中目标的影像像素，在帧与帧之间发生移动时，其亮度是不发生改变的。这意味着物体的成像像素的灰度值不会随着帧的跟踪而改变。
- 时间持续性（微小移动）假设：影像上摄像机的移动随时间变化缓慢。实际上，这意味着时间的变化不会引起像素位置的剧烈变化，这样像素的灰度值才能对位置求对应的偏导数。
- 空间一致性假设：场景中相同表面的相邻点具有相似的运动，并且其投影到影像平面上的距离也比较近。

由于亮度恒定，因此影像像素的亮度值相对于时间的导数为 0。为解出该像素点的位移，需要对该像素点周围 9 或 25 或 49（奇数大小的窗口，并且不可过大）的方程进行联立，通过最小二乘法计算出最佳解。实际上，当需要跟踪的目标窗口被定位在角点区域时，求出的解能够比较好地反映跟踪结果。代数方程联立时，对于窗口内的影像像素灰度值会进行求和，而角点区域的灰度值变化率巨大。因此，角点区域对应的代数方程的解也会不同于其他区域。

假设(x,y)点处的亮度为$E(x,y)$，根据亮度不变假设

$$I\left(x,y,t\right)=I(x+\Delta x,y+\Delta y,t+\Delta t) \tag{3.41}$$

利用泰勒公式对函数$I(x+\Delta x,y+\Delta y,t+\Delta t)$在$\left(x,y,t\right)$处展开得到

$$I\left(x+\Delta x,y+\Delta y,t+\Delta t\right)=I\left(x,y,t\right)+\frac{\partial_I}{\partial_x}\Delta x+\frac{\partial_I}{\partial_y}\Delta y+\frac{\partial_I}{\partial_t}\Delta t+R\left(x,y,t\right)$$

令二阶以上的高阶余项$R\left(x,y,t\right)$近似为 0，因此有

$$\frac{\partial_I}{\partial_x}\Delta x+\frac{\partial_I}{\partial_y}\Delta y+\frac{\partial_I}{\partial_t}\Delta t=0 \tag{3.42}$$

同时除以Δt，有

$$\frac{\partial_I}{\partial_x}\frac{\Delta x}{\Delta t}+\frac{\partial_I}{\partial_y}\frac{\Delta y}{\Delta t}+\frac{\partial_I}{\Delta t}=0 \tag{3.43}$$

$$v_x=\frac{\Delta x}{\Delta t},\ v_y=\frac{\Delta y}{\Delta t}$$

v_x和v_y分别是像素点沿着x和y方向的对时间的导数，即速度分量。令I_x和I_y分别是沿x方向和沿y方向的亮度值梯度。式（3.43）进一步简写为

$$I_x v_x+I_y v_y+I_t=0 \tag{3.44}$$

$$\begin{bmatrix}I_x & I_y\end{bmatrix}\begin{bmatrix}v_x\\ v_y\end{bmatrix}=-I_t \tag{3.45}$$

一个特征点可以建立一个上述方程，有v_x和v_y两个未知数，所以无法求解。下面就要基于第三条假设得到一些其他的方程进行联立求解。

假设在一个大小为$k\times k$的窗口内，影像的光流是一个恒定值，v_x和v_y适用于窗口内的所有像素。那么可以对$k\times k$个点建立上述公式，再进行联立

$$\begin{bmatrix} I_{x1} & I_{y1} \\ \vdots & \\ I_{xk} & I_{yk} \end{bmatrix} \begin{bmatrix} v_x \\ v_y \end{bmatrix} = \begin{bmatrix} -I_{t1} \\ \vdots \\ -I_{tk} \end{bmatrix} \tag{3.46}$$

记 $\boldsymbol{A}$ 为最左侧的稀疏矩阵，$\boldsymbol{AV}=-\boldsymbol{b}$，通过最小二乘法得出速度向量 $\boldsymbol{V}$

$$\boldsymbol{V} = \begin{bmatrix} v_x \\ v_y \end{bmatrix} = (\boldsymbol{A}^{\mathrm{T}}\boldsymbol{A})^{-1}\boldsymbol{A}^{\mathrm{T}}(-\boldsymbol{b}) \tag{3.47}$$

LK 光流算法使用了影像金字塔的概念，它的底层是原始影像，每增加一层都会在上一层影像的基础上降采样一倍，也就是面积缩小四分之一，一直采样到期望的停止点为止。之所以要这样，是因为影像在进行对比识别时会因为两幅影像远近的不同而产生误差，将两幅影像的目标在相近的尺度规模下进行比较，结果一定会更加精确。对于光流算法，影像金字塔的作用也可以理解为当目标并不满足之前假设的小运动条件时，在影像缩小后，其运动的速度也相应减小，就可以满足小运动假设。

3.3.8 卷积神经网络特征提取

近些年随着卷积神经网络（Convolutional Neural Networks，CNN）的推广，使用 CNN 进行特征提取和表达的技术也得到了发展（如图 3.23 所示）。CNN 网络的卷积层和池化层可以提取图像特征，经过反向传播最终确定卷积核参数，得到最终的特征。输入数据经过层层网络，依次被抽取出了低层次（Low level）的特征（如边缘）、中级层次（Middle level）的特征（如纹理和角点）以及高级特征（如物体的图形结构）。不过随着神经网络层数的增加，特征的可解释性变得越来越困难。最后，网络把高度抽象化的高级特征进一步传递，交给最后的分类器层进行模式预测，从而得到分类结果。

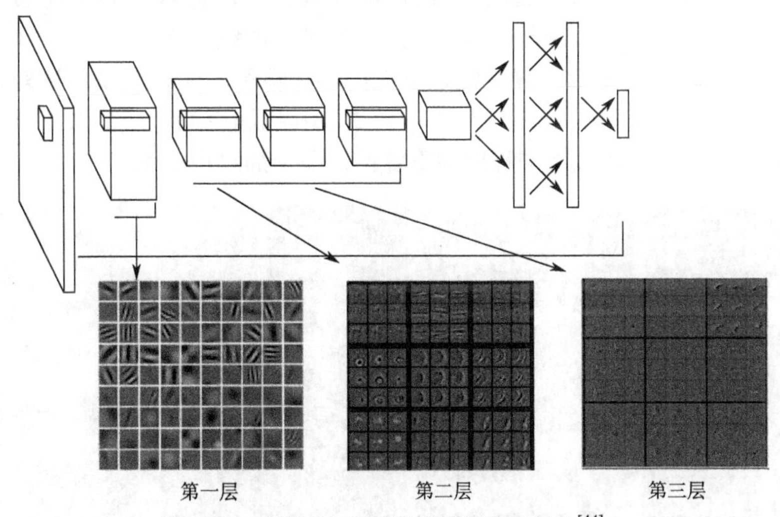

图 3.23　利用 CNN 进行特征提取和表达[44]

通常一幅影像存在很多的噪声和冗余信息：噪声是摄像机在拍摄过程中由于传感器电路、材料等硬件因素或在传输过程中产生的；冗余信息是指跟具体任务无关的数据内容。可以认为这些噪声和冗余信息不是特征，这些数据在神经网络的卷积和映射过程中，会产生比较低的响应值，因此通过最大池化选择，将最大的响应值传递进入下一层，因为只有特征才会在卷积过程中产生大的特征值，也称为响应值。以 Sobel 算子处理为例，当对一个像素亮度值基本相同的背景进行卷积时，卷积的输出几乎为 0，而对一个轮廓边缘像素进行 Sobel 卷积，则会输出较大的值。因此神经网络通过多次最大池化，去除了噪声和冗余信息。这也就是为什么神经网络的骨干网络（backbone）部分基本全是最大池化，而不是平均池化，因为平均池化会将这些噪声和冗余信息继续传到下一层。

深度网络的最后一层一般是线性分类器，比如 softmax 线性回归分类。神经网络的前部处理块可以视为给最后一层的分类器提供特征。通过层层网络抽取高度抽象化的特征，最终目的是帮助分类器做出良好的预测：最开始输入网络的特征可能是线性不可分的，但是到最后隐藏层时变得线性可分了。深度学习技术的末端采用的是和大多数模式识别技术类似的分类器模块。深度学习能够展现出优秀的分类效果的关键，在于其前面的网络层具有良好的特征抽取能力。

深度学习的知识在本书中不做重点介绍，更多关于 CNN 网络提取特征的内容可以参见其他相关文献。

3.4 纹理特征表达

3.4.1 纹理的概念

纹理是一种反映影像中同质现象的视觉特征，是影像的重要性质，它体现了物体表面的具有缓慢变化或者周期性变化的表面结构组织排列属性，如图 3.24 中的举例所示。通过纹理，人类视觉可以恢复物体形状，如在二维纸面上画出三维透视图。或者把纹理作为识别物体的特征，例如，斑马、花斑豹。纹理特征具有三个特点：某种局部序列性不断重复；排列具有一定的随机性；纹理区域内大致具有一定的统计特性。

一幅影像的纹理是在影像计算中经过量化的影像特征。影像纹理描述影像或其中小块区域的空间颜色分布和光强分布。纹理通过像素及其周围空间邻域的灰度分布来表现，即局部纹理信息。局部纹理信息不同程度的重复性，即全局纹理信息。

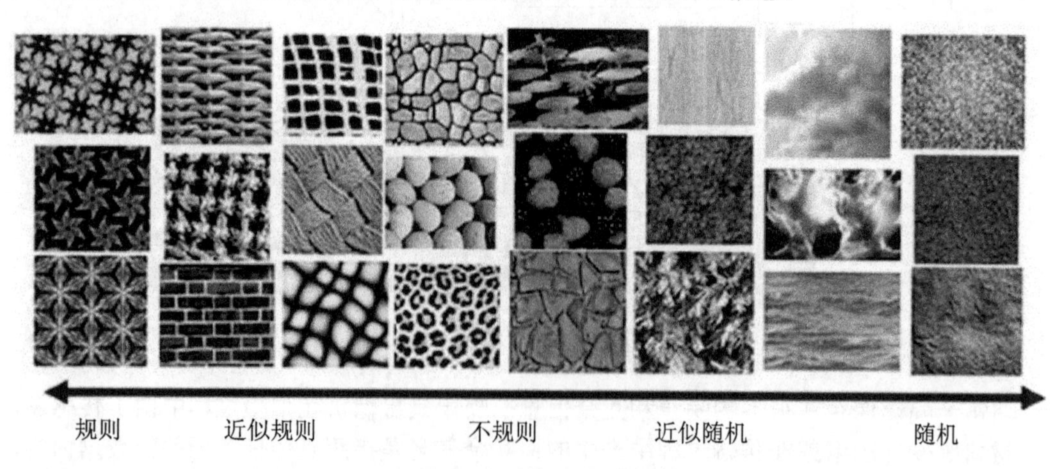

图 3.24 纹理的结构重复性

3.4.2　纹理特征类型

纹理特征可以分为 4 种类型。

1. 统计型纹理特征

基于像元及其邻域内的灰度属性，研究纹理区域中的统计特征，或者像元及其邻域内灰度的一阶、二阶或者高阶统计特征。

由于纹理是由灰度分布在空间位置上反复出现而形成的，因此在影像空间中相隔某距离的两像素之间会存在一定的灰度关系，即影像中灰度的空间相关特性。灰度共生矩阵（Gray Level Co-occurrence Matrix，GLCM）[27]是 Haralick R M 等人于 1973 年在利用陆地卫星影像研究美国加利福尼亚海岸带的土地利用问题时提出的一种纹理统计分析工具。他们从数学角度研究了影像纹理中灰度级的空间依赖关系。GLCM 首先建立一个基于像素之间方向和距离的共生矩阵，然后从矩阵中提取有意义的统计量来表示纹理特征，如能量、惯量、熵和相关性等。

统计型纹理特征的计算以基于 GLCM 的方法为主，它是建立在估计影像的二阶组合条件概率密度基础上的一种方法。基于 GLCM 的纹理分析方法，通过统计空间上具有某种位置关系的一对像素灰度对出现的频度来研究灰度的空间相关特性，是一种用以描述纹理的常用方法。关于 GLCM 的定义，目前文献中有不同的表述方法，这里列出一种具有代表性的定义。

对于一幅影像，定义一个方向和一个以像素为单位的步长，GLCM 定义为 $\boldsymbol{T}(N\times N)$，其中 N 是灰度级数目。$M(i,j)$ 为灰度级为 i 和 j 的像素同时出现在一个点和沿所定义的方向跨度步长的点上的频率。由于 GLCM 有方向和步长的组合定义，而决定频率的一个因素是对矩阵有贡献的像素数目，这个数目要比总共数目小，且随着步长的增大而减小。因此所得到的共生矩阵是一个稀疏矩阵，所以可以将原影像的灰度级压缩到 8 级或 16 级，实践中灰度级划分 N 常常取 8 级。如在水平方向上计算左右方向上像素的共生矩阵，则为对称共生矩阵。类似地，如果仅考虑当前像素单方向（左或右）上的像素，则称为非对称共生矩阵。

GLCM 是以主对角线为对称轴，两边对称的矩阵。如果 0°方向上的矩阵主对角线上的元素全部为 0，表明水平方向上灰度变化的频度高，纹理较细。如果主对角线上的元素值很大，表明水平方向上灰度变化的频度低，纹理粗糙。若 135°方向的矩阵主对角线上的元素值很大，其余元素为 0，则说明该影像沿 135°方向无灰度变化。若偏离主对角线方向的元素值较大，则说明纹理较细。对于粗纹理的区域，其 GLCM 中的数值较大者集中于主对角线附近。因为对于粗纹理，像素对趋于具有相同的灰度。而对于细纹理的区域，其数值较大者散布于远离主对角线处。因此，GLCM 的数值分布可初步反映影像的纹理特征。

基于 GLCM 的纹理特征提取方法主要包括影像预处理、灰度级量化和计算特征值 3 个步骤。

（1）影像预处理。在利用 GLCM 的纹理分析方法进行影像纹理特征提取时，对于所选择的影像都应该先将其转换成具有 256 个灰度级的灰度影像。然后对灰度影像进行灰度均衡，也称直方图均衡，目的是通过点运算使影像转换为在每个灰度上都有相同像素的输出影像，提高影像的对比度，且转换后影像的灰度分布也趋于均匀。

（2）灰度级量化。在实际应用中，一幅影像的灰度级数一般是 256 级，计算 GLCM 时，往往在不影响纹理特征的前提下，先将原影像的灰度级压缩到较小的范围，一般取 8 级或 16 级，以便减小灰度共生矩阵的尺寸。计算出各参数下的 GLCM 并导出特征量，把所有的特征量排列起来就可得到影像或纹理与数字特征的对应关系。

（3）计算特征值。对进行了预处理和灰度级量化的影像计算 GLCM，并计算二次统计特征量作为影像的特征值，进行后续的影像分类和识别工作。

GLCM 表示了灰度的空间依赖性，即在一种纹理模式下像素灰度的空间关系，特别适用于描述微小纹理，并且易于理解和计算，矩阵的大小只与最大灰度级数有关系，而与影像大小无关。

由基于 GLCM 分析方法提取的纹理特征常用于分析或分类整个区域或整幅影像。对于每一方向的 GLCM，都可以计算以上特征量；对于 4 个方向的 GLCM，每个特征都有 4 个不同方向的纹理特征值，为减小特征空间维数，常将 4 个方向所得的纹理特征值的均值作为影像特征进行后续分类。

基于 GLCM 的纹理分析方法的缺点是由于矩阵没有包含形状信息，因此不适用于描述含有大面积基元的纹理。但是在提取影像的局部纹理特征的方法中，基于 GLCM 的纹理分析方法是应用最广泛的。尽管基于 GLCM 提取的纹理特征具有较好的鉴别能力，但是这个方法在计算上是昂贵的，尤其对于像素级的纹理分类，更具有局限性。

2．模型型纹理特征

假设纹理是以某种参数控制的分布模型方式形成的，从纹理影像的实现来估计计算模型参数，以参数为特征或采用某种策略进行影像分割。模型型纹理特征提取方法以随机场模型方法和分形模型方法为主。

（1）随机场模型方法：试图以概率模型来描述纹理的随机过程，它们对随机数据或随机特征进行统计运算，进而估计纹理模型的参数，然后对一系列模型参数进行聚类，形成和纹理类型数一致的模型参数。由估计的模型参数来对灰度影像进行逐点的最大后验概率估计，确定像素及其邻域情况下该像素点最可能归属的概率。随机场模型实际上描述了影像中像素对邻域像素的统计依赖关系。

（2）分形模型方法：分形维作为分形的重要特征和度量，把影像的空间信息和灰度信息简单而有机地结合起来，因而在影像处理中备受人们的关注。分形维在影像处理中的应用以两点为基础：① 自然界中不同种类的形态物质一般具有不同的分形维；② 自然界中的分形与影像的灰度表示之间存在着一定的对应关系。研究表明，人类视觉系统对粗糙度和凹凸性的感受与分形维之间有着非常密切的联系。因此，可以用影像区域的分形维来描述影像区域的纹理特征。用分形维描述纹理的核心问题是如何准确地估计分形维。

3．信号处理型纹理特征

建立在时域、频域分析与多尺度分析基础之上，对纹理影像中某个区域内实行某种变换之后，再提取保持相对平稳的特征值，以此特征值作为特征表示区域内的一致性以及区域间的相异性。

信号处理型纹理特征主要利用某种线性变换、滤波器或者滤波器组将纹理转换到变换域，然后应用某种能量准则提取纹理特征。因此，基于信号处理的方法也称为滤波方法。大多数信号处理方法的提出，都基于这样一个假设：频域的能量分布能够鉴别纹理。

4．结构型纹理特征

基于“纹理基元”分析纹理特征，着力找到纹理基元，认为纹理由许多纹理基元构成，不同类型的纹理基元、不同的方向及数目决定了纹理的表现形式。基于结构的纹理特征提取方法是将所要检测的纹理进行建模，在影像中搜索重复的模式。该方法对人工合成的纹理识别效果较好。但对于交通影像中的纹理识别，基于统计数据的方法效果更好。

LBP（Local Binary Patterns，局部二值模式）方法是计算机视觉中用于影像特征分类的一种方法。

提取 LBP 特征向量的步骤如下。

（1）将检测窗口划分为 16×16 的小区域（Cell），对于每个 Cell 中的一个像素，将其环形邻域内的 8 个点进行顺时针或逆时针比较，如果中心像素值比该邻点大，则将邻点赋值为 1，否则赋值为 0，这样每个点都会获得一个 8 位二进制数（通常转换为十进制数）。

（2）计算每个 Cell 的直方图，即每个数字（假定是十进制数）出现的频率，然后对该直方图进行归一化处理。

（3）将得到的每个 Cell 的统计直方图进行连接，就得到了整幅图的 LBP 纹理特征，然后便可利用支持向量机或者其他机器学习算法进行分类了。

3.4.3　纹理特征应用举例

下面介绍一种方向性纹理纺织物疵点的检测方法。纺织物疵点检测的方法有很多，其中与人视觉功能相似的小波和 Gabor 滤波器是近年来提出的两种重要的方法，两者都有多尺度、多分辨率的特性，适用于针对不同特征的疵点检测。Gabor 滤波器作为一种方向性滤波器，在时域和频域都有着很好的局部性，适合用于具有方向的纹理检测。由于布匹纹理有斜纹理和水平垂直纹理两大类，因此，在纹理方向不同的情况下，用一个方向的 Gabor 滤波器将导致检测结果不佳，而用多个方向的 Gabor 滤波器进行滤波则会降低算法的实时性。最好的解决方法是让滤波器一开始就获得纹理方向，Hough 变换便可以解决这个问题。

Hough 变换在纺织物纹理分析中，可针对已有的纺织物疵点影像，用于纹理的校正和测量纺织物纹理的能量主方向。针对方向性纹理的纺织物疵点检测方法，首先利用 Hough 变换获取纺织物的纹理主方向及其正交方向，由 Gabor 滤波器沿着这两个方向分别进行滤波，取模值影像为输出；然后，应用最大熵对两个输出模值影像进行二值化分割，融合这两个分割后的影像并进行形态学处理和去除孤立点；最后，得到疵点影像检测结果。算法针对纹理性疵点（如缺经、断纬）具有良好的效果，但针对破洞和油污这两类非纹理性的疵点，检测效果则比较一般。原因在于破洞疵点的内部有着稀疏的纹理变化，对 Gabor 滤波器的滤波产生了干扰，而油污在方向上掩盖了原有的纹理。

3.5 应用举例

3.5.1 目标跟踪

目标跟踪是计算机视觉领域的一项重要的技术内容，被广泛应用在安防监控、无人机/无人车导航、机器人定位和体育赛事转播等领域。简单来说，目标跟踪是在影像序列中，建立起兴趣目标物体的关联对应，并输出定位关系。给定影像某一帧中的目标位置，计算其在下一帧影像中的位置。在运动的过程中，目标可能会呈现一些变化，比如几何形状、尺度、背景遮挡或光照亮度的变化等。

1. 粒子滤波跟踪算法

粒子滤波（Particle Filter）跟踪算法是一种基于粒子分布统计的算法。在跟踪问题中，首先对兴趣目标的特征进行建模，并定义一种相似度度量，确定粒子与目标的匹配程度。在目标搜索的过程中，它会按照一定的分布（比如均匀分布或高斯分布）撒一些粒子，统计这些粒子的相似度，确定目标可能的位置。在这些位置上，下一帧加入更多新的粒子，确保在更大概率上跟踪目标。

卡尔曼滤波（Kalman Filter）常被用于描述目标的运动模型。Kalman Filter 算法的核心是根据当前的观测量（如提取和匹配的特征点位置）、上一时刻的预测量（如根据运动模型估计的特征点位置）和误差量，计算得到当前待求参数的最优量估计，然后迭代预测下一时刻的参数。它不对目标的特征建模，而是对目标的运动模型进行建模，常用于估计目标在下一帧的位置。

另外，经典的跟踪算法还有基于特征点的光流跟踪，在目标上提取一些特征点，然后在下一帧计算这些特征点的光流匹配点，统计得到目标的位置。在跟踪的过程中，需要不断补充新的特征点，删除置信度不佳的特征点，以此来适应目标在运动中的形状变化。本质上可以认为光流跟踪属于用特征点的集合来表征目标模型的方法。

2. 均值漂移算法

均值漂移（Meanshift）算法是一种基于概率密度分布的跟踪方法，使目标的搜索一直沿着概率梯度上升的方向，迭代收敛到概率密度分布的局部峰值上。首先 Meanshift 会对目标进行建模，比如利用目标的颜色分布来描述目标，然后计算目标在下一帧图像上的概率分布，从而迭代得到局部最密集的区域。适用于目标的色彩模型和背景差异比较大的情形，早期也用于人脸跟踪。采用核函数直方图模型，对边缘遮挡、目标旋转、变形和背景运动不敏感。由于该算法计算快速，在目标区域已知的情况下完全可以做到实时跟踪，它的很多改进算法也一直适用至今。

3. 基于深度学习的跟踪技术

利用深度学习训练网络模型，得到的卷积特征的输出表达能力更强。在解决目标跟踪的问题上，初期的工作模式是把网络学习到的特征直接应用到相关滤波或通过检测进行跟踪（Tracking-by-Detection）的跟踪框架里面，从而得到跟踪结果。网络的不同的卷积输出层都可以作为跟踪的特征，具有多特征融合以及深度特征的追踪器在跟踪精度方面的效果更好，使用强大的分类器是实现良好跟踪的基础。

3.5.2 全景拼接

全景拼接是将对同一场景拍摄的多幅影像根据其空间对应关系，拼接成一幅大覆盖范围的影像。全景拼接的基本步骤主要包括摄像机的标定、影像畸变校正、投影变换和像素拼接，以及亮度颜色的均衡化处理等。其中，特征提取和匹配技术是投影变换和像素拼接步骤的关键，具体操作如下。

（1）在具有重叠观测区域的多幅影像之间，使用点特征提取算法，分别检测提取特征点，并建立特征描述符；

（2）根据影像之间的特征描述符的匹配关系，找到同名像素的对应关系；

（3）使用一些误匹配剔除技术（如 RANSAC 算法），获得稳健的特征对应，基于特征对应计算单应转换矩阵；

（4）根据计算的每幅影像的单应转换矩阵，将影像进行重采样，把像素投影到一个统一的成像平面上，获得拼接图像；

（5）对重叠区域的像素进行亮度值的均衡化，可以使用直方图均衡化技术实现，获得色调和谐的全景拼接影像。

图 3.25 展示了一组全景影像拼接的应用实例。其中，输入数据是我国嫦娥三号月球探测任务中玉兔号月球车在月面的第一个月昼中拍摄的 7 幅导航影像，输出的是一幅全景拼接影像。全景拼接影像以更大的视角完整地展示了月球车周围的地形地物面貌，为遥测人员提供了直观的影像信息，便于开展后续的任务规划工作。

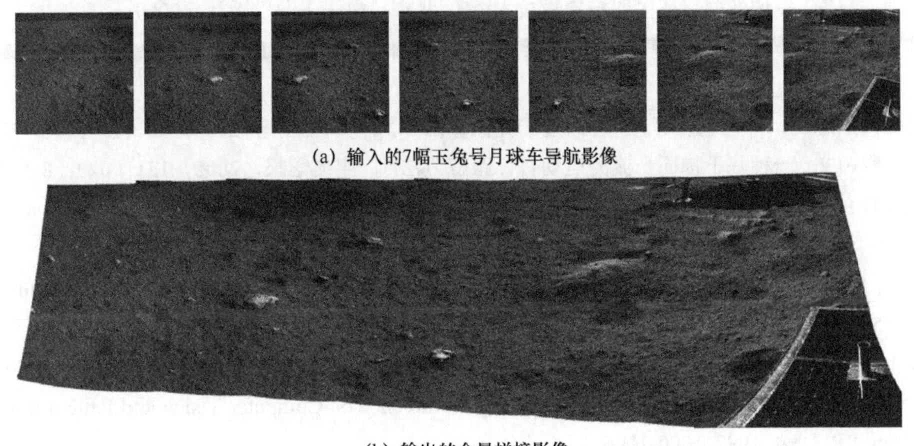

(a) 输入的7幅玉兔号月球车导航影像

(b) 输出的全景拼接影像

图 3.25　多幅影像全景拼接的应用实例

3.6　小结

特征提取属于许多视觉处理任务中的一个初级处理，它通常是场景三维重建、目标跟踪定位和语义识别等处理的先决条件。优良的特征提取技术需要对光照、遮挡、尺度差异和变形等干扰问题具有一定的适应性。然而，目前还没有一种特征表达技术是万能的。特征表达是一个经典的问题，多年来是各类计算机视觉问题的核心。本章介绍了一些经典的特征提取和描述算法，这些算法具有一定的共性，而又表现出一定的性能差异。在处理实际问题时，需要根据系统的性能要求、精度要求和任务要求，在各种算法中做出权衡和选择。

参 考 文 献

[1] 陈龙，潘志敏，李清泉，等. 利用 ASIFT 算法实现多视角静态交通标志识别[J]. 武汉大学学报（信息科学版），2013，38（05）：553-556.

[2] 贾阳，刘少创，李明磊，等. 利用降落影像序列实现嫦娥三号系统着陆点高精度定位[J]. 科学通报，2014，59（19）：1838-1843.

[3] 李玲玲，李翠华，曾晓明，等. 基于 Harris-Affine 和 SIFT 特征匹配的图像自动配准[J]. 华中科技大学学报（自然科学版），2008，36（8）：13-16.

[4] 李明磊. 图像处理与视觉测量[M]. 北京：原子能出版社，2019.

[5] 李熙莹，倪国强. 红外图像的光流计算[J]. 红外与激光工程，2002，31（3）：189-193.

[6] 刘丽，匡纲要. 图像纹理特征提取方法综述[J]. 中国图象图形学报，2009，14（04）：622-635.

[7] 罗希平，田捷. 图像分割方法综述[J]. 模式识别与人工智能，1999，012（003）：300-312.

[8] 吕金建，文贡坚，李德仁，等. 一种新的基于空间关系的特征匹配方法[J]. 测绘学报，2008，37（3）：367-373.

[9] 明冬萍，骆剑承，周成虎，等. 高分辨率遥感影像特征分割及算法评价分析[J]. 地球信息科学学报，2006，8（01）：103-109.

[10] 阮秋琦. 数字图像处理学[M]. 北京：电子工业出版社，2007.

[11] 孙即祥. 模式识别中的特征提取与计算机视觉不变量[M]. 北京：国防工业出版社，2001.

[12] 孙君顶，赵珊. 图像低层特征提取与检索技术[M]. 北京：电子工业出版社，2009.

[13] 王郑耀，程正兴，汤少杰. 基于视觉特征的尺度空间信息量度量[J]. 中国图象图形学报，2005，10（7）：922-928.

[14] 杨国亮，王志良，牟世堂，等. 一种改进的光流算法[J]. 计算机工程，2006，32（15）：187-226.

[15] 杨杨，张田文. 一种基于特征光流的运动目标跟踪方法[J]. 宇航学报，2000，121（02）：8-15.

[16] Ballard D H. Generalizing the Hough transform to detect arbitrary shapes[J]. Pattern Recognition, 1981, 13(2): 111-122.

[17] Basri R, Jacobs D W. Recognition using region correspondences[J]. International Journal of Computer Vision, 1997, 25(2): 145-166.

[18] Beis J S, Lowe D G. Shape indexing using approximate nearest-neighbour search in high-dimensional spaces[C]. Proceedings of IEEE Computer Society Conference on Computer Vision and Pattern Recognition. San Juan, PR, USA, 1997, 1000-1006.

[19] Calonder M, Lepetit V, Strecha C, et al. BRIEF: binary robust independent elementary features[C]. 11th European Conference on Computer Vision (ECCV). Berlin, Heidelberg: Springer, 2010, 778-792.

[20] Canny J F. A computational approach to edge detection[J]. IEEE Transactions on Pattern Analysis and Machine Intelligence, 1986, 8(6): 769-798.

[21] Crowley J L, Parker A C. A representation for shape based on peaks and ridges in the difference of low-pass transform[J]. IEEE Transactions on Pattern Analysis and Machine Intelligence, 1984, PAMI-6 (2): 156-170.

[22] Efros A A, Freeman W T. Image quilting for texture synthesis and transfer[C]. Proceedings of the 28th Annual Conference on Computer Graphics and Interactive Techniques. New York, NY, USA: Association for Computing Machinery, 2001, 341-346.

[23] Efros A A, Leung T K. Texture synthesis by non-parametric sampling[C]. Proceedings of the Seventh IEEE International Conference on Computer Vision. Kerkyra, Greece, 1999, 1033-1038.

[24] Gao D. Volume texture extraction for 3D seismic visualization and interpretation[J]. Geophysics, 2003,

68(4):1294-1302.

[25] Gonzales R C, Woods R E. Digital image processing[M]. 4th ed. London: Pearson, 2018.

[26] Grimson W E L, Lozano-Perez T. Localizing overlapping parts by searching the interpretation tree[J]. IEEE Transactions on Pattern Analysis and Machine Intelligence, 1987, PAMI-9(4): 469-482.

[27] Haralick R M, Shanmugam K, Dinstein I H. Textural features for image classification[J]. IEEE Transactions on Systems, Man, and Cybernetics, 1973, SMC-3(6): 610-621.

[28] Harris C G, Stephens M. A combined corner and edge detector[C]. In Proceedings of 4th Alvey Vision Conference, 1988, 147-151.

[29] Kass M, Witkin A, Terzopoulos D. Snakes: active contour models[J]. International Journal of Computer Vision. 1988, 1(4): 321-331.

[30] Kwatra V, Schödl A, Essa I, et al. Graphcut textures: image and video synthesis using graph cuts[J]. ACM Transactions on Graphics, 2003, 22(3): 277-286.

[31] Lucas B D, Kanade T. An iterative image registration technique with an application to stereo vision[C]. International Joint Conference on Artificial Intelligence, 1981, 674-679.

[32] Lin W C, Hays J, Wu C Y, et al. Quantitative evaluation on near regular texture synthesis algorithms[C]. 2006 IEEE Computer Society Conference on Computer Vision and Pattern Recognition (CVPR'06). New York, NY, USA, 2006, 427-434.

[33] Lowe D G. Object recognition from local scale-invariant features[C]. International Conference on Computer Vision, Corfu, Greece, September 1999, 1150-1157.

[34] Lowe D G. Distinctive image features from scale-invariant keypoints[J]. International Journal of Computer Vision, 2004, 60(2): 91-110.

[35] Maini R, Aggarwal H. Study and comparison of various image edge detection techniques[J]. International Journal of Image Processing (IJIP), 2009, 3(1): 1-11.

[36] Maini R, Sohal J S. Performance evaluation of Prewitt edge detector for noisy images[J]. GVIP Journal, 2006, 6(3):45-50.

[37] Mikolajczyk K, Schmid C. A performance evaluation of local descriptors[J]. IEEE Transactions on Pattern Analysis and Machine Intelligence, 2005, 27(10): 1615-1630.

[38] Mur-Artal R, Montiel J M M, Tardos J D. ORB-SLAM: A versatile and accurate monocular SLAM system[J]. IEEE Transactions on Robotics, 2015, 31(5): 1147-1163.

[39] Ohba K, Ikeuchi K. Detectability, uniqueness, and reliability of eigen windows for stable verification of partially occluded objects[J]. IEEE Transactions on Pattern Analysis and Machine Intelligence, 1997, 19(9): 1043-1047.

[40] Parker J R. Algorithms for image processing and computer vision[M]. Hoboken: John Wiley and Sons, 2010.

[41] Roberts L. Machine perception of 3-D solids, optical and electro-optical information processing[M]. Cambridge: MIT Press, 1965.

[42] Rosten E, Drummond T. Machine learning for high-speed corner detection[C]. Proceedings 9th European Conference on Computer Vision. Berlin, Heidelberg, 2006, 430-443.

[43] Rosten E, Porter R, Drummond T. Faster and better: a machine learning approach to corner detection[J]. IEEE Transactions on Pattern Analysis and Machine Intelligence, 2010, 32(1): 105-119.

[44] Zeiler M D, Fergus R. Visualizing and understanding convolutional networks[C]. In: ECCV 2014. Lecture Notes in Computer Science, vol 8689. 2014.

第 4 章　由运动恢复结构

一个场景在不同视角下成像得到的影像是具有很强的相关性的，影像之间的这些联系是标定和三维重建的基础。一个典型的由影像恢复空间结构数据和重建三维空间模型的工作流程如图 4.1 所示，该流程包含两个重建层次，即由运动恢复结构（Structure from Motion，SfM）和多视立体匹配（Multi View Stereo，MVS）重建。本章中讨论 SfM 技术内容，其中的数学基础不但可以应用于三维重建，也是视觉并发定位与制图（Visual Simultaneous Localization And Mapping，Visual-SLAM）的核心技术。

由运动恢复结构技术仅使用影像间的特征点对应，而不需要其他信息，就能计算出摄像机和场景结构的无尺度化的重构。摄像机的内参数可以是离线标定的已知值，也可以作为待优化数据项引入目标方程进行联合平差求解。解算的最后结果既包含影像特征所对应点的三维空间点坐标，也包含影像的外参数。这使得 SfM 具有广泛的应用，例如，在增强现实、机器人导航和自动驾驶等领域中的应用。SfM 输出了稀疏的三维点云和摄像机的空间位置姿态，为后续的稠密的三维模型重建提供了支持。

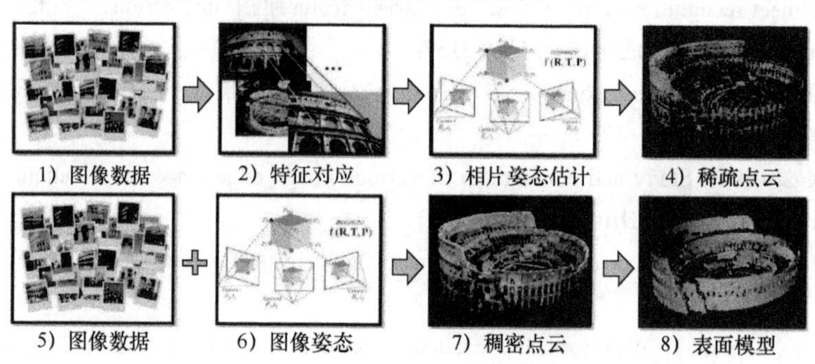

图 4.1　基于影像重建三维空间模型的基本流程

4.1　对极几何

在 1.2 节中介绍射影几何学基础时，给出了射影空间变换的基本表达式。利用齐次坐标可以用简洁的数学形式表示出点线面的对偶关系，且能够对无穷远点进行统一的表达。

对极几何描述的是两幅影像之间在射影空间中的位置关系。在三维重建过程中不仅场景会有重建误差，而且摄像机参数模型也会存在不确定。由于未知场景在重建过程中无法识别这种不确定，因此通常假设将摄像机的内参数设定为已知约束。影像上的失真表现为三维点重投影误差，它们通常会违反这些约束中的一个或多个。解决办法是通过推导射影重建模型得到一个度量校准数学模型，迭代变换重建参数，直到满足摄像机固有参数的所有约束。这些约束条件需要足够的信息可以返回到影像，寻找所有其他影像点的对应关系。

4.1.1　极线与极点

在基于影像的三维重建处理之前，参考影像上的像素点 $\boldsymbol{m}$ 对应的三维空间点 $\boldsymbol{M}$ 在场景中的准确位置是未知的，但它必然在一条通过摄影中心 C 且与成像平面相交于 m 点的直线（视线）上。直线 l 在待匹配的影像的像平面上的投影是线 l'，那么在这个像平面上的对应的投影点 m' 也要在这条线上。更进一步，所有位于 C、C' 和 M 三点所确定的平面上的空间点，在两幅影像上的投影都会落在直线 l 和 l' 上。可知，l 上的每个点的对应点都在 l' 上，反之亦然。

l 和 l' 被称作对应极线（Epipolar Correspondence），在摄影测量领域也叫核线。这种限制关系可以从图 4.2 中反映出来，一个匹配点对 (m,m') 的极线 l 和 l' 与摄影中心 C 和 C' 及三维空间点 M 满足共面。极线关系可以依据标定参数或从一组已有的点对应的关系中建立起来。

过两个摄影中心 C 和 C' 的所有极线确定了一组平面，在每个像平面上都可以找到这些平面所对应的极线。例如，图 4.2 中，对 Π 平面来说极线就是 l 和 l'，在平面 Π 上的所有三维点都会投影到 l 和 l' 上，所以说 l 的对应点都在 l' 上，反之亦然。

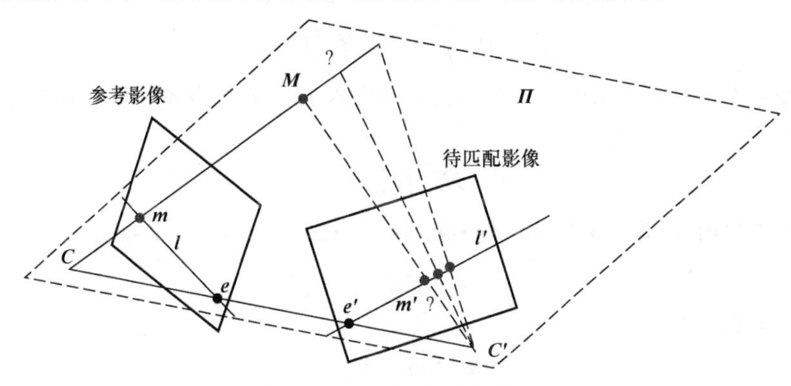

图 4.2　二视图的影像关系

在图 4.3 中可以看到，多个通过两个摄影中心 C 和 C' 的平面形成了一簇对应极线，对应确定了一组平面束。这些极线都通过两个特殊点 e 和 e'，这对点就叫作极点（Epipoles），它们是对应的摄影中心在对方成像平面上的投影，即 e 是 C' 在参考影像上的投影。

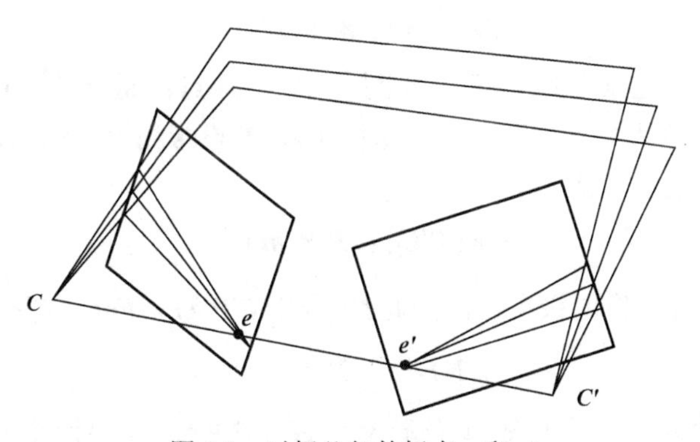

图 4.3　对极几何的极点 e 和 e'

极线和极点的关系构成了一种叫作对极几何（Epipolar geometry）的空间关系。对极几何描述的是两幅视图之间的内在射影关系，与外部场景无关，只依赖于摄像机内参数和这两幅影像之间的相对姿态。

根据匹配点必定位于同名极线上的原则，在立体影像密集匹配的过程中，常常先对待匹配影像进行极线水平纠正，即沿极线方向，保持待匹配影像的列坐标不变，而在行方向上进行重采样，该极线校正影像没有损失原影像的信息量和属性。

4.1.2 基础矩阵

下面用数学方式来解释对极几何，点 $\boldsymbol{m}$ 在线 $\boldsymbol{l}$ 上可以表示为 $\boldsymbol{l}^{\mathrm{T}}\boldsymbol{m}=\boldsymbol{0}$，这条线穿过点 $\boldsymbol{m}$ 和极点 $\boldsymbol{e}$，由 1.2 节的介绍可知

$$\boldsymbol{l}\sim[\boldsymbol{e}]_{\times}\boldsymbol{m} \tag{4.1}$$

其中 $[\boldsymbol{e}]_{\times}$ 是 3×3 的反对称矩阵，用来表示 $\boldsymbol{e}$ 参与的矢量积。

利用直线 $\boldsymbol{l}$ 和摄像机的投影矩阵 $\boldsymbol{P}$，能得到与极线 $\boldsymbol{l}$ 相关的平面 $\boldsymbol{\Pi}$ 的表达式：$\boldsymbol{\Pi}\sim\boldsymbol{P}^{\mathrm{T}}\boldsymbol{l}$，同理，在另一幅影像上有 $\boldsymbol{\Pi}\sim\boldsymbol{P}'^{\mathrm{T}}\boldsymbol{l}'$。结合这两个等式可以得到

$$\boldsymbol{l}'\sim\left(\boldsymbol{P}'^{\mathrm{T}}\right)^{\uparrow}\boldsymbol{P}^{\mathrm{T}}\boldsymbol{l}\equiv\boldsymbol{H}^{-\mathrm{T}}\boldsymbol{l} \tag{4.2}$$

其中↑表示摩尔逆（彭罗斯伪逆），式（4.2）中引入 $\boldsymbol{H}^{-\mathrm{T}}$ 的依据是 $\boldsymbol{l}\rightarrow\boldsymbol{l}'\sim\boldsymbol{H}^{-\mathrm{T}}\boldsymbol{l}$。然后，将式（4.1）代入式（4.2）可以得到

$$\boldsymbol{l}'\sim\boldsymbol{H}^{-\mathrm{T}}[\boldsymbol{e}]_{\times}\boldsymbol{m} \tag{4.3}$$

定义 $\boldsymbol{F}=\boldsymbol{H}^{-\mathrm{T}}[\boldsymbol{e}]_{\times}$，式（4.3）可以写成

$$\boldsymbol{l}'\sim\boldsymbol{F}\boldsymbol{m} \tag{4.4}$$

因为 $\boldsymbol{m}'^{\mathrm{T}}\boldsymbol{l}'=\boldsymbol{0}$，于是

$$\boldsymbol{m}'^{\mathrm{T}}\boldsymbol{F}\boldsymbol{m}=\boldsymbol{0} \tag{4.5}$$

这里的 $\boldsymbol{F}$ 叫作基础矩阵（Fundamental Matrix）。有许多学者研究了这个矩阵的性质，并重点研究如何能够稳定地从一对未标定的影像中解算出基础矩阵。

令第一个摄像机的摄影中心为 $\boldsymbol{C}$，第二个摄像机的摄影中心为 $\boldsymbol{C}'$。根据第一个摄像机矩阵 $\boldsymbol{P}$，即 $\boldsymbol{m}=\boldsymbol{P}\boldsymbol{M}$，可以将与像点 $\boldsymbol{m}$ 所对应的三维空间点 $\boldsymbol{M}$ 所在的射线通过一个标量 λ 参数化表达为

$$\boldsymbol{M}(\lambda)=\boldsymbol{P}^{\uparrow}\boldsymbol{m}+\lambda\boldsymbol{C} \tag{4.6}$$

$\boldsymbol{P}^{\uparrow}$ 是 $\boldsymbol{P}$ 的伪逆。这条射线上可以找到 2 个特殊点：摄影中心 $\boldsymbol{C}$（当 $\lambda=\infty$ 时）和 $\boldsymbol{P}^{\uparrow}\boldsymbol{m}$（当 $\lambda=0$ 时）。这两个点被第二个摄影机矩阵 $\boldsymbol{P}'$ 投影到第二幅影像上，得到像点 $\boldsymbol{P}'\boldsymbol{C}$ 和 $\boldsymbol{P}'\boldsymbol{P}^{\uparrow}\boldsymbol{m}$。对应的极线表达式为

$$\boldsymbol{l}'=\left(\boldsymbol{P}'\boldsymbol{C}\right)\times\left(\boldsymbol{P}'\boldsymbol{P}^{\uparrow}\boldsymbol{m}\right) \tag{4.7}$$

像点 $\boldsymbol{P}'\boldsymbol{C}$ 是第二幅影像的极点 $\boldsymbol{e}'$，因此 $\boldsymbol{l}'=[\boldsymbol{e}']_{\times}\boldsymbol{P}'\boldsymbol{P}^{\uparrow}\boldsymbol{m}=\boldsymbol{F}\boldsymbol{m}$，即有

$$\boldsymbol{F}=[\boldsymbol{e}']_{\times}\boldsymbol{P}'\boldsymbol{P}^{\uparrow} \tag{4.8}$$

单应矩阵可以用两个摄像机矩阵表示为：$\boldsymbol{H}=\boldsymbol{P}'\boldsymbol{P}^{\uparrow}$。如果两个摄像机只存在旋转变换，即 $\boldsymbol{C}$ 也是第二个摄像机的中心，则 $\boldsymbol{P}'\boldsymbol{C}=\boldsymbol{0}$，$\boldsymbol{F}$ 是零矩阵。

如果影像的外参数经过了标定，那么基础矩阵 $\boldsymbol{F}$ 就可以计算出来，相关匹配点的限制约束也可以得到。在影像的位置姿态参数标定关系未知时，可以通过找到一定数量的匹配

点对$(\boldsymbol{m},\boldsymbol{m}')$，根据式（4.5）来计算基础矩阵 $\boldsymbol{F}$。每一对对应的相关点都给出一个基础矩阵的约束。

由于$\boldsymbol{F}$是一个仅由归一化尺度决定的3×3矩阵，因此矩阵中有 8 个元素是未知的，所以 8 组匹配点对足以计算 $\boldsymbol{F}$ 矩阵。注意，由于$[\boldsymbol{e}]_\times \boldsymbol{e}=\boldsymbol{0}$，利用定义$\boldsymbol{F}=\boldsymbol{H}^{-\mathrm{T}}[\boldsymbol{e}]_\times$可以得到$\boldsymbol{F}\boldsymbol{e}=\boldsymbol{0}$，因此$\boldsymbol{F}$矩阵不满秩，它的秩为 2，最后可知 $\boldsymbol{F}$ 的自由度是 7。秩为 2 这个条件作为额外的约束条件，于是只需要 7 组匹配点对就足够计算出 $\boldsymbol{F}$ 矩阵，在后续的 4.4 节中会更详细地讨论计算$\boldsymbol{F}$的方法。

基础矩阵$\boldsymbol{F}$有一些重要的特性。

（1）如果$\boldsymbol{F}$是一对摄像机矩阵$(\boldsymbol{P},\boldsymbol{P}')$的基础矩阵，则$\boldsymbol{F}^{\mathrm{T}}$是按相反顺序对$(\boldsymbol{P}',\boldsymbol{P})$的基础矩阵。

（2）对于第一幅影像中的任意点$\boldsymbol{m}$，对应在另一幅影像上的极线为$\boldsymbol{l}'=\boldsymbol{F}\boldsymbol{m}$。类似地，$\boldsymbol{l}=\boldsymbol{F}^{\mathrm{T}}\boldsymbol{m}'$表示与第二幅影像中的$\boldsymbol{m}'$对应于第一幅影像的极线。

（3）对于任何点$\boldsymbol{m}$（$\boldsymbol{e}$除外），极线$\boldsymbol{l}'=\boldsymbol{F}\boldsymbol{m}$包含第二幅影像中的极点$\boldsymbol{e}'$。因此，对于所有点$\boldsymbol{m}_i$，$\boldsymbol{e}'$满足$\boldsymbol{e}'^{\mathrm{T}}(\boldsymbol{F}\boldsymbol{m}_i)=0$，总有$(\boldsymbol{e}'^{\mathrm{T}}\boldsymbol{F})\boldsymbol{m}_i=\boldsymbol{0}$，因此$\boldsymbol{e}'^{\mathrm{T}}\boldsymbol{F}=\boldsymbol{0}$，即$\boldsymbol{e}'$是$\boldsymbol{F}$的左零向量。类似地，$\boldsymbol{F}\boldsymbol{e}=\boldsymbol{0}$，即$\boldsymbol{e}$是$\boldsymbol{F}$的右零向量。

4.1.3　本质矩阵

本质矩阵$\boldsymbol{E}$（Essential Matrix）是由摄像机的外参数确定的，与摄像机的内参数元素无关。本质矩阵就是在归一化影像空间坐标条件下的基础矩阵的特例，基础矩阵是本质矩阵在不考虑摄像机内参标定矩阵的推广。与基础矩阵相比，本质矩阵$\boldsymbol{E}$具有较小的自由度和附加的性质。

设空间点$\boldsymbol{M}$在参考影像（左影像）的像空间坐标系中的单位尺度归一化的向量表示为$\boldsymbol{M}^0$，在目标影像（右影像）的像空间坐标系中的单位尺度归一化的向量表示为$\boldsymbol{M}^1$。注意，这里的$\boldsymbol{M}^0$和$\boldsymbol{M}^1$不是像点的像素坐标，而是单位尺度的像空间坐标系下的坐标表示。$\overline{CM}=\lambda_0\boldsymbol{M}^0$，$\overline{C'M}=\lambda_1\boldsymbol{M}^1$，$\lambda_0$和$\lambda_1$是作用于从摄影中心发出连接像点的射线的距离比例因子。有两个摄像机的像空间坐标由一组旋转和平移$[\boldsymbol{R}|\boldsymbol{t}]$关联：$\boldsymbol{M}^1=\boldsymbol{R}\boldsymbol{M}^0+\boldsymbol{t}$。在等式两边分别先左乘一个$\boldsymbol{t}$的叉积，再左乘一个$\boldsymbol{M}^1$的点积，可以得到

$$\begin{gathered}\boldsymbol{M}^1\ (\boldsymbol{t}\times\boldsymbol{M}^1)=\boldsymbol{M}^1\,\boldsymbol{t}\times(\boldsymbol{R}\boldsymbol{M}^0+\boldsymbol{t})\\ \boldsymbol{0}=\boldsymbol{M}^1\boldsymbol{t}\times\boldsymbol{R}\boldsymbol{M}^0\end{gathered}\tag{4.9}$$

令$[\boldsymbol{t}]_\times$表示矩阵$\hat{\boldsymbol{n}}=(0,0,1)^{\mathrm{T}}$的反对称矩阵（叉积矩阵），则有

$$\begin{gathered}(\boldsymbol{M}^1)^{\mathrm{T}}[\boldsymbol{t}]_\times\boldsymbol{R}\boldsymbol{M}^0=\boldsymbol{0}\\ (\boldsymbol{M}^1)^{\mathrm{T}}\boldsymbol{E}\,\boldsymbol{M}^0=\boldsymbol{0},\ \boldsymbol{E}=[\boldsymbol{t}]_\times\boldsymbol{R}\\ [\boldsymbol{t}]_\times=\begin{bmatrix}0 & -t_z & t_y\\ t_z & 0 & -t_x\\ -t_y & t_x & 0\end{bmatrix}\end{gathered}\tag{4.10}$$

其中，$\boldsymbol{E}=[\boldsymbol{t}]_\times\boldsymbol{R}$表示本质矩阵，本质矩阵包含两幅影像的相对位置姿态转换关系，它是3×3的矩阵，具有旋转和平移信息。

本质矩阵 $\boldsymbol{E}$ 面向像空间坐标系（摄像机坐标系），它不包括摄像机的内参信息。但是研究像素点在另一个视图上的对应极线，需要用摄像机的内参信息将摄像机坐标系和像平面坐标系联系起来。设 $\boldsymbol{K}_0$ 和 $\boldsymbol{K}_1$ 分别为两幅影像的摄像机内参数矩阵，归一化的摄像机像空间坐标到像平面像素坐标表示可以通过 $\boldsymbol{m}_0=\boldsymbol{K}_0\boldsymbol{M}^0$ 计算，基础矩阵 $\boldsymbol{F}$ 中编码了两幅影像的对极几何关系，推导可得本质矩阵 $\boldsymbol{E}$ 和基础矩阵 $\boldsymbol{F}$ 的关联

$$\begin{gathered}\left(\boldsymbol{K}_1\boldsymbol{M}^1\right)^{\mathrm{T}}\boldsymbol{F}\left(\boldsymbol{K}_0\boldsymbol{M}^0\right)=(\boldsymbol{M}^1)^{\mathrm{T}}\ \boldsymbol{E}\ \boldsymbol{M}^0=\boldsymbol{0}\\ \left(\boldsymbol{K}_1\boldsymbol{M}^1\right)^{\mathrm{T}}\boldsymbol{F}\,\boldsymbol{K}_0=(\boldsymbol{M}^1)^{\mathrm{T}}\ \boldsymbol{E}\\ \boldsymbol{F}=\boldsymbol{K}_1^{-\mathrm{T}}\,\boldsymbol{E}\,\boldsymbol{K}_0^{-1}\\ \boldsymbol{E}=\boldsymbol{K}_1^{\mathrm{T}}\boldsymbol{F}\boldsymbol{K}_0\end{gathered}\tag{4.11}$$

本质矩阵 $\boldsymbol{E}$ 只有 5 个自由度，尽管旋转矩阵 $\boldsymbol{R}$ 和平移矩阵 $\boldsymbol{t}$ 都有三个自由度，但是存在总体尺度的不确定性，这与基础矩阵是一样的。

一个非零矩阵 $\boldsymbol{E}$ 是本质矩阵的条件是：当且仅当它的 SVD 分解为 $\boldsymbol{E}=\boldsymbol{U\Sigma V}^{\mathrm{T}}$，$\boldsymbol{\Sigma}=\mathrm{diag}\left(\sigma_1,\sigma_2,\sigma_3\right)$，其中 $\sigma_1=\sigma_2\neq 0$ 且 $\sigma_3=0$，$\boldsymbol{U},\boldsymbol{V}\in\mathrm{SO}(3)$。SO(3) 是包含旋转矩阵的一种特殊正交群，称为三维旋转群。矩阵 $\boldsymbol{E}$ 具有 3 个旋转自由度和 2 个位移自由度。

4.2 影像的单应变换

二维空间的单应变换 $\boldsymbol{H}$ 描述的是从一个平面到另一个平面的转换。由于成像平面也是一个平面，如果透视投影中的观测场景是一个平面，则成像过程相当于一种单应变换过程的特例。比如，整幅影像中的观测场景是天花板或者平整的地面，那么成像过程就是从一种物理平面到另一个成像平面的转换。

平面 $\boldsymbol{\Pi}$ 上的一点投影到影像 i 上的过程可以通过单应变换 $\boldsymbol{H}_{\boldsymbol{\Pi}i}$ 来描述。这里的单应矩阵的表示依赖于平面上投影基的选择。

4.2.1 投影矩阵和影像单应矩阵之间的关系

当由透视投影得到了一幅影像时，有三维空间中的一个平面 $\boldsymbol{\Pi}$ 上的一个三维点 $\boldsymbol{M}_{\boldsymbol{\Pi}}$，其投影点 $\boldsymbol{m}_{\boldsymbol{\Pi}_i}$ 的关系可以根据单应变换 $\boldsymbol{H}_{\boldsymbol{\Pi}i}$ 来表达。

设平面为 $\boldsymbol{\Pi}\sim[\boldsymbol{\pi}^{\mathrm{T}}\ 1]^{\mathrm{T}}$，三维点 $\boldsymbol{M}_{\boldsymbol{\Pi}}\sim[\boldsymbol{m}_{\boldsymbol{\Pi}}{}^{\mathrm{T}}1]^{\mathrm{T}}$，则 $\boldsymbol{M}_{\boldsymbol{\Pi}}$ 落在 $\boldsymbol{\Pi}$ 上的充分必要条件是 $\boldsymbol{\Pi}^{\mathrm{T}}\boldsymbol{M}_{\boldsymbol{\Pi}}=\boldsymbol{\pi}^{\mathrm{T}}\cdot\boldsymbol{m}_{\boldsymbol{\Pi}}+1=\boldsymbol{0}$。因此，

$$\boldsymbol{M}_{\boldsymbol{\Pi}}\sim\begin{bmatrix}\boldsymbol{m}_{\boldsymbol{\Pi}}\\ 1\end{bmatrix}=\begin{bmatrix}\boldsymbol{m}_{\boldsymbol{\Pi}}\\ -\boldsymbol{\pi}^{\mathrm{T}}\cdot\boldsymbol{m}_{\boldsymbol{\Pi}}\end{bmatrix}=\begin{bmatrix}\boldsymbol{I}_{3\times3}\\ -\boldsymbol{\pi}^{\mathrm{T}}\end{bmatrix}\boldsymbol{m}_{\boldsymbol{\Pi}}\tag{4.12}$$

如果一幅影像的投影矩阵表示为 $\boldsymbol{P}_i=\left[\boldsymbol{A}_i\,|\,\boldsymbol{a}_i\right]$，则将三维点 $\boldsymbol{M}_{\boldsymbol{\Pi}}$ 投影到像平面上得到的像点 $\boldsymbol{m}_{\boldsymbol{\Pi}}$ 表示为

$$\begin{aligned}\boldsymbol{m}_{\boldsymbol{\Pi}_i}\sim\boldsymbol{P}_i\boldsymbol{M}_{\boldsymbol{\Pi}}&=\left[\boldsymbol{A}_i\,|\,\boldsymbol{a}_i\right]\begin{bmatrix}\boldsymbol{I}_{3\times3}\\ -\boldsymbol{\pi}^{\mathrm{T}}\end{bmatrix}\boldsymbol{m}\\ &=\left[\boldsymbol{A}_i-\boldsymbol{a}_i\boldsymbol{\pi}^{\mathrm{T}}\right]\boldsymbol{m}_{\boldsymbol{\Pi}}\end{aligned}\tag{4.13}$$

由此，得到$\boldsymbol{H}_{\boldsymbol{\Pi}i} \sim \boldsymbol{A}_i - \boldsymbol{a}_i\boldsymbol{\pi}^{\mathrm{T}}$。

取参考平面为$\boldsymbol{\Pi}_{\mathbf{ref}} = [0\ 0\ 0\ 1]^{\mathrm{T}}$，则相对于参考平面的单应变换表达为$\boldsymbol{H}_{\mathbf{ref}\,i} \sim \boldsymbol{A}_i$。

可以使用单应变换实现对特定平面上的点或几何实体从一幅影像转换到另一幅影像。用符号$\boldsymbol{H}_{ij}^{\boldsymbol{\Pi}}$表示将平面$\boldsymbol{\Pi}$的几何元素从影像$i$转换到影像$j$上。$\boldsymbol{H}_{ij}^{\boldsymbol{\Pi}}$可以通过$\boldsymbol{H}_{ij}^{\boldsymbol{\Pi}} = \boldsymbol{H}_{\boldsymbol{\Pi}j}\boldsymbol{H}_{\boldsymbol{\Pi}i}^{-1}$得到，而与平面的重参数化无关。

在欧氏度量空间中，$\boldsymbol{A}_i = \boldsymbol{K}_i\boldsymbol{R}_i^{\mathrm{T}}$，无穷远处的平面为$\boldsymbol{\Pi}_\infty = [0\ 0\ 0\ 1]^{\mathrm{T}}$，则$\boldsymbol{H}_{\infty i} \sim \boldsymbol{K}_i\boldsymbol{R}_i^{\mathrm{T}}$，$\boldsymbol{H}_{\infty j} \sim \boldsymbol{K}_j\boldsymbol{R}_j^{\mathrm{T}}$。此时，两幅影像对无穷远处的平面的单应变换为$\boldsymbol{H}_{ij}^{\infty} = \boldsymbol{K}_j\boldsymbol{R}_{ij}^{\mathrm{T}}\boldsymbol{K}_i$，其中$\boldsymbol{R}_{ij} = \boldsymbol{R}_i^{\mathrm{T}}\boldsymbol{R}_j$为影像$j$相对于影像$i$的相对转换矩阵。

在透视投影变换和仿射变换中，假设第一幅影像的投影矩阵$\boldsymbol{P}_1 = [\boldsymbol{I}_{3\times3} \mid \boldsymbol{0}_{3\times1}]$，$\boldsymbol{K}_i$未知。此时，对所有平面的单应变换为$\boldsymbol{H}_{\boldsymbol{\Pi}1} \sim \boldsymbol{I}_{3\times3}$。第$i$幅影像的投影矩阵$\boldsymbol{P}_i$能分解为

$$\boldsymbol{P}_i = \left[\boldsymbol{H}_{1i}^{\boldsymbol{\Pi}_{\mathrm{ref}}} \mid \boldsymbol{e}_{1i}\right] \tag{4.14}$$

其中，$\boldsymbol{e}_{1i}$是第i幅影像的摄影中心投影到第 1 幅影像的位置，即极点。仿射变换下$\boldsymbol{\Pi}_\infty = [0\ 0\ 0\ 1]^{\mathrm{T}}$，$\boldsymbol{P}_i = \left[\boldsymbol{H}_{1i}^{\infty} \mid \boldsymbol{e}_{1i}\right]$。因为$\boldsymbol{m}_{\boldsymbol{\Pi}i} = \boldsymbol{P}_i\boldsymbol{M}_{\boldsymbol{\Pi}}$，结合式（4.12）和式（4.14），得到

$$\boldsymbol{H}_{1i}^{\boldsymbol{\Pi}} = \boldsymbol{H}_{1i}^{\boldsymbol{\Pi}_{\mathrm{ref}}} - \boldsymbol{e}_{1i}\boldsymbol{\pi}^{\mathrm{T}} \tag{4.15}$$

式（4.15）给出了对所有可能的平面的单应变换的一种重要关系：单应变换可以仅仅取决于其中的项$\boldsymbol{e}_{1i}[1 - \boldsymbol{\pi}']^{\mathrm{T}}$。这意味着在透视投影情况下，在无穷远处的平面的单应变换有最多 3 个公共参数，即$\boldsymbol{\pi}_\infty$在射影空间中的 3 个系数。

4.2.2　基础矩阵和影像单应矩阵之间的关系

单应矩阵$\boldsymbol{H}_{ij}^{\boldsymbol{\Pi}}$和基础矩阵$\boldsymbol{F}_{ij}$之间有着重要联系。假设$\boldsymbol{m}_i$是影像$i$上的一点，那么$\boldsymbol{m}_j \sim \boldsymbol{H}_{ij}^{\boldsymbol{\Pi}}\boldsymbol{m}_i$就是在平面$\boldsymbol{\Pi}$上影像$j$中的对应点。因此就可以得到，$\boldsymbol{m}_j$位于对应极线上，并且

$$\left(\boldsymbol{H}_{ij}^{\boldsymbol{\Pi}}\boldsymbol{m}_i\right)^{\mathrm{T}}\boldsymbol{F}_{ij}\boldsymbol{m}_i = \mathbf{0} \tag{4.16}$$

更进一步，式（4.16）对于影像i上的每一点都成立。因为基础矩阵将点映射到极线上，所以$\boldsymbol{F}_{ij}\boldsymbol{m}_i \sim \boldsymbol{e}_{ij} \times \boldsymbol{m}_j$，式（4.16）等价于

$$\boldsymbol{m}_j^{\mathrm{T}}\left[\boldsymbol{e}_{ij}\right]_\times \boldsymbol{H}_{ij}^{\boldsymbol{\Pi}}\boldsymbol{m}_i = \mathbf{0} \tag{4.17}$$

将这个等式与$\boldsymbol{m}_j^{\mathrm{T}}\boldsymbol{F}_{ij}\boldsymbol{m}_i = \mathbf{0}$相比较，在使用这些等式时必须保证影像上的点都落在对应的极线上，于是应符合下列关系

$$\boldsymbol{F}_{ij} \sim \left[\boldsymbol{e}_{ij}\right]_\times \boldsymbol{H}_{ij}^{\boldsymbol{\Pi}} \tag{4.18}$$

假设$\boldsymbol{l}_j$是影像j上的一条线，$\boldsymbol{\Pi}$是$\boldsymbol{l}_j$在空间中反投影得到的一个平面。如果$\boldsymbol{m}_{\boldsymbol{\Pi}i}$是这个影像中一点的平面投影到影像$i$的一点，那么在影像$j$中的匹配点一定要位于对应极线上（即$\boldsymbol{F}_{ij}\boldsymbol{m}_{\boldsymbol{\Pi}i}$）。由于这个点也位于线$\boldsymbol{l}_j$上，它的求解可以通过作两条线的唯一交点$\boldsymbol{l}_j \times \boldsymbol{F}_{ij}\boldsymbol{m}_{\boldsymbol{\Pi}i}$得到。因此，单应性矩阵$\boldsymbol{H}_{ij}^{\boldsymbol{\Pi}}$就等价于$\left[\boldsymbol{l}_j\right]_\times \boldsymbol{F}_{ij}$。需要注意的是，由于平面$\boldsymbol{\Pi}$在影像$j$上只

是一条线，因此这个单应矩阵不是满秩的。为了让这条线不与极线重合，让线 $l_j \sim e_{ij}$，这样这条线就不会包含极点，因为 $e_{ij}{}^{\mathrm{T}} e_{ij} \neq \mathbf{0}$，所以和这个平面相关的单应矩阵为

$$\boldsymbol{H}_{ij} \sim \left[\boldsymbol{e}_{ij}\right]_{\times} \boldsymbol{F}_{ij} \tag{4.19}$$

将这个结果与式（4.14）和式（4.15）相结合，就可以总结出两个视角的摄像机矩阵

$$\begin{aligned} \boldsymbol{P}_1 &= \left[\boldsymbol{I}_{3\times 3} \mid \mathbf{0}_3\right] \\ \boldsymbol{P}_2 &= \left[\left[\boldsymbol{e}_{12}\right]_{\times} \boldsymbol{F}_{12} - \boldsymbol{e}_{12}\boldsymbol{\pi}^{\mathrm{T}} \mid \boldsymbol{e}_{12}\right] \end{aligned} \tag{4.20}$$

这个结论对于后续的三维重建十分重要，它意味着两个视角中的摄像机摄影姿态可以通过基础矩阵 $\boldsymbol{F}$ 获得，而通过 7 对或更多的匹配点就能够计算出基础矩阵 $\boldsymbol{F}$ 。

式（4.20）有 4 个自由度，即平面 $\boldsymbol{\pi}$ 的三个系数以及 $\boldsymbol{F}_{12}$ 和 $\boldsymbol{e}_{12}$ 之间的一个任意比例。因此，该公式只能用于实例化一对新的影像位置姿态（即场景的任意投影表示），而不能用于获取所有序列影图的投影矩阵。

4.3 求解二视图的基础矩阵

4.3.1 八点算法

1. 八点算法基础

重建二视图结构等价于求解基础矩阵 $\boldsymbol{F}$ ，由于 $\boldsymbol{F}$ 是一个 3×3 的矩阵，1 个比例因子是可调的，因此 $\boldsymbol{F}$ 的未知数是 8。Longuet-Higgins 在 1981 年提出了一种使用 8 组匹配点对的八点算法[34]，通过建立 8 个观测方程的方法，获得基础矩阵 $\boldsymbol{F}$ 的唯一解。基础矩阵 $\boldsymbol{F}$ 和 1 组匹配点对可以建立一个最简单的关系方程

$$\left[uu' \quad vu' \quad u' \quad uv' \quad vv' \quad v' \quad u \quad v \quad 1\right]\boldsymbol{f} = \mathbf{0} \tag{4.21}$$

其中，$\boldsymbol{f} = \left[F_{11} \quad F_{12} \quad F_{13} \quad F_{21} \quad F_{22} \quad F_{23} \quad F_{31} \quad F_{32} \quad 1\right]^{\mathrm{T}}$ 是包含基础矩阵 $\boldsymbol{F}$ 元素的向量，$\boldsymbol{m} = \left[u \quad v \quad 1\right]^{\mathrm{T}}$ 和 $\boldsymbol{m}' = \left[u' \quad v' \quad 1\right]^{\mathrm{T}}$ 是像点坐标。通过将其中 8 个方程叠加到矩阵 $\boldsymbol{A}$ 中，得到以下方程

$$\boldsymbol{A}\boldsymbol{f} = \mathbf{0} \tag{4.22}$$

如果系数矩阵 $\boldsymbol{A}$ 的秩是 8，则 $\boldsymbol{f}$ 存在确定（非零）解，可以直接用线性算法计算。

很明显，当有更多的匹配点对可用时，可以使用冗余观测来最小化噪声的影响。八点算法的线性方程组可以很容易地扩展到更多的点。在这种情况下，每个匹配点对都能建立一行方程，式（4.22）中系数矩阵 $\boldsymbol{A}$ 的行数将大得多。此时，系数矩阵 $\boldsymbol{A}$ 的秩可能是 9，因为系数矩阵 $\boldsymbol{A}$ 是 $n\times 9$ 的矩阵。在这种情况下，最后一个奇异值不会完全等于零。

多点建立的方程组能够用奇异值分解（Singular Value Decomposition，SVD）求解。将 SVD 应用于 $\boldsymbol{A}$ ，$\boldsymbol{A} = \boldsymbol{U}\boldsymbol{S}\boldsymbol{V}^{\mathrm{T}}$ 分解得到了 $\boldsymbol{U}$ 和 $\boldsymbol{V}$ 正交矩阵，$\boldsymbol{S}$ 是包含奇异值的对角矩阵。这些奇异值 σ_i 是正的，并且是递减的。$\boldsymbol{f}$ 的解就是系数矩阵 $\boldsymbol{A}$ 最小奇异值对应的奇异向量，也就是 $\boldsymbol{V}$ 的最后一列是 $\boldsymbol{f}$ 的解。当要求 σ_9 被约束等于零时，$\boldsymbol{V}$ 的最后一列是正确的解（需要保证 8 个方程是线性无关的，这相当于保证其他奇异值都是非零的）。

对于 SVD 分解的一种二维图示解释如图 4.4 所示。矩阵 $\boldsymbol{V}$ 的最后一列矢量是解矢量 $\boldsymbol{f}$

在约束条件$\|f\|=1$下，取得的$\|Af\|$最小的解。SVD 分解的V的最后一列就是f的最小二乘解，即$f=V_n$。然后，能够很容易地由解向量f重构基础矩阵F。

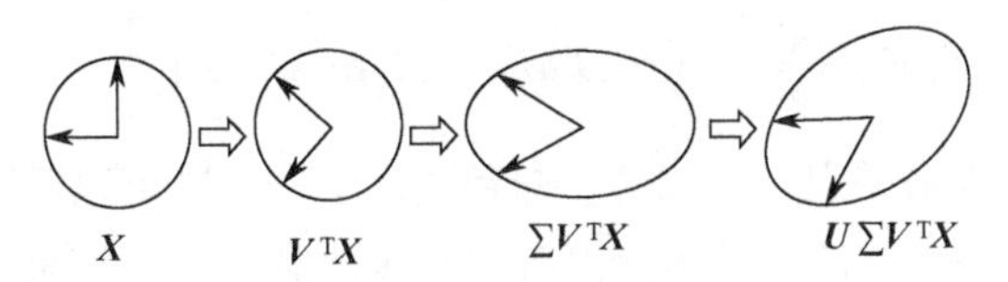

图 4.4　SVD 的二维图示解释

基础矩阵F有一个重要的特点就是奇异性，F的秩是 2。但是在匹配关系有噪声的情况下，该矩阵不满足秩为 2 的约束。如果F是非奇异的，这意味着不存在所有极线都经过的真正的极点，但这些极线将覆盖形成到一个小区域范围。对此，一种解决办法是，在超定线性方程组的解中，找到一个解使矩阵满足最接近秩为 2，该矩阵作为F的近似解。

所以在使用 SVD 分解方法解得基础矩阵后，要增加一个奇异性约束（系数矩阵的秩<9）。最简便的方法就是修正上述算法中求得的矩阵F。设最终的解为F'，在$\det F'=0$条件下，最终的解是使得 Frobenius 范数（二范数）$\|F-F'\|$最小的F'。其求解过程是使用 SVD 分解处理F，将分解$F=UDV^{T}$，此时的对角矩阵$D=\mathrm{diag}(r,s,t)$，满足$r\geqslant s\geqslant t$。用 0 代替t，则$F'=U\mathrm{diag}(r,s,0)V^{T}$。$F'$是最小化范数$\|F-F'\|$的解，即最终的解。

所以用八点算法求解二视图的基础矩阵有两个步骤：

（1）建立线性方程$Af=\mathbf{0}$，由系数矩阵A的最小奇异值对应的奇异向量f求出初始线性解F。

（2）根据奇异性约束，使 Frobenius 范数$\|F-F'\|$取得最小值的F'作为最终的解。

八点算法的优点是容易实现，且线性求解的运行速度快；然而缺点也很明显，即该算法对噪声敏感。

2. 归一化八点算法

在实践中，将方程组归一化非常重要。系数矩阵A的元素是由影像像素坐标计算而来的，数值变换区间相差多个数量级。这种情况下 SVD 分解极易受坐标值测量噪声的干扰，而使结果不稳定。

为了提高解的稳定性和精度，往往会对输入点集的坐标先进行归一化处理。例如，通过将影像的像素坐标转换到区间$[-1,1]\times[-1,1]$，使得原点为质心，从而使矩阵A的所有元素都具有相同的数量级。归一化八点算法使用了各向同性，也就是使得各个点做缩放之后到坐标原点的均方根距离等于$\sqrt{2}$。

具体实现过程为：求取所有特征点的像素坐标平均值；所有点的坐标值减去平均值；求各点到所有点的平均值的平均欧氏距离；将平均距离缩放为$\sqrt{2}$。

最后，根据归一化的像素点坐标计算出基础矩阵F^*之后，还需要进行解除归一化。即用归一化计算的基础矩阵F^*求出实际影像的F。$F=T'^{T}F^{*}T$，其中T和T'分别是对左、右影像像点坐标转换的转换矩阵。

3. 非线性最小二乘算法

八点算法最小化的误差是一个代数错误，然而理想的最小化目标函数是一个几何意义上的标量。可以采取的误差测量是点与外极线之间的距离$D(\boldsymbol{m},\boldsymbol{l})$。假设每个特征点上

的噪声都是独立的零均值高斯，所有点的标准差都相同，则以下形式的最小化会产生最大似然解

$$C(\boldsymbol{F})=\sum\left[D\left(\boldsymbol{m}',\boldsymbol{F}\boldsymbol{m}\right)^2+D\left(\boldsymbol{m},\boldsymbol{F}^{\mathrm{T}}\boldsymbol{m}'\right)^2\right] \tag{4.23}$$

其中，使用$D(\boldsymbol{m},\boldsymbol{l})$表示点$\boldsymbol{m}$和线$\boldsymbol{l}$之间的正交距离。这一标准可以通过一种列文伯格–马奎特（Levenberg-Marquard，LM）算法求最小化，通过非线性最小二乘得到的结果可用于初始化。

4.3.2 七点算法

实际上，二视图结构的基础矩阵$\boldsymbol{F}$只有 7 个自由度。如果准备解非线性方程，那么 7 点就足够了。在这种情况下，必须在计算期间附加强制保证秩为 2 的约束条件。

采用与 4.3.1 节中类似的方法，使用 7 对匹配点，构建右零空间形式的线性方程组。这个空间可以参数化为$\boldsymbol{v}_1+\lambda\boldsymbol{v}_2$或$\boldsymbol{F}_1+\lambda\boldsymbol{F}_2$，其中$\boldsymbol{v}_1$和$\boldsymbol{v}_2$分别是通过 SVD 分解获得的$\boldsymbol{V}$的后两列，$\boldsymbol{F}_1$和$\boldsymbol{F}_2$是对应的矩阵。秩为 2 的约束条件的数学形式是

$$\det\left(\boldsymbol{F}_1+\lambda\boldsymbol{F}_2\right)=a_3\lambda^3+a_2\lambda^2+a_1\lambda+a_0=0 \tag{4.24}$$

式（4.24）是与λ相关的 3 次多项式，这可以简单地用解析法求解，总是有 1 个或 3 个真正的解。特殊情况$\boldsymbol{F}_1$很容易单独检查，即它应该满足秩为 2 的条件。如果图像中仅有 7 组匹配点对，当基础矩阵有 3 个解时，无法确认哪个解是真解；如果图像中有多余的匹配点对，可以选择满足$\boldsymbol{Af}=\boldsymbol{0}$的匹配点对数量最多的解为最后的输出。

4.3.3 鲁棒算法

上述方法的问题是它们不能检测处理异常的点对应。如果匹配点集被少量异常值（Outliers）污染，结果可能是完全失败的。异常值的破坏性干扰对于所有类型的最小二乘算法，甚至是非线性方法，都是普遍存在的。二阶类型的误差函数对于包含高斯类型噪声的观测是理想的。问题是如果有一个离群异常值远离真实情况，此时不满足高斯噪声条件，求解的结果会完全偏离实际值。

1．随机抽样一致性检验 RANSAC

Fischler 和 Bolles 提出了解决这一问题的算法，该算法被称为随机抽样一致性检验（Random Sample Consensus，RANSAC）算法，可以应用于多种场合的异常值检测的问题。

RANSAC 算法的基本思想为：首先，从整体数据集中随机抽取获得一个观测样本子集。然后，利用子集数据根据参数求解方程计算出一个模型的解。如果抽样的子集合中没有异常值，那么该组参数解将是正确的，并且能够正确地将所有数据分为正常值（Inlier）和异常值（Outlier）。然而，并不能保证随机采样的这组点集总是不包含异常值的。所以，操作中重复性地进行随机采样抽取子集这个过程，每次使用子集进行模型求解和正常值误差判别，当绝大多数的值满足判别准则时，认为得到正确的解。正确的解被确定为具有最多观测数据支持的解，即观测数据对模型的复核个数最大。

将 RANSAC 算法运用到基础矩阵$\boldsymbol{F}$的求解工作中，可以设匹配像素点与外极线的距离不超过一定的像素距离阈值（比如 1.96σ像素），则将其视为可用的匹配点输入，其中σ表示特征位置上的噪声量。实际上，σ很难估计，实践中可以将其设置为 0.5 像素或 1 像素。

另一个问题是需要进行多少次重复采样。理想情况下，可以尝试每个可能的子集，但这通常在计算上是不可行的。因此，我们采取足够多的样本数 k，以给出一个概率 Γ 超过 95%的条件选出一个好的子样本。这个概率的表达式是

$$\Gamma = 1-(1-(1-\epsilon)^{p})^{k} \tag{4.25}$$

其中 ϵ 是离群值的概率，p 是每个样本的观测量。在求基础矩阵 $\boldsymbol{F}$ 的情况下，根据七点算法的要求，$p=7$。表 4.1 给出了一些 ϵ 值所需的采样次数。该算法可以很容易地处理离群异常值高达 50%的情形。高于 50%时，需要的采样次数会变得非常大。

表 4.1　对于给定的离群观测的比例分数，确保 $\Gamma \geqslant 0.95$ 所需的七点算法的样本数

5%	10%	20%	30%	40%	50%	60%	70%	80%
3	5	13	35	106	382	1827	13692	233963

一种方法是先确定算法应处理的异常值干扰程度，然后相应地设置样本数（例如，处理高达 50%的离群值意味着 382 次采集样本）。实际上，观测数据中的异常值比例通常比较低，可以使用少量采样样本次数时，就能找到正确的解。

一旦匹配点对集合中的正常值和异常值被正确区分开，下一步就可以使用所有正常值来优化模型的解。下面总结了二视图的对极几何求解过程。

（1）在两幅影像上分别使用特征提取算法提取特征点，并且对两幅影像的特征点进行特征匹配，获得初始匹配点对；

（2）从所有的匹配点对中，随机抽样选取 7 组匹配点对，根据 7 组点对，计算一个基础矩阵 $\boldsymbol{F}$，并统计能够满足 $\boldsymbol{F}$ 的正常值（inlier）个数；

（3）统计 inlier 的比例，如果满足式（4.25）中的 $\Gamma > 95\%$，则继续下一步；否则，跳回第（2）步；

（4）使用所有的 inlier，重新计算一个优化的 $\boldsymbol{F}$；

（5）根据 $\boldsymbol{F}$ 寻找新的匹配点对；

（6）再一次使用所有的匹配点对，优化 $\boldsymbol{F}$。

计算出了 $\boldsymbol{F}$ 就等于求解出了对极几何关系，它可以用于引导匹配算法找到更多的匹配。之后寻找匹配点时，目标影像上的点只有落在极线上，才会被考虑是否是匹配点。对于参考影像中的一个特征点，只考虑在目标影像的对应极线周围的一个小跨度（1 像素或 2 像素）内寻找特征点进行匹配。也就是说，将影像特征匹配从二维空间搜索限制成了沿着极线方向的一维搜索，由此提高了匹配效率。

除 RANSAC 算法外，与之类似的还有一个最小平方中值（Least Median of Squares，LMS）估计算法。RANSAC 算法是用符合拟合阈值的点的个数来进行计分的，LMS 算法是根据数据中所有点的距离中值进行计分的。LMS 的优点是它不需要有阈值和误差方差的先验知识；其缺点是如果异常值外点的数量比例大于 50%，则算法会直接失败，因为中值的数据点就是一个异常值。

2. RANSAC 举例

使用鲁棒算法能够根据两幅影像的像点特征对应，求解二视图的基础矩阵 $\boldsymbol{F}$。根据 RANSAC 算法剔除误匹配可以有效地改善 $\boldsymbol{F}$ 的求解效率和精度。图 4.5 给出了一组检验 RANSAC 算法的实验图，图片内容为北京市密云区古北水镇景区的复古建筑照片，两幅影像

分别为在进行 RANSAC 验证前、后的特征匹配对应结果。图 4.5（a）是验证前的基于特征空间相似性度量获得的特征对应，可以看出其中存在一定量的误匹配结果。图 4.5（b）是经过 RANSAC 匹配验证后获得的特征对应，可以观察到消除误匹配的特征对应关系更加符合实际情况，图中没有了错乱的相互交叉的匹配连接线。

（a）直接利用匹配相似性度量函数获得的特征对应

（b）RANSAC 匹配验证处理后的特征对应

图 4.5　特征匹配在进行 RANSAC 验证前、后的对应关系

4.3.4　退化情况

两个视图射影几何的计算要求匹配点对所对应的内容是在三维场景中的，并且运动不仅仅是纯旋转。如果观察到的三维场景只覆盖一个平面区域，则基础矩阵最多只能确定三个自由度。当摄像机的运动是纯旋转时也是如此。只有一个投影中心，是不能观测到深度信息的。在没有噪声的情况下，对这些退化情况的检测不会太困难。但实际采集的数据是存在噪声的，方程中剩余的自由度是由噪声决定的，此时估计退化问题就显得更加困难。

Torr 等人提出了这个问题的解决方法。该方法将尝试使不同的模型与数据相匹配，并选择最能解释数据的模型。该方法基于 Kanatani K 提出的 Akaike 信息准则的扩展[31]，评估不同的模型。在这种情况下，计算基础矩阵（对应于三维场景，而不是纯旋转）、一般同形（对应于平面场景）和旋转诱导的同形。选择残差最小的模型总是得到最一般的模型。Akaike 的原则包括考虑额外自由度（当数据结构不需要时，最终拟合噪声）对预期剩余量的影响，这归根结底就是对模型自由度函数中的观测残差加上一个惩罚项，这使得不同模型之间的公平比较是可行的。

4.3.5　三视图和四视图几何计算

可以用与 4.3 节中介绍的二视图几何计算类似的方式确定三视图或四视图几何。由于满足三视图或四视图几何的结构点肯定也会满足二视图几何的结构，因此可以采用级联的方式进行匹配。首先从连贯的两两视图中，估计二视图几何的结构。然后通过比较两组连续的成对匹配，推导出三重匹配。再对这些三联体使用类似于 4.3.3 节所述的鲁棒方法处理，只需要 6 个三重匹配点，就能够确定三视图几何的结构。对于四视图几何的情况，也可以使用类似的方法。

4.4　摄像机位置姿态和场景结构恢复

在本节中，视图之间的关系和特征匹配关系将用于重建场景的结构和摄像机的位置姿态，这一系列过程称为由运动恢复结构（Structure from Motion，SfM）。

首先选取两幅影像，建立初始重建帧。然后在此帧中确定其他视图的摄像机姿态，每次添加其他视图都会对初始重建结果进行扩展和调整优化。这样，也能对那些与参考视图没有共同特征的视图进行姿态估计。通常，一幅视图只会与序列影像中的前一幅视图进行匹配。在大多数情况下，这样做是没问题的，但在某些情况下，如当摄像机前后移动时，将新视图与许多其他视图关联起来就很不一样。一旦确定了整个序列的结构和位姿，就可以通过摄影光束法平差（Bundle Adjustment，BA）来调整结果。然后通过自校正将模糊度限制到物理尺度。最后，使用整体光束法平差得到结构和位姿的最优估计。

4.4.1　初始化影像位置姿态和场景结构

第一步是选择两个适合初始化结构和位置姿态的视图。一方面，这一对视图之间要有足够的匹配特征；另一方面，视图之间不应太靠近，避免退化，以使初始重建结构的效果较为理想。第一个条件很容易验证，第二个条件在未标定摄像机的情况下很难验证。对此使用基于影像距离的准则验证，这个距离是平面单应变换的点与目标影像中对应点之间的中间距离的均值

$$\operatorname{median}\{D(\boldsymbol{H}\boldsymbol{m}_i,\boldsymbol{m}_i')\} \tag{4.26}$$

根据两幅视图之间的匹配，可以确定平面单应矩阵 $\boldsymbol{H}$ 如下

$$\boldsymbol{H}=[\boldsymbol{e}]_\times\boldsymbol{F}+\boldsymbol{e}\boldsymbol{a}_{\min}^{\mathrm{T}} \tag{4.27}$$

其中，

$$\boldsymbol{a}_{\min}=\arg\min_{\boldsymbol{a}}\sum_i D\left(\left([\boldsymbol{e}]_\times\boldsymbol{F}+\boldsymbol{e}\boldsymbol{a}^{\mathrm{T}}\right)\boldsymbol{m}_i,\boldsymbol{m}_i'\right)^2$$

实际上，初始视图的选择可以通过最大化匹配数与上面定义的基于影像的距离的乘积来完成。当在稀疏视图之间匹配特征时，可以选择连续帧作为初始重建视图对。然而，当在视频序列上跟踪特征时，视频序列具有很高的冗余度，选择序列中前后间隔一定时间的视图就很必要。

已知一对摄像机矩阵 $\boldsymbol{P}_1$ 和 $\boldsymbol{P}_2$，能够唯一确定基础矩阵 $\boldsymbol{F}_{12}$，但反过来不成立。由基础矩阵来确定摄像机矩阵最好的情况也要相差一个右乘 3D 射影矩阵。在相差一个射影变换的意义下，摄像机矩阵可以由基础矩阵确定。

三维重建的结构和姿态参数是需要依附一套坐标系定义来表达的。通常，参与初始化的两幅视图影像确定了参考坐标系，让世界坐标系与第一幅影像的像空间坐标系相同。选择第二个摄像机是为了得到极线校正的对应关系 $\boldsymbol{F}_{12}$。

对应于基础矩阵 $\boldsymbol{F}_{12}$，一对规范形式的摄像机矩阵如下给出。第一幅和第二幅影像在世界坐标系下的旋转矩阵和位置矩阵组成的姿态为

$$\begin{aligned}\boldsymbol{P}_1&=[\boldsymbol{I}_{3\times3}\,|\,\boldsymbol{0}_3]\\ \boldsymbol{P}_2&=[[\boldsymbol{e}_{12}]_\times\boldsymbol{F}_{12}+\boldsymbol{e}_{12}\boldsymbol{a}^{\mathrm{T}}|\lambda\boldsymbol{e}_{12}]\end{aligned} \tag{4.28}$$

式（4.28）并非完全由对极几何（即 $\boldsymbol{F}_{12}$ 和 $\boldsymbol{e}_{12}$）决定，同时还包含 4 个自由度，即 $\boldsymbol{a}$ 和

λ。$\boldsymbol{a}$确定参考平面的位置，它是仿射层或度量层中无穷远的平面。对于本节提出的重建结构和位姿的方法，$\boldsymbol{a}$可以任意设定，例如$\boldsymbol{a}=\begin{bmatrix}0 & 0 & 0\end{bmatrix}^{\mathrm{T}}$。$\lambda$确定了结构重建的全局比例，可以简单地设置参数$\lambda$为 1，或者可以将两个初始视图之间的基线的尺度设置为 1。设置$\boldsymbol{a}$的参数用以确定准欧氏坐标系的方法，这个方法可以避免出现过大的射影畸变。这一内容是必要的，因为不是算法的所有部分都严格满足透视投影关系。

4.4.2 由本质矩阵提取摄像机矩阵

本质矩阵$\boldsymbol{E}$可以通过归一化的像空间坐标由式（4.10）计算或者通过基础矩阵使用式（4.11）求解得到。一旦本质矩阵$\boldsymbol{E}$已知，就可以从$\boldsymbol{E}$中提取出摄像机矩阵。从本质矩阵$\boldsymbol{E}$中检索到的摄像机矩阵，除总体尺度无法确定外，可以获得 4 个可能的解。一个非零矩阵$\boldsymbol{E}$是本质矩阵需要满足的条件是，当$\boldsymbol{E}=\boldsymbol{U\Sigma V}^{\mathrm{T}}$分解时，$\boldsymbol{\Sigma}=\mathrm{diag}\left(\sigma_1,\sigma_2,\sigma_3\right)$，需要使其中$\sigma_1=\sigma_2\neq 0$且$\sigma_3=0$，且$\boldsymbol{U},\boldsymbol{V}\in \mathrm{SO}(3)$。

设第一幅影像的矩阵为$\boldsymbol{P}_1=\left[\boldsymbol{I}\mid\boldsymbol{0}\right]$，第二幅影像的矩阵为$\boldsymbol{P}_2=[\boldsymbol{R}\mid\boldsymbol{t}]$。求解的过程需要将本质矩阵$\boldsymbol{E}$分解为一个反对称矩阵$\boldsymbol{S}$（等同$[\boldsymbol{t}]_\times$）和一个旋转矩阵$\boldsymbol{R}$的乘积，$\boldsymbol{E}=\boldsymbol{SR}$。引入两个临时的矩阵

$$\boldsymbol{W}=\begin{bmatrix}0 & -1 & 0\\ 1 & 0 & 0\\ 0 & 0 & 1\end{bmatrix} \text{和} \boldsymbol{Z}=\begin{bmatrix}0 & 1 & 0\\ -1 & 0 & 0\\ 0 & 0 & 0\end{bmatrix} \tag{4.29}$$

明显可知，$\boldsymbol{W}$是正交矩阵，$\boldsymbol{Z}$是反对称矩阵。根据线性代数知识，反对称矩阵$\boldsymbol{S}$可以分解为$k\boldsymbol{UZU}^{\mathrm{T}}$的形式，其中$\boldsymbol{U}$为正交矩阵。在符号不定的情况下，$\boldsymbol{Z}=\mathrm{diag}(1,1,0)\boldsymbol{W}$。在尺度不定的情况下，$\boldsymbol{S}=\boldsymbol{U}\,\mathrm{diag}(1,1,0)\boldsymbol{WU}^{\mathrm{T}}$。进而可知

$$\boldsymbol{E}=\boldsymbol{SR}=\boldsymbol{U}\,\mathrm{diag}\left(1,1,0\right)\left(\boldsymbol{WU}^{\mathrm{T}}\boldsymbol{R}\right) \tag{4.30}$$

这是对$\boldsymbol{E}$的奇异值分解，按照必要条件有两个相等的奇异值。相反，具有两个相等奇异值的矩阵可以这样分解为$\boldsymbol{SR}$的形式。因为$\boldsymbol{E}$的两个奇异值是相等的，所以奇异值分解不是唯一的，事实上有一个单参数的奇异值分解族。

$\boldsymbol{S}$的形式取决于它的左零空间与$\boldsymbol{E}$的左零空间相同，所以有$\boldsymbol{S}=\boldsymbol{UZU}^{\mathrm{T}}$。旋转矩阵可以写为$\boldsymbol{R}=\boldsymbol{UXV}^{\mathrm{T}}$，其中$\boldsymbol{X}$是某个旋转矩阵

$$\boldsymbol{U}\ \mathrm{diag}\left(1,1,0\right)\boldsymbol{V}^{\mathrm{T}}=\boldsymbol{E}=\boldsymbol{SR}=\left(\boldsymbol{UZU}^{\mathrm{T}}\right)\left(\boldsymbol{UXV}^{\mathrm{T}}\right) \tag{4.31}$$

所以$\boldsymbol{U}\mathrm{diag}(1,\ 1,\ 0)\boldsymbol{V}^{\mathrm{T}}=\boldsymbol{U}\left(\boldsymbol{ZX}\right)\boldsymbol{V}^{\mathrm{T}}$，$\boldsymbol{ZX}=\mathrm{diag}(1,\ 1,\ 0)$。又因为$\boldsymbol{X}$是某个旋转矩阵，根据要求，有$\boldsymbol{X}=\boldsymbol{W}$或者$\boldsymbol{X}=\boldsymbol{W}^{\mathrm{T}}$的形式。

设$\boldsymbol{E}$的 SVD 分解为$\boldsymbol{U}\,\mathrm{diag}(1,\ 1,\ 0)\ \boldsymbol{V}^{\mathrm{T}}$

$$\begin{gathered}\boldsymbol{S}=\left[\boldsymbol{t}\right]_\times=\ \boldsymbol{UZU}^{\mathrm{T}}\\ \boldsymbol{R}=\boldsymbol{UWV}^{\mathrm{T}}\ \text{或}\ \boldsymbol{UW}^{\mathrm{T}}\boldsymbol{V}^{\mathrm{T}}\\ \boldsymbol{t}=\boldsymbol{U}\left(0\ 0\ 1\right)^{\mathrm{T}}=\boldsymbol{u}_3\end{gathered} \tag{4.32}$$

此时会有 4 个可能的摄像机矩阵，即

$$
\begin{aligned}
P' &= [UWV^{\mathrm{T}} \mid +u_3] \\
P' &= [UWV^{\mathrm{T}} \mid -u_3] \\
P' &= [UW^{\mathrm{T}}V^{\mathrm{T}} \mid +u_3] \\
P' &= [UW^{\mathrm{T}}V^{\mathrm{T}} \mid -u_3]
\end{aligned} \tag{4.33}
$$

很明显，前两个解之间的区别仅仅是从第一幅影像到第二幅影像的平移向量的方向相反。第 3 个解和第 1 个解的区别是，围绕连接两个摄影中心的基线旋转 180°，这两个解的关系是一种扭曲的相关。关于 4 种可能的摄像机矩阵的关系在图 4.6 中给出，其中只有一个解能够满足重建点位于两个摄像机的前方，即只有一个可靠解。因此，实践中只需要用一个点来测试确定它是否在两个摄像机前面，足以确定摄像机矩阵 $\boldsymbol{P}$ 是 4 个不同解中的哪个。

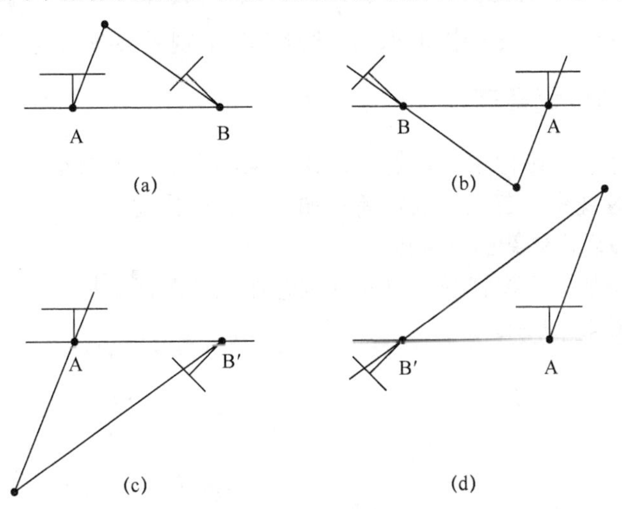

图 4.6　使用本质矩阵求解的 4 个可能的摄像机矩阵的解（左侧和右侧的区别在于两个摄像机有绕基线的一个逆转；在第一排和第二排的区别是摄像机 B 绕基线旋转 180°。只有图（a）中两幅影像位姿能够重构出前面的空间点）

在两个投影矩阵完全确定后，就可以通过三角测量方法（如图 4.7 所示），即前方交会，对匹配点进行三维空间点的坐标计算，获得场景结构的初始化。从两幅视图计算场景结构的重建的步骤如下：

（1）在两幅影像上分别提取特征点并进行匹配，得到匹配对应的点对集合；

（2）按照 4.3 节的步骤计算基础矩阵 $\boldsymbol{F}$，并由它计算出初始化的两幅影像的摄像机矩阵 $\boldsymbol{P}$；

（3）对两幅影像之间的每一组点对应使用三角测量方法重建出它们对应的三维空间点的三维坐标。

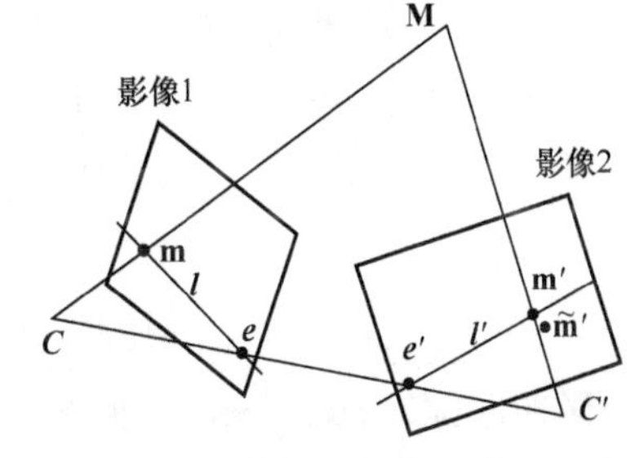

图 4.7　三角测量方法计算三维空间点

实践中上述步骤会有一些变化。例如，如果摄像机已经被离线标定获得内参数矩阵 $\boldsymbol{K}$，那么就会使用本质矩阵 $\boldsymbol{E}$ 而不是基础矩阵 $\boldsymbol{F}$ 提取摄像机投影矩阵 $\boldsymbol{P}$。此外，可以使用关于摄像机的运动、场景约束或部分摄像机标定参数的信息来获得重构的优化。

受噪声的影响，两幅影像上从光心发出连接影像点的视线，并不能保证准确地相交于三维空间中的一点。在没有做标定的情况下，应该在影像中进行最小化误差来优化参数，而不是在投影三维空间中进行最小化误差优化。因此，三维点 $\boldsymbol{M}$ 的重投影点与影像点之间的距离最小化目标函数为

$$D\left(\boldsymbol{m}_1,\boldsymbol{P}_1\boldsymbol{M}\right)^2+D\left(\boldsymbol{m}_2,\boldsymbol{P}_2\boldsymbol{M}\right)^2 \tag{4.34}$$

Hartley R 和 Sturm P[26]指出，选出重建点的极平面十分必要。一旦确定了这个平面，从极平面上选择最佳点就很简单了。一束极平面只有一个参数，因此问题的维数就从三维降到一维。最小化式（4.34）就等价于最小化

$$D\left(\boldsymbol{m}_1,\boldsymbol{l}_1(\propto)\right)^2+D\left(\boldsymbol{m}_2,\boldsymbol{l}_2(\propto)\right)^2 \tag{4.35}$$

其中，$\boldsymbol{l}_1(\propto)$ 和 $\boldsymbol{l}_2(\propto)$ 描述的是极平面束得到的极线。在影像中，在 $\boldsymbol{l}_2(\propto)$ 上最靠近 $\tilde{\boldsymbol{m}}'$ 的点会被选中。由于这些点是在极线中对应的，因此它们的视线会在三维空间中相交于一点。

4.4.3 更新结构和位置姿态

前一节讨论了从两幅影像中获取初始重建结果的方法。本节继续讨论如何向现有重建结果中添加新的影像视图。首先要确定新添加的影像的位置姿态，然后根据添加的影像视图更新重建结构，最后优化新的重建点。

对于每一幅新添加的影像视图，首先确定它在现有重建结构中的位置姿态参数，然后更新重建结构，如图 4.8 所示。

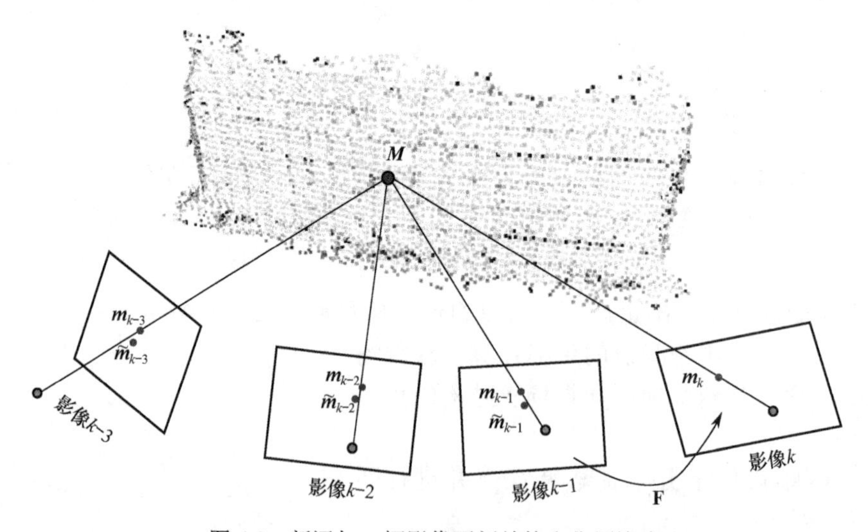

图 4.8 新添加一幅影像更新结构和位置姿态

影像匹配对 $(\boldsymbol{m}_{k-1},\boldsymbol{m}_k)$ 按照之前的描述建立。由于影像上的点 $\boldsymbol{m}_{k-1}$ 与三维空间点 $\boldsymbol{M}$ 相关联，视图 k 的姿态就可以用多组 $(\boldsymbol{M},\boldsymbol{m}_i)$ 这样的“三维–二维”匹配关系计算出来。

首先，用重建对极几何的方法，将第 k 帧影像与前面相连的影像进行关联。然后，利用已重建的三维点与前面影像视图上的点的匹配对应关系，推导当前帧影像的二维到三维的对应关系。在此基础上，使用与 4.3.3 节类似的鲁棒算法计算投影矩阵 $\boldsymbol{P}_k$。在这种情况下，至少需要 6 组匹配点对来计算 $\boldsymbol{P}_k$。如果一个三维重建点对于所有视图（包括新视图）的所有重投影误差都小于一个阈值，那就可以将这个点当作内部点。一旦确定了 $\boldsymbol{P}_k$，就可

以将之前重建的三维点投影到当前帧影像上。这样可以找到一些新增的匹配点来优化 $\boldsymbol{P}_k$ 的估计值。这一过程意味着逐渐地将搜索范围由整幅影像限制到了极线上，来找到三维点在影像上的投影点。

上述的处理流程只会将影像与前一幅影像关联。这里隐含了一个假设，即一旦一个点没有出现在新的影像视图，那它之后就不会再进行匹配处理。尽管许多序列影像存在这样的情况，但这种假设并不总是成立的，比如拍摄的路径存在一些往返，这些点会再次出现。如果没有一种处理机制，能将更早前和之后的跨越多帧的影像建立关联，那这些往返出现的点可能会被计算为一个新的三维点，实际上这些点已经被之前的匹配关系计算过一次。

如果需要解决这样的问题，就需要进行闭环检测（Loop closing）。如果不考虑闭环检测，当摄像机在场景中做往复运动时，随着影像序列的增加，误差会不断累积，从而导致三维重建的结果不佳。闭环检测不但是提高三维重建精度的必要工作，而且是机器视觉SLAM 技术中的一项核心研究内容。

4.4.4 PnP 问题

关联三个点是恢复影像的姿态所需条件最少的情况，称为透视三点（Perspective-3-Point，P3P）问题。扩展到更多的点，此时问题被称为 PnP（Perspective-n-Point）[24,35,37]。PnP 描述了已知 n 个三维空间点以及它们的对应匹配影像上的像点坐标时，如何求解影像的位姿。如图 4.9 所示，实际上，最少 3 组不共线的匹配点对就可以估计一幅影像的位置姿态。

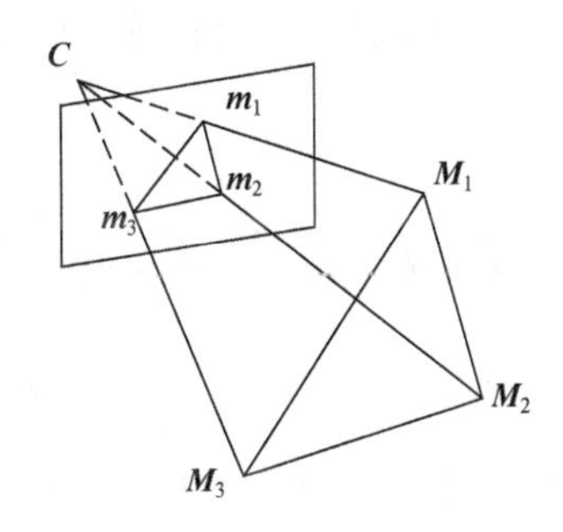

图 4.9　不共线的 3 组匹配点对估计摄像机的位置姿态

PnP 算法的本质与摄影测量学中的单像空间后方交会方法是一致的，单像空间后方交会以单幅影像为基础，在不考虑内参数的情况下，从该影像所覆盖场景范围内若干已知三维坐标的控制点和对应的影像坐标测量值出发，根据共线条件方程线性化，迭代求解影像在摄影时刻的外方位元素。由于每一对像点和三维空间点对应可列出 2 个方程，因此若有 3 个已知控制点，则可列出 6 个方程，求解 6 个外方位元素的改正数。实际应用中为了提高解算精度，常有多余的观测方程，通常是在影像上均匀地选择多个已知三维坐标的控制点的像点，使用最小二乘平差方法进行计算。

4.5　光束法平差

4.5.1　光束法平差模型

光束法平差即 Bundle Adjustment（BA）算法。Bundle 的意思是光束，是指三维空间点、摄影中心和像点构成三点共线的光束，所以把三维点、影像位姿和像点整体优化的方法称为光束法。影像匹配后进行三维坐标计算的过程，受各种干扰的影响，重建的三维空间点在反向投影时会出现偏差。并且在测量过程中受测量仪器精度不准以及人为因素等外在条件的影响，总存在测量偏差。因此处理误差问题尤为重要，观测值个数通常要多于确定未知量的必要观测个数，即存在多余观测。多余观测间有差异，测量平差的目的就是消除这些偏差从而得到最可靠的结果并对测量的成果进行精度评价。

摄像机拍照的时候，三维空间点投影到影像上的过程是实际投影。根据影像的内外参数和像平面点的匹配信息，可以用三角测量重建三维空间点坐标。将重建得到的三维空间点按照影像的投影矩阵进行再次虚拟投影，会得到在影像上的第二次投影的像素坐标，即重投影。受各方面参数精度的影响，真实的物方三维空间点在影像平面上的投影（即观测量）和重投影（计算得到的估计量）存在差值，这一差值为重投影误差。从根本上讲，多数 BA 算法都是最小化重投影误差的一种优化算法。

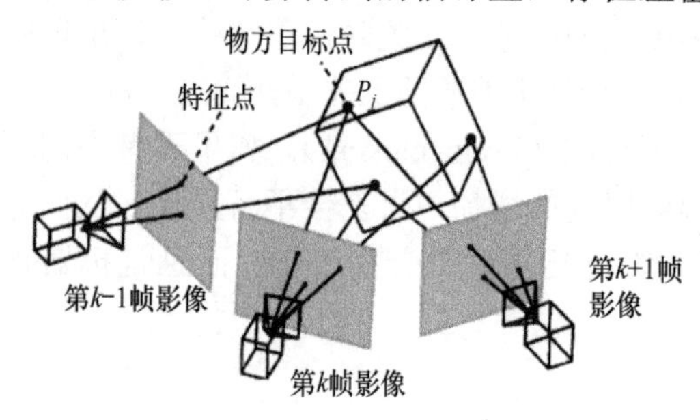

图 4.10　平差模型空间点对应关系图

图 4.10 表示了一个简单的 SfM 光束法平差中的空间点和像平面点的对应关系。光束法平差是以一个投影光束作为平差计算的基本单元，以透视投影的成像方程作为数学模型的基本方程。在二维像平面上的一个像点观测量 $\boldsymbol{m}_{ij}$ 表示在第 j 幅影像上的第 i 个观测点，它关联第 j 幅影像的摄像机矩阵 $\boldsymbol{P}_j$，$\boldsymbol{P}_j=\boldsymbol{K}[\boldsymbol{R}_j|\boldsymbol{t}_j]$。最终，光束法平差的目标函数是最小化同名点的重投影误差和，即

$$\min_{\boldsymbol{P}_j,\boldsymbol{M}_i}\sum_i^n\sum_j^m\|\boldsymbol{m}_{ij}-f(\boldsymbol{P}_j,\boldsymbol{M}_i)\| \tag{4.36}$$

其中，$f\left(\boldsymbol{P}_j,\boldsymbol{M}_i\right)$表示观测量第 i 个观测点 $\boldsymbol{M}_i$ 在第 j 幅影像的摄像机矩阵 $\boldsymbol{P}_j$ 的成像，它是一个非线性表达式，模型中的 m 和 n 分别表示影像和观测点个数。f 这个方程除了包含世界坐标系下的三维点和影像的位置姿态参数，还包含摄像机的内参数。因此，可以将影像的内、外参数纳入一个误差方程，进行成像模型的整体优化求解。主体而言，求解过程首先需要将目标函数线性化，然后根据初始值进行迭代优化计算，直到待求参数收敛。

表示估计精度的常见度量是使用均方根误差（Root Mean Square Error，RMSE），其以像素为单位测量，定义为

$$\mathrm{RMSE}\left(\boldsymbol{P},\boldsymbol{M}\right)=\sqrt{\frac{\sum_i^n\sum_j^m\|\boldsymbol{m}_{ij}-f(\boldsymbol{P}_j,\boldsymbol{M}_i)\|}{N}} \tag{4.37}$$

其中，N 是式（4.36）中要参与求和的所有残差项的数目。通常，在光束法平差调整前的典型 RMSE 值为几像素，而调整后的值可以达到亚像素。

光束法平差调整算法的框架允许使多种不同类型的传感器与基于影像的 SfM 技术在一个原则性的优化框架中相结合。比如，使用全球导航卫星系统（Global Navigation Satellite System，GNSS）和惯性测量元器件（Inertial Measurement Unit，IMU）估计载体位置姿态参数，来提升三维重建的精度。将异源设备采集的数据约束与 SfM 约束融合的一种简单方法是在式（4.36）中添加额外的项来惩罚 $\boldsymbol{P}_j$ 与 GNSS 和 IMU 信号的预测摄像机模型参数的偏差。

4.5.2　最小二乘原理

最小二乘（Least Squares，LS）法是对过拟合模型的一种最优解估计方法，它是应用最为广泛的一种凸优化求解方法。过拟合的情形也可以称为超定系统（Overdetermined System）。在一组包含未知数的方程组中，如果方程的数量大于未知数的数量，那么这个系统就是一个超定系统。超定方程组一般是没有解析解的，只能求近似解。最小二乘法就是求超定方程组近似解的一种方法。在高斯白噪声的假设条件下，最小二乘解等价于极大似然估计解。

假设，给定了 n 组独立状态变量 $\boldsymbol{x}=[x_1 \ \cdots \ x_n]^{\mathrm{T}}$ 和对应的观测量 $\boldsymbol{y}=[y_1 \ \cdots \ y_n]^{\mathrm{T}}$，最终目标是计算一组未知的模型参数 $\boldsymbol{P}=[p_1 \ \cdots \ p_m]^{\mathrm{T}}$，使得求解模型 $f(\boldsymbol{x}:\boldsymbol{P})$ 能最优拟合观测量 $\boldsymbol{y}$。把模型的计算残差项记为 $\boldsymbol{\eta}_i=\boldsymbol{y}_i-f(x_i:\boldsymbol{P})$。

残差的概率满足高斯分布，即

$$P(\boldsymbol{P}\mid\boldsymbol{y})=P(\boldsymbol{\eta})=\frac{1}{\sqrt{(2\pi)^n|\boldsymbol{Q}|}}\exp\left(-\frac{1}{2}\boldsymbol{\eta}^{\mathrm{T}}\boldsymbol{Q}^{-1}\boldsymbol{\eta}\right) \tag{4.38}$$

式中，$\boldsymbol{Q}$ 表示残差矩阵的协方差矩阵，等权估计条件下 $\boldsymbol{Q}$ 以单位阵取代。最大化求解参数 $\boldsymbol{P}$ 后验概率 $P(\boldsymbol{P}\mid\boldsymbol{y})$，对上式的等号两边取对数并求偏导。令偏导数等于 0，最大化后验概率问题就推导出了最小二乘求解形式，即转化为最小化下式

$$\min\left(\frac{1}{2}\boldsymbol{\eta}^{\mathrm{T}}\boldsymbol{\eta}\right)=\min\left(\frac{1}{2}(\boldsymbol{y}-f(\boldsymbol{x}:\boldsymbol{P}))^{\mathrm{T}}(\boldsymbol{y}-f(\boldsymbol{x}:\boldsymbol{P}))\right) \tag{4.39}$$

由于这样的一个系统通常没有准确的解析解，LS 法通过最小化误差平方和来得到最接近绝对解的解，目标能量函数为

$$\min E_{\mathrm{LS}}=\min\frac{1}{2}\sum_{i=1}^{n}\| y_i-f(x_i:\boldsymbol{P})\|_2^2 \tag{4.40}$$

4.5.3　高斯−牛顿算法

在非线性最小二乘法中，高斯−牛顿（Gauss-Newton，GN）算法具有收敛速度快的特点，因此被广泛采用。

设模型参数向量为 $\boldsymbol{P}\in\mathbb{R}^M$，观测量表示为 $\boldsymbol{y}\in\mathbb{R}^N$，估计量为 $\hat{\boldsymbol{y}}=f(\boldsymbol{x}:\boldsymbol{P})\in\mathbb{R}^N$，估计量的残差为 $\boldsymbol{\eta}=\boldsymbol{y}-\hat{\boldsymbol{y}}$，初始参数估计值为 $\boldsymbol{P}_0$，求解的最终目标是找到能够满足最小化 $\min E_{\mathrm{LS}}=\frac{1}{2}\boldsymbol{\eta}^{\mathrm{T}}\boldsymbol{\eta}$ 的参数估计 $\hat{\boldsymbol{P}}$。每个残差项取决于具体的模型方程 f，非线性方程根据泰勒级数展开，推导表达式过程为

$$f(\boldsymbol{P}_0+\boldsymbol{\delta}_{\mathrm{P}})\approx f(\boldsymbol{P}_0)+\boldsymbol{J}\boldsymbol{\delta}_{\mathrm{P}} \tag{4.41}$$

$$\|\boldsymbol{y}-f(\boldsymbol{P}_1)\|\approx\|\boldsymbol{y}-f(\boldsymbol{P}_0)-\boldsymbol{J}\boldsymbol{\delta}_{\mathrm{P}}\|=\|\boldsymbol{\eta}_0-\boldsymbol{J}\boldsymbol{\delta}_{\mathrm{P}}\| \tag{4.42}$$

其中，$\boldsymbol{J}=\partial f/\partial\boldsymbol{x}$ 表示 Jacobian 方程，$\boldsymbol{J}$ 除可以用求导解法外，也可用数值解法得到。按照线性最小二乘（Linear Least Squares，LLS）求解方法

$$\boldsymbol{J}^{\mathrm{T}}\boldsymbol{J}\boldsymbol{\delta}_{\mathrm{P}}=\boldsymbol{J}^{\mathrm{T}}\boldsymbol{\eta} \tag{4.43}$$

得到法方程

$$\boldsymbol{\delta}_{\mathrm{P}}=(\boldsymbol{J}^{\mathrm{T}}\boldsymbol{J})^{-1}\boldsymbol{J}^{\mathrm{T}}\boldsymbol{\eta} \tag{4.44}$$

LS 法适用于系数矩阵无噪声、观测向量包含随机误差的模型，而且依赖于参数的初始值。GN 算法可以保证在待求参数具有理想的初始值条件下可以快速收敛，因此，常作为解算非线性最小二乘模型的有效算法。

4.5.4 列文伯格–马奎特算法

使用 SfM 重建技术时，影像数目和匹配点对的数量通常都非常大，而且三维空间点与像点对应关系并不是在所有的影像上都能找到对应。在进行联合求解建立的光束法目标方程时，目标方程系数矩阵为稀疏块状结构。在缺少控制点或者控制点精度过于粗略的环境下，使用 GN 算法解算光束法平差模型，难以保证参数初始值接近最优值，导致系数矩阵出现非正定型，从而会使 GN 算法不收敛。模型的解严重依赖于待求参数的初值，初值不理想时，模型的结果将会收敛到局部最优或无法收敛。因此，在很多模型求解中采用一种改化算法取代 GN 算法。

列文伯格–马奎特（Levenberg-Marguardt，LM）算法是一种带有阻尼项的改化 GN 算法。通过阻尼项的调节作用，该算法在初始解远离最优解时，有最速下降法的特点；在当前解靠近最优解时，收敛速率较快，相当于 GN 算法。

LM 算法的法方程可以表示为

$$\boldsymbol{J}^{\mathrm{T}}\boldsymbol{J}\boldsymbol{\delta}_{\mathrm{P}}+\lambda\boldsymbol{\delta}_{\mathrm{P}}=(\boldsymbol{J}^{\mathrm{T}}\boldsymbol{J}+\lambda\boldsymbol{I})\boldsymbol{\delta}_{\mathrm{P}}=\boldsymbol{J}^{\mathrm{T}}\boldsymbol{\eta} \tag{4.45}$$

式中，λ 为阻尼系数，$\boldsymbol{I}$ 为单位矩阵。当 λ 取较小的数值时，LM 算法的步骤近似为 GN 解，$\boldsymbol{\delta}_{\mathrm{P}}^{\mathrm{LM}}\approx\boldsymbol{\delta}_{\mathrm{P}}^{\mathrm{GN}}$；当 λ 取较大的数值时，LM 解近似为 $\boldsymbol{\delta}_{\mathrm{P}}^{\mathrm{LM}}\approx(1/\lambda)\boldsymbol{J}^{\mathrm{T}}\boldsymbol{\eta}$，由于 $\boldsymbol{J}^{\mathrm{T}}\boldsymbol{\eta}$ 是向量 $\boldsymbol{\eta}^{\mathrm{T}}\boldsymbol{\eta}$ 的梯度函数，$\boldsymbol{\delta}_{\mathrm{P}}$ 的步进变化等价于梯度下降法。

λ 的选取对算法的收敛起着重要的作用，一般地，λ 数值的选择与系数矩阵 $\boldsymbol{J}^{\mathrm{T}}\boldsymbol{J}$ 的对角线元素存在一定的联系，因此取 $\lambda=\tau\max_{ii}(\boldsymbol{J}^{\mathrm{T}}\boldsymbol{J})$。增强的法方程可以写为

$$\boldsymbol{N}'\boldsymbol{\delta}_{P}=\boldsymbol{J}^{\mathrm{T}}\boldsymbol{\eta} \tag{4.46}$$

$$\boldsymbol{N}'=\boldsymbol{J}^{\mathrm{T}}\boldsymbol{J}+\tau\mathrm{diag}(\boldsymbol{J}^{\mathrm{T}}\boldsymbol{J})$$

LM 算法的优势在于，随着 λ 的自适应调节增加，能量损失函数 $\boldsymbol{\eta}^{\mathrm{T}}\boldsymbol{\eta}$ 随着改正数 $\boldsymbol{\delta}_{\mathrm{P}}$ 的递减而减小，从而避免了 GN 算法中的大步进缺点。总之，由于自适应阻尼项的调节，LM 算法可以保证在最优解附近快速地收敛。LM 算法通过增加阻尼系数项使系数矩阵为非奇异且为正定矩阵，可以克服 GN 算法过于依赖系数矩阵状态的缺点，提高算法的鲁棒性。

LM 算法迭代终止的条件为满足以下条件中的一条即可：（1）梯度幅值低于设定的一个阈值；（2）相对改正数 $\boldsymbol{\delta}_{k+1}-\boldsymbol{\delta}_{k}$ 小于一个设定阈值；（3）残差 $\boldsymbol{\eta}$ 的大小低于一个设定阈值；（4）残差迭代相对变化 $\boldsymbol{\eta}_{k+1}-\boldsymbol{\eta}_{k}$ 小于一个阈值；（5）完成设定的最大迭代次数。

当可以获得描述观测量的不确定性的协方差矩阵 $\boldsymbol{\Sigma}$ 的时候，上述算法中的欧氏距离范数可以由 $\boldsymbol{\Sigma}^{-1}$ 范数（Squared Mahalanobis Distance）取代，然后目标函数就变为最小化 $\boldsymbol{\eta}^{\mathrm{T}}\boldsymbol{\Sigma}^{-1}\boldsymbol{\eta}$，得到的增强的法方程表达式为

$$(\boldsymbol{J}^{\mathrm{T}}\boldsymbol{\Sigma}^{-1}\boldsymbol{J}+\lambda\boldsymbol{I})\boldsymbol{\delta}_{\mathrm{P}}=\boldsymbol{J}^{\mathrm{T}}\boldsymbol{\Sigma}^{-1}\boldsymbol{\eta} \tag{4.47}$$

求解这样的法方程相当于加权最小二乘问题的求解，相应的 LM 算法也将权重因素考虑进去。

为克服 GN 算法对参数初始值的强依赖性，LM 算法从系数矩阵状态出发，对系数矩阵进行重构，使其保持正定性。此过程需要根据阻尼参数λ的每一次变化，对标准方程进行重新计算。在式（4.46）中，τ可以为任意值，在具体迭代计算过程中，需要对τ进行一定的约束。τ选取的数值过大，阻尼参数λ相应地变大，导致参数修正的幅度极小，从而难以获得较快的收敛解；相反，τ选取的数值过小，难以保证系数矩阵$\boldsymbol{N}'$为正定矩阵，不能有效地减轻非线性方程的病态性。

因此在 LM 算法的迭代计算过程中，不恰当的λ往往导致参数出现异常解的情况。而在具体的摄像机投影关系重建的平差模型中，阻尼参数的选择往往是没有先验知识的，这一情况使 LM 算法的应用性较差。一般采用多次试验的方法获取合适的阻尼系数，使其参数解的精度较高。

4.5.5　光束法平差的 LM 算法模型

本节介绍 LM 算法具体应用于 SfM 技术中的光束法平差的优化求解中。算法模型的观测值为像点坐标$[u,v]^{\mathrm{T}}$，根据投影成像模型计算第i个空间点在第j幅影像上的重投影的像点坐标$\hat{\boldsymbol{m}}_{ij}$（估计值）

$$\hat{\boldsymbol{m}}_{ij}=\left[\hat{u}_{ij},\hat{v}_{ij}\right]^{\mathrm{T}}=f_{ij}\left(\boldsymbol{K},\boldsymbol{R}_j,\boldsymbol{t}_j,\boldsymbol{M}_i\right) \tag{4.48}$$

式中，$\boldsymbol{K},\boldsymbol{R}_j,\boldsymbol{t}_j$分别是摄像机的内参数矩阵、第$j$帧影像的旋转和平移参数矩阵。根据空间点的观测量和影像参数，最小化重投影误差表达式为

$$\min_{\boldsymbol{K},\boldsymbol{R}_j,\boldsymbol{t}_j,\boldsymbol{M}_i}\sum_{i}^{n}\sum_{j}^{m}\sigma_{ij}\left[(u_{ij}-\hat{u}_{ij})^2+(v_{ij}-\hat{v}_{ij})^2\right] \tag{4.49}$$

由于不是所有的空间点在所有的像平面上都可见，为独立分析像片参数和空间点参数的影响，假设摄像机的内参数元素是恒值，这里根据物理含义将式（4.48）中的影像参数和空间点分为两类独立参数，表示为$\boldsymbol{a}_j$和$\boldsymbol{b}_i$，即$f\left(\boldsymbol{R}_j,\boldsymbol{t}_j,\boldsymbol{M}_i\right)=f\left(\boldsymbol{a}_j,\boldsymbol{b}_i\right)$。将光束法平差问题整合到 LM 算法模型中，参数向量表达式和观测量表达式分别为

$$\begin{aligned}\boldsymbol{P}&=(\boldsymbol{a}_1{}^{\mathrm{T}},\cdots,\boldsymbol{a}_m{}^{\mathrm{T}},\boldsymbol{b}_1{}^{\mathrm{T}},\cdots,\boldsymbol{b}_n{}^{\mathrm{T}})^{\mathrm{T}}\\ \boldsymbol{y}&=(u_{11},v_{11},\cdots,u_{1m},v_{1m},\cdots,u_{nm},v_{nm})^{\mathrm{T}}\end{aligned} \tag{4.50}$$

待优化的能量项中的残差项为$\boldsymbol{\eta}=\boldsymbol{y}-\hat{\boldsymbol{y}}$。至此，光束法平差问题转化为 LM 算法的数学模型形式，最优化的求解结果是实现了影像参数和三维场景点的优化解。

4.5.6　稀疏光束法平差

由于三维空间结构的点云的每一部分点只是在部分影像上可见，在另一部分影像上是不可见的，因此当观测量很大时，这种情况导致组成的目标方程系数矩阵是非常稀疏的。用 LM 算法直接求解法方程的计算量是参数$\boldsymbol{P}$的元素个数的二次型复杂度，直接求解有巨大的计算难度。幸运的是由于法方程系数矩阵具有稀疏性和成块的特点，可以探索稀疏光束法平差的分块求解方法，来有效解决计算效率问题。

已知像点测量的估计值$\hat{\boldsymbol{m}}_{ij}$只依赖于第$i$幅影像的参数，因此，对于$\forall i\neq k$，有$\partial\boldsymbol{m}_{ij}/\partial\boldsymbol{a}_k=0$；同理，$\hat{\boldsymbol{m}}_{ij}$对于除第$j$个点外的空间点都不具有相关性，因此对于$\forall j\neq k$，

有$\partial \boldsymbol{m}_{ij} / \partial \boldsymbol{b}_k = 0$（$\boldsymbol{a}_k$和$\boldsymbol{b}_k$分别是影像外参数和空间点坐标分开的独立表示）。为方便表示，定义$A_{ij} = \partial \boldsymbol{m}_{ij} / \partial \boldsymbol{a}_k$，$B_{ij} = \partial \boldsymbol{m}_{ij} / \partial \boldsymbol{b}_k$。进一步 LM 算法中的待估计参数项的改正数可以分别表示为$(\boldsymbol{\delta}_a^{\mathrm{T}}, \boldsymbol{\delta}_b^{\mathrm{T}})^{\mathrm{T}}$。

为描述稀疏性，以$m=3$个像、$n=4$个空间点进行举例，对应的观测方程的雅克比矩阵$\boldsymbol{J}$的具体形式为

$$\boldsymbol{J} = \frac{\partial f}{\partial \boldsymbol{P}} = \begin{bmatrix} A_{11} & 0 & 0 & 0 & B_{11} & 0 & 0 \\ A_{12} & 0 & 0 & 0 & 0 & B_{12} & 0 \\ A_{13} & 0 & 0 & 0 & 0 & 0 & B_{13} \\ 0 & A_{21} & 0 & 0 & B_{21} & 0 & 0 \\ 0 & A_{22} & 0 & 0 & 0 & B_{22} & 0 \\ 0 & A_{23} & 0 & 0 & 0 & 0 & B_{23} \\ 0 & 0 & A_{31} & 0 & B_{31} & 0 & 0 \\ 0 & 0 & A_{32} & 0 & 0 & B_{32} & 0 \\ 0 & 0 & A_{33} & 0 & 0 & 0 & B_{33} \\ 0 & 0 & 0 & A_{41} & B_{41} & 0 & 0 \\ 0 & 0 & 0 & A_{42} & 0 & B_{42} & 0 \\ 0 & 0 & 0 & A_{43} & 0 & 0 & B_{43} \end{bmatrix} \tag{4.51}$$

可以明显看出，雅克比矩阵$\boldsymbol{J}$具有分块稀疏的特点，根据$\boldsymbol{J}$得来的法方程系数因此也存在分块稀疏的特点。为提高计算效率，下面推导稀疏矩阵的分块优化求解方法。首先，将式（4.51）构画为如图 4.11（a）所示，以更形象地表示。对应的根据雅克比矩阵构建的法方程的形式为$\boldsymbol{J}^{\mathrm{T}}\boldsymbol{J}\boldsymbol{\delta}_{\mathrm{P}} = \boldsymbol{J}^{\mathrm{T}}\boldsymbol{\eta}$，其结构如图 4.11（b）所示，显然法方程延续了稀疏矩阵的特点。

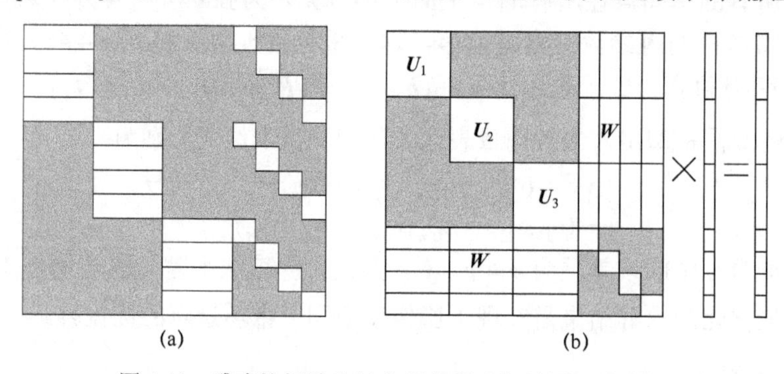

图 4.11　雅克比矩阵和法方程的稀疏矩阵图形化表示

如图 4.11（b）中的法方程的简写矩阵形式为

$$\begin{bmatrix} \boldsymbol{U} & \boldsymbol{W} \\ \boldsymbol{W}^{\mathrm{T}} & \boldsymbol{V} \end{bmatrix} \begin{bmatrix} \boldsymbol{\delta}_a \\ \boldsymbol{\delta}_b \end{bmatrix} = \begin{bmatrix} \boldsymbol{\xi}(\boldsymbol{a}) \\ \boldsymbol{\xi}(\boldsymbol{b}) \end{bmatrix} \tag{4.52}$$

其中矩阵各个变量的计算形式如下

$$\boldsymbol{U}_j = \sum_i \left(\frac{\partial \hat{\boldsymbol{m}}_{ij}}{\partial \hat{\boldsymbol{a}}_j} \right)^{\mathrm{T}} \frac{\partial \hat{\boldsymbol{m}}_{ij}}{\partial \hat{\boldsymbol{a}}_j}, \boldsymbol{V}_i = \sum_j \left(\frac{\partial \hat{\boldsymbol{m}}_{ij}}{\partial \hat{\boldsymbol{b}}_i} \right)^{\mathrm{T}} \frac{\partial \hat{\boldsymbol{m}}_{ij}}{\partial \hat{\boldsymbol{b}}_i}, \boldsymbol{W}_{ij} = \left(\frac{\partial \hat{\boldsymbol{m}}_{ij}}{\partial \hat{\boldsymbol{a}}_j} \right)^{\mathrm{T}} \frac{\partial \hat{\boldsymbol{m}}_{ij}}{\partial \hat{\boldsymbol{b}}_i}$$

$$\xi(\boldsymbol{a}_j)=\sum_i\left(\frac{\partial\hat{\boldsymbol{m}}_{ij}}{\partial\hat{\boldsymbol{a}}_j}\right)^{\mathrm{T}}\xi_{ij},\ \xi(\boldsymbol{b}_i)=\sum_j\left(\frac{\partial\hat{\boldsymbol{m}}_{ij}}{\partial\hat{\boldsymbol{b}}_i}\right)^{\mathrm{T}}\xi_{ij}$$

在求解稀疏法方程时，首先等式的两边同时乘以计算辅助矩阵$\begin{bmatrix}\boldsymbol{I} & -\boldsymbol{W}\boldsymbol{V}^{-1}\\ \boldsymbol{0} & \boldsymbol{I}\end{bmatrix}$，然后可以得到新的等式

$$\begin{bmatrix}\boldsymbol{U}-\boldsymbol{W}\boldsymbol{V}^{-1}\boldsymbol{W}^{\mathrm{T}} & \boldsymbol{0}\\ \boldsymbol{W}^{\mathrm{T}} & \boldsymbol{V}\end{bmatrix}\begin{bmatrix}\boldsymbol{\delta}_a\\ \boldsymbol{\delta}_b\end{bmatrix}=\begin{bmatrix}\xi(\boldsymbol{a})-\boldsymbol{W}\boldsymbol{V}^{-1}\xi(\boldsymbol{b})\\ \xi(\boldsymbol{b})\end{bmatrix} \tag{4.53}$$

这个公式可分为上下两组方程。第一组为

$$\left(\boldsymbol{U}-\boldsymbol{W}\boldsymbol{V}^{-1}\boldsymbol{W}^{\mathrm{T}}\right)\boldsymbol{\delta}_a=\xi(\boldsymbol{a})-\boldsymbol{W}\boldsymbol{V}^{-1}\xi(\boldsymbol{b}) \tag{4.54}$$

这组方程可用于解出$\boldsymbol{\delta}_a$，解出来的结果可以代入第二组方程

$$\boldsymbol{\delta}_b=\boldsymbol{V}^{-1}\left(\xi(\boldsymbol{b})-\boldsymbol{W}^{\mathrm{T}}\boldsymbol{\delta}_a\right) \tag{4.55}$$

由于方程具有稀疏的块状结构，可以非常有效地计算矩阵$\boldsymbol{V}$的逆。

上述步骤中计算量最大的部分在于求解方程（4.54），而这比原来的求解法方程计算量小得多。对于 20 个视图和 2000 个点的整体平差问题，问题从同时求解 6000 个未知数转换为单次只计算约 200 个未知数。对于 LM 增强算法而言，可以容易地从上述一般式的优化求解扩展得到。

将稀疏光束法平差的参数矩阵分割成像片参数和空间点参数两类参数，这对于减小计算复杂度有重要的意义。通过剥离空间点参数对像片参数的依赖性，在每一次迭代中可以首先独立更新像片参数改正数$\boldsymbol{\delta}_a$，用 Cholesky 分解有效地求解这样的对称正定矩阵。然后，在每次迭代中将像片参数的更新结果作为固定值，回代计算空间点参数的改正值$\boldsymbol{\delta}_b$。通常空间点参数的数据量要比优化问题中的像片参数的数据量大，因此首先更新像片参数改正数$\boldsymbol{\delta}_a$，然后回代更新空间点参数的改正值$\boldsymbol{\delta}_b$是非常有效的一种求解策略。利用 Cholesky 求解稀疏光束法平差在 ML 算法下的法方程，可以极大地提高计算效率。

4.6　应用举例

目前，SfM 技术的基本数学原理已经发展成熟，到了 20 世纪末，SfM 算法已经能够从大型的结构化影像数据（如视频序列）中稳健地计算三维模型，用于实现商业化的解决方案，比如在电影编辑和视觉定位等应用中。其中，高质量的特征匹配关联技术至关重要，匹配技术决定了是否可以从不同姿态和光照下拍摄的影像中构建更长、更高质量的三维轨迹和结构。目前，关于改进和完善 SfM 技术的研究主要集中在两个方面：（1）实时性，同时计算多个摄像机的欧氏重建，即实时在线地估计摄像机的位置姿态参数，甚至在未知摄像机参数的情况下估计内参数，这类研究在增强现实应用中具有重要的作用；（2）规模性，研究如何有效地重构出涵盖更长的摄像机拍照轨迹，获得更大、更复杂的三维场景结构，这类研究主要面向城市类型的大规模建模应用。

大规模采集的非结构化的无序影像数据，会制约 SfM 在匹配阶段的特征搜索对应效率。除了连续帧之间的特征跟踪，将分布在不同子序列中的公共特征点轨迹准确完备地匹配起来，这对于高精度的 SfM 来说非常重要。然而对于一个长序列影像来说，使用暴力匹

配方式选择所有的图像对进行匹配是极为耗时的。当没有任何关于匹配点对和候选影像关系的先验知识时，每个影像都必须与所有其他影像进行关联搜索，这样的搜索计算代价几乎是不可接受的。可以用一些类似词袋数的方法快速估计匹配矩阵，匹配矩阵的横、纵坐标值代表帧号，矩阵元素的数值代表某两帧之间的可能匹配点的数量。因为这种匹配并不精确，所以匹配矩阵仅是一种对帧间相似度的近似估计。因此，完全信任匹配矩阵选取图像对进行匹配是不可行的，且计算效率低。基于图（Graph）和基于深度学习的技术为特征高效搜索提供了新的技术支撑。总之，高效的影像索引与高质量的特征描述符相结合，可以实现数百万张影像的高效成对匹配。

Agarwal 等人在 2009 年做了一项试验，他们在 Flickr 网站上输入搜索词罗马（Rome），返回了 200 多万张照片。这些照片反映了罗马这座城市的一个相对完整的游记摄影记录，捕捉了许多旅游热门地区。这些照片为试验测试提供了前所未有的大规模重建的尝试，重建算法丰富地捕捉、探索和研究城市的三维形态。如图 4.12 所示为其中一组重建的古罗马斗兽场的三维结构重建效果。

图 4.12　古罗马斗兽场重建效果（由 2106 张照片重建 819242 个三维点）

此外，得益于特征匹配关联的鲁棒算法和对极几何重建技术，人们使用普通的消费级摄像机也可以重建出较好的三维点云（如图 4.13 所示）。在移动设备上，如果已知设备的扫描方式是弯绕连续拍摄，可以采用高精度的特征跟踪算法、开辟并行 IMU 数据融合线程，基于光束法平差技术优化估计摄像机的姿态。结合稳健的深度图融合算法和精确的纹理映射方法，能够得到高质量的三维模型。借助 OpenCL 框架，现有技术能够将所有关键算法在移动设备的 GPU 上并行化执行，一个三维模型拍照重建任务的总体处理时间能够在 1 分钟内甚至实时完成。

图 4.13　普通数码摄像机对一部电话机拍照重建的三维点云

4.7 小结

早期的 SfM 工作主要集中在刚性场景假设下的二视图和三视图的几何重建。要使影像重建三维结构正常工作，需要多幅影像从多幅视点观测同一场景。尽管观测影像的数目最小值为两幅影像，但有时候为了保证处理方法的鲁棒性，需要至少三幅影像来观察每个场景三维点。SfM 的重要发展之一是使用 RANSAC 技术在存在噪声的情况下，能够在两个或三个视图之间稳健地恢复出外极几何。现如今，人们使用消费级的摄像机拍摄少量的影像就能够实现高质量的三维重建。在工业领域，随着手机和装有摄像机的移动设备的爆炸式增长，每天在不同领域，这些影像都是 SfM 的丰富输入数据源，为数字城市、智能化的工业测量和智能机器人等领域提供辅助支撑。

参考文献

[1] 陈义，陆珏，郑波. 总体最小二乘方法在空间后方交会中的应用[J]. 武汉大学学报：信息科学版，2008，33（12）：1271-1274.

[2] 胡建才，刘先勇，邱志强. 基于因子分解和光束法平差的摄像机自标定[J]. 光电工程，2011，38（3）：63-69.

[3] 高玮，彭群生. 基于二维视图特征的三维重建[J]. 计算机学报，1999，22（05）：481-485.

[4] 官云兰，程效军，周世健，等. 基于单位四元数的空间后方交会解算[J]. 测绘学报，2008，37（001）：30-35.

[5] 李红林. 无人机遥感影像空中三角测量应用研究[D]. 成都：电子科技大学，2012.

[6] 刘彦宏，王洪斌，杜威，等. 基于图像的树类物体的三维重建[J]. 计算机学报，2002，25（9）：930-935.

[7] 马颂德，张正友. 计算机视觉：计算理论与算法基础[M]. 北京：科学出版社，1998.

[8] 詹总谦，张祖勋，张剑清. 基于稀疏矩阵技术的光束法平差快速算法设计[J]. 测绘通报，2006，2006（12）：5-8.

[9] 邸凯昌，万文辉，赵红颖，等. 视觉 SLAM 技术的进展与应用[J]. 测绘学报，2018，47（006）：770-779.

[10] 邱茂林，马颂德，李毅. 计算机视觉中摄像机定标综述[J]. 自动化学报，2000，126（01）：43-55.

[11] 吴福朝，胡占义. 基础矩阵的 5 点和 4 点算法[J]. 自动化学报，2003，29（2）：175-180.

[12] 杨敏，沈春林. 基于对极几何约束的景象匹配研究[J]. 南京航空航天大学学报，2004，36（02）：235-239.

[13] 张剑清，潘励，王树根. 摄影测量学[M]. 北京：测绘出版社，2006.

[14] 张永军，张祖勋，张剑清. 利用二维 DLT 及光束法平差进行数字摄像机标定[J]. 武汉大学学报：信息科学版，2002，27（6）：566-571.

[15] 张祖勋，张剑清. 数字摄影测量学[M]. 武汉：武汉测绘科技大学出版社，1996.

[16] Agarwal S, Furukawa Y, Snavely N, et al. Reconstructing rome[J]. Computer, 2010, 43(6):40-47.

[17] Agarwal S, Furukawa Y, Snavely N, et al. Building rome in a day[J]. Communications of the ACM, 2011, 54(10):105-112.

[18] Bolles R C, Baker H H, Marimont D H. Epipolar-plane image analysis: an approach to determining structure from motion[J]. International Journal of Computer Vision, 1987, 1(1):7-55.

[19] Capel D, Zisserman A. Automated mosaicing with super-resolution zoom[C]. In Proceedings of 1998 IEEE Computer Society Conference on Computer Vision and Pattern Recognition. Santa Barbara, CA, USA, 885-891, 1998.

[20] Ceylan D, Mitra N J, Zheng Y, et al. Coupled structure-from-motion and 3D symmetry detection for urban facades[J]. ACM Transactions on Graphics (TOG), 2014, 33(1):1-15.

[21] Cohen A, Zach C, Sinha S N, et al. Discovering and exploiting 3d symmetries in structure from motion [C]. 2012 IEEE Conference on Computer Vision and Pattern Recognition. Providence, RI, USA, 2012, 1514-1521.

[22] Davis J. Mosaics of scenes with moving objects[C]. In Proceedings of 1998 IEEE Computer Society Conference on Computer Vision and Pattern Recognition. Santa Barbara, CA, USA, 1998, 354-360.

[23] Faugeras O D. What can be seen in three dimensions with an uncalibrated stereo rig[C]. European Conference on Computer Vision. Berlin, Heidelberg: Springer, 1992, 563-578.

[24] Haralick B M, Lee C N, Ottenberg K, et al. Review and analysis of solutions of the three point perspective pose estimation problem[J]. International Journal of Computer Vision, 1994, 13(3):331-356.

[25] Harris C G, Stephens M. A combined corner and edge detector[C]. In Proceedings of 4th Alvey Vision Conference, 1988, 10-5244.

[26] Hartley R, Sturm P. Triangulation[J]. Computer Vision and Image Understanding, 1997, 68(2): 146-157.

[27] Hartley R, Trumpf J, et al. Rotation averaging[J]. International Journal of Computer Vision, 2013, 103(3):267-305.

[28] Hartley R. Estimation of relative camera positions for uncalibrated cameras[C]. European Conference on Computer Vision. Berlin, Heidelberg, Springer, 1992, 579-587.

[29] Hartley R, Zisserman A. Multiple view geometry in computer vision[M]. 2nd ed. Cambridge: Cambridge University Press, 2003.

[30] Kanatani K, Sugaya Y, Niitsuma H. Triangulation from two views revisited: Hartley-Sturm vs. optimal correction[J]. Practice, 2008, 4(5):173-182.

[31] Kanatani K, Sugaya Y. Unified computation of strict maximum likelihood for geometric fitting[J]. Journal of Mathematical Imaging and Vision, 2010, 38(1):1-13.

[32] Kanazawa Y, Kanatani K. Reliability of 3-D reconstruction by stereo vision[J]. IEICE Transactions on Information and Systems, 1995, E78-D(10):1301-1306.

[33] Koenderink J J, Doorn A J. Affine structure from motion[J]. Journal of the Optical Society of America A, 1991, 8(2):377-385.

[34] Longuet-Higgins H C. A computer algorithm for reconstructing a scene from two projections[J]. Nature, 1981, 293:133-135.

[35] Moreno-Noguer F, Lepetit V, Fua P. Accurate non-iterative O(n) solution to the PnP problem[C]. 2007 IEEE 11th International Conference on Computer Vision. Rio de Janeiro, Brazil, 2007, 1-8.

[36] Mur-Artal R, Montiel J M M, Tardos J D. ORB-SLAM: a versatile and accurate monocular SLAM system[J]. IEEE Transactions on Robotics, 2015, 31(5):1147-1163.

[37] Quan L, Lan Z. Linear n-point camera pose determination[J]. IEEE Transactions on Pattern Analysis and Machine Intelligence, 1999, 21(8):774-780.

[38] Seitz S M, Curless B, Diebel J, et al. A comparison and evaluation of multi-view stereo reconstruction algorithms[C]. 2006 IEEE Computer Society Conference on Computer Vision and Pattern Recognition. New York, NY, USA, 2006, 519-528.

[39] Shum H Y, Szeliski R. Construction and refinement of panoramic mosaics with global and local alignment[C]. IEEE 6th International Conference on Computer Vision. Bombay, India, 1998, 953-956.

[40] Steder B, Grisetti G, Stachniss C, et al. Visual SLAM for flying vehicles[J]. IEEE Transactions on Robotics, 2008, 24(5):1088-1093.

[41] Strecha C, Hansen W V, Gool L V, et al. On benchmarking camera calibration and multi-view stereo for high resolution imagery[C]. 2008 IEEE Conference on Computer Vision and Pattern Recognition. Anchorage, AK, USA, 2008, 1-8.

[42] Szeliski R. Image mosaicing for tele-reality applications[C]. In Proceedings of 1994 IEEE Workshop on Applications of Computer Vision. Cambridge, USA, 1994, 44-53.

[43] Westoby M J, Brasington J, Glasser N F, et al. 'Structure-from-Motion' photogrammetry: a low-cost, effective tool for geoscience applications[J]. Geomorphology, 2012, 179:300-314.

[44] Wilson K, Snavely N. Network principles for sfm: disambiguating repeated structures with local context[C]. In Proceedings of the IEEE International Conference on Computer Vision. Sydney, NSW, Australia, 2013, 513-520.

[45] Wu Y, Hu Z. PnP problem revisited[J]. Journal of Mathematical Imaging and Vision, 2006, 24(1):131-141.

[46] Zhang Z. Determining the epipolar geometry and its uncertainty: a review[J]. International Journal of Computer Vision, 1998, 27(2):161-195.

[47] Zhang Z. Epipolar geometry[M]. Boston: Springer, 2014.

[48] Zhang Z, Deriche R, Faugeras O, et al. A robust technique for matching two uncalibrated images through the recovery of the unknown epipolar geometry[J]. Artificial Intelligence, 1995, 78(1-2):87-119.

[49] Zoghlami I, Faugeras O, Deriche R. Using geometric corners to build a 2d mosaic from a set of images[C]. In Proceedings of IEEE Computer Society Conference on Computer Vision and Pattern Recognition. San Juan, PR, 1997, 420-425.

第 5 章　双目立体视觉

双目立体视觉是三维计算机视觉的重要技术，其目的是获取三维空间场景的距离信息，也是计算机视觉研究中的基础内容。第 4 章介绍了多视图影像的位姿恢复和场景结构重建的关系。通过建立像点的匹配对应，使用对极几何恢复的方法，可以重建出场景结构和摄像机的运动姿态。双目立体视觉是一个特殊的二视图模型，这一模型是受到了人类视觉的双目测距原理的启发。立体视觉可以追溯到早期的航空摄影测量学，人们对飞机上拍摄到的两幅航空影像进行处理，从两幅影像上提取同名点，计算同名点的影像坐标的视差（Disparity），并计算出地形高度。现代双目立体视觉系统的计算过程既体现了对极几何关系，也应用了稠密的像点匹配，最终获得稠密的三维重建点云。

双目立体视觉系统具有结构简单、测量效率高、成本低、精度适宜等优点，非常适用于工业领域的现场在线的非接触式产品检测和质量控制。此外，在对运动物体（比如动物和人体形体）进行测量时，由于双目摄像机能够在瞬间同时获得两幅影像，因此双目立体视觉方法是一种有效的实时测量方法。本章主要讨论立体视觉的匹配问题，包括极线校正、深度图重建和结构光三维扫描系统等内容。

5.1　标准形式的双目系统

如果已知一对摄影机的内参数，就可以通过畸变校正算法，去除影像的几何畸变影响。然后利用对极几何关系，对两幅影像进行极线校正，得到标准形式的二视图关系，即极线方向与影像的行扫描线方向平行。接下来就能够用立体匹配算法进行密集像素匹配，标准立体匹配流程图如图 5.1 所示。

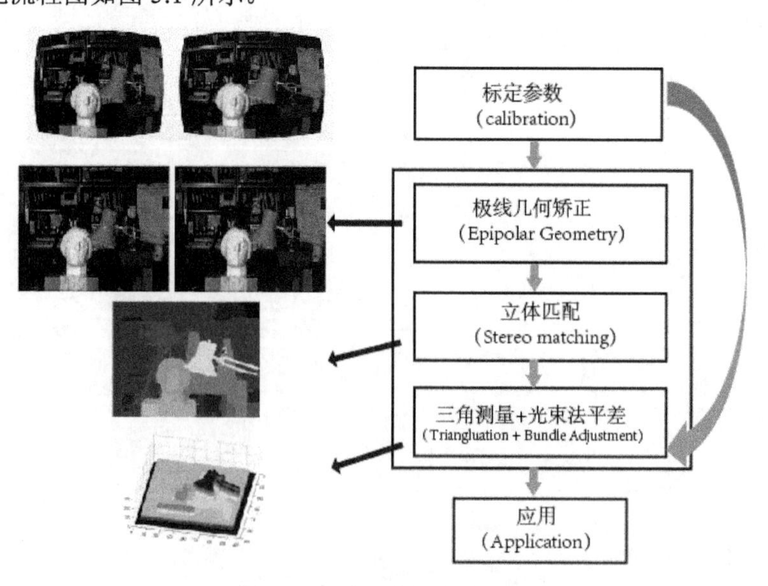

图 5.1　标准立体匹配流程图

标准形式的双目立体视觉最直接的应用就是快速地获得密集匹配对应关系，然后根据两幅影像的外参数利用三角测量方法，得到点到摄像机中心的距离。这些结果后期可以结合多视图的对应关系进一步优化，最后将所有匹配对应的结果整合到场景的带纹理的三维表面重建中。网格化的三维模型是用三角网对深度图进行近似计算得到的，纹理信息可以根据摄像机的外参数从影像中提取并映射到表面。二视图的密集匹配也被称为立体匹配，它将对两幅影像的每个像素进行匹配对应搜索，得到的结果通常是一幅视差图（Disparity Map），视差图包含两幅影像的像素密集对应关系。密集匹配方法通常分为局部算法和全局优化匹配算法。

局部算法基于灰度信息计算匹配代价，需要设计合适的匹配窗口，其优点是匹配的精度高，且其选取的窗口大小可以从局部的小窗口到整幅影像的范围。但是该类算法存在以下不足：（1）对光照条件变化所引起的畸变较为敏感；（2）对摄像机的位置和姿态变化及场景深度变化所引起的畸变比较敏感；（3）对于纹理缺乏的影像区域，极易出现误匹配或无法匹配的情况；（4）在纹理重复的区域中，可能会出现多个相关的峰值，这会导致误匹配的产生。

全局算法是基于能量函数最小化的方法，对于局部不明确的区域，全局方法更健壮，但它的计算量也更大。例如，一种广泛采用的 Hirschmüller 提出的半全局匹配（Semi-Global Matching，SGM）算法[27]，是一种利用全局优化模型的逼近方法，来提供有效的近似解的匹配方法，SGM 匹配算法被广泛应用于各种场合。多视图立体视觉（Multi View Stereo，MVS）匹配算法的基本运算也是采用立体匹配方法，将其结果融合到多幅影像网络中。

在工业领域中，有一类特殊的摄像机，它本身包含两个摄像机。通常，在出厂时刻就已经把两个摄像机的内参数做了标定，并且标定了两个摄像机的相对位置姿态参数。因此，算法上可以一开始就将立体影像进行极线校正，提供校正完成的标准形式的立体像对。比如图 5.2 所示的 Point Grey Research 公司出品的 Bumblebee 系列摄像机和海康威视出品的海康威视艾斯 II 代摄像机。

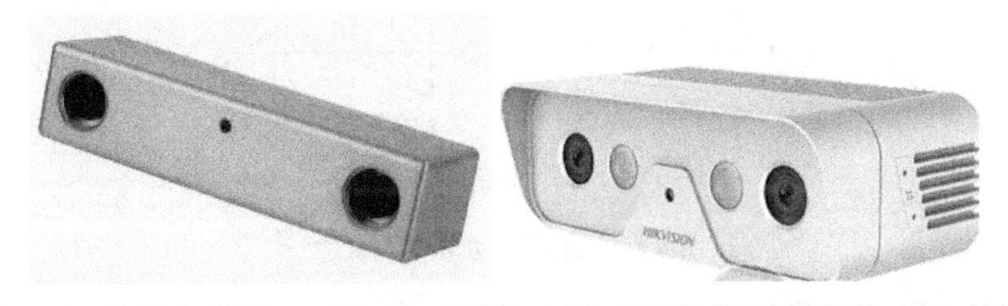

图 5.2　双目摄像机举例：Bumblebee 摄像机（左）和海康威视艾斯 II 代（右）摄像机

5.2　匹配基础

5.2.1　立体影像极线校正

给定两幅影像，本章分别约定为参考影像（左影像）I_l 和目标影像（右影像）I_r，立体匹配的目标是找到 I_r 中的像素在 I_l 中的同名点对应。极线校正的一种简单表示方法是将两个像空间坐标系旋转，使它们的光轴平行，且垂直于光心连线，如图 5.3 所示。极线校正之后，两幅影像上的视差只发生在 x 方向上，在 y 方向上没有视差。由此将两幅影像的同名点匹配搜索过程从二维像空间缩减到了一维空间上，从而提高匹配的准确性和计算速度。

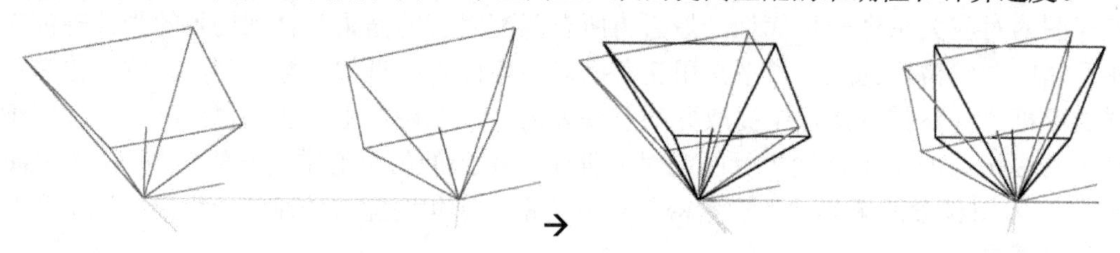

图 5.3 旋转两个像空间坐标系实现极线校正

根据 4.1.1 节中对极几何的内容，如图 5.4 所示，两个光心的连线 $\boldsymbol{C}_0\boldsymbol{C}_1$ 是基线，校正前的基线与两幅像平面通常难以保证平行。基线与像平面的交点就是极点 $\boldsymbol{e}_0$ 和 $\boldsymbol{e}_1$，像点与外极点所建立的直线就是该像点的极线，左右极线与基线构成的平面就是空间点对应的极平面。线段 $\boldsymbol{l}_0$、$\boldsymbol{l}_1$ 为极线，平面 $\boldsymbol{C}_0\boldsymbol{C}_1\boldsymbol{M}$ 称为极平面。将两幅影像进行极线校正，使对应的水平扫描线平行，该过程叫作极线校正，也叫核线校正。

本质矩阵 $\boldsymbol{E}$ 直接关联起两幅影像的相对位置姿态关系，设目标影像的像空间坐标系和参考影像的像空间坐标系的转换关系为 $[\boldsymbol{R}\mid\boldsymbol{t}]$。本质矩阵 $\boldsymbol{E}=[\boldsymbol{t}]_\times\boldsymbol{R}$，它是 3×3 的矩阵，具有旋转和平移信息。基础矩阵 $\boldsymbol{F}$ 的内涵和推导在 4.1.2 节已经给出，根据基础矩阵 $\boldsymbol{F}$ 的极线条件约束的公式，可以表示为 $\boldsymbol{m}_1^{\mathrm{T}}\boldsymbol{F}\boldsymbol{m}_0=\boldsymbol{0}$。设第一幅影像的矩阵为 $\boldsymbol{P}_1=[\boldsymbol{I}\mid\boldsymbol{0}]$，通过第 4 章的知识，可以从特征匹配对应推导出二视图的摄像机矩阵，即提取出第二幅影像的矩阵 $\boldsymbol{P}_2=[\boldsymbol{R}\mid\boldsymbol{t}]$。

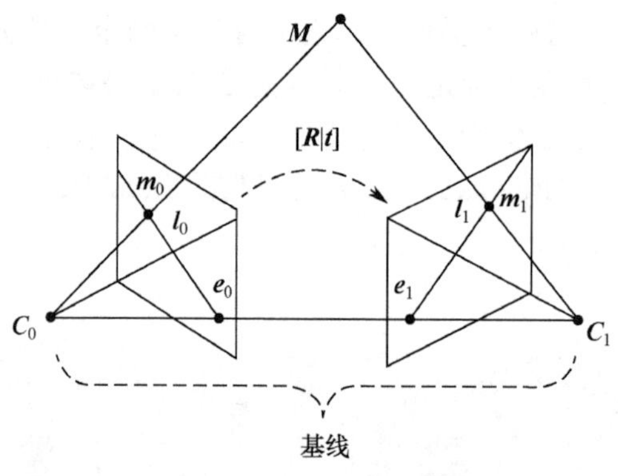

图 5.4 二视图的对极几何关系

常用的立体影像极线校正的方法是采用的 Bouguet 算法，该算法已经被集成到 OpenCV 库中，可以方便地调用它来完成二视图的极线校正。Bouguet 算法是将求解出来的旋转矩阵 $\boldsymbol{R}$ 分解成左、右摄像机各旋转一半的旋转矩阵。分解的原则是使得左、右影像重投影造成的畸变最小，左、右视图的共同面积最大，主要步骤如下。

（1）将右影像平面相对于左影像平面的旋转矩阵分解成两个矩阵 $\boldsymbol{R}_\mathrm{l}$ 和 $\boldsymbol{R}_\mathrm{r}$，叫作左、右摄像机的合成旋转矩阵。

$$\boldsymbol{R}_\mathrm{l}=\boldsymbol{R}^{1/2},\boldsymbol{R}_\mathrm{r}=\boldsymbol{R}_\mathrm{l}^{-1}$$
$$\boldsymbol{R}_\mathrm{l}\cdot\boldsymbol{R}_\mathrm{l}=\boldsymbol{R} \tag{5.1}$$

（2）将左、右摄像机各旋转一半，使得左、右摄像机的光轴平行。此时左、右摄像机的成像面平行，但是基线与像平面不平行。

（3）构造变换矩阵 $\boldsymbol{R}_{\text{rect}}$ 使得基线与像平面平行。构造的方法是通过右摄像机相对于左摄像机的偏移矩阵 $\boldsymbol{t}$ 来完成的。

- 构造左视图的极点 $\boldsymbol{e}_1$，变换矩阵将左视图的极点 $\boldsymbol{e}_1$ 变换到无穷远处，则使极线达到水平。显然，左、右摄像机的摄影中心之间的基线向量 $\boldsymbol{t}$ 就是无穷远的左极点方向

$$\begin{aligned} \boldsymbol{e}_1 &= \boldsymbol{t} / \|\boldsymbol{t}\| \\ \boldsymbol{t} &= [t_x \quad t_y \quad t_z]^{\mathrm{T}} \end{aligned} \tag{5.2}$$

- 构造第二个方向 $\boldsymbol{e}_2$ 使其与主光轴方向正交，沿影像方向，与 $\boldsymbol{e}_1$ 垂直。$\boldsymbol{e}_2$ 方向可通过 $\boldsymbol{e}_1$ 与主光轴方向的叉积并归一化获得

$$\boldsymbol{e}_2 = [-t_y \quad t_x \quad 0]^{\mathrm{T}} / \sqrt{t_x^2 + t_y^2} \tag{5.3}$$

- 获取了 $\boldsymbol{e}_1$ 与 $\boldsymbol{e}_2$ 后，$\boldsymbol{e}_3$ 与 $\boldsymbol{e}_1$ 和 $\boldsymbol{e}_2$ 正交，$\boldsymbol{e}_3$ 自然就是它们两个的叉积：$\boldsymbol{e}_3 = \boldsymbol{e}_1 \times \boldsymbol{e}_2$。所以，将左摄像机的极点 $\boldsymbol{e}_1$ 转换到无穷远处的矩阵 $\boldsymbol{R}_{\text{rect}}$ 的形式如下

$$\boldsymbol{R}_{\text{rect}} = [\boldsymbol{e}_1 \quad \boldsymbol{e}_2 \quad \boldsymbol{e}_3]^{\mathrm{T}} \tag{5.4}$$

（4）通过合成旋转矩阵与变换矩阵相乘获得左、右摄像机的整体旋转矩阵。左、右摄像机坐标系乘以各自的整体旋转矩阵就可使得左、右摄像机的主光轴平行，且像平面与基线平行。

$$\begin{cases} \boldsymbol{R}_{\mathrm{l}}' = \boldsymbol{R}_{\text{rect}} \boldsymbol{R}_{\mathrm{l}} \\ \boldsymbol{R}_{\mathrm{r}}' = \boldsymbol{R}_{\text{rect}} \boldsymbol{R}_{\mathrm{r}} \end{cases} \tag{5.5}$$

（5）通过上述的两个整体旋转矩阵，就能够得到理想的平行配置的双目立体影像。校正后根据需要对影像进行裁剪，需重新选择一个影像中心和影像边缘，从而让左、右叠加部分最大。

图 5.5　极线校正前（左）和校正后（右）的立体影像对

需要注意，较长的基线使影像之间的像素匹配更难，原因有两个：第一，随着基线的增长，场景中物体在两幅影像之间的相互遮挡会变多；第二，同名点像素的外观在影像中的变化更大，使匹配更难。因此，所有的立体匹配算法需要在精确度、鲁棒性和重建点密度之间做折中。从三维点到摄像机位置的典型最佳视角差为 5°～15°。

5.2.2　匹配预处理

通常影像数据在采集时刻会存在高频噪声的影响，通过一个高斯卷积可以明显改善噪声的影响。因此在匹配之前进行匹配预处理十分必要。设一帧二维影像为 $f_0(x,y)$，预处理过程就是为获得新的影像

$$f(x,y)=(G_\sigma * f_0)(x,y) \tag{5.6}$$

其中，G_σ 表示一个标准差为 σ 的高斯滤波器，即

$$G_\sigma(x,y)=\frac{1}{2\pi\sigma^2}\exp\left(-\frac{\sqrt{x^2+y^2}}{2\sigma^2}\right) \tag{5.7}$$

而 $*$ 表示卷积运算符，定义为

$$(G_\sigma * f_0)(x,y) \coloneqq \int_\Omega G_\sigma(\hat{x},\hat{y}) f_0(x-\hat{x},y-\hat{y})\mathrm{d}\hat{x}\mathrm{d}\hat{y} \tag{5.8}$$

这样的匹配预处理可以有效地改善噪声的影响，并且使影像空间多次连续可导，即 $f \in C^\infty$。

除此之外，改善噪声影响的预处理算法还可使用均值滤波算法或双边滤波算法等。

5.2.3 视差图原理

视差图（Disparity Map）和深度图（Depth Map）是在立体匹配基础上得到的一组反映空间二维和三维对应关系的二维图像。如图 5.6 所示，影像上像素位置的视差值对应着空间结构到成像光心连线（沿垂直于像平面的方向）的距离，即深度（Depth）。在极线校正后的影像上，每个目标像素点对应深度的计算公式为

$$\frac{B}{Z}=\frac{x_\mathrm{l}-x_\mathrm{r}}{f}$$

$$\rightarrow Z=\frac{Bf}{x_\mathrm{l}-x_\mathrm{r}}=\frac{Bf}{d} \tag{5.9}$$

式中，$d=x_\mathrm{l}-x_\mathrm{r}$ 表示视差，x_l 和 x_r 分别是两幅影像的像素点的列坐标，B 是基线长度值，Z 是目标点沿像空间坐标系 z 轴方向的深度值。逐像素地对参考影像计算视差，就能得到一幅二维视差图，如图 5.6 所示。视差图的所有像素存储的数值都是视差值。视差图的数值不便于直观显示，所以大多数情况下，可视化的视差图都是对原始视差值做了灰度级的量化拉伸处理，再进行展示的。

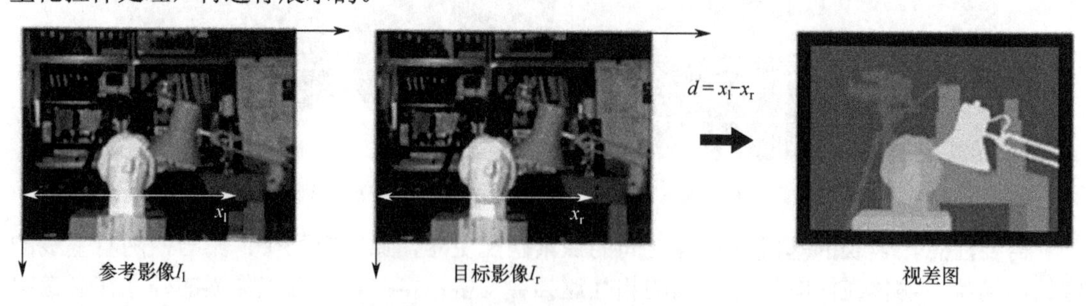

图 5.6 标准立体像对的视差图

如果世界坐标系与参考影像的像空间坐标系一致，则观测的三维点的 X 坐标和 Y 坐标为

$$\begin{aligned} X&=(x_\mathrm{l}-x_{\mathrm{cl}})Z/f \\ Y&=(y_\mathrm{l}-y_{\mathrm{cl}})Z/f \end{aligned} \tag{5.10}$$

其中，$(x_\mathrm{l},y_\mathrm{l})$ 是像点在左影像上的像素坐标，$(x_{\mathrm{cl}},y_{\mathrm{cl}})$ 是左影像的主点坐标。

视差空间可以视为 $\text{column}\times\text{row}\times\left(d_{\max}-d_{\min}\right)$ 的三维矩阵，矩阵中的每个元素 $c(x,y,d)$ 都是立体像对对应像元的匹配度量的值。立体匹配的直观解释就是在视差空间中进行动态路径寻优，找到右影像相对于左影像的同名像素的视差轨迹的最优配置。

立体匹配是通过在视差搜索范围内寻找一些代价函数最小值的视差来实现的。这将在一些离散化空间中计算一组视差估计，通常是整数视差，这对于三维恢复可能不够精确。使用这种量化离散的视差值进行三维重建可以得到场景的许多深度层（如图 5.7 右所示）。使用插值技术可以获得亚像素的视差精度，比如将一条曲线拟合到代价函数，为相邻像素找到曲线的峰值，从而提供更精确的三维世界坐标。

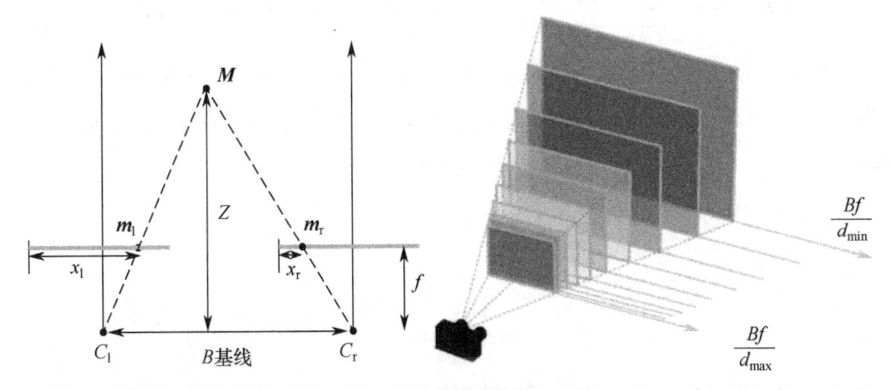

图 5.7　视差图与深度的关系

5.3　传统立体匹配算法

在介绍了极线校正算法之后，本节内容讨论标准立体像对的密集匹配过程，即讨论在同名对应点满足像素 y 坐标相同，视差区别仅在于像素 x 坐标的标准立体像对匹配的情况。

绝大多数立体匹配算法主要由以下几步组成：（1）匹配代价计算；（2）代价聚合和视差寻优；（3）视差图优化。局部匹配的算法利用“赢家通吃”（Winner Takes All，WTA）的策略进行匹配；全局匹配的算法利用全局或半全局（Global/Semi-Global）约束的方法进行，这类方法更注重遵循步骤（2）和（3）的优化处理过程。

5.3.1　局部窗口匹配算法

传统的基于区域的窗口匹配（Block Matching，BM）算法利用像素点周围邻域一定大小的窗口的像素集合作为匹配计算单元。首先，在参考影像 I_1 中，以某个点 $p=(x,y)$ 为中心建立一个窗口，然后在目标影像 I_r 中用同样大小的窗口，按照某一种约定的相关性的匹配代价度量 C，在一定的行像素区间搜索范围内进行代价计算，相关性最强的位置对应的点即选为匹配目标点，这是一种 WTA 策略。

BM 算法首先构造一个小窗口，类似于卷积核。窗口的大小可以为 3×3～21×21，通常情况下窗口的宽度是奇数。

确定窗口大小后，以待匹配的像素为中心，用窗口框选参考影像的区域内的所有像素点，同样用相同窗口框选目标影像并选出像素点。用两个窗口范围内的对应像素计算匹配代价函数。根据设定的视差搜索范围，移动目标影像中窗口位置，重复上述计算过程。在整个视差搜索范围内，找到匹配代价度量值最小的位置，即选为候选匹配像素。

在上述搜索范围中，匹配代价计算的方法有很多，早期算法会使用灰度绝对值差之和（Sum of Absolute Differences，SAD），SAD 算法的匹配代价度量计算如下

$$C(d|p)=\sum_{j}^{W\times H}\left|I_{1}^{p+j}-I_{r}^{p+d+j}\right|=\sum_{j}^{W\times H}e_{p,j} \tag{5.11}$$

$$C(d|x,y)=\sum_{w=-W/2}^{W/2}\sum_{h=-H/2}^{H/2}\left|I_{1}\left(x+w,y+h\right)-I_{r}\left(x+d+w,y+h\right)\right| \tag{5.12}$$

式中，$e_{p,j}$ 表示像素的差异代价，j 表示窗口内的像素与窗口中心像素的偏移量，W和H分别表示窗口的宽和高，d 表示视差值，其搜索范围是 $d\in\left[d_{\min},\cdots,d_{\max}\right]$，取得最小累计代价的 d 值就是对应这一点的视差，过程如图 5.8 所示。

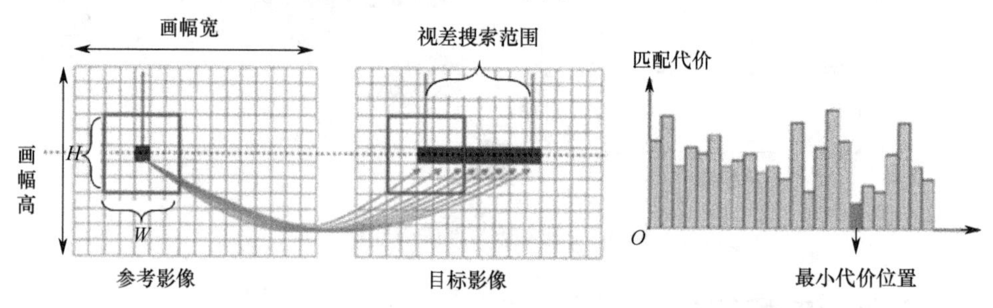

图 5.8 基于窗口的 WTA 策略局部窗口匹配算法示意图

实际操作中，像素的匹配代价度量 C 除使用 SAD 外，还可以有多种形式，比如误差平方和（Sum of Squared Differences，SSD）度量算法和归一化互相关系数（Normalized Cross Correlation，NCC）算法等，具体见 5.3.2 节。

这一类以局部窗口像素灰度的匹配测度函数为基础的局部匹配算法，在纹理较为丰富的影像中可以获得较好的匹配搜索结果。其优点是算法简单、匹配速度快、窗口设计灵活性强等，且其选取的窗口大小可以从局部的小窗口到整幅影像的范围，甚至是带有一定复杂形态的窗口形式。但是，该类以窗口匹配为基础的算法存在以下不足：

（1）对于纹理缺乏的影像区域，极易出现误匹配或无法匹配的情况；

（2）对由光照条件的变化所引起的纹理畸变较为敏感；

（3）对摄像机的位置和姿态变化及场景深度变化所引起的纹理畸变比较敏感；

（4）在纹理重复的区域中，可能会出现多个相关的峰值，这会导致误匹配的产生；

（5）对遮挡情况没有很好的处理机制。

因此，在现实场景中，BM 算法对于立体匹配的情况并不理想，通常会把用 BM 算法处理的视差图作为一个初始结果，再通过先进的算法进行迭代优化。

5.3.2 匹配代价度量

匹配算法都需要对像素进行匹配代价函数设计，不同的代价函数会对应形成不同的匹配代价度量。在众多匹配代价度量的算法中，围绕方差和相关性展开设计较为普遍。方差

匹配的直观理解就是两幅影像的“距离”，也就是它们之间差别大小的量化概念；相关性则以模板与检测影像各个像素值相乘后得到的相关度为基础。

如果以方差作为匹配代价度量依据，需要从搜索范围中找到方差最小的匹配区域。如果以相关性作为匹配代价度量依据，则需要从搜索范围中找到相关性最大的匹配区域。

误差平方和（SSD）度量算法，也叫差方和算法。SAD 算法可以解释为两个窗口的能量值的 1 范数距离，而 SSD 算法是两个窗口的能量值的 2 范数距离。在视差为 d 的像素位置，SSD 度量的值为

$$C_{SSD}(d)=\sum_{j}[I_{1}^{p+j}-I_{\mathrm{r}}^{p+d+j}]^{2} \tag{5.13}$$

式中，j 代表窗口内的像素与窗口中心像素 p 的偏移量。

归一化互相关系数（NCC）算法依然是利用目标窗口与参考影像窗口子图的亮度值信息，通过归一化的相关性度量公式来计算二者之间的匹配差异，根据相关系数的计算公式有

$$C_{\mathrm{NCC}}(d)=\frac{\frac{1}{W\times H}\sum_{j}^{W\times H}\left(\left|I_{1}^{p+j}-\overline{I_{1,p}}\right|\left|I_{\mathrm{r}}^{p+d+j}-\overline{I_{\mathrm{r},p+d}}\right|\right)}{\sqrt{\frac{1}{W\times H}\sum_{j}^{W\times H}\left(I_{1}^{p+j}-\overline{I_{1,p}}\right)^{2}}\sqrt{\frac{1}{W\times H}\sum_{j}^{W\times H}\left(I_{\mathrm{r}}^{p+d+j}-\overline{I_{\mathrm{r},p+d}}\right)^{2}}}$$

$$C_{\mathrm{NCC}}(d)=\frac{\sum_{j}^{W\times H}\left(\left|I_{1}^{p+j}-\overline{I_{1,p}}\right|\left|I_{\mathrm{r}}^{p+d+j}-\overline{I_{\mathrm{r},p+d}}\right|\right)}{\sqrt{\sum_{j}^{W\times H}\left(I_{1}^{p+j}-\overline{I_{1,p}}\right)^{2}\sum_{j}^{W\times H}\left(I_{\mathrm{r}}^{p+d+j}-\overline{I_{\mathrm{r},p+d}}\right)^{2}}} \tag{5.14}$$

其中，$\overline{I_{1,p}}$ 和 $\overline{I_{\mathrm{r},p+d}}$ 分别代表以 p 和 $p+d$ 为中心在左影像和右影像的窗口内的所有像素亮度的平均值。$C_{\mathrm{NCC}}(d)$ 的取值范围为 $[-1,1]$，相关系数刻画了两个影像窗口之间的近似性程度。通常相关系数越接近 1，说明两者有越近似的线性关系。

5.3.3　代价聚合与视差计算

代价聚合的目的是让代价度量的值可以较为精确地反映像素之间的相关性，单纯的代价匹配计算只考虑单一路径以及局部区块的相关性。同时，在视差不连续的区域与纹理偏弱或重复纹理的区域，代价值很有可能无法反映左、右像素点的相关性，最直接的表现就是自动匹配的同名像点的代价并不是视差搜索范围内最优的值。

在影像中寻找全局最优的匹配像点，常常会用到马尔可夫随机场（Markov Random Field，MRF）的前提假设。MRF 最早由统计学家提出，针对空间离散化的数据，用来研究作物疾病传播估计的规律。后来，MRF 理论由一维时域数据扩展到二维空间域数据，从 20 世纪 70 年代就开始应用于模糊影像的增强和分割等处理。

数学上的 MRF 模型是指满足马尔可夫性质的数学模型。当一个随机过程在给定现在状态及所有过去状态的情况下，其未来状态的条件概率分布仅依赖于当前状态。在给定现在状态时，它与过去状态是条件独立的，那么此随机过程即具有马尔可夫性质。引申到影像领域中，影像在空间域的分布满足 MRF 假设。可以认为影像中某一像素点的特性，比如颜色亮度或边缘角点特性，只与它附近的一小块区域像素的特性相关，而与邻域之外的像素点的特性无关。

以 MRF 为前提假设，全局优化的匹配搜索策略除要考虑每个像素独立的匹配代价度量外，还应该考虑每个像素邻域范围内的像素匹配对应的连续性。因此，有一个较为通用的能量优化函数形式

$$E(d \mid I) = E_{\text{data}}(e_p) + E_{\text{smooth}}(d_p, d_q) \tag{5.15}$$

其中，$E_{\text{data}}(e_p)$表示数据项，它是衡量影像中每个像素分配到某一视差值时的代价，这里可以用 SSD 或 NCC 函数计算；$E_{\text{smooth}}(d_p, d_q)$表示平滑项，用来约束相邻像素的视差$d_p$和$d_q$的差异变化。

比如代价聚合首先用 SSD 计算初始的代价，在$\text{column} \times \text{row} \times (d_{\max} - d_{\min})$的三维视差空间中进行匹配代价寻优，这个过程可以视为一种视差传播。信噪比高的区域的像点匹配效果好，初始代价能够很好地反映相关性，与最优视差值接近；这些视差值通过代价聚合，能够传播至信噪比低、匹配效果不好的区域。代价聚合的最终目标是使所有像点的视差值都能最优估计理想匹配对应关系。常用的代价聚合方法有动态规划法（Dynamic Programming，DP）和半全局匹配算法（Semi-Global Matching，SGM）等。

5.3.4 视差图后处理

密集匹配后得到的视差图需要进行一些后处理，目的是改善视差图的质量，使视差结果与现实情况更符合。后处理包括剔除错误视差、适当平滑以及子像素精度优化等步骤。滤波去噪的方法去除视差图中由误匹配造成的孤立噪点，常用的视差图去噪滤波有中值滤波和双边滤波，但这些简单的滤波算法对初始视差的合理性和精度依赖较高。

为了尽量检测出错误的匹配对应，可以使用一系列的误匹配检测技术，包括唯一性检测、左右一致性检测和连通域检测。实际任务中，这些处理是可选的，具体取决于应用背景对结果精度的要求。

（1）唯一性检测。在唯一性检测任务中，首先确定像素点在视差搜索范围内的最低匹配代价和次低匹配代价的数值C_{2ndMin}和C_{1stMin}，设定一个唯一性检测率α，如果满足

$$\frac{C_{\text{2ndMin}}}{C_{\text{1stMin}}} < \frac{1}{1-\alpha} \tag{5.16}$$

就可以认为这个点的最低代价与次低代价相差太小，匹配的区分度不够。进而将当前的匹配对应定义为一个弱匹配，后续可以将该点的视差通过与邻域像素点的视差进行比较判断，如果邻域内的像素点的视差与该像素点取得最小匹配代价的视差的差超过阈值，则标记该点的视差值为无效值。

（2）左右一致性检测。左右一致性检测的目的是确定左、右图的匹配点的唯一对应关系。左右一致性检测首先分别以左影像和右影像为参考影像，计算两幅视差图。对于左图中的一个点$p=(x,y)$，求得的视差值是d_{lp}，那么它在右图中的对应点应该是$p'=(x-d_{\text{lp}},y)$。接着从右往左进行匹配计算，观察点p'的视差值$d_{\text{rp}'}$。注意，视差的计算表达式是$x_{\text{l}} - x_{\text{r}}$，所有$d_{\text{lp}}$和$d_{\text{rp}}$的值的符号是相反的，理想情况下两者互为相反数。若$|d_{\text{lp}} + d_{\text{rp}'}|$>阈值，则将点$p$标记为不满足左右一致性条件，标记该点的视差值为无效值。

（3）连通域检测。连通域检测根据局部一致性的假设进行约束，是在视差图上最后一

次检查误匹配点的过程。该处理基于与当前处理像素点的视差值处于同一连通域的像素点个数来确定当前像素点是否是误匹配点。个数小于图斑窗口计数值（Speckle Window Size）就判断这一片点都是误匹配点。通常情况下，能被当作误匹配点的区域都是很小的区域，一般是几个相连的零星噪点。对于一个视差点，当这个点的四邻域点中至少有一个点与它的视差值接近，且不超过一个阈值（Speckle Range）时，就可以判断当前这个点能够向邻域中对应的点进行有效视差传播，此时可以把已经经过的点做上标记。在新的点重复搜索比较它的四邻域点（已标记点除外），如此循环；每一次找到一个新的连通点后就将计数器加一，当一个点的四邻域点都不是新连通点时，就停止这个分支的搜索，开始下一分支的搜索。在一个起始点的全部分支都搜索完毕以后，将计数器与图斑窗口计数值比较并判断。如此遍历视差图上的每个点，把不满足连通域检测的匹配点的视差标记为无效值。

经过以上几个步骤，就在整幅视差图中找到了一些像素点存在无效的视差值。有效的视差值对应的匹配像素部分可以直接用于做深度图，而无效的视差值对应的像素点会形成深度图的空洞，在有些时候需要空洞填充算法来估计这部分的深度值。空洞的产生原因是两幅影像的拍摄角度不同，场景的深度变化不可避免地会带来成像遮挡，两幅影像的遮挡范围不同就会造成影像中的内容无法完全对应，进而使视差图存在空洞。

除上述介绍的视差图后处理外，还有一些有效提高视差图质量的方法，如鲁棒平面拟合（Robust Plane Fitting）和亮度一致性（Intensity Consistent）约束等。

截至目前，所述的立体匹配算法计算出来的视差都是离散的整数值，这样的整型精度视差值可满足一般应用的精度要求。但是在一些精度要求比较高的应用中，比如精细化的三维表面重建中，需要在初始视差获取后，采用一些措施对视差值进行细化，获得亚像素级别的视差值。

亚像素视差值的计算以整数视差值为基础设计拟合算法。常用的算法是一元二次曲线拟合法，它通过最优视差下的代价值以及左、右两个视差下的代价值拟合一条一元二次曲线，二次曲线的极小值点所代表的视差值为子像素视差值，如图 5.9 所示。

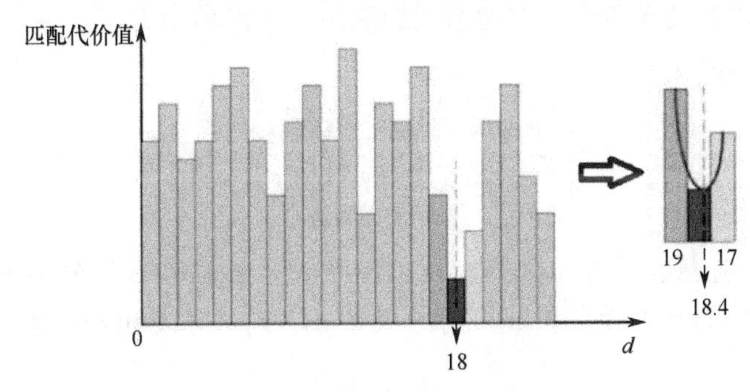

图 5.9　视差值的亚像素细化

5.3.5　动态规划法

动态规划（Dynamic Programming，DP）算法应用在立体匹配中，是一种比较高效的全局匹配优化算法，整体精度相对可靠。20 世纪 50 年代初美国数学家 R. E. Bellman 等人在研究多阶段决策过程（Multistep Decision Process）的优化问题时，提出了著名的最优性原理。同时，Bellman 把多阶段过程转化为一系列单阶段问题，利用各阶段之间的关系逐个求解，创立了解决多阶段决策问题的优化方法——动态规划法。

在影像匹配中应用动态规划法能很好地解决影像匹配的相容性问题，求出整体匹配的最优解。传统动态规划匹配算法主要沿扫描线单行递推，依赖于起始像素的匹配结果，同一扫描线上单点像素的误匹配将会影响后续像素，使得视差图带有明显的条状瑕疵，匹配错误率较高。对此在后续研究中，有人提出了基于控制点的修正算法和迭代动态规划法，分别通过控制点约束和迭代约束的策略增强扫描线间视差连续性。图 5.10 给出了沿单行扫描线方向递推的动态规划法路径寻优的数据结构组织示意图。

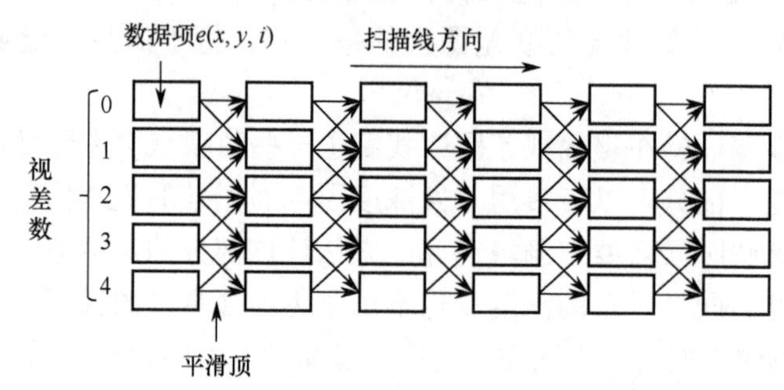

图 5.10　动态规划法路径寻优的数据结构组织示意图

设计一种行列双向寻优动态规划法，通过在行方向和列方向交替约束，改善扫描线条带状错误的现象。利用窗口像元的相关函数阈值建立视差图滤波器，在视差空间中寻求匹配代价最小的路径来获取稠密视差图。对于一幅影像 I_1 的视差图能量方程定义为

$$E(d \mid I)=E_{\text{data}}(e_p)+E_{\text{smooth}}(d_p,d_q)=\sum_{p\in I}e_p+\lambda\sum_{p\in I}\sum_{q\in N_p}D_{p,q} \tag{5.17}$$

其中，$E_{\text{data}}(e_p)$ 表示数据项，它是衡量一个像素分配到某一视差值时的代价，这里可以用 SSD 或 NCC 函数计算；$E_{\text{smooth}}(D_{p,q})$ 表示平滑项，用来约束相邻像素的视差变化；N_p 表示像素 p 的邻域像素集合。在行列双向约束的动态规划法中，平滑项由 $E_{\text{HSmooth}}+E_{\text{VSmooth}}+E_{\text{Occlusion}}$ 组成，它们的形式分别定义为

$$\begin{cases} E_{\text{HSmooth}}=\lambda_{\text{dis}}\Sigma_p\rho(\Delta d_H) \\ E_{\text{VSmooth}}=\lambda_{\text{dis}}\Sigma_p\rho(\Delta d_V) \\ E_{\text{Occlusion}}=\lambda_{\text{occ}}\text{Num}_{\text{occ}} \end{cases} \tag{5.18}$$

其中，λ_{dis} 和 λ_{occ} 分别表示平滑和遮挡能量项的系数，Δd_H 和 Δd_V 分别表示水平方向和垂直方向上的初始视差的一阶差分量，平滑约束量 $\rho(\Delta d)$ 表示 Potts 模型，Num_{occ} 表示遮挡像素数。

寻优步骤是首先在参考影像中沿对应行方向进行初始动态规划，并根据视差结果建立一个辅助项作为之后的列方向贡献值，然后据此贡献值计算周围一定宽度的列方向动态规划的匹配代价。通过连续地沿着行扫描线方向，重新为像素 p 分配视差值 d 来迭代优化视差图，迭代过程中其余像素视差值保持不变。这样可以将一个多维的能量最小化问题转化为一系列的一维问题。

5.3.6　半全局优化匹配算法

2005 年 Hirschmüller 提出的半全局优化匹配算法（Semi-Global Matching，SGM）有效地结合了局部窗口匹配和全局优化匹配的特点，用较少的运算时间获得像素级的精确匹配结果。SGM 算法利用了影像的互信息（Mutual Information，MI），即互信息将影像全局的辐射差异模型化为一个关于对应深度的联合直方图。

SGM 算法是一种基于平滑约束的密集视差图优化算法，使用 MI 来进行单像素匹配，用多个一维平滑约束来拟合二维约束从而进行“全局”优化。在平滑深度图的推导之外，SGM 算法可以在没有场景的初始信息的情况下估计深度，这特别适用于设置其中摄像机的相对方向是已知的，但没有实际场景的信息。该过程的 4 个步骤是：（1）像素级匹配代价计算；（2）匹配代价聚合；（3）视差计算；（4）视差再分配。

像素级的代价计算可以用不同的方式进行，以表示两个匹配像素之间的匹配质量。匹配代价聚合是在某一邻域内的成本之间建立一种联系，它是在半全局匹配中，通过对依赖于视差梯度的能量函数的描述来实现的通过对每个像素在所有方向（最小 4 个方向，最多 16 个方向）上的一维最小成本路径的成本之和，计算聚合代价。视差的计算是通过对差异进行修正，从而使总成本降到最小的。最后，通过一致性检验和亚像素插值，实现了视差再分配，以消除峰值和噪声。

SGM 算法不用窗口代价进行匹配，只考虑当前像素的匹配代价。利用影像窗口像素块进行匹配对应的隐性约束为块内像素的视差是相同的，而在深度变化尤其在边界的地方是不成立的。基于互信息（MI）的匹配代价计算对拍照环境和照明变化不敏感。

两幅影像的 MI 定义为

$$MI_{I_1,I_2} = H_{I_1} + H_{I_2} - H_{I_1,I_2} \tag{5.19}$$

式中，H_I 表示影像的熵

$$\begin{gathered} H_I = -\int_0^1 P_I(i)\log_2 P_I(i)\mathrm{d}i \\ H_{I_1,I_2} = -\int_0^1\int_0^1 P_{I_1,I_2}(i_1,i_2)\log_2 P_{I_1,I_2}(i_1,i_2)\mathrm{d}i_1\mathrm{d}i_2 \\ P_{I_1,I_2}(i,k) = \frac{1}{n}\sum_p T[(i.k) = (I_{1p}, I_{2p})] \end{gathered} \tag{5.20}$$

$P_I(i)$ 是影像的亮度概率密度函数，也是影像直方图。$P_{I_1,I_2}(i_1,i_2)$ 是两幅影像的联合直方图。$T[\cdot]$ 表示括号内等式成立时输出值 1，否则输出 0。i,k 为像素灰度值，n 是匹配的左、右像素对的数量。若像素 p 和对应像素的灰度值分别为 i 和 k，则相关统计量加 1，依据此遍历整个左影像进行统计。对于配准良好的两幅影像，联合熵 H_{I_1,I_2} 较低，因为一幅影像可以由另一幅影像预测得来，这反映了低信息量，此时影像之间具有较高的互信息。在立体匹配的情况下，能够根据视差图对一幅影像采样映射，以配准另一幅影像，使得对应的像素在两幅影像中处于相同的位置。

H_{I_1,I_2} 简化为

$$H_{I_1,I_2} = \sum_p h_{I_1,I_2}(I_{1p}, I_{2p}) \tag{5.21}$$

$$h_{I_1,I_2}(i,k) = -\frac{1}{n}\log_2\left[P_{I_1,I_2}(i,k)\otimes g(i,k)\right]\otimes g(i,k) \tag{5.22}$$

其中，$\otimes g(i,k)$ 表示用高斯核进行卷积平滑处理。如果匹配结果较好，互信息会较大。最终的 MI 定义为

$$\mathrm{MI}_{I_1,I_2} = \sum_p \mathrm{mi}_{I_1,I_2}\left(I_{1p}, I_{2p}\right) \tag{5.23}$$

$$\mathrm{mi}_{I_1,I_2}(i,k) = h_{I_1}(i) + h_{I_2}(k) - h_{I_1,I_2}(i,k) \tag{5.24}$$

对于像素点 p，若取其视差为 d，则对应的代价为

$$C_{\mathrm{MI}}(p,d) = -\mathrm{mi}_{I_b,f_D(I_m)}\left(I_{bp}, I_{mp}\right) \tag{5.25}$$

I_b 是参考影像，即 $I_1 = I_b$；I_m 是目标影像按照初始视差图计算得到的，即 $I_2 = f_D(I_m)$。在影像上找到使得代价累积最小的视差图是个 NP-hard 的问题，然而单独在极线方向上（比如从左到右或从右到左）选择匹配点的路径使得匹配代价累积最小，该问题就变成了在多项式时间内可以解决的。算法通过迭代计算视差图，根据视差偏移量寻找对应像素，能够使两幅影像的互信息更强，相互之间更加逼近。

传统的 BM 算法和 DP 算法都是沿着扫描线进行一维寻优的，而 SGM 算法运用了 DP 算法，增加设计了多方向寻优的策略。如图 5.11 所示，在视差空间中，每个像素的每个视差待选值的取值代价都是 8 个方向的和，然后最终某像素的视差是其上所有视差待选值的最小的那一个。多方向寻优会将遮挡位置的视差由其他方向像素的视差值传递过来，而带来错误的解。对于这种遮挡问题的处理，可以先由右影像匹配左影像，再由左影像匹配右影像，这样左右变换匹配一致性验证的方法来解决。

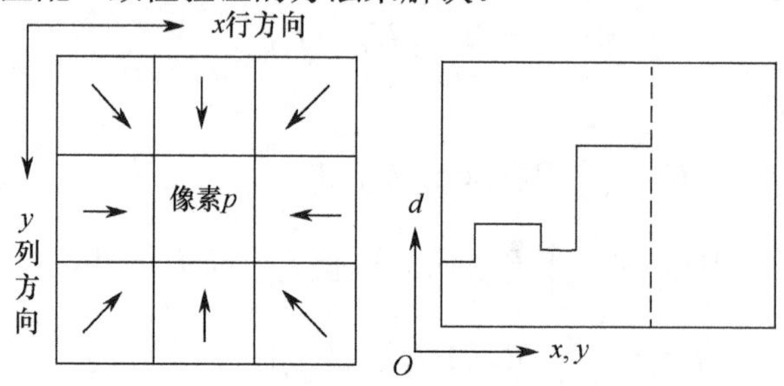

图 5.11　SGM 算法在视差空间八方向寻优示意图

5.4　图割优化匹配算法

5.3 节介绍的立体匹配方法主要是以像素的点运算处理为基础的匹配技术，这些算法在匹配寻优的过程中，最多考虑到近邻像素级别的平滑性约束。在这种模型中，不相邻的像素都被认为是条件独立的，模型表达过于简单。实际场景中，目标物的空间分布往往表现出更强烈的局部连续性的特点，如局部区域的共面性或者对称性等，即像素之间表现出成片区域的相关性，这时仅仅使用最近邻像素平滑约束显得过于简单，无法表达更复杂的场景先验知识。因此，本节内容介绍了一种附加局部共面性约束的高阶马尔可夫模型，并利用图割算法对视差图进行优化。

从 20 世纪 90 年代开始，MRF 在计算机视觉领域的应用得到了进一步的发展和扩充。之后，基于组合优化的推理算法由 Boykov 等人引入 MRF 模型求解中，并成为解决计算机视觉问题的一项重要理论手段，特别是在视觉和图形学中的影像修复、立体匹配和目标分割等研究中都有较好的应用表现。

5.4.1　匹配问题中的马尔可夫模型

用一个马尔可夫随机场（MRF）理论对影像匹配算法进行数学建模，数学模型由三部分组成：

（1）节点集合V，即独立的像素点的集合；

（2）表示邻域关联的连接节点的边的集合E；

（3）随机变量取值域F。

邻域关联系统的边定义为$E=\{(i,j)\mid i\in V,j\in V\}$。随机变量取值域$F=\{f_i\mid i\in V\}$，$f_i$在匹配问题中就是像素点的视差取值。在 MRF 中像素点i获得特定的视差值配置f_i的概率满足马尔可夫特性

$$P\left(f_i\mid f_{V\backslash i}\right)=P\left(f_i\mid f_{N_i}\right),\ \forall p\in S \tag{5.26}$$

其中，$V\backslash i$表示点集合V中除i外的所有点，N_i表示i的邻域点集合。这意味着每个随机变量的状态只与它的邻域状态相关，而与其他节点无关。

从概率的角度来看，基于观测影像I条件去计算一个估计$\hat{F}$，就是求解最大化似然函数$P(F\mid I)$的过程。使用贝叶斯定理，该似然函数可以表示为一个能量函数$E(F)$，F的最大化后验概率（Maximum A Posteriori，MAP）估计就是要最大化这个能量函数

$$\hat{F}=\arg\max P\left(F\mid I\right)=\arg\min E\left(F\right) \tag{5.27}$$

使用 MRF 理论时，通常先定义一个能量函数，然后假设场景有潜在的概率分布。MRF 应用在影像处理领域中，相当于一个分类标记（Labeling）问题，通过极大后验概率推理来确定图中每个像素类型的节点的视差相比其他方法的优势是：

（1）提供了一种显著的方法来对先验知识建模；

（2）它可以很容易地用定量的方法描述上下文信息值。

因此，相比其他基于像素的或局部关联的求解方法，它可以顾及更复杂的环境先验知识的影响，如果建立的图模型得当，进而可能获得全局最优解释，使算法模型更趋于智能化。

前面提到的全局或半全局优化算法，其背后的潜在模型都是马尔可夫随机场，即满足马尔可夫属性且最大团数目都为 2，因此是一阶的马尔可夫模型。最大团数目为 2 是因为匹配代价函数的平滑项只考虑了最邻近像素对当前像素的视差计算的影响。尽管采用适当的优化步骤可以获得较好的匹配影像，但由于模型中的不相邻像素都被认为是条件独立的，使这种平滑约束显得过于简单，对于复杂场景的匹配计算失去鲁棒性。因此，有必要设计一种能够表达更丰富先验知识的优化模型，即高阶马尔可夫模型。

5.4.2　图割求解算法

Boykov Y 和 Kolmogorov V 提出利用图割（Graph Cut，GC）求解算法[19]来求解 MAP-MRF

问题，并指出 MAP-MRF 问题的求解等价于在一幅图上的最小切（Min Cut）求解问题。

最小切对于一个给定的有向图G，可以看成一个流网络（Flow Network），存在一个潜在的关于“源”（s）和“槽”（t）的划分。一个切（Cut）定义为$C(V^S,V^T)$，它是在图$G=\left(V,E\right)$中找到一个边的组合，将顶点V进行 S-T 类别分配（$s\in S$，$t\in T$），其代价就是这些边的权值之和，可能的切的组成数目为$2^{\text{num}(V)}$。在所有可能的切的集合中，取得最小代价的切被称为最小割。

一个流网络可以被比作一个从 s 到 t 的水流管线系统，所有的边的权表示该边路径上的水流承载能力，最大流（Max Flow）问题就是找到从 s 到 t 能输送的最大水流。

Ford 和 Fulkerson 早在 1962 年就证明了最大流和最小割的等价对应关系。通过求网络图求解的最大流来等价其最小割，进而可以获取此最小割对应能量函数的全局最小值。Boykov Y 等人提出的 GC 理论是一种有效的能量函数优化方法，提出了标号函数的两种移动算法——扩张移动（Expansion Moves）和交换移动（Swap Moves），并证明了其扩张算法所获得的局部最小和全局最小相差一个已知的常数，而交换算法可以处理更一般的能量函数形式。

当边的权值是非负数时，该问题求解可以在多项式时间内得到解决。一个最小割分割的示意图如图 5.12（a）所示，其中三条红边表示最小切提取出的边，该流网络能够输送的最大流量为 6=3+1+2，分别对应图 5.12（b）、（c）和（d）中黄色标注的三条输送路径。

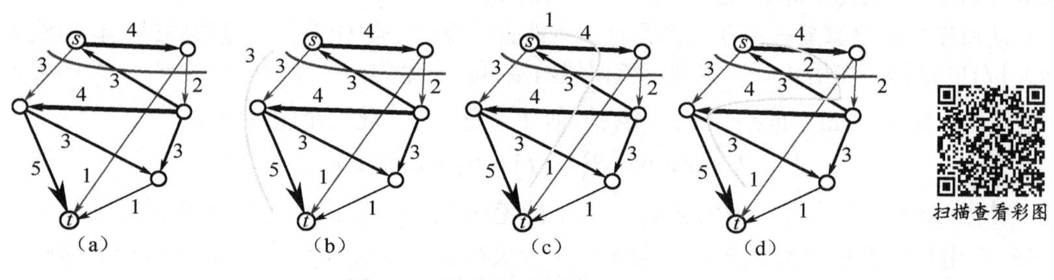

图 5.12 最小切示意图

当 MAP-MRF 满足下列条件时，分类问题转化为最小割问题：$V=S\cup T$，$S\cap T=\varnothing$，$s\in S$，$t\in T$。从 S 到 T 的所有可通行的边的权值之和被称为(S,T)总代价，也是能量函数最小化解的值。割的代价为顶点集到所有割边的容量和，容量和最小的割称为最小割。设i和j是顶点集V中的两个顶点，(i,j)表示从i到j的一条边，其权值表示为$c(i,j)$。因此对于图$G=\left(V,E\right)$，其一个割C的值可以表示为

$$C(V^S,V^T)=\sum_{(i,j)\in E,i\in V^S,j\in V^T}c(i,j) \tag{5.28}$$

GC 求解算法能够在多项式时间内逼近多类划分（Multi-label）问题的最优解。该方法寻找局部最小，使得改变图中的任意一个像素的标签类别都不能产生更好的解。

在影像处理应用问题中，图割中的图可以形式化为一个与像素对应的规则的四邻域格网形式的二维图，也可以是建立在比像素更高层次的属性节点基础上组成的图，图 5.13 展示了一幅图的三种分割结果示意。T-link 表示标记为某一类代价联系，N-link 表示节点邻域变化代价联系。

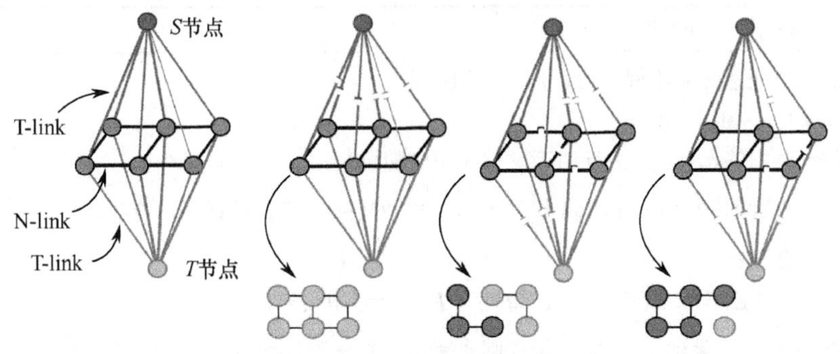

图 5.13　S-T 分割示意图

对于多类划分问题的求解，通常是进行分步求解操作。使用 $D(f_i)$ 表达 T-link 代价联系，使用 $w_{(i,j)}$ 表达 N-link 代价联系。等效于最小化对波茨模型（Potts Model）进行多类标记问题的能量方程

$$E(F)=\sum_i D(f_i)+\sum_{(i.j)\in E} w_{(i,j)}\delta(f_i,f_j) \tag{5.29}$$

$$\delta(f_i,f_j)=\begin{cases}1, \text{若 } f_i\neq f_j \\ 0, \text{其他}\end{cases} \tag{5.30}$$

具体求解如下。首先将所有类别进行排序，如 $L=\{l_0,\cdots,l_k\}$，然后逐一地用“l_k—非 l_k”形式的二值判别方法对每一类进行 S-T 划分。针对每一次迭代中的判断，有两种方法，即进行 $\alpha-$expansion 移动或者 $\alpha-\beta-$swap 移动优化。

（1）$\alpha-$expansion 移动是指迭代扩展某一类 $\alpha-$label 区域，使原本非 α 类的点扩展为 α 类，然后检验能量变化，确定该次扩展是否有效，如算法 5.1 所示；

（2）$\alpha-\beta-$swap 定义一种只针对 $\alpha-$label 和 $\beta-$label 区域移动，使其中的一些点的 label 从 α 变为 β 或相反，每一步迭代都是一次 2－label 的优化过程，形成以 α 和非 α 为灭点以及以 α 和 β 为灭点的图，寻找最优分割，不断逼近最优解。

$\alpha-$expansion 要求平滑项满足三边定理，而 $\alpha-\beta-$swap 可用于任意平滑项定义。$\alpha-$expansion 移动有严格的最优属性约束，可以保证解的可靠性。具体的 $\alpha-$expansion 算法迭代过程如下：

算法 5.1　$\alpha-$expansion 算法

（1）给定一个任意的初始解作为迭代的开始；

（2）设算法指示 flag $=0$；

（3）对每个标签为 α 的节点进行如下操作（顺序随机）：

（3.1）计算最优 $\alpha-$expansion 移动图割，找到扩展 α 标记后能满足 $\hat{F}=\arg\min E(F)$ 的 $\hat{F}$；

（3.2）如果 $E(\hat{F})<E(F)$，将 F 替换为 $\hat{F}$，指示 flag $=1$；

（4）如果 flag $=1$，跳到（2）继续；否则，表示没有会降低能量的扩展移动，算法结束。

$\alpha-\beta-$swap 对多类标记问题更通用，它对算法 $\alpha-$expansion 的扩展表现在第三步中，每次操作是针对特定的一对标签 $\alpha,\beta\in L$ 进行交换，然后计算能量变化来寻优的。具体过程如算法 5.2 所示：

算法 5.2 **$\alpha-\beta-$swap** 算法

（1）给定一个任意的初始解作为迭代的开始；

（2）设算法指示 flag = 0；

（3）对每一对标签 $\alpha,\beta\in L$ 进行如下操作（顺序随机）：

（3.1）计算最优 $\alpha-$expansion 移动图割，找到交换 α 和 β 标记后，能够满足 $\hat{F}=\arg\min E(F)$ 的 $\hat{F}$；

（3.2）如果 $E(\hat{F})<E(F)$，将 F 替换为 $\hat{F}$，指示 flag = 1；

（4）如果 flag = 1，跳到（2）继续；否则，表示没有会降低能量的扩展移动，算法结束。

GC 求解算法解决分割和分类问题有很多优点，它具有推算快速、可以将数据的似然性和先验结合、适用于多种广泛的应用（如立体匹配、去噪、目标识别等）的优点。可以应用 GC 求解算法的充分必要条件是模型定义的势（或者能量）需满足子模式（Sub-modular），即对每一对变量都满足 $c\big(0,0,(i,j)\big)+c\big(1,1,(i,j)\big)\leqslant c\big(0,1,(i,j)\big)+c\big(1,0,(i,j)\big)$。因此，GC 求解算法的限制性在于边的代价必须能够区分不同的节点，即图中的节点是边联系的（不存在孤立点），否则可能会错误地分割潜在的类内节点。

5.4.3 超像素分割

针对一阶模型中邻域选择过于简单而引起的匹配精度不高的问题，可使用一种基于超像素的高阶马尔可夫模型匹配方法。模型假设影像可以被分割为有限数量的局部片段，局部片段内像素对应的被摄影目标区域具有连续平滑的视差或深度值，即满足局部共面性。

超像素分割就是对影像进行聚类分割，获得具有相似属性的图斑，它常常被用来作为许多视觉和影像处理算法的预处理步骤。已有许多方法可以实现对影像进行超像素分割，各种方法各有优缺点，总体而言需要满足的要求有：超像素应该能够维持影像的轮廓信息；由于大多数超像素分割都作为预处理步骤，这就希望分割算法应具有较快的处理速度和较高的存储效率，并且参数少，使用简单。

本节介绍一种简单线性迭代聚类（Simple Linear Iterative Clustering，SLIC）算法来进行超像素分割操作，它是在 K 均值聚类分割（K-means）算法的基础上进行的优化算法。

算法实现过程中只有一个参数 K，即需要获得的超像素近似的个数。彩色影像被映射到 Lab 色彩模式，Lab 色彩模式弥补了 RGB 和 CMYK 两种色彩模式的不足。它是一种与设备无关的色彩模式，也是一种基于生理特征的色彩模式。其中，l 表示明度，a 表示从洋红色至绿色的范围，b 表示从黄色至蓝色的范围。下面介绍算法的具体实施步骤。

（1）进行分割中心初始化，利用规则化的格网将影像像素区间进行原始划分，格网的尺寸根据 $S=\sqrt{N/K}$ 计算获得。K 个采样中心初始化在各个格网的中心，然后在 3×3 的格网邻域区间内移动寻找影像梯度变化最小的位置，这样做可以避免分割中心落在梯度大的边缘位置。

（2）对每个像素找到其所属的初始分割区间。每个像素仅与最邻近的聚类中心联系在一起，每个聚类中心联系的像素范围为 $2S\times2S$，仅当像素落在一个聚类中心的覆盖区域内时才与该中心进行分析。这样做相比较 K-Means 算法在计算效率上有明显的优势，因为 K-Means 算法中每个像素点的距离测度函数计算要对所有的聚类中心计算，而 SLIC 算法仅考虑最邻近的聚类中心计算距离测度函数，这是该算法的核心优化之处。

每个像素点都有一个属性向量$\left[l_i\, a_i\, b_i\, x_i\, y_i\right]^{\mathrm{T}}$，它包含了像素的颜色信息和位置信息。最邻近聚类中心的更新是指找到所有属于该聚类的像素的平均向量值，即中心值。然后，更新聚类中心和相应的像素覆盖范围，并对更新前和更新后的向量以 2 范数计算残差。

（3）迭代更新直至残差收敛。

下面将对距离测度函数进行介绍。

每个像素都被投影到一个由颜色和影像位置组成的高维空间中，两类属性存在差异，尤其是待处理的影像尺寸可能会有很大的不同（如 320 像素×240 像素的影像与 1024 像素×1024 像素的影像的差异）。当影像很大时，距离对分割的影响将远超过颜色信息的影响。因此，有必要对颜色测度d_{c}和位置测度d_{s}两类度量值进行归一化处理，定义高维空间中的距离测度函数D为

$$D=\sqrt{{d_{\mathrm{c}}}^2+m^2\left(\frac{d_{\mathrm{s}}}{S}\right)^2} \tag{5.31}$$

式中，$d_{\mathrm{c}}=\sqrt{\left(l_i-l_j\right)^2+\left(a_i-a_j\right)^2+\left(b_i-b_j\right)^2}$，$d_{\mathrm{s}}=\sqrt{\left(x_i-x_j\right)^2+\left(y_i-y_j\right)^2}$。

由于像素的关联计算是与最邻近聚类中心的$2S\times 2S$覆盖度有关的，因此将距离测度与尺度S做比值运算可以有效地规避影像尺寸带来的不确定性。同时引入权重参数m，来调整颜色和距离对分割的影响。当参数m取较小值时，分割结果趋向于沿着影像上梯度大的边缘像素为边界，形状比较复杂；当参数m取较大值时，分割结果趋向于获得更紧凑的表达，面积周长比更小。考虑 Lab 颜色空间的取值，参数m的取值范围一般为 1～40。

SLIC 分割算法是一种改化的 K-Means 分类方法，它具有以下两大特点：

（1）通过约束与超像素尺寸成正比的搜索空间大小，优化过程的距离测度计算涉及的像素被大大减少，因此计算复杂度是与像素个数N成正比的线性复杂度$O(N)$；

（2）加权相似性测度函数是一个包含颜色和位置属性的函数，它可以控制超像素分割后的各像素块的尺度和紧凑度。

举例：

图 5.14 给出了一组 SLIC 算法的结果示例，左图是 Middlebury 测试集影像，右图是分割后的超像素划分结果。Middlebury 测试集由 Daniel Scharstein 和 Richard Szeliski 等研究人员发布在明德学院（Middlebury College）并进行维护。Middlebury Stereo Vision 网站主要提供立体匹配算法的在线评价和数据下载服务。

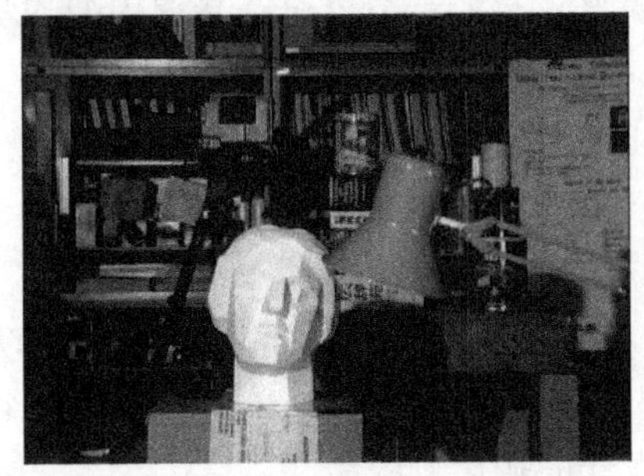

图 5.14　超像素分割（左 Middlebury 测试集影像，右图为分割后的影像）

从本测试结果中可以观察到，分割的结构可以很好地与影像梯度边缘位置吻合，而且每个超像素图块都能够保持良好的边界紧凑性，这些优点都为基于超像素的高阶马尔可夫模型匹配算法提供了很好的支撑。

在高阶马尔可夫模型匹配算法中，假设条件为超像素图块中的像素对应的空间场景具有深度连续性，SLIC 算法的分割结果提取出了影像的梯度变化信息，该信息对应视差值和深度值转折过渡的位置；同时分割结果将颜色相似的像素聚类到一起，该信息保证了深度变化在同类像素内的一致性。

5.4.4　高阶马尔可夫模型匹配算法

前面提到的匹配算法中的马尔可夫模型的最大团数目都为 2，因此是一阶的马尔可夫模型（阶数=最大团数目 –1）。最大团数目为 2 的代价函数的平滑项仅考虑最邻近像素的影响，使这种平滑约束显得过于简单，模型无法表达场景中区域性的平滑性特点。因此，这里提出最大团连接节点更多的高阶模型来对目标函数进行建模。

图 5.15 给出了以每个超像素为节点配置的高阶马尔可夫模型示意图。在这类高阶图模型中，视差优化的能量方程为

$$E(x)=\sum_{p\in V}D_p(x_p)+\sum_{(p,q)\in N}V_{pq}(x_p,x_q)+\sum_{c\in C}\Psi_c(X_c) \tag{5.32}$$

式中，$D_p(x_p)$表示单位项的势函数，它是衡量一个像素分配到某一视差值时的代价，这里可以使用 SSD 等类型的匹配代价函数计算；$V_{pq}(x_p,x_q)$表示成对的势函数，目的是约束相邻的单位具有一致性，可以用简单的截断函数计算；c 表示一个团（clique），C 则是所有团的集合；$\Psi_c(X_c)$表示一个高阶的团势能（势函数），它是由多个节点连接代价产生的，也可以写为$\Psi_c(X_{k1},X_{k2},\cdots,X_{km})$，$X_{ki}\in c$。

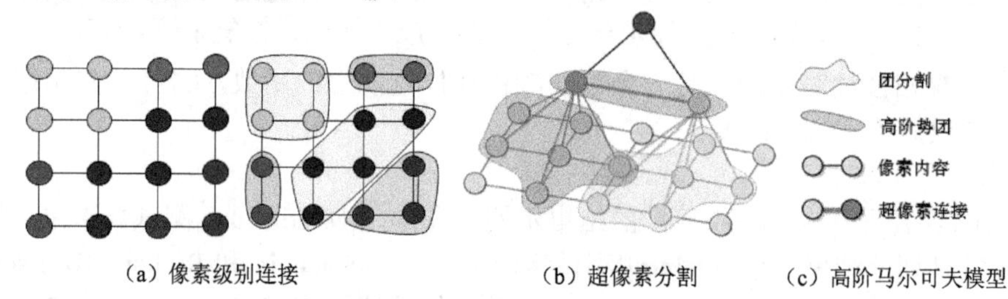

（a）像素级别连接　　（b）超像素分割　　（c）高阶马尔可夫模型

图 5.15　基于超像素的高阶马尔可夫模型示意图

设计基于超像素的高阶马尔可夫模型匹配算法的核心部分就是在普通模型的基础上添加了以超像素共面性约束的高阶能量项$\Psi_c(X_c)$，对于那些含有不同标记的X_c赋予一个高的惩罚，而对于那些含有相同标记的X_c赋予一个低的惩罚。这里的$\Psi_c(X_c)$定义为

$$\Psi_c(X_c)=\min_{l\in L}\left(\gamma_c^{\max},\sum_{i\in c}k_c\delta(x_i\neq l)\right) \tag{5.33}$$

要解决式（5.32）这样一个高阶马尔可夫模型的能量方程，高阶项必须可以转化为由二进制辅助变量组成的成对的子模式能量方程，强制将团的分类一致性作为一个弱约束。因此，必须对高阶项（5.33）进行转化，这里设计的转化方程为

$$\Psi_c(X_c)=\min_{y_c}\phi_c(y_c)+\sum_{i\in c}\phi_c(y_c,x_i) \tag{5.34}$$

其中，辅助的二进制变量 y_c 组成一个辅助分类层，它们构成的子模式能量方程定义为

$$\phi_c\left(y_c\right)=\begin{cases}\gamma_c^{\max} & 若 y_c=l_F \\ 0 & 若 y_c \in L\end{cases}$$

$$\phi_c\left(y_c,x_i\right)=\begin{cases}0 & 若 y_c=l_F 或 x_i=y_c \\ k_c & 若 y_c \in L 或 x_i \neq y_c\end{cases} \tag{5.35}$$

由式（5.32）表达的能量方程可以视为多层的数据项和平滑项组成的能量方程，而且满足子模式要求，因此最小化该能量方程，可以利用 GC 算法解决。

5.4.5　实验比较

Middlebury 发布的第二版本测试数据包括 tsukuba、venus、teddy 三组立体影像，三组图像的最大视差的取值范围分别为 16 像素、32 像素、64 像素，所以具有较好的代表性，图 5.16 列出了三组影像的标准数据集图像（上）以及对应的真实视差图（下）。

图 5.16　Middlebury Stereo 的标准数据集图像及真实视差图

（从左到右三列图像名分别为 tsukuba、venus、teddy）

图 5.17 给出了在测试集上进行视差图计算的比较实验结果，其中每一行数据的第 1 列为 BM 算法的视差图；第 2 列为 DP 算法的视差图；第 3 列为 SGM 算法的视差图；第 4 列为 GC 求解算法的视差图。可以直观地看出 GC 求解算法使用了高阶马尔可夫项对图像超像素片段中像素的视差值进行共面性约束，所得到的匹配结果要优于仅使用像素级数据项和平滑项所得到的结果。

为定量描述匹配算法的精度，使用与绝对真值视差比较的错误匹配率（Bad Pixel Ratio）作为评价指标。错误匹配率表示错误匹配的像素点占所有像素点的百分比，该值越小，表面匹配结果越好。其定义如下

$$R_{\mathrm{bad}}=\frac{1}{N}\sum_{i=1}^{N}\left(\left|d_{\mathrm{cal}}^{i}-d_{\mathrm{truth}}^{i}\right|>\delta_{\mathrm{threshold}}\right) \tag{5.36}$$

式中，N 表示像素总数，d_{cal}^{i} 表示计算得到的像素 i 位置处的视差值，d_{truth}^{i} 表示像素 i 位置真实的视差值，$\delta_{\mathrm{threshold}}$ 表示判定像素位置的视差值属于错误解的视差阈值，一般取 1 或 2。

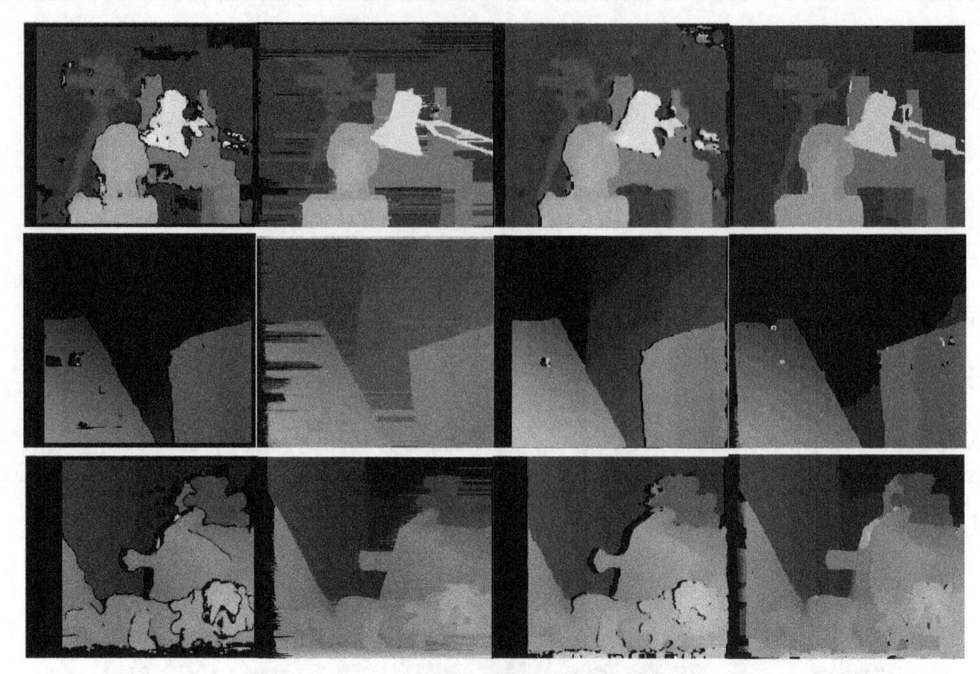

图 5.17　匹配算法对比测试结果

实验中的错误匹配率仅对 Middlebury 提供的掩模区域的内部像素进行计算，表 5.1 列出了各类算法的精度评价结果，从中可以看出 GC 求解算法在精度方面相较于其他方法表现出了明显的优势。

表 5.1　错误匹配率 R_{bac}

数据（视差取值）	BM 算法	DP 算法	SGM 算法	GC 求解算法
tsukuba（$d\in[0,16]$）	8.12%	6.64%	5.51%	4.82%
venus（$d\in[0,32]$）	10.81%	11.67%	5.48%	5.41%
teddy（$d\in[0,64]$）	9.34%	7.01%	7.67%	6.21%

5.5　结构光三维扫描

结构光三维扫描技术是一种非常重要的三维扫描成像技术，它可以被视为一种特殊的立体视觉技术。结构光扫描仪通过特殊设计的二维的空间变化强度的模式（Pattern）对场景进行主动照射，根据投射的特殊模式进行密集的匹配对应搜索。这种主动照射的模式极大地提高了匹配的准确度，进而保障了依据三角测量原理进行的三维重建的精度。

5.5.1　结构光三维扫描基本原理

如图 5.18 所示，空间变化的二维结构照射由特殊投影仪或由空间光调制器控制的光源产生。一个任意目标的三维表面被结构光投射图案所照射，该例的结构光的模式图案是空间变化的。成像传感器获取目标在结构光照射下的表面影像。改变三维曲面的几何形状，成像传感器捕获的影像也会发生相应的变化。

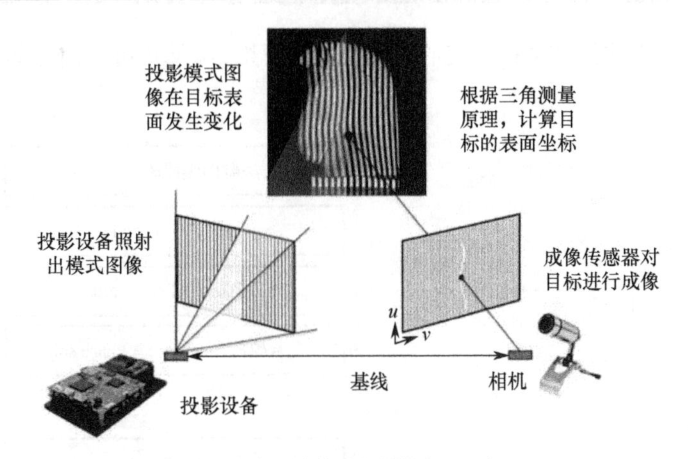

图 5.18 结构光测量原理示意

结构光图案上每个像素的强度都可以用数字信号表示为 $\{I(x,y)|x=1,2,\cdots,m;\ y=1,2,\cdots,n\}$，其中 (x,y) 代表投影影像的坐标，模式影像的尺寸为 $m\times n$。在这里讨论的结构光投影影像模式是二维的，广义上主动照射的结构光影像可能包括 (x,y,z) 所有方向上的空间变化，这是真正意义上的三维结构光投影系统。例如，由于相干光干涉影响，投射光的强度可能沿投射光的光路发生变化。然而，大多数结构光三维表面成像系统使用的是二维投影影像，因此，本节中对结构光的讨论仅限于二维结构光影像的使用。

成像传感器（如摄像机）的作用是获取在结构光的照射下的场景的二维影像。如果这个场景是一个没有任何表面变化的平面，那么获取到的图案应与投影的结构光图案相似。但是，当场景中的表面是非平面时，表面的几何形状会使从摄像机角度看过去的投射的结构光影像发生畸变。结构光三维表面成像技术的原理是根据投影结构光影像的畸变信息提取三维表面形状。

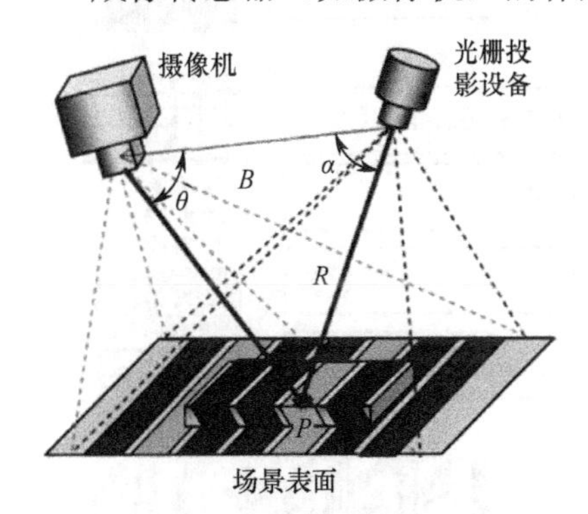

图 5.19 结构光表面三维重建的三角关系

场景中物体准确的三维表面轮廓可以通过各种结构光原理和算法计算出来。正如图 5.19 所示的几何关系，成像传感器、结构光投射器、物体表面点三者之间的位置关系可以用三角定理表示为

$$R=B\frac{\sin(\theta)}{\sin(\alpha+\theta)} \tag{5.37}$$

式中，B 为基线长度值，R 为目标点到光学连线的距离值，α 和 θ 分别为入射和反射光线与基线的夹角。

基于三角测量原理的结构光三维成像技术的关键是建立投影模式点与影像像素点的对应关系。为了实现这种对应，已有大量的技术方案被提出，如图 5.20 所示为技术的分类。这些技术大致可以被分为多点拍摄或单点拍摄两类。

如果目标三维物体是静态的，并且应用中没有对采集获取的时间施加严格的限制，则可以使用多点拍摄技术。多点测量技术通常可以得到更可靠和准确的结果。但是如果目标正在移动，则通常要使用单点拍摄技术在特定的时间点获取三维目标物体的三维表面影像的快照。

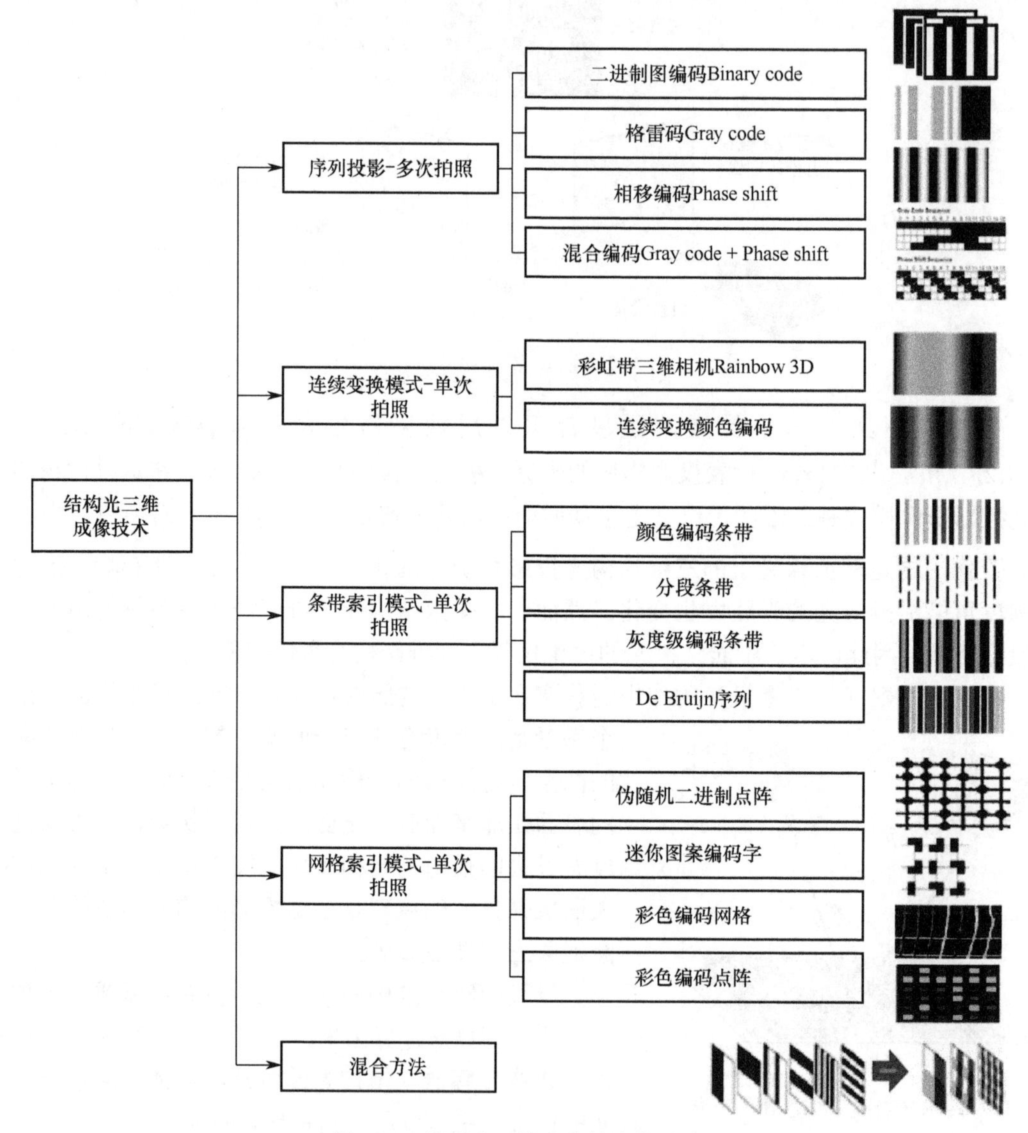

图 5.20 结构光三维成像技术的分类

进一步可以将单点拍摄技术分为三大类：

（1）使用连续变化的结构光图案的技术；

（2）使用一维编码方案的技术（条带索引）；

（3）使用二维编码方案（网格索引）的技术。

每种技术都有自己的优点和缺点，这取决于具体的应用。此外还存在将不同技术集合起来使用的方案，以达到预期的功能要求。

结构光三维成像技术的衍生种类繁多，在后续内容中选择具有代表性的技术进行介绍，这将帮助读者对整个领域有大致的了解并且理解基本的技术原理和典型的系统特性。

5.5.2　二进制编码和灰度编码

二进制编码使用黑白条带形成一系列投影图案，使得每个点都有唯一的二进制代码，该代码不同于其他任何不同点的代码。一般来说，n 个图案可以编码 2^n 个条带。图 5.21 的左图是简化的 3 位投影图案。一旦这些图案的序列被投射到一个静态场景中，就有 $2^3=8$ 种具有唯一条带编码的区域。可以基于三角定理计算沿每条水平线的所有 8 个点的三维坐标 (X,Y,Z)。

二进制编码技术是非常可靠的，并且对表面特性不太敏感，因为在所有像素中仅存在二进制值。然而，要获得高的空间分辨率，就需要投影大量的序列图案。场景中的所有物体都必须保持静止。三维影像获取的整个持续时间可能比实际三维应用中允许的时间要长。

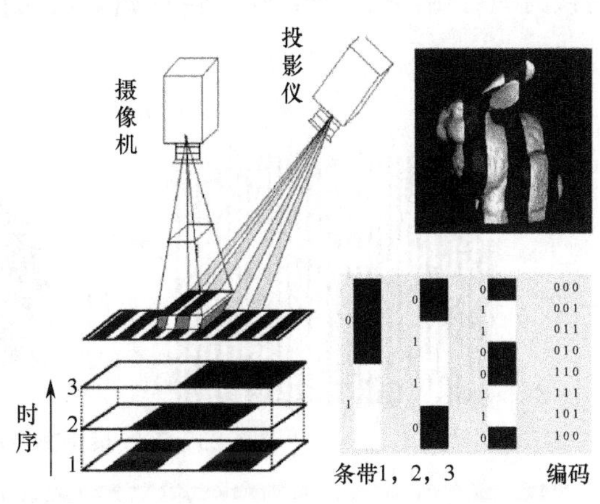

图 5.21　三维成像中的序列二进制编码影像投影

为了有效地减少获得高分辨率三维影像所需的图案数量，人们开发了灰度编码模式——格雷码（Gray Code）。例如，可以使用 m 个不同的强度级别（而不是二值模式中仅有的两个强度值）来生成投影图案的唯一编码。在这种情况下，n 个图案可以编码出 m^n 个条带。每个条带代码都可以被可视化为 $\mathbb{R}^n$ 空间中的一个点，每个维度都有 m 个不同的值。例如，如果有 3 幅图（$n=3$），强度级别 m 为 4，则条带编码的代码总数为 64。相比之下，对于二进制编码的 64 个条带，需要 6 个图案。

在设计二进制和灰度编码模式时存在一个优化问题。优化的目标是在所有唯一码字之中最大化某种类型的距离量。对于实际中的三维成像应用，能够区别相邻的条带是非常重要的。图 5.22 的右半部分是一个在希尔伯特空间中优化的灰度编码影像的例子。

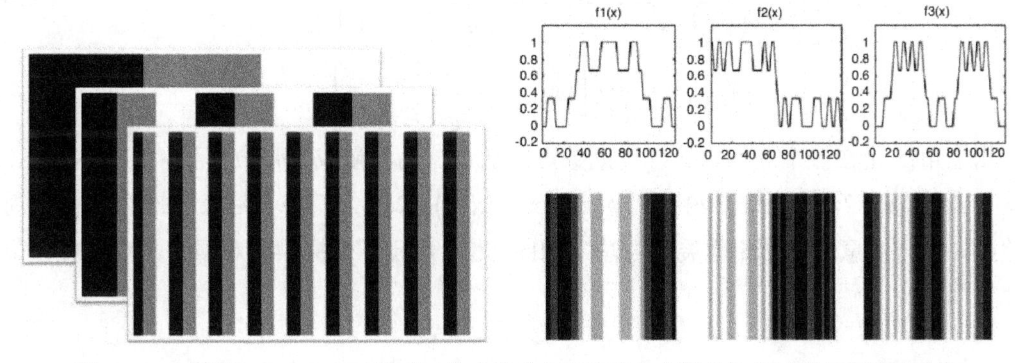

图 5.22　左图是 n=3，m=3 时用于三维成像的灰度编码，右图是优化后的灰度编码影像

5.5.3　相移法编码

相移法是一种著名的三维表面成像的条带投影方法，它投射一组正弦图案到物体表面（图 5.23），在相邻光平面之间插值，每幅影像的像素获得亚像素级别的条带值。投影三个

相移正弦模式，三个投影条带图的每个像素(x,y)的强度都可以描述为

$$
\begin{aligned}
I_-(x,y) &= I_{\text{base}}(x,y)+I_{\text{var}}(x,y)\cos(\phi(x,y)-\theta)\\
I_0(x,y) &= I_{\text{base}}(x,y)+I_{\text{var}}(x,y)\cos(\phi(x,y))\\
I_+(x,y) &= I_{\text{base}}(x,y)+I_{\text{var}}(x,y)\cos(\phi(x,y)+\theta)
\end{aligned}
\tag{5.38}
$$

其中，$I_-(x,y)$、$I_0(x,y)$和$I_+(x,y)$是三个条带的影像强度，$I_{\text{base}}(x,y)$是直流的组分，$I_{\text{var}}(x,y)$是调制信号的幅度，$\phi(x,y)$是相位，θ是恒定的相移角。相位展开是将包裹相位转换为绝对相位的过程。相位信息$\phi(x,y)$可以从三个条带图案的强度中找回。

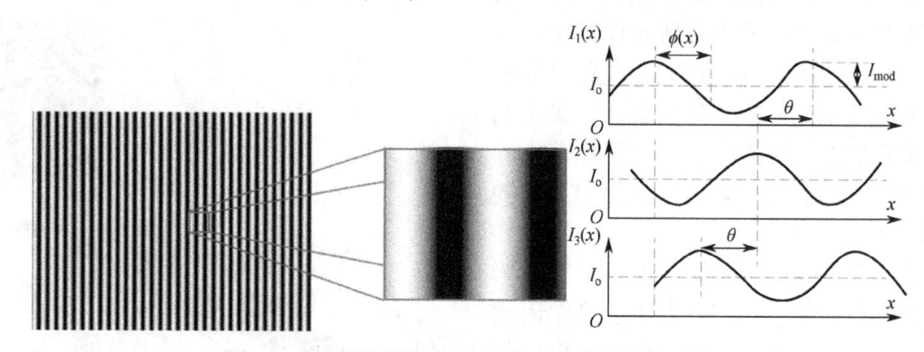

图 5.23 三幅投影影像的相移及条带影像的示例

$$
\frac{I_--I_+}{2I_0-I_--I_+}=\frac{I_{\text{base}}+I_{\text{var}}\cos(\phi-\theta)-I_{\text{base}}-I_{\text{var}}\cos(\phi+\theta)}{2I_{\text{base}}+2I_{\text{var}}\cos(\phi)-I_{\text{base}}-I_{\text{var}}\cos(\phi-\theta)-I_{\text{base}}-I_{\text{var}}\cos(\phi+\theta)}
$$

$$
\frac{\cos(\phi-\theta)-\cos(\phi+\theta)}{2\cos(\phi)-\cos(\phi-\theta)-\cos(\phi+\theta)}=\frac{2\sin(\phi)\sin(\theta)}{2\cos(\phi)(1-\cos(\theta))}
$$

因为$\tan\left(\frac{\theta}{2}\right)=\frac{1-\cos(\theta)}{\sin(\theta)}$，$\cos(\phi-\theta)=\cos(\phi)\cos(\theta)+\sin(\phi)\sin(\theta)$，$\cos(\phi+\theta)=\cos(\phi)\cos(\theta)-\sin(\phi)\sin(\theta)$，所以

$$
\frac{2\sin(\phi)\sin(\theta)}{2\cos(\phi)(1-\cos(\theta))}=\frac{\tan(\phi)\sin(\theta)}{1-\cos(\theta)}=\frac{\tan(\phi)}{\tan(\theta/2)}
\tag{5.39}
$$

$$
\phi'_{(0,2\pi)}=\arctan\left[\tan\left(\frac{\theta}{2}\right)\frac{I_--I_+}{2I_0-I_--I_+}\right]
\tag{5.40}
$$

相位角ϕ'是在一个周期内的，周期数可以通过三角测量或光带数得到。通过对$\phi'(x,y)$的值加上或减去2π的倍数来消除：$\phi(x,y)=\phi'(x,y)+2k\pi$，其中$k$是表示投影图相位周期的整数。值得注意的是，相位展开方法（如图 5.24 所示）仅提供相对展开，对绝对相位是不适用的。

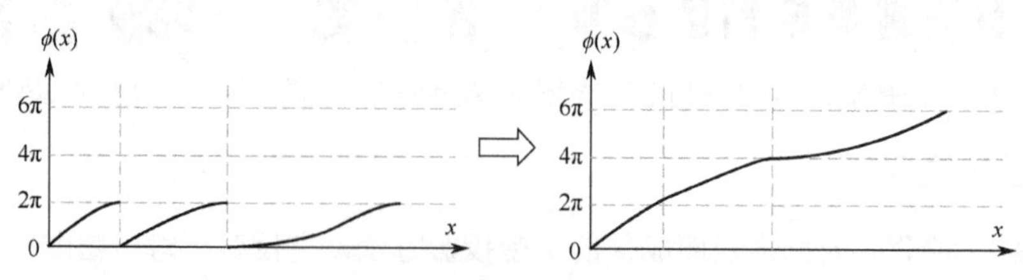

图 5.24 相位展开的过程

三维坐标(X,Y,Z)可以通过所测的$\phi(x,y)$和来自参考平面的相位值之间的差异来计算。图 5.25 解释了一个简单的例子，其中

$$\frac{Z}{L-Z}=\frac{d}{B},\ Z=\frac{L-Z}{B}d \tag{5.41}$$

简化这个公式可以得到

$$Z\approx\frac{L}{B}d\propto\frac{L}{B}(\phi-\phi_0) \tag{5.42}$$

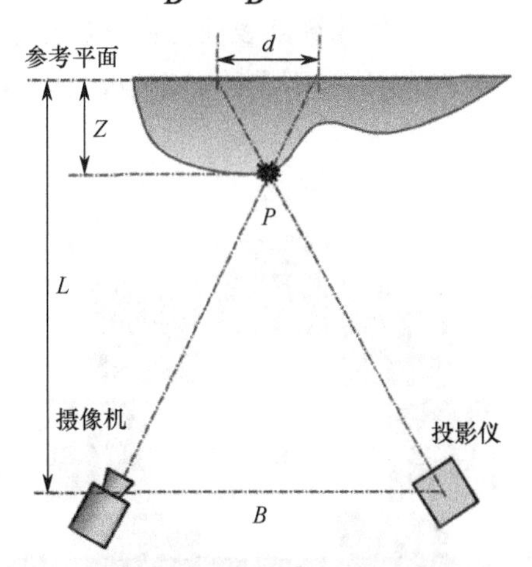

图 5.25　基于相位值的相对于参考平面的深度计算

5.5.4　混合方式：相移法+灰度码投影

相移技术主要存在的问题是相位展开方法只提供相对展开，而不能求解绝对相位。如果两个表面的不连续性大于2π，则基于相位展开的任何方法都无法正确地展开这两个互相关联的表面之间的关系。这些通常被称为“整周期模糊度”的问题，可以通过结合使用灰度码投影技术和相移技术来解决。

图 5.26 显示了在 32 个条带编码序列中结合灰度码投影和相移的示例。灰度码确定不存在任何模糊性的相位的绝对范围，同时相移提供的亚像素分辨率超过了灰度码提供的条带数。然而，混合方式需要更大数量的投影影像，并且不适合动态物体的三维成像。

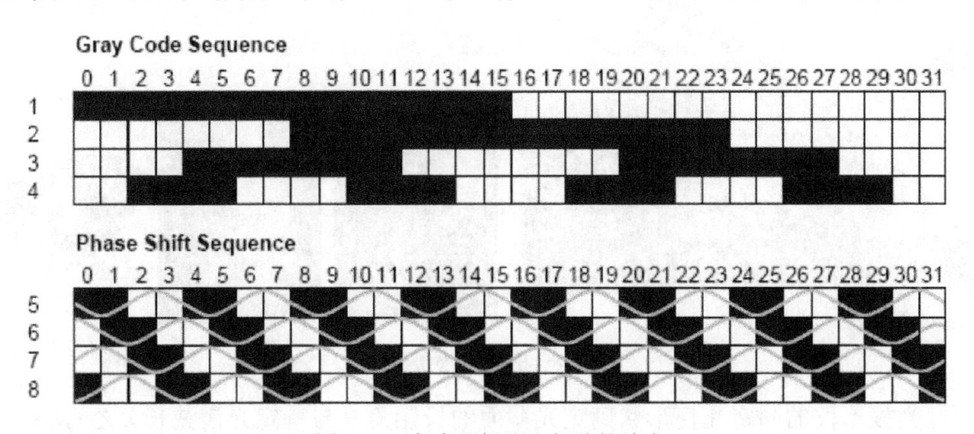

图 5.26　灰度码投影和相移的结合

5.5.5 其他编码模式

1. 光度立体法

光度立体法由 Woodham 首次提出，是一种“由阴影恢复结构”（Shape From Shading，SFS）的变种方法。它从同一视点拍摄，通过改变光照射的方向，使用目标表面的影像序列来估计局部表面方向。它通过使用多幅影像解决了传统的 SFS 方法中的不适定问题。

如图 5.27 所示，同一个物体在 8 个不同方向光源照射下产生 8 幅影像。光度立体法要求所有的光源都为点光源，并且只能估算局部表面方向（梯度 p 、q）。它假设了三维表面的连续性，并且需要一个“起点”（物体表面上的一个点，其三维坐标已知）来实现其三维重建算法。

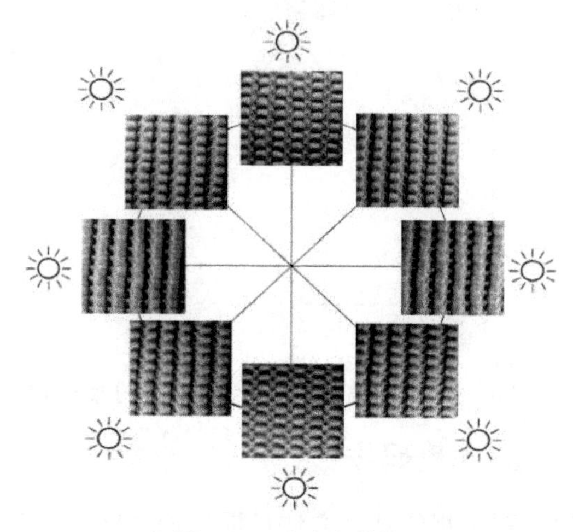

图 5.27 光度立体法

2. 彩虹三维摄像机

图 5.28 展示了利用彩虹带模式的三维摄像机的基本概念，前提假设是场景不会改变投影仪打出的光颜色。相比于必须从一对立体影像中提取相应特征以计算深度值的传统立体视觉，彩虹三维摄像机可将空间变化的波长照射投影到物体表面。

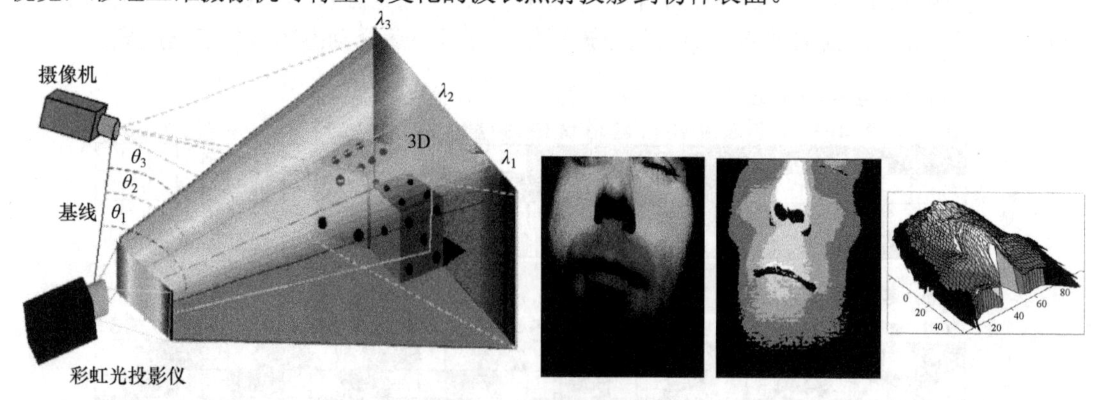

图 5.28 彩虹三维摄像机

彩虹光投影仪的固定几何形状确定光截面的投影角 θ 与特定光谱波长 λ 之间的一一对应关系，从而在每个表面点上提供非常容易识别的标志。在已知基线 B 和视角 α 的情况下，可以直接通过使用三角定理来计算与每个单独像素对应的三维距离值，并且能够实现与摄像机的帧率相同的三维成像速率。

3．伪随机二进制阵列

第一种网格索引的方法，是在网格位置上使用伪随机二进制阵列（Pseudo-Random Binary Array，PRBA），产生点或其他图案标记，使任何子窗口的编码图案是唯一的。PRBA 由一个使用伪随机序列编码的数组定义，这样使得在整个阵列上滑动的任何 $k_1 \times k_2$ 子窗口都是唯一的，并且完全涵盖子窗口的数组内的绝对坐标 (i,j)。

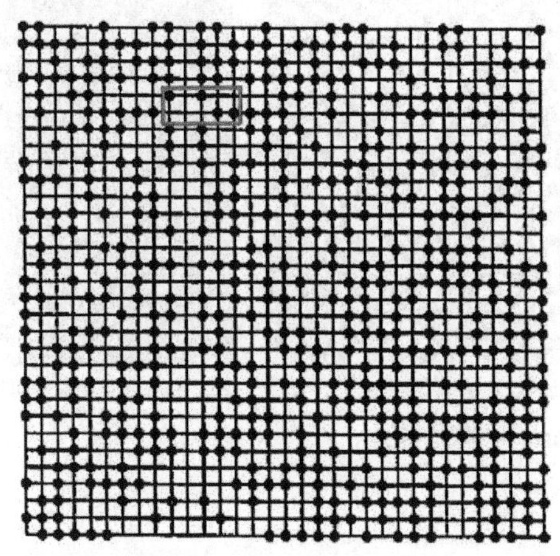

图 5.29　31 像素×33 像素的 PRBA 编码，子窗口为 5 像素×2 像素

二进制阵列的编码方式是基于一个伪随机二进制序列产生的，使用的方法是原始多项式模 2^n 方法，其中 $2^n - 1 = 2^{k_1 \times k_2} - 1$，$n_1 = 2^{k_1} - 1$，$n_2 = 2^n - 1/n_1$。图 5.29 展示了生成的 PRBA 的一个例子，其中子窗口的长宽分别为 $k_1 = 5$，$k_2 = 2$，因此 $n_1 = 31$，$n_2 = 33$。

4．De Bruijn 编码

De Bruijn 编码是应用了 De Bruijn 序列的结构光编码方法。n 个字母 m 阶的 De Bruijn 序列是一个长度为 n^m 的圆形字符串，其中长度为 m 的各子串出现一次。例如，De Bruijn 序列 1000010111101001，其中窗口大小 $m = 4$，字母符号 $n = 2$。将其用于定义彩色狭缝或网格图案，如果要解码某个特定的狭缝仅需要识别它属于哪一个窗口。图 5.30（a）所示为应用 8 个颜色及 3 狭缝窗口大小的 De Bruijn 序列生成 125 条彩色竖直线，它可应用于运动目标，并且对于颜色单一的目标能够获取更好的分辨率。Salvi 等人采用 3 个颜色及 3 狭缝窗口大小的 De Bruijn 序列生成 29×29 的彩色网格，如图 5.30（b）所示，通过对水平方向和垂直方向进行编码，降低其对于空间连续性的依赖性。

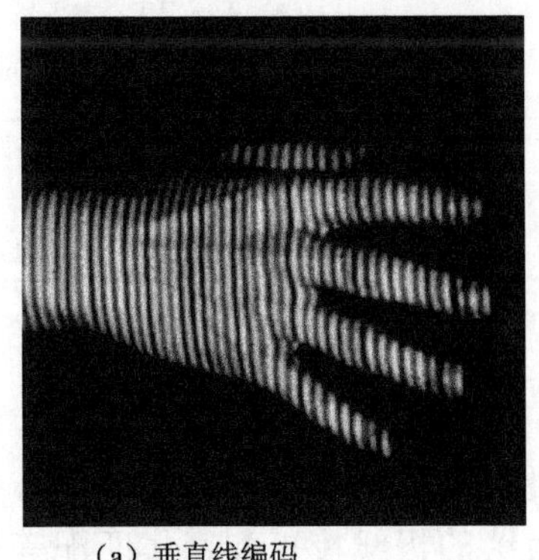

（a）垂直线编码

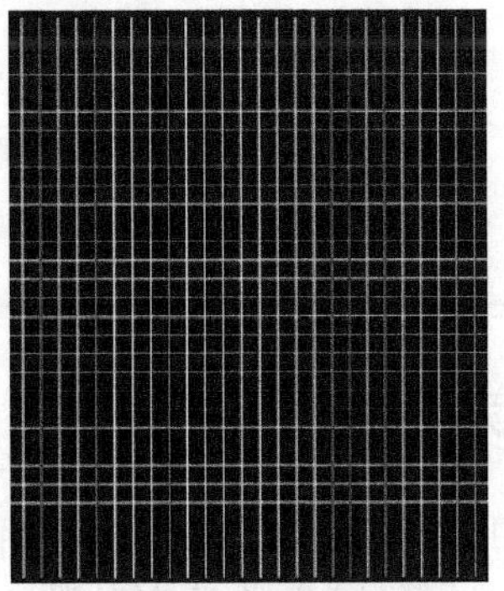

（b）彩色网格编码

图 5.30　De Bruijn 编码实例

M-arrays 编码是 De Bruijn 序列的一种二维拓展，也具备窗口唯一性。Vuylsteke 等人提出了利用如图 5.31（a）所示的形状基元进行 M-arrays 编码的方法，投射的编码图案如图 5.31（b）所示。Morano 等人设计了一类以彩色点为基础的多进制空间编码方法，其编码图案如图 5.31（c）所示。

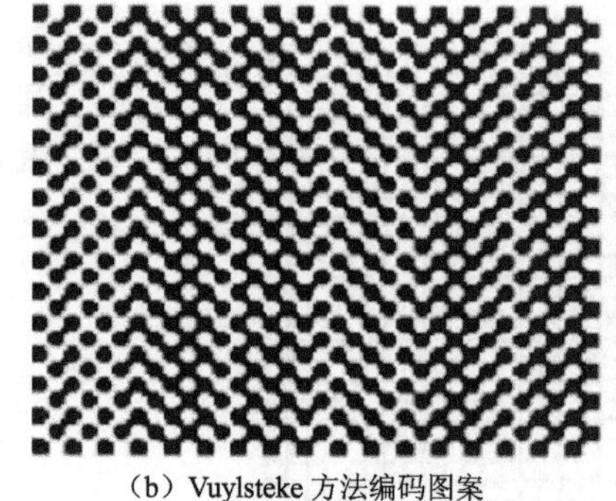

（a）Vuylsteke 方法形状基元　（b）Vuylsteke 方法编码图案　（c）Morano 方法编码图案

图 5.31　M-arrays 编码实例

5.5.6　编码模式的比较

二进制编码和灰度编码都属于时间多路编码。时间多路编码方法通过投影仪把编码图像序列依序投影至待测目标表面，经过对摄像机采集的图像进行调制生成一定的码字，这些码字的数量由投射图案的像素大小决定。时间多路编码方法在三维扫描技术中具有很高的精度，但是因为投射多幅图案需要一定的时间间隔，因此在待测环境有较明显的变动时，将无法测量。

空间域编码只需投射一幅编码图像，由于其结合各像素点及邻域对目标实施编码，因此该方法不仅能够应用于静态目标三维坐标的测量，同时能够应用于动态场景检测。但是，如果在扫描过程中出现遮挡或者阴影，会造成领域信息的错误从而导致误匹配。因此，这类方法只能用于测量表面平滑的目标。常用的空间域编码方法有：De Bruijn 编码、M-arrays 编码等。

表 5.2　几类结构光编码方法的优点、缺点对比表

编码模式	优　点	缺　点
时间多路编码	（1）最高的分辨率 （2）高精度 （3）易于操作实施	（1）不适用于动态场景 （2）需要投射大量的编码图案
空间域编码	（1）可用于扫描动态场景 （2）仅需要一张编码图案	（1）分辨率低于时间多路编码 （2）解码复杂 （3）存在遮蔽区域问题

5.6　立体视觉标定

在标准形式的立体视觉技术中，双目摄像机的标定在整个技术环节中起着至关重要的作用。如果不能提供可靠的标定参数，后续的极线校正和密集匹配等处理工作都将失去意义。

5.6.1　摄像机标定

摄像机标定过程建立了二维影像上的像素与物体点所在的三维空间中的摄影关系，并且考虑了镜头的畸变失真。在大多数应用中，标定技术可以使用简化的摄像机模型和一组内参数来表示这个关系。有几种方法和相应的工具箱可用，这些过程需要不同角度拍摄的照片和已知的标定对象的尺度信息。平面棋盘格是一种常用的标定对象，因为它的制作非常简单，可以用标准的打印机打印出来，并且有很容易被检测到的明显的角点。具体的原理和实现可以参见第 2 章中的技术方法。

5.6.2　投影仪标定

在使用单点拍摄技术的结构光三维扫描方法时，还需要对投影仪进行标定。投影设备的标定由两部分组成：强度标定，投影仪作为主动光源，需要标定其强度以恢复其照明强度的线性度；几何标定，投影仪是一种逆摄像机（Inverse Camera）模式，它需要像普通摄像机一样进行几何标定。

1．投影仪的强度标定

为了提高对比度，投影仪的强度曲线通常随着伽马变换而改变。当在三维成像系统中作为主动光源使用时，标定的目标是恢复照射强度的线性度。为了做到这一点，将投影几种测试图案，并且通过成像传感器来捕获投影图案。投影图案的实际强度与影像像素值之间的关系可以被建立，将这一关系与高阶多项式函数拟合在一起，可计算出逆函数，并将其用于修正在三维成像过程中投影的图案（图 5.32）。

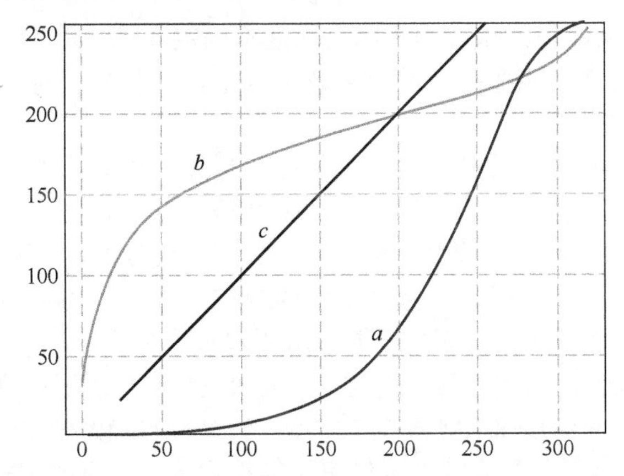

图 5.32　投影仪的强度标定（曲线 a 代表拟合函数曲线，曲线 b 代表反函数，曲线 c 是修正后的强度，理想投影情况下是一条直线）

2．投影仪的几何标定

将投影仪视为逆摄像机（Inverse Camera），它的光学模型与摄像机相同，区别在于投影方向。由于无法知道三维空间中的点投影到逆摄像机像平面上的像素位置，因此逆模型使得将二维影像上的像素与三维空间中的直线坐标的关联问题变得困难。寻找方法建立这种关联对应关系，就可以使用摄像机标定算法对投影仪进行标定。

投影仪几何标定通过使用预标定摄像机和标定板进行。首先，在摄像机坐标系中恢复标定平面。然后，由摄像机捕捉获取标定图案（图 5.33）。由于摄像机和标定板之间的空间关系已经恢复，可以通过将所拍摄到影像上的角点重新投影到标定板上来确定在标定板上形成的棋盘图案角点的三维坐标。最后，可以使用所获取的点的对应关系来标定投影仪。这种方法在理论上是不复杂的并且相对容易实现。但是，这些方法的标定准确度在很大程度上取决于摄像机预标定的准确度。

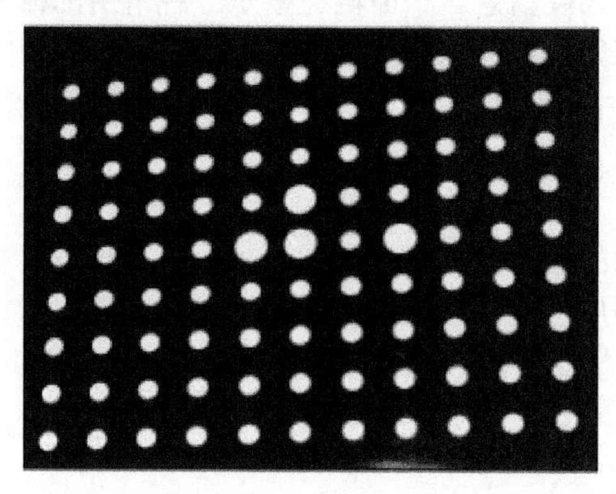

图 5.33　用在投影仪标定中的点阵标定图

5.6.3　系统参数对精度的影响

对深度计算的式（5.9）求导数，深度的标准偏差如下

$$\Delta Z = Z^2 \frac{Bf}{d} \Delta d \tag{5.43}$$

式中，Δd 是视差的标准偏差。该方程表明，深度不确定度随深度呈二次幂增长。因此，标注双目立体视觉系统通常只能在有限的距离范围内工作。如果目标距离较大，则深度估计变得更不确定。

提高深度估计的精度可以通过增大基线长度、焦距或提高影像分辨率来实现。然而，上述的每一项操作都有不利的影响。例如，增大基线长度会使同名像素的匹配更困难，并导致更多的观测对象遮挡问题；增大焦距会降低景深，使场景观测的清晰度受影响；提高影像分辨率会增加处理时间和提高对数据存储的要求。因此，可以看到立体摄像机的设计通常涉及一系列性能权衡，这些权衡是根据应用要求来选择的。

假设匹配测量的视差标准偏差为 0.1 像素，图 5.34 比较了三种立体摄像机系统参数配置随着观测距离的增大对深度估计不确定性的影响。分辨率较高的立体摄像机（*a* 虚线）比分辨率较低的立体摄像机（*b* 虚线）提供更高的精确度。具有较宽基线（*c* 实线）的立体摄像机比具有较短基线（*a* 虚线）的立体摄像机提供更高的精度。

评估三维重建精度的一种快速而简单的方法是，在距离传感器不同深度处放置一个具有丰富纹理的平面目标，对重建的这部分三维点用最小二乘方法拟合一个平面，测量拟合的均方根误差。在许多情况下，这提供了一种很好的重复性测量距离深度的方法，除非存在显著的系统误差，例如，立体摄像机的标定参数本身具有较大的误差，在这种情况下，需要更复杂的过程和测量参考真值的设备。为了测量在三个空间维度中的测量精度，可以在数据采集时，在不同深度拍摄已知大小和形状的目标物的影像，如纹理丰富的立方体，来评估重建的情况。图 5.35 显示了一套由两台工业摄像机和一部投影仪组成的结构光三维测量系统，并展示了一组由该系统扫描的人脸的三维点云数据。

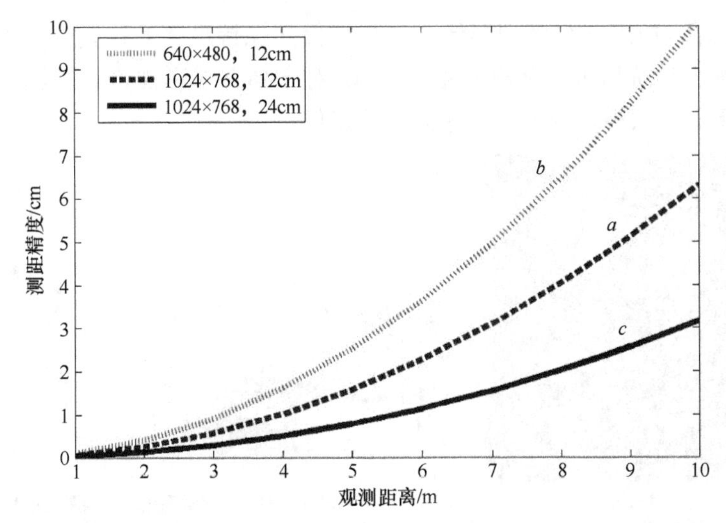

图 5.34　基线长度和影像分辨率随着观测距离变化对立体视觉深度估计精度的影响

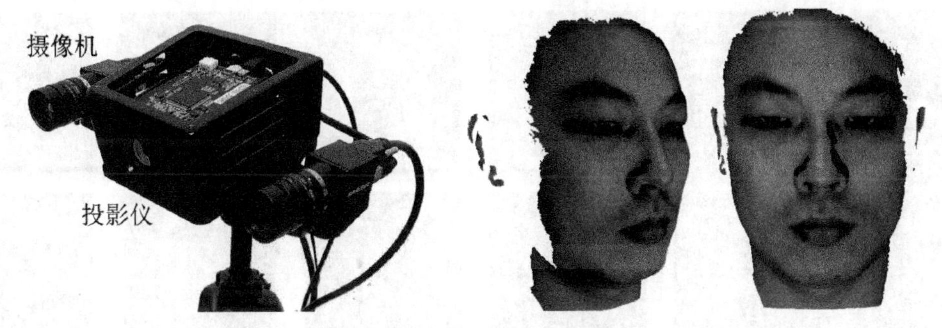

图 5.35　结构光三维测量系统（左）和扫描的人脸三维点云（右）

5.7　应用举例

本节以嫦娥三号探月项目为应用背景，举例介绍双目立体视觉系统的一个具体应用，即基于双目立体视觉的月面巡视探测器（也被称为月球车）地形制图。嫦娥三号探月项目里的月球车搭载了多套双目立体视觉系统，其中导航相机可以进行深空探测地形制图。为验证嫦娥三号月球车地形制图能力，建成一座月面巡视探测器室内试验场。该试验场利用火山灰对月壤进行模拟，并设计模拟月表地形地貌的石块和陨石坑，以及背景星空和月球表面光照条件等。试验场内安装了高精度的室内定位系统（indoor Global Positioning System，iGPS），可以实现对月球车的位置姿态进行精准测量。同时配备高精度激光雷达扫描仪，能够对模拟场地进行精细地形扫描，获得高精度的地形数据。这些设备设施直接验证了月球车对地外星体探测的能力，为定量地分析各类算法精度和效率提供了可靠的支持与保障。

（1）实验数据。图 5.36（a）给出了一幅由嫦娥三号着陆器在月面着陆后两器互拍阶段拍摄的月球车照片，图 5.36（b）给出了月球车双目立体视觉系统地形制图的示意图。月球车的导航相机的影像像幅为1024 像素×1024 像素，视场角为55°×55°，左、右焦距分别为3581.20 像素和 3764.33 像素。试验前，巡视探测器的立体导航相机的内参数已通过三维标定场进行离线标定获得。在进行近景地形制图时，月球车的导航相机以一定的俯角（约

40°）围绕桅杆旋转拍摄获得序列影像，序列影像间保持足够的重叠度。本节试验利用嫦娥三号巡视探测器导航相机在某测站拍摄的 6 对序列立体影像进行探测区域地形重建实验。图 5.37 展示出了试验采用的 6 对序列立体影像。

（a）嫦娥三号月球车照片

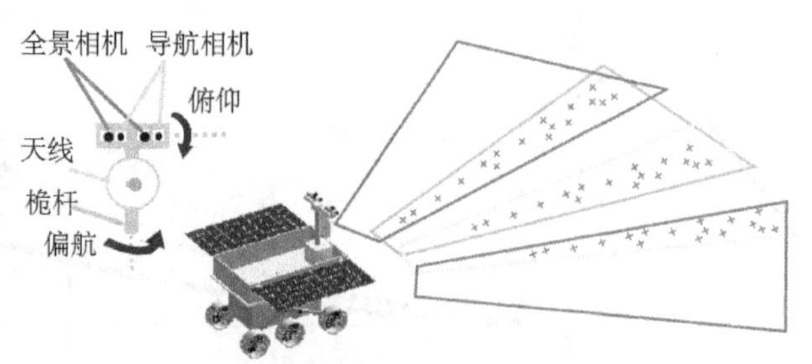

（b）月球车双目立体视觉系统地形制图的示意图

图 5.36 嫦娥三号月球车照片和制图示意图

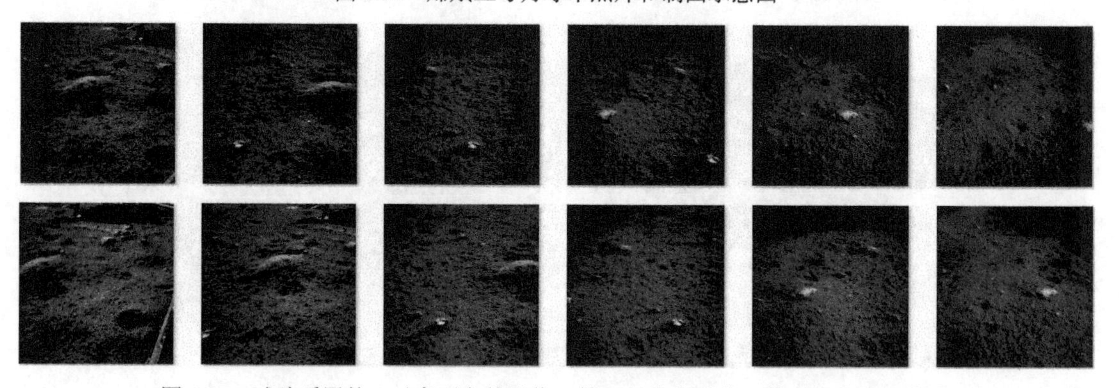

图 5.37 试验采用的 6 对序列立体影像（第一行为左影像，第二行为右影像）

（2）算法实现。利用专门设计的匹配算法，每一对立体像片可以重建一组三维点云数据。立体视觉重建的深度信息是在参考影像的像空间坐标框架下的空间数据，因此初始结果有 6 组点云。序列影像之间的相对位置姿态参数根据外方位元素及重叠区域特征匹配点建立联系，利用最小二乘方法拟合求解序列像对之间的配准参数，实现序列点云之间的三维数据融合。同时，像空间坐标系在场地全局坐标系中的转换参数根据 iGPS 和内联传感器获得，将立体重建的三维数据转换到场地全局坐标系下，即实现了重建点云与激光扫描数据之间的配准。

（3）精度评定。在室内试验场中预先有布设好的一定数量的控制点，这些控制点具有足够精度来用作检查点。利用试验场内的激光扫描仪器和 iGPS 等设备，可获得试验场地的高精度地形数据作为参考真值，根据布设的控制点对算法重建结果的精度进行定量分析。

利用预先布置的控制点对重建结果进行测量比较，获得了三维重建点云在各个方向上的精度的估计量，统计结果如图 5.38 所示。图示结果表明三维重建点云的误差随观测距离的增大而增大，而且沿 Z 方向重建的误差略大于 X 和 Y 方向的误差。总体来说，在 10m 的观测距离范围内，三维重建的精度整体小于 0.12m，满足任务要求。试验中对地形三维重建的点云精度整体优于 0.1m，满足月球车近距离路径探测与规划任务对地形图数据质量的要求。

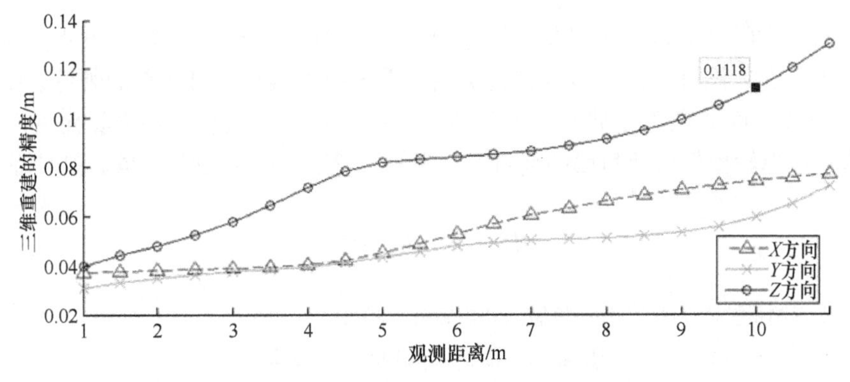

图 5.38　根据控制点统计的制图精度结果

图 5.39 给出了算法重建的纹理配色点云，以及根据高程配色的点云结果，与原始影像数据对照可以观察到地形中的石块和坑被完整地呈现出来。

此外，项目研究中开发了月球车在轨里移动程计算与路径显示软件，软件调用三维重建的地形制图结果作为地理信息底层数据。根据遥测数据和定位解算数据，软件可以实时地对探测器行驶路径和规划路径进行二维与三维的可视化显示，为控制指挥中心提供一个具有增强现实功能的在轨里程支持系统，图 5.40 给出了部分系统软件画面。

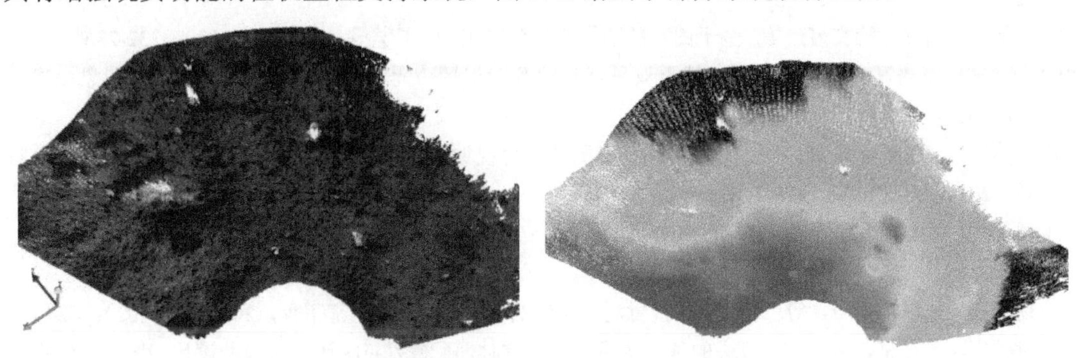

图 5.39　纹理配色点云（左）和高程配色点云（右）

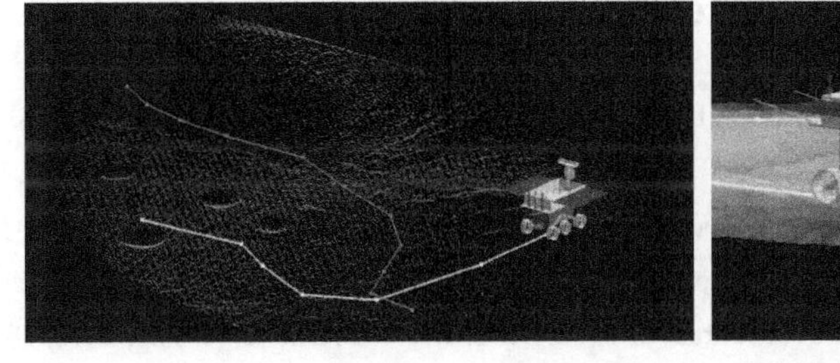

图 5.40　月球车在轨移动里程计算与路径显示软件系统

5.8　小结

双目立体视觉技术涵盖了前面章节的许多基础知识，包括对极几何、摄像机标定、特征提取与匹配的理论。双目立体视觉无论是设备搭建还是程序开发实现，都是比较容易入手的。因此，对于初学者而言，学习基于影像的三维重建的一个非常好的出发点是从学习双目立体视觉的理论和方法开始。双目立体视觉测量系统由于具有相对简单的硬件系统结构，其发展也相对成熟，因此在工业界有很多的成熟产品。由于其具有灵活而稳定的三维测量特性，工程人员可以轻松地搭建自己的双目立体视觉测量系统，服务于一些新颖的特殊应用。

参 考 文 献

[1] 迟健男. 视觉测量技术[M]. 北京：机械工业出版社，2011.

[2] 高宏伟. 计算机双目立体视觉[M]. 北京：电子工业出版社，2012.

[3] 管业鹏，顾伟康. 基于双目视觉的基准差梯度立体匹配法[J]. 传感技术学报，2004，01：74-77.

[4] 李明磊，刘少创，彭松，等. 基于改进动态规划法的月面地形三维重建[J]. 光电工程，2013，40（10）：6-11.

[5] 刘佳音，王忠立，贾云得. 一种双目立体视觉系统的误差分析方法[J]. 光学技术，2003，29（003）：354-357.

[6] 苏显渝，张启灿，陈文静. 结构光三维成像技术[J]. 中国激光，2014，41（02）：9-18.

[7] 王保丰，唐歌实，李广云，等. 一种月球车视觉系统的匹配算法[J]. 航空学报，2008，29（001）：117-122.

[8] 王年，范益政，鲍文霞，等. 基于图割的图像匹配算法[J]. 电子学报，2006，34（2）：232-236.

[9] 王荣本，李琳辉，金立生，等. 基于双目视觉的智能车辆障碍物探测技术研究[J]. 中国图象图形学报，2007，12（012）：2158-2163.

[10] 吴伟仁，王大轶，邢琰，等. 月球车巡视探测的双目视觉里程算法与实验研究[J]. 中国科学：信息科学，2011，41（12）：1415-1422.

[11] 杨化超，姚国标，王永波. 基于 SIFT 的宽基线立体影像密集匹配[J]. 测绘学报，2011，40（05）：537-543.

[12] 杨景豪，刘巍，刘阳，等. 双目立体视觉测量系统的标定[J]. 光学精密工程，2016，24（02）：62-70.

[13] 尹传历，刘冬梅，宋建中. 改进的基于图像分割的立体匹配算法[J]. 计算机辅助设计与图形学学报，2008，20（06）：808-812.

[14] 张易，项志宇，陈舒雅，等. 弱纹理环境下视觉里程计优化算法研究[J]. 光学学报，2018，38（06）：226-233.

[15] 张广军，田叙. 结构光三维视觉及其在工业中的应用[J]. 北京航空航天大学学报，1996，022（006）：650-654.

[16] 张广军，王红，赵慧洁，等. 结构光三维视觉系统研究[J]. 航空学报，1999，20（04）：78-80.

[17] Ahmadabadian A H, Robson S, Boehm J, et al. A comparison of dense matching algorithms for scaled surface reconstruction using stereo camera rigs[J]. ISPRS Journal of Photogrammetry and Remote Sensing, 2013, 78: 157-167.

[18] Birchfield S. An introduction to projective geometry (for computer vision)[M]. Redwood: Stanford University Press, 1998.

[19] Boykov Y, Kolmogorov V. An experimental comparison of min-cut/max-flow algorithms for energy minimization in vision[J]. IEEE Transactions on Pattern Analysis and Machine Intelligence, 2004, 26(9): 1124-1137.

[20] Bradsky G, Kaehler A. Learning OpenCV: computer vision with the OpenCV library[M]. Sebastopol: O'Reilly

Media, 2004.

[21] Criminisi A, Blake A, Rother C, et al. Efficient dense stereo with occlusions for new view-synthesis by four-state dynamic programming[J]. International Journal of Computer Vision, 2007, 71(1):89-110.

[22] Deng Y, Yang Q, Lin X, et al. A symmetric patch-based correspondence model for occlusion handling[C]. Tenth IEEE International Conference on Computer Vision. Los Alamitos, 2005, 1316-1322.

[23] Forstmann S, Kanou Y, Ohya J, et al. Real-time stereo by using dynamic programming[C]. IEEE Conference on Computer Vision & Pattern Recognition Workshop, Washington, United States, 2004, 29.

[24] Geiger A, Roser M, Urtasun R. Efficient large-scale stereo matching[C]. Asian Conference on Computer Vision. Berlin: Springer-Verlag, 2010, 25-38.

[25] Geng J. Structured-light 3D surface imaging: a tutorial[J]. Advances in Optics and Photonics, 2011, 3(2): 128-160.

[26] Hartley R, Zisserman A. Multiple view geometry in computer vision[M]. London: Cambridge University Press, 2014.

[27] Hirschmüller H. Accurate and efficient stereo processing by semiglobal matching and mutual information[C]. 2005 IEEE Conference on Computer Vision and Pattern Recognition. San Diego, CA, US, 2005, 807-814.

[28] Hong L, Chen G. Segment-based stereo matching using graph cuts[C]. Proceedings of the 2004 IEEE Computer Society Conference on Computer Vision and Pattern Recognition. Los Alamitos, 2004, 74-81.

[29] Kolmogorov V. Graph based algorithms for scene reconstruction from two or more views[D]. New York: Cornell University, 2004.

[30] Kolmogorov V, Zabih R. Multi-camera scene reconstruction via graph cuts[C]. European Conference on Computer Vision. Berlin: Springer-Verlag, 2002, 82-96.

[31] Loop C, Zhang Z. Computing rectifying homographies for stereo vision[C]. In Proceedings of 1999 IEEE Conference on Computer Vision and Pattern Recognition. Los Alamitos, 1999, 125-131.

[32] Ma Y, Soatto S, Koseck J, et al. An invitation to 3-D vision[M]. New York: Springer, 2004.

[33] Matthies L H. Stereo vision for planetary rovers: stochastic modeling to near-real-time implementation[C]. Geometric Methods in Computer Vision. Bellingham: Optical Engineering, 1991, 187-200.

[34] Mattoccia S, Tombari F, Stefano L D. Fast full-search equivalent template matching by Enhanced Bounded Correlation[J]. IEEE Transactions on Image Processing, 2008, 17(4):528-538.

[35] Ohta Y, Kanade T. Stereo by intra- and inter-scanline search using dynamic programming[J]. IEEE Transactions on Pattern Analysis and Machine Intelligence, 1985, 7(2):139-154.

[36] Roy S, Cox I J. A maximum-flow formulation of the n-camera stereo correspondence problem[C]. IEEE 6th International Conference on Computer Vision. New Delhi: Narosa Publishing House, 1998, 492-499.

[37] Scharstein D, Szeliski R. A taxonomy and evaluation of dense two-frame stereo correspondence algorithms[C]. IEEE Workshop on Stereo and Multi-Baseline Vision, Proceedings. Los Alamitos, 2001, 131-140.

[38] Strecha C, Tuytelaars T, Van Gool L. Dense matching of multiple wide-baseline views[C]. In Proceedings of 9th IEEE International Conference on Computer Vision. Los Alamitos, 2003, 1194-1201.

[39] Tang M, Gorelick L, Veksler O, et al. GrabCut in one cut[C]. In Proceedings of IEEE International Conference on Computer Vision. New York, 2013, 1769-1776.

[40] Tappen M F, Freeman W T. Comparison of graph cuts with belief propagation for stereo, using identical MRF parameters[C]. In Proceedings of 9th IEEE International Conference on Computer Vision. Los Alamitos, 2003, 900-907.

第 6 章　点云滤波与分割

通过影像匹配重建的观测场景的数据最开始是以三维点云的形式呈现的，此外，激光雷达扫描或者深度摄像机扫描采集的数据的初始形态通常也是三维点云。无论是由影像恢复的点云，还是激光扫描获得的点云，都可以被称为对观测场景观测的采样点云。三维点云数据的主要特点是数据的空间几何结构丰富，但点云不具备二维图像形式的传统规则网格拓扑结构，所以点云数据处理中的一个核心问题就是对离散的三维点云建立一套拓扑关系，能够实现基于邻域关系的快速查找。

在表面建模的过程中，点云空间结构增强是一项重要的前提工作，包括对数据进行降噪、采样、表面法向量估计等。三维点云分割包括非监督分割和监督分割。近些年，点云分割技术在计算机视觉及机器人领域中的研究应用越来越广泛。随着深度学习技术的发展，点云的语义分割获得了新的研究动力，受到了越来越多的关注。

本章首先对点云数据的组织和数据结构相关算法研究进行介绍，然后给出密度加权投影采样的点云增强算法。点云滤波增强技术能够提高点云的表面法向量等点云特征的估计准确性。最后，本章对点云的分割技术进行介绍，从超体素分割和目标级别分割两个方面展开论述。

6.1　采样点云特性

6.1.1　点云质量问题

随着数据采集设备的不断更新发展，三维点云的获取变得越来越便捷，采集数据的设备包括数码摄像机、结构光扫描仪、LiDAR 扫描仪以及彩色深度（RGBD）摄像机等。然而数据获取方式的差异也使采样点云具有不同的属性，同时包括各种潜在的数据缺陷，这是表面重建工作需要面临的重要挑战。接下来概括描述采样点云通常存在的一些典型问题，如图 6.1 所示，以一个点云片段的截面为例。

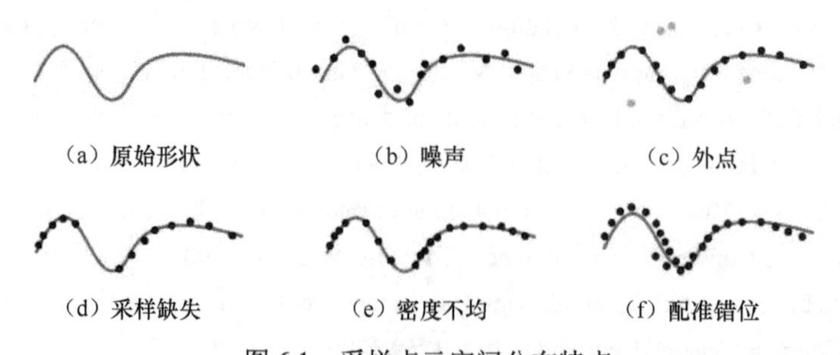

图 6.1　采样点云空间分布特点

（1）噪声（Noise）。点云噪声通常是指数据点随机分布在靠近真实表面位置的情况。典型的噪声受以下因素的影响：传感器的系统性问题、观测目标的材料散射特性、深度值测量质量、传感器与目标之间的距离等。稳健的表面重建算法会借助一些统计的手段，来使重建的表面能以靠近采样点的微小距离经过而又不致过拟合。对于一些噪声水平与测量值存在相关性的采样数据来说（比如 Kinect 彩色深度摄像机的采样噪声会随着与观测目标距离的增大而变大），这种空间变化的噪声给表面重建带来了很大的挑战。

（2）外点（Outliers）。外点也叫作异常值或者野值，它是指远离真实表面的采样点。外点的产生通常是由于在数据采集的过程中出现了结构性的错误。主要表现为随机地分布在真实表面周围的离散点，通常这部分点的密度低于正常采样数据的密度。外点也可以是成群存在的，比如以较高密度点集群存在于远离真实表面的位置。这种情况可能发生在多视立体匹配过程中，例如，在进行匹配像素的相关性搜索时，镜面反射造成的虚假匹配对应会形成外点。与噪声不同，外点是离群的，不应该被用来重建目标表面。需要通过显式的算法检测外点或者隐式的算法来去除外点的影响。

（3）采样缺失（Missing）。采样缺失是由于在扫描过程中传感器的采样范围有限、目标具有高吸收特性、目标形状遮挡等因素造成的。这使得部分目标表面没有采样数据，产生采样密度为零的区域。无论哪种重建算法，对于大面积的数据缺失都无能为力，它的存在极大地降低了表面重建精度，是重建算法需要克服的重要缺点。目前的算法在处理这一类问题时，主要采用先验假设几何模型，即对缺失部分的模型结构根据上下文进行假设，从而插值出一定的结构表面。另外可以利用扫描技术得到一定程度的弥补，同时应该精心准备数据采集方案，在观测过程中避免产生采样缺失的情况。

（4）密度不均（Uneven Density）。对目标物表面进行扫描采样时，点云在对应物体表面的密度分布被理解为采样密度。三维扫描产生的点云通常会具有采样密度不均匀的特点，这可能是由于采样目标与扫描仪的距离变化、扫描仪摄影方向变换、采样目标的自身形态特征等因素引起的。对此，一些表面几何重建算法首先对采样点估计一个采样密度，再对重建算法的非均匀级别进行控制，通过增加尺度约束来达到控制重建精度的目的。

（5）配准错位（Misalignment）。有时数据采集不是一次性完成的，而是利用多角度或者多频次的采样拼接得到整个目标场景的点云数据的。多次扫描结果的统一需要采用配准算法，配准错位表现在同名点对应的空间数据在多次采样结果上产生了分歧。大多数情况下表现为对目标表面的偏离，或者采样范围的空间不连续。由于配准错位属于结构性的误差，因此它会引起表面重建的模型结果在错位处出现不连续，比如尖锐的过度。

6.1.2　点云数据组织和查询

在处理三维采样点云数据时，邻域是一个非常重要的概念，因为它是很多算法对离散数据进行结构化组织和特征提取的关键。设一个三维点云集合为 $\boldsymbol{P}$，设 $\boldsymbol{P}_0$ 是一个查询点，则 $\boldsymbol{P}_0$ 的邻域是 $\boldsymbol{P}$ 的一个子集，以 $\boldsymbol{N}_{p_0}=\{\boldsymbol{p}_1,\cdots,\boldsymbol{p}_k\}$ 表示邻域查询输出的点集，$\boldsymbol{p}_k$ 是第 k 个最邻近点，其中每个点满足

$$\|\boldsymbol{p}_0,\boldsymbol{p}_k\|_n \leqslant d_{\max} \tag{6.1}$$

式中，$d_{\max}$ 表示约定的最大查询距离半径；$\|\cdot\|_n$ 表示明可夫斯基距离（Minkowski Distance），它是欧氏距离的扩展，是对多种距离度量公式的概括性的表达，具体表示为

$$\|\boldsymbol{X},\boldsymbol{Y}\|_n=\left(\sum_{i=1}^{w}\left|x_i-y_i\right|^n\right)^{1/n} \tag{6.2}$$

式中，w表示参数向量的维度，当$n=2$时，式（6.2）就变成了欧氏空间距离。

最简单的邻域点集查询方法就是计算所有点到查询点的距离，然后按照距离值从小到大的顺序排序，在序列中找出其中距离最小的k个点作为查询结果。这种方法的思路简单，但计算代价大，不适宜进行频繁的点集查询操作。这就促使近似最邻近查询（Approximate Nearest Neighbor，ANN）方法的产生，它利用一个大于0的参数ε来描述可以接受的查询距离边界误差。这样查询的结果$\boldsymbol{p}_k$与查询点的距离和真实的最邻近点$\boldsymbol{q}_k$到查询点的距离满足

$$\|\boldsymbol{p}_0,\boldsymbol{p}_k\|_n \leqslant (1+\varepsilon)\|\boldsymbol{p}_0,\boldsymbol{q}_k\|_n \tag{6.3}$$

从程序实现的角度出发，将待估计距离直接用平方项进行比较，避免开平方运算的消耗，可大大提高算法效率。几乎所有的ANN方法都基于对全空间的划分，迅速找到查询点所在的子空间，并将查询点与子空间内的数据点进行比较计算。

对于具体的应用而言，邻域查询还被分为两种类型的查询，即：找到离查询点$\boldsymbol{p}_0$最近的k个点，不考虑这些点的分布范围；找到距$\boldsymbol{p}_0$小于半径r的至多k个点，此时查询结果的个数可能小于k个。

对三维空间划分，建立空间索引是点云数据处理的一项必要工作。常见的空间索引一般按照自上而下的逐级划分形式，对三维空间建立索引结构，比较有代表性的索引结构包括：二叉空间分割（Binary Space Partitioning，BSP）树、KD树（K-Dimensional Tree）、R树、R+树、CELL树和八叉树（Oct-Tree）等。在这些结构当中，八叉树和KD树是三维点云数据组织中应用最为广泛的两种。

（1）八叉树数据结构。

八叉树数据结构是由二维空间的四叉树数据结构推广到三维空间而形成的，它是一种树形结构，在空间分解上具有很强的优势。如图6.2所示，在八叉树数据结构中，最基层的根节点表示整个三维空间区域。将该区域分成8个大小相同的子区域，对应表示为根节点的8个子节点。然后将每个子节点区域继续划分成8个更小的区域，添加下一级子节点。以此类推进行分割，直到子节点所包含的采样点个数小于规定的数目（比如1）或达到规定的划分层数为止。

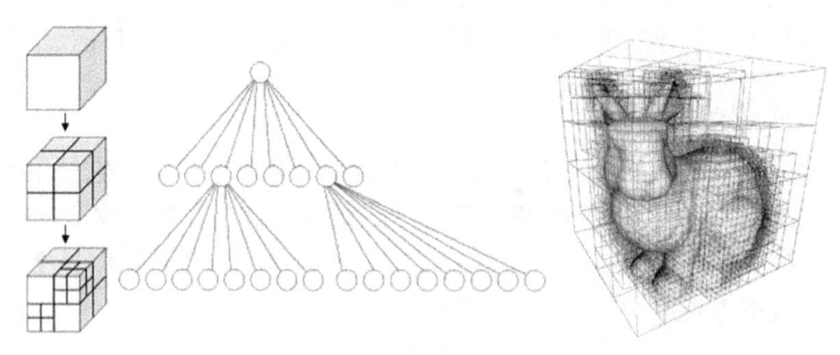

图6.2 八叉树数据结构

（2）KD树数据结构。

KD树是一种用于组织K维空间中离散数据点的数据结构，它是一种二叉搜索树，在最邻近搜索上具有非常高的效率。图6.3给出了KD树在二维空间的数据结构示例。对于三维点云数据而言，通常只在三维欧氏空间上进行操作处理，所以将这里的KD树设计成三

维的。每个级别的树将所有的子节点都沿着特定的方向，使用垂直于轴线的超平面分开。

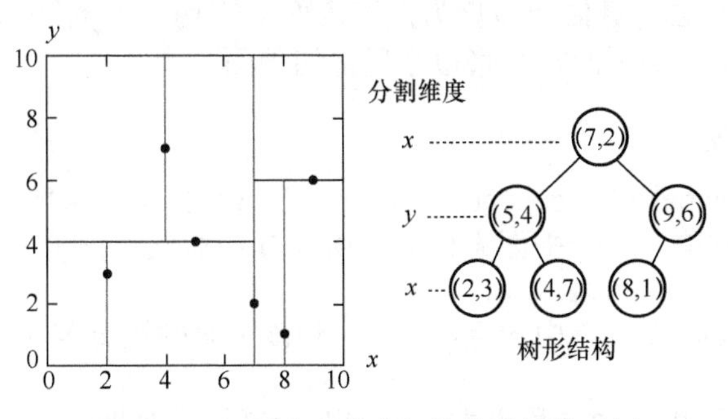

图 6.3　KD 树在二维空间的数据结构示例

算法首先在树的根节点沿第一个维度将所有的节点分割开，如果一个点的第一维坐标比根节点的第一维坐标值小，则划分到左子树，反之，则划分到右子树。然后，树上的每个层次都在第二个维度上进行划分，一旦所有维度划分完成，就返回第一维，以此类推继续划分。构建 KD 树最有效的方式是使用分区方法，如使用快速排序方法找到中值点，将数据分割开。然后，在左、右两个树上重复这个过程，直到最后一棵树是由一个元素组成的。

KD 树的每个节点都是一个 K 维点，每个非叶子节点都可以生成一个分割超平面，将超平面分成两部分，平面左侧的点由节点左子树来表示，右侧的点由节点右子树来表示，但超平面必须限定于与某坐标轴垂直。KD 树划分空间简单，而且不要求等分空间，所以比八叉树等具有更紧密的结构和更良好的存储性能。

6.2　点云滤波增强

6.1 节所述的建模算法对扫描点云的采样密度、表面法向量和噪声分布等特性都有一定的要求，虽然许多隐式建模算法都可以容忍一定程度的点云密度的稀疏分布和法向量的方向翻转错误的情况，但当存在大面积连续的法向量估计错误时，表面重建结果会有显著的缺陷。因此，准确的法向量估计以及优化的点云空间结构，对于表面建模工作具有十分重要的意义。在本节中，将介绍与点云结构增强相结合的法向量估计优化算法，可以提高离散点云数据质量。

6.2.1　点云的法向量估计

点云的法向量信息对于采样点云的平面拟合、特征提取、表面分割、表面建模以及信息提取等研究来说有极其重要的作用。光滑表面在每一点上的法向量都有唯一的定义，即垂直于该点的空间切面的方向，在一个给定的点上切面空间的直观表示是一个局部表面近似。表面法向量可以是有向的，其中每个法向量始终指向表面的内侧或外侧；法向量估计的结果也可能是无向的，即具体指向不确定。有向的法向量为重建算法提供了非常有用的线索，然而如果与点云相关的某些信息是不存在的，那么要得到一个方向明确的法向量是非常困难的。

由于点云具有离散结构特性，在寻找空间局部切平面时，点的邻域关系成为法向量估计的关键。一旦确定了某一个查询点 $\boldsymbol{p}_0$ 的邻域点集 $\boldsymbol{N}_{\boldsymbol{p}_0}$，就可以由此来估计一个表示 $\boldsymbol{p}_0$ 局部基本几何曲面的特征向量，继而估计该点的表面法向量。尽管对于法向量估计已经有大量的研究，关于点云的表面法向量估计的改良方法也有很多，但是最常用的方法仍然是最小二乘平面拟合[23]。将点云的法向量估计转化为点云表面局部切平面的法向量估计，从一个局部点集 $\boldsymbol{N}_{p_0}$ 出发，用最小二乘平面拟合来拟合局部切平面。

1. 主成分分析算法

主成分分析（Principal Component Analysis，PCA）算法是求解一个切平面的最小二乘估计的简单而实用的方法。一个平面方程可以由点 $\overline{\boldsymbol{p}}$ 和对应法向量 $\boldsymbol{n}_p$ 表示，$\overline{\boldsymbol{p}}$ 为点集的重心点，即 $\overline{\boldsymbol{p}}=\left(\sum_{i=1}^{k}\boldsymbol{p}_i\right)/k$，而点集中的点 $\boldsymbol{p}_i\in\boldsymbol{N}_{p_0}$ 到该平面的距离定义为 $d_{p_i}=\left(\boldsymbol{p}_i-\overline{\boldsymbol{p}}\right)\boldsymbol{n}_p$。

PCA 算法是一种利用少数被称作主成分的变量来描述数据的协方差的多元统计方法。第一主成分所指示的方向是将观测量进行投影后可以产生最大方差的方向，第二主成分所指示的方向是第二大方差所在的方向，且信息与第一主成分没有相关性，以此类推可得到后续的主成分。

绝大多数法向量估计算法都是利用不同形式的 PCA 算法进行的，利用点云之间的欧氏距离计算，分析 $\boldsymbol{N}_{p_0}$ 中所有点的协因数矩阵 $\boldsymbol{C}$（$\boldsymbol{C}\subset\mathbb{R}^{3\times3}$）的特征值和特征向量，给出法向量 $\boldsymbol{n}_{p_0}$ 的估计，表达式为

$$\boldsymbol{C}=\frac{1}{k}\sum_{i=1}^{k}\varsigma_i\left(\boldsymbol{p}_i-\overline{\boldsymbol{p}}\right)\left(\boldsymbol{p}_i-\overline{\boldsymbol{p}}\right)^{\mathrm{T}} \tag{6.4}$$
$$\boldsymbol{C}\cdot\boldsymbol{v}_j=\lambda_j\cdot\boldsymbol{v}_j$$

其中，ς_i 表示点 $\boldsymbol{p}_i$ 的权重，等权观测情况下通常设为 1。$\boldsymbol{C}$ 是一个带权的协方差矩阵，也是一个对称半正定矩阵，它的特征值为实数 λ_j（$\lambda_j\in\mathbb{R}$），而它的三个特征向量 $\boldsymbol{v}_j$ 对应 $\boldsymbol{N}_{p_0}$ 的 $\boldsymbol{C}$ 的主分量，形成一个空间正交的框架。

通过奇异值分解（Singular Value Decomposition，SVD）可以获得 $\boldsymbol{C}$ 矩阵的特征向量。对于一个由邻域点集合拟合的切平面而言，SVD 得到的特征向量的前两个主成分描述了其绝大部分的变化特性。已知平面的表达式可以写为 $ax+by+cz+d=0$，其中 a、b 和 c 表达了平面的斜率参数，d 是平面与原点的距离。假设 $0<\lambda_1<\lambda_2<\lambda_3$，那么对应最小值 λ_1 的特征向量 $\boldsymbol{v}_1$ 在几何意义上就与表面估计法向量共线，即 $\boldsymbol{v}_1\sim\boldsymbol{n}$ 或 $\boldsymbol{v}_1\sim-\boldsymbol{n}$。

图 6.4 给出了利用 PCA 提取主分量信息拟合局部平面的示意图。其中，X 轴、Y 轴和 Z 轴表示的是扫描点云所在的世界坐标系的三轴指向，而红、绿、蓝三色坐标轴分别指示的是由 PCA 算法检测到的反应点云空间变化属性的三个主分量方向。其中，第三主分量所指示的方向就是由最小二乘平面拟合估计的法向量方向。

2. 确定法向量的指向

通常由数值解法找到法向量的指向是不明确的。对于已知扫描仪的视点出发位置 $\boldsymbol{p}_{\text{view}}$ 的情况，比如使用深度摄像机拍照可以提供拍照方向，法线的指向只可能出现在视点一侧，因此可以通过下式来确定法线方向：$\boldsymbol{n}_{p_i}\left(\boldsymbol{p}_{\text{view}}-\boldsymbol{p}_i\right)>0$。

在缺失观测视点方向信息的情况下，确定法向量指向的正、负号就十分困难了。基于图（Graph）优化的解决办法为法向量定向提供了一种好的解决思路，核心思想是假设目标表面连续且属于一个表面的两个点 $\boldsymbol{p}_i$ 和 $\boldsymbol{p}_j$ 的法向量应具有空间连续一致性，即

$\boldsymbol{n}_{p_i}\boldsymbol{n}_{p_j} \approx 1$。这种假设对于表面采样点云密度大且光滑的数据可以得到较好的结果。

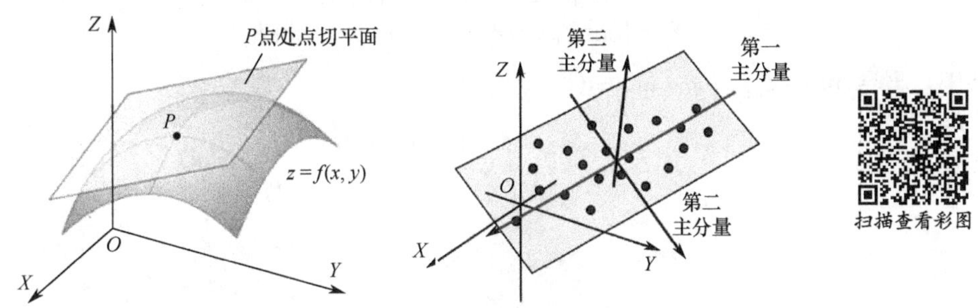

图 6.4　利用拟合切平面求法向量

为估计法向量指向，定义一个黎曼图，设点集中的每个点 $\boldsymbol{p}_i$ 都是图中的一个节点，每个节点与 KD 树搜索到的最邻近的 k 个节点存在连接关系，图中连接节点的边代价定义为节点之间的欧氏距离。利用 Kruskal 算法对黎曼图模型建立一棵联系起邻域的最小生成树（Minimum Spanning Tree，MST），最后，遍历访问最小生成树，使法向量指向传播到图中的所有节点。

3. 最小生成树（MST）算法

MST 算法是图论中的一种概念。一个连通图的生成树是指一个连通子图，它含有图中全部 n 个顶点，但只有足以构成一棵树的 $n-1$ 条边。一棵有 n 个顶点的生成树有且仅有 $n-1$ 条边，如果生成树中再添加一条边，则必定成环。在连通图的所有生成树中，所有边的代价之和最小的生成树，称为最小生成树。

使用 Kruskal 算法生成 MST 的方法可以称为“加边法”，初始最小生成树的边数为 0，每迭代一次就选择一条满足条件的最小代价边，加入最小生成树的边集合里。具体步骤如下：

（1）把图中的所有边按代价从小到大排序；

（2）把图中的 n 个顶点视为独立的由 n 棵树组成的森林；

（3）按权值从小到大选择边，所选的边连接的两个顶点应属于两棵不同的树，则成为最小生成树的一条边，并将这两棵树合并为一棵树；

（4）重复上一步，直到所有顶点都在一棵树内或者有 $n-1$ 条边为止。

对三维点云的表面法向量估计这个任务而言，首先前提条件为已知有某一点存在确定的法向量指向。从该已知确定法向量方向的点出发，相邻节点的法向量的确定是通过遍历图的 MST，测试每个法向量的符号来传播相邻节点的法向量方向的。如果原始计算的 $\boldsymbol{n}_{p_i}\boldsymbol{n}_{p_j} < 0$，则 $\boldsymbol{n}_{p_j} = -\boldsymbol{n}_{p_j}$。从已知法向量方向的一点出发，遍历完整个黎曼图，使最小生成树的所有连接边的两个点都满足 $\boldsymbol{n}_{p_i}\boldsymbol{n}_{p_j} > 0$，就得到了传播后的对整个扫描点云的估计法向量指向。

4. 一点的局部欧氏坐标系

有了每个点的法向量信息，可以对每个点都建立一个以该点为原点的局部坐标系。图 6.5 给出一组点云表面局部坐标系构建的示意图，设平面 $\boldsymbol{\Pi}_p$ 为过一点 $\boldsymbol{p}$ 的切平面，当已知该点的表面法向量 $\boldsymbol{n}_p = [X_{n_p} \quad Y_{n_p} \quad Z_{n_p}]^{\mathrm{T}}$ 时，则局部欧氏坐标系的 Z 轴指向与 $\boldsymbol{n}_p$ 一致，即 $\boldsymbol{Z}_p = \boldsymbol{n}_p$。$\boldsymbol{p}$ 的局部欧氏坐标系的 X 轴和 Y 轴的基准指向 $\boldsymbol{X}_p$ 和 $\boldsymbol{Y}_p$ 为

$$\boldsymbol{X}_p = [-\sin\varphi \quad \cos\varphi \quad 0]^{\mathrm{T}}$$
$$\boldsymbol{Y}_p = [\cos\Psi\cos\varphi \quad \cos\Psi\sin\varphi \quad -\sin\Psi]^{\mathrm{T}} \tag{6.5}$$

其中，$\Psi = \arccos Z_{\boldsymbol{n}_p}$，$\varphi = \arctan(Y_{\boldsymbol{n}_p} / X_{\boldsymbol{n}_p})$。

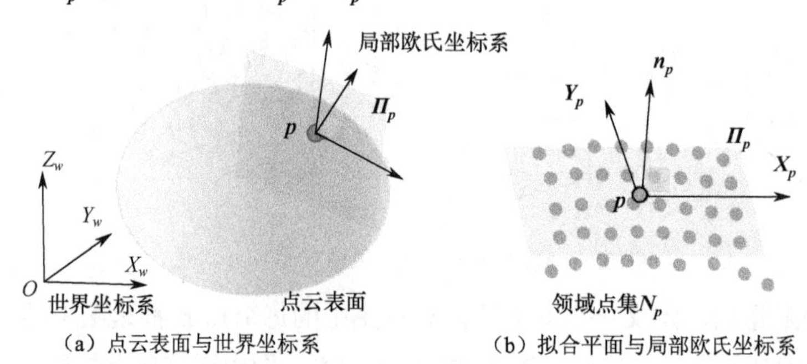

（a）点云表面与世界坐标系　　（b）拟合平面与局部欧氏坐标系

图 6.5　局部坐标系构建的示意图

6.2.2　点云去噪一般方法

优良的点云去噪算法应该满足以下几点要求：

- 在噪声点移除和几何特征保持之间取得平衡，即在去除异常值和噪声的同时，通过保留采样点表面的锐利边缘和局部细节，达到保持数据保真度的效果；
- 对输入数据具有自适应能力，即算法不需要对采样数据的噪声模型或目标表面性质有精确的先验假设，不需要知道是否为局部曲面或平面特征等条件；
- 能够对输入点云的刚性变换保持不变，即去噪算法不依赖于传感器观测的角度或目标的坐标系的选择；
- 避免不必要减少输入点云的数量，即如果输入的数据中没有噪声，则要将有效的点保留在采样数据中。

经过几十年的研究发展，已经产生了许多针对不同表面类型和噪声模型的点云去噪方法。这些方法大致可分为以下几种类型。

1. 基于统计学的方法

一种简单的基于统计学方法的原理是假设点云里的所有点到其邻域点的平均距离值的概率服从高斯分布，其形状由均值和标准差决定。在算法处理时，首先将输入点云数据中的每个点到其邻近点的距离分布情况进行计算，得到各点到它所有邻近点的平均距离。然后，将平均距离在标准差范围之外的点定义为离群点，进而将这些离群点从点云中删除。

与之类似的另一种方法是基于半径球统计的方法，其思想是统计一个点的半径球内的临近点的数量，以此作为判别是否是离群点的条件。算法首先设置一个合理的邻域半径，点云数据中的每个正常采样点在半径范围内应该至少有足够多的近邻点，如果不满足一定的个数阈值，那么该点就会被删除。比如半径范围内的邻域点个数为 0，则将该点视为离群点，将其删除。邻域半径值的设置可以通过统计全局所有点的最小平均距离，并以此为参考放大一定比例来进行设计。

2. 基于表面重采样的方法

经典的表面重采样方法从计算机图形研究领域被推广到了三维点云处理领域。基于表面重采样的方法将点投影到估计的局部曲面。典型的重采样方法是移动最小二乘法（Moving Least Square，MLS）。MLS 采样曲面是对每个点根据局部邻域点集拟合一个高阶二元多项式，为给定的点云提供一个插值曲面。与其他插值或重采样技术相比，MLS 的优点是合成的拟合曲面对原始点云有较好的拟合。

基于双边滤波（Bilateral Filter）的点云重采样是一种有效的去噪方法。双边滤波是一种非线性的滤波方法，它源自影像亮度值平滑算法，是使用空间邻近度和亮度值相似度设计的一种加权平滑技术。双边滤波同时考虑空域和灰度值的相似性，达到同时保边和去噪的目的。在对三维点云数据进行平滑去噪处理时，双边滤波算法主要对点云数据的小尺度起伏噪声进行平滑。三维点云的双边滤波分别使用空间域和频率域权重函数，控制双边滤波的平滑程度和特征保持程度。

3．基于深度学习的方法

面向点云去噪的一种深度学习方法是 PointProNet[51]，它通过将点斑投影到一个基于学习得到的局部框架下，并在有监督的环境中使用卷积神经网络（Convolutional Neural Network，CNN）将点斑移动到曲面上来，达到去噪的效果。

Rakotosaona M J 等人[49]设计了另一种基于深度学习的去噪方法，该方法使用 PCPNet 将噪声点云投影映射到一个干净的点云曲面。此外，也有学者以人造目标为对象，研究用基于深度学习的方法提取边特征，然后在保持边特征的前提下对点云进行重采样。

所有这些基于深度学习的去噪方法都是有监督的，因为它们需要一对干净和带噪声的对照点云。而实际上，这些训练数据的点云是通过向合成点云添加噪声而产生的。

举例：图 6.6 给出了使用 MLS 重采样方法对一组配准的厨房 LiDAR 扫描点云数据进行滤波的效果。图中放大部分属于一个平面区域，可以发现重采样之后的表面法线估计有了较大的改良。下方子图描述了重采样前、后的表面曲率估计，平坦区域的曲率值应该是较小的值，可见滤波后曲率估计的结果也得到了改进。

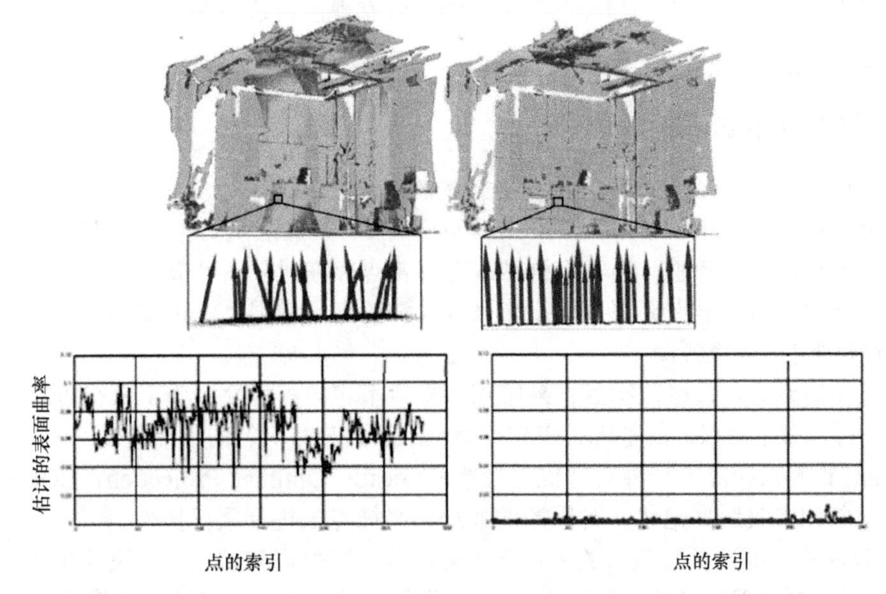

图 6.6　重采样滤波处理之前（左）和之后（右）的表面曲率和法线估计

6.2.3 基于统计学的异常值检测

异常值（Outliers）检测在许多领域都被应用，比如统计分析、机器学习、模式识别和数据压缩等。采样点云数据通常具有不同的点密度，此外测量误差会引起稀疏的异常值和退化的结果。通常情况下，异常值是稀疏的并且远离正常采样范围的点，含有大量异常值的数据会导致错误的局部点云特征估计，如表面法向量和曲率变化等。点云中异常值检测可以通过分析每个点的邻域统计信息去解决，剔除那些不符合标准的数据。

本节中的异常值检测算法是建立在计算统计每个点的邻域范围内点集的平均距离的基础上的。首先，对于每个离散点 $\boldsymbol{p}$，利用 KD 树快速检索方法确立以该采样点为中心的邻域点集 $\boldsymbol{N}_{\boldsymbol{p}}=\{\boldsymbol{q}_1,\cdots,\boldsymbol{q}_m\}$，其中 m 为设置的最邻近搜索点的数据个数。然后，计算每个点的邻域平均距离 $\overline{d_{\boldsymbol{p}}}$ 和离散度标准差 $\sigma_{\boldsymbol{p}}$

$$\overline{d_{\boldsymbol{p}}}=\frac{1}{m}\sum_{j=1}^{m}d_{\boldsymbol{p},\boldsymbol{q}_j}=\frac{1}{m}\sum_{j=1}^{m}\|\boldsymbol{p}-\boldsymbol{q}_j\|_2 \tag{6.6}$$

$$\sigma_{\boldsymbol{p}}=\sqrt{\frac{1}{m}\sum_{j=1}^{m}\left(d_{\boldsymbol{p},\boldsymbol{q}_j}-\overline{d_{\boldsymbol{p}}}\right)^2} \tag{6.7}$$

进一步，通过统计 $\boldsymbol{N}_{\boldsymbol{p}}$ 中的所有点的平均距离指标和标准差指标，可得到一个反映局部范围内的整体分布情况的平均距离 $\overline{D_{N_p}}$ 和离散度标准差 Σ_{N_p}

$$\overline{D_{N_p}}=\frac{1}{m}\sum_{j=1}^{m}\overline{d_{\boldsymbol{q}_j}} \tag{6.8}$$

$$\Sigma_{N_p}=\frac{1}{m}\sum_{j=1}^{m}\sigma_{\boldsymbol{q}_j} \tag{6.9}$$

假设采样点云的整体水平具有满足高斯分布的平均距离值和标准偏差，那些平均距离远超出全局平均的平均值 $\overline{D_{N_p}}$ 和标准差 Σ_{N_p} 的点就有理由被认为是异常点，这些异常点被标记并从采样点云中被删除。

6.2.4 局部优化投影采样

在本节和 6.2.5 节将介绍基于表面投影技术的点云去噪技术。

主成分分析（Principal Component Analysis，PCA）算法是典型的协方差矩阵估计算法，它对观测噪声十分敏感，当噪声强烈或有异常点存在时，所计算的结果会存在严重误差。因此，下面提出了基于局部优化投影采样算法的点云增强算法来减小噪声和异常点给法向量估计带来的不利影响。

空间采样的离散点云存在噪点、异常点和采样不均匀等特性，为了获得可靠的表面法向量信息，可以在原始点云的基础上采样获得一组表面分布均匀的新点云。

Lipman Y 等人提出了一种局部优化投影（Locally Optimal Projection，LOP）采样算法[39]，利用邻域点集距离定权，对原始的非均匀采样点云进行采样操作。

LOP 算法在不需要参数输入的条件下，可以较好地处理离散点云。设原始的输入点云集合为 $\boldsymbol{P}=\{\boldsymbol{p}_j\}_{j\in J}\subset\mathbb{R}^3$。LOP 算法对任意一组点集 $\boldsymbol{X}=\{\boldsymbol{x}_i\}_{i\in I}\subset\mathbb{R}^3$，将其投影到 $\boldsymbol{P}$ 上，

来获得采样的点集合 $\boldsymbol{Q}=\{\boldsymbol{q}_i\}_{i\in I}$，新投影采样的点个数比原始点集 $\boldsymbol{P}$ 的个数少。对 $\boldsymbol{X}$ 投影的要求是：投影的点需要最小化到点云 $\boldsymbol{P}$ 的加权距离和，权值为基于 $\boldsymbol{Q}$ 的点的径向权重；并且，$\boldsymbol{Q}$ 内部的点相互之间不要靠得太近。由此，设计一个最小化能量方程

$$\boldsymbol{Q}=\arg\min \boldsymbol{E}(\boldsymbol{X},\boldsymbol{P},\boldsymbol{Q})=\arg\min\left(\boldsymbol{E}_{X,P,Q}+\boldsymbol{E}_{X,Q}\right) \tag{6.10}$$

$$\boldsymbol{E}_{X,P,Q}=\sum_{i\in I}\sum_{j\in J}\|\boldsymbol{x}_i-\boldsymbol{p}_j\|\theta(\|\boldsymbol{q}_i-\boldsymbol{p}_j\|)$$

$$\boldsymbol{E}_{X,Q}=\sum_{i\in I}\lambda_i\sum_{i'\in I\setminus\{i\}}\eta(\|\boldsymbol{x}_i^{(k)}-\boldsymbol{x}_{i'}^{(k)}\|)\theta(\|\boldsymbol{q}_i-\boldsymbol{q}_{i'}\|)$$

式中，$\boldsymbol{E}_{X,P,Q}$ 表示采样点 $\boldsymbol{X}$ 到原始点 $\boldsymbol{P}$ 的投影偏差，$\boldsymbol{E}_{X,Q}$ 表示采样点集合内部之间的局部互斥力，$\|\cdot\|$ 表示距离二次方。

$\theta(r)$ 表示响应半径为 h 的快速减弱的局部支撑平滑权函数，具有类似高斯核函数的形状，具体定义为

$$\theta(r)=\exp\left(-\frac{r^2}{(h/4)^2}\right) \tag{6.11}$$

$\eta(r)$ 表示投影采样点集内部的排斥项，是另外一项快速退化方程，用于惩罚采样点过于靠近点集 $\boldsymbol{X}$ 中的其他点，定义为

$$\eta(r)=1/3r^3 \tag{6.12}$$

图 6.7 给出了局部优化投影采样算法中权函数 $\theta(r)$ 和 $\eta(r)$ 的响应能力。可以看出两类权函数都具有随距离快速退化的特性，这就使得整个点集对某一点的影响等价于该点邻近的几个点的作用。

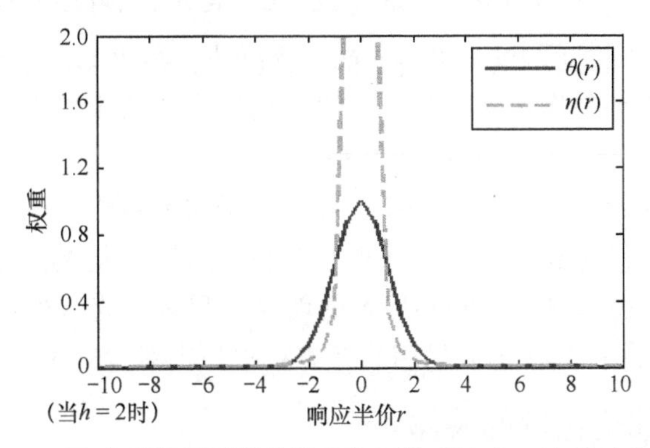

图 6.7　局部优化投影采样算法中权函数 $\theta(r)$ 和 $\eta(r)$ 的响应能力

由于 $\boldsymbol{E}_{X,P,Q}$ 和 $\boldsymbol{E}_{X,Q}$ 这两项都采用了下降很快的局部支撑权函数 $\theta(r)$，从而使全局的优化问题具备了局部优化的含义。直观地理解，局部优化投影采样算法是通过 L_1 范数来计算采样点的位置的。平衡项 $\{\lambda_i\}_{i\in I}$ 在每个点位都不同，它的计算取决于一个变量 μ（$0<\mu<0.5$），其控制着排斥力度。通常 μ 可以直接取值为 0.45，h 的默认值为 $4\sqrt{d_{\text{bbox}}/m}$，其中 d_{bbox} 是采样点云的包围盒（Bounding Box）的对角线长度，m 为点的个数。

直接对式（6.10）求解 $\boldsymbol{Q}$ 是十分困难的，下面给出 LOP 采样算法对最小化函数 $\boldsymbol{E}(\boldsymbol{X},\boldsymbol{P},\boldsymbol{Q})$ 的迭代逼近方法，首先定义 $\boldsymbol{X}^{(1)}=\{\boldsymbol{x}_i^{(1)}\}_{i\in I}$

$$x_i^{(1)} = \frac{\sum_{j\in J} p_j \theta(\| p_j - x_i^{(0)} \|)}{\sum_{j\in J} \theta(\| p_j - x_i^{(0)} \|)}, i \in I \tag{6.13}$$

然后，每次对第 i 个投影点迭代计算新的位置

$$x_i^{(k+1)} = \sum_{j\in J} p_j \frac{\alpha_{i,j}^{(k)}}{\sum_{j\in J} \alpha_{i,j}^{(k)}} + \mu \sum_{i'\in I\setminus\{i\}} (x_i^{(k)} - x_{i'}^{(k)}) \frac{\beta_{i,i'}^{(k)}}{\sum_{i'\in I\setminus\{i\}} \beta_{i,i'}^{(k)}}, \quad k = 1,2,3,\cdots \tag{6.14}$$

其中，$\alpha_{i,j}^{(k)} = \dfrac{\theta(\| x_i^{(k)} - p_j \|)}{\| x_i^{(k)} - p_j \|}$，$\beta_{i,i'}^{(k)} = \dfrac{\theta(\| x_i^{(k)} - x_{i'}^{(k)} \|)}{\| x_i^{(k)} - x_{i'}^{(k)} \|} \eta(\| x_i^{(k)} - x_{i'}^{(k)} \|)$。

图 6.8 给出了一组实验结果。可以看到，尽管初始的待投影点云的 $X^{(0)}$ 与原始点云 P 的空间分布差异很大，但经过若干次迭代后，投影得到的点云 Q 能够较好地贴合原始点云。

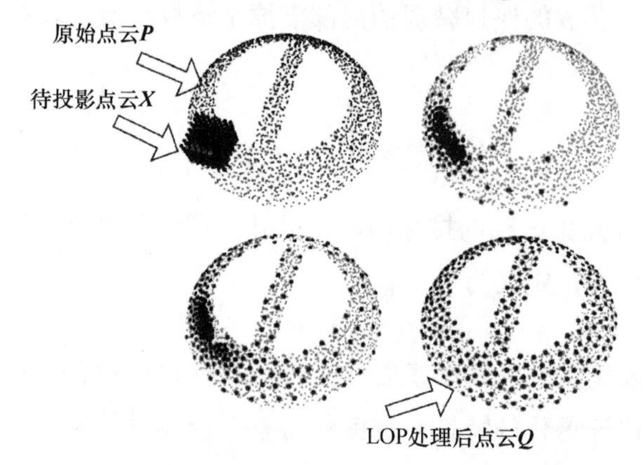

图 6.8 LOP 采样算法经过多次迭代后获得分布均匀的投影点云

尽管使用 LOP 采样算法可以获得较好的采样结果，但当距离二次方 r 较大时，排斥项 $\eta(r)$ 为保证有效的惩罚抑制作用会衰减得很快，这样采样结果仍无法保证密度均匀，特别是当投影点的个数远小于原始点云的个数时会格外明显。

LOP 投影采样中的第一项在优化准则中趋向于多元变量的中值，也被称为 L_1 中值，它的效果是使每个采样点移动到点云局部分布的中心，然后抑制采样点之间过紧密的关系。然而，如果初始点云存在严重的采样不均匀的现象，那么无论待投影点集 $X^{(0)}$ 给出什么样的点位，局部优化投影采样算法都会趋向于产生一组与之对应的不均匀采样点云。

6.2.5 密度加权局部优化投影采样

在 Lipman Y 等人的算法基础上，Huang H 等人[32]提出了增加点密度权重项，设计一种密度加权局部优化投影采样算法来实现降噪、移除外点和均匀采样、改善法向量估计。密度加权局部优化投影（Weighted Locally Optimal Projection，WLOP）采样算法是针对 LOP 采样算法的缺陷而引入的一种自适应的密度加权投影采样算法。WLOP 采样算法强化了投影采样过程中的采样密度一致性约束。具体实现为在第 k 次迭代过程中，对点集 P 中的任意点 p_j，定义其局部密度权重 u_j 为

$$u_j = \frac{1}{1 + \sum_{j'\in J\setminus\{j\}} \theta(\| p_j - p_{j'} \|)} \tag{6.15}$$

这里的$\theta(r)$与式（6.11）的定义一致，表示随响应半径快速减弱的局部支撑平滑权函数，分母中常数 1 的作用是约束局部密度权重u_j不会无限增大。

同理，在第k次投影采样的点集$\boldsymbol{X}^{(k)}$内部，将任意点$\boldsymbol{x}_i^{(k)}$的局部密度权重$w_i^{(k)}$定义为

$$w_i^{(k)}=\frac{1}{1+\sum_{i'\in I\setminus\{i\}}\theta(\|\boldsymbol{x}_i^{(k)}-\boldsymbol{x}_{i'}^{(k)}\|)} \tag{6.16}$$

于是，综合两类密度权重函数的影响，重新得到采样点集的能量代价函数表达式为

$$\boldsymbol{E}(\boldsymbol{X},\boldsymbol{P},\boldsymbol{Q})=\sum_{i\in I}\sum_{j\in J}\|\boldsymbol{x}_i-\boldsymbol{p}_j\|\theta(\|\boldsymbol{q}_i-\boldsymbol{p}_j\|)\cdot u_j+\sum_{i\in I}\lambda_i\sum_{i'\in I\setminus\{i\}}\eta(\|\boldsymbol{x}_i-\boldsymbol{q}_{i'}\|)\theta(\|\boldsymbol{q}_i-\boldsymbol{q}_{i'}\|)w_{i'} \tag{6.17}$$

与 LOP 采样算法类似，WLOP 采样算法的能量函数的求解可以使用固定的点迭代过程计算，采样点$\boldsymbol{x}_i^{(k+1)}$的迭代计算表达式为

$$\boldsymbol{x}_i^{(k+1)}=\sum_{j\in J}\boldsymbol{p}_j\frac{A_{i,j}^{(k)}}{\sum_{j\in J}A_{i,j}^{(k)}}+\mu\sum_{i'\in I\setminus\{i\}}\left(\boldsymbol{x}_i^{(k)}-\boldsymbol{x}_{i'}^{(k)}\right)\frac{B_{i,i'}^{(k)}}{\sum_{i'\in I\setminus\{i\}}B_{i,i'}^{(k)}},\quad k=1,2,3,\cdots \tag{6.18}$$

$$A_{i,j}^{(k)}=u_j\frac{\theta(\|\boldsymbol{x}_i^{(k)}-\boldsymbol{p}_j\|)}{\|\boldsymbol{x}_i^{(k)}-\boldsymbol{p}_j\|},\quad B_{i,i'}^{(k)}=w_{i'}^{(k)}\frac{\theta(\|\boldsymbol{x}_i^{(k)}-\boldsymbol{x}_{i'}^{(k)}\|)\eta(\|\boldsymbol{x}_i^{(k)}-\boldsymbol{x}_{i'}^{(k)}\|)}{\|\boldsymbol{x}_i^{(k)}-\boldsymbol{x}_{i'}^{(k)}\|}$$

这样给定点集$\boldsymbol{P}$中的点聚集性由第一项中的局部密度权重u_j松弛化，而密度大的区域点排斥力度被第二项中的局部密度权重w_i巩固。由于权函数$\theta(r)$和排斥力$\eta(r)$具有快速退化的特性，因此算法在实际开发时，每一点的权重仅由它最邻近的 K 个数据进行计算，由 KD 树进行邻域搜索可以极大地提高运算效率。

LOP 采样算法可以视为 WLOP 采样算法在局部密度权重为 1 情况下的一个特例，它通过以局部范围点集的重心点为采样点来减小外点和噪声点的影响。WLOP 采样算法引入了自适应的局部密度权重到采样算法中，强制采样点集内部之间保持均匀的密度分布，有效地解决了投影采样的采样点云密度的随原始点云密度的变化而变化的问题。投影采样后的点云减小了噪声和异常点的不良影响，采样点云更均匀，之后就是根据新的点集估计表面法向量。

举例：图 6.9 给出了 LOP 采样算法和 WLOP 采样算法在一幅映射的曲面点云上的重采样效果比较。图 6.9（a）将 Lena 图像映射到一个带有三个孔的曲面上，以产生一个点云。原始点云的点密度与原始影像的强度成正比。然后，随机选取其中的 1/20 点作为初始采样点云。图 6.9（b）和图 6.9（c）是分别利用 LOP 采样算法和 WLOP 采样算法投影的结果，可以比较明显地观察到，WLOP 算法能够使新的点云的点密度更加均匀。

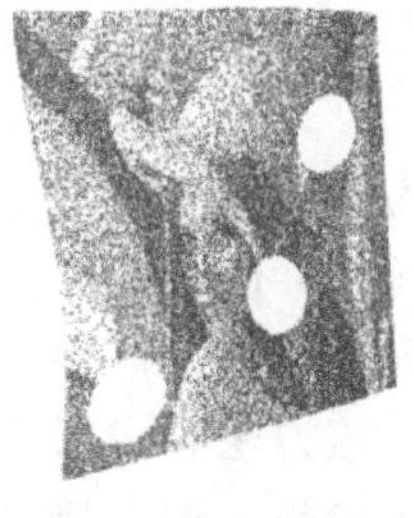
（a）原始

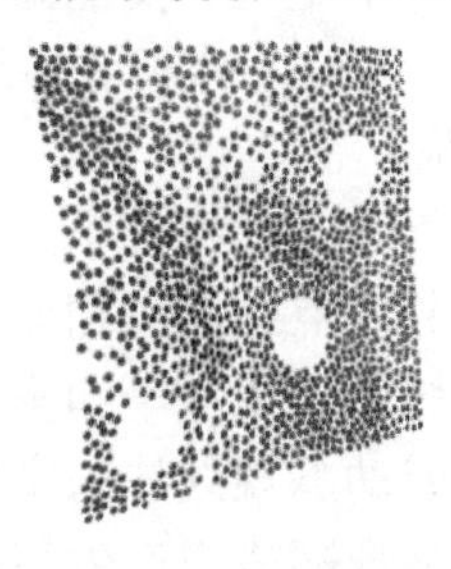
（b）LOP：$\sigma=0.11$

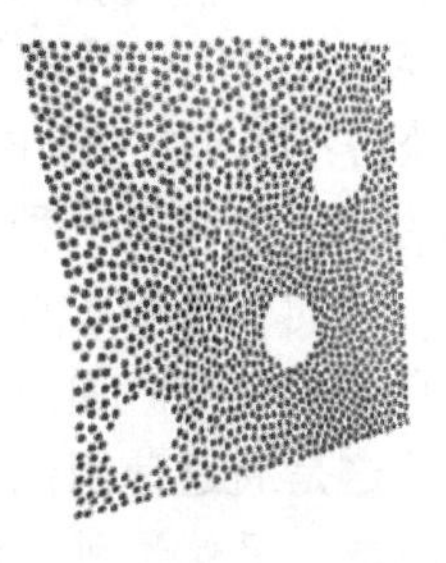
（c）WLOP：$\sigma=0.03$

图 6.9　LOP 采样算法与 WLOP 采样算法的比较

6.3 点云超体素分割

点云分割的目的是将点云集合中的点分割成具有感知意义的符合目标边界划分性质的若干区域子集。在同一个区域中的点应该拥有相同的性质。该技术在机器视觉中有很多应用，例如，智能交通、现代测绘和自动导航。

超体素（Super Voxel）是一种集合，超体素聚类分割的目的不是完整地分割出某种特定目标，而是对点云实施一种过分割（Over Segmentation）。超体素将场景点云表达为很多小块，研究每个小块之间的关系。比如在影像分割中，超像素的研究对于影像理解已经比较广泛。超体素方法是对局部的一种抽象聚类，如将纹理、材质和颜色类似的部分分割成一块，有利于后续的识别工作。

6.3.1 超体素

依据马尔可夫随机场或条件随机场条件，基于图的算法将点云内部的上下文关系与对象级的类别先验知识合并在一起，近些年来获得了广泛的研究应用。虽然这些技术的使用取得了显著的进展，但有一个缺点，即在这些图上进行推理的计算成本通常会随着图的节点数量的增加而急剧增大。这意味着求解以每个点为一个节点的图变得非常困难，这限制了算法在需要实时分割的应用中的使用。

超体素分割可以提供超体素过分割形式的节点，代替原始的点，减少了进行推理时必须考虑的节点数量，从而减小了后续处理算法的计算成本。基于超体素的后续分割或建模算法必须考虑重构数量，并且信息损失最小。分割方法利用了观测数据点之间的三维几何关系，有时也包含附加的投影颜色或深度信息，分段区域内必须具有空间连接性的约束。点云的体素类型包含规则格网化的体素，这类体素可以认为是一种对空间规则划分的具有等尺寸的立方体。另一类体素是不规则的过分割形式的体素，在本节讨论的超体素指的就是不规则的过分割超体素。

过分割提取超体素的一个至关重要的限制条件是独立的体素不能跨越对象边界。过分割中产生超像素的错误通常无法恢复，并且会传播到视觉处理流程的后续步骤中。另一个非强制性的特质是被分割区域的空间分布应尽可能规则，这能够为以后的步骤生成相对简单的图。

将点云过分割生成超体素的方法和将二维影像过分割生成超像素的方法有很多共通之处，这些方法通常可以被分为两类，分别是基于图的方法和梯度上升方法。点云和影像不一样，其不存在规则的像素邻接关系。因此，分割前必须建立八叉树或 KD 树的点云空间检索结构，获得不同点之间的邻接关系。

基于图的方法类似于一种完全分割法，其将每个点都视为图中的一个节点，其边连接到相邻的点。边的权值用于描述点与邻域点之间的相似性，超体素的分割标签通过最小化图上的代价函数来求解。通过在图的边上寻找水平和垂直的最优路径，产生符合规则晶格结构的超点。这是通过使用图割算法或动态规划法来实现的，该方法寻求最小化路径中的边和节点的成本。虽然这种方法有在常规网格中产生超体素的优势，但它牺牲了边的延续性，而且严重依赖于预先计算的边权的质量。

Levinshtein 等人的涡轮方法使用基于水平集的计量流算法，并附加紧凑性约束以确保超像素具有规则的形状。Veksleret 等人受到涡轮像素法的启发，使用图割优化显式能量函数，使能量最小化将影像图块合并在一起。他们的方法比涡轮像素法执行快得多，但即使是小尺寸影像，也需要执行几秒钟。

6.3.2　简单迭代分割方法

5.4.3 节介绍的面向二维影像的超像素分割技术简单线性迭代聚类算法，经过少许对应调整，就可以转换为一种面向三维点云的超体素提取算法。这是一种迭代梯度上升算法，利用局部 k 均值聚类算法有效地找到超体素，聚类的判别依据包括离散点之间的相似性度量和距离度量。

首先考虑相似性度量，通常它是以法向量、曲率和离散度等属性信息构成的特征空间中的特征向量来进行计算的，当点云数据的附加信息中具有影像纹理亮度时，亮度参数也被包含到点的特征向量中。下面的理论介绍暂不考虑纹理亮度参数，此时底层特征采用法向量和曲率组成的特征向量表示，具体的一点 $\boldsymbol{p}$ 的特征向量表示形式为 $\boldsymbol{f}_p = (X_{n_p}, Y_{n_p}, Z_{n_p}, k1_p, k2_p)^{\mathrm{T}}$，其中 $k1$ 和 $k2$ 表示表面位置的两个主曲率值。

对于底层体素分割的另一个关键问题就是分割数目的选取和种子点的初始化。采用自适应八叉树索引结构来创立种子点，八叉树的叶子节点本身即是一类以空间距离做度量的广义上的聚类。根据点云的数量和场景的尺度，选择八叉树的分级深度，如第 6 级节点作为局部聚类的种子点，而节点的宽度即作为搜索半径参数。

下一步对所有点进行聚类判断，不同于传统的 k 均值聚类算法对将每个点与所有聚类中心做判断，本算法中的原始点只与 3 倍搜索半径内的种子点做相似性判断。之后的运算与 k 均值聚类相似，利用相似性度量和距离度量判别聚类关系，并迭代更新聚类中心的位置，直到聚类结果收敛。设种子点为 $\boldsymbol{S}$，其与普通三维点一样拥有独立的特征向量 $\boldsymbol{f}_S$ 和空间坐标。与 SLIC 算法类似，联合度量函数包含不同的属性差异度量

$$j = \arg\min(\| \boldsymbol{f}_p - \boldsymbol{f}_{S_j} \| + \lambda \cdot \| \boldsymbol{p} - \boldsymbol{S}_j \|_2^2) \tag{6.19}$$

式中，λ 是两类度量的归一化参数，$\boldsymbol{S}_j$ 是根据搜索规则找到的 $\boldsymbol{p}$ 邻近的种子点。每次对所有的点进行最相似种子点的归类，然后每个种子点根据聚类到它一族的所有点更新该种子点的特征向量和空间坐标。然后，利用式（6.19）再对所有点进行归类，直至种子点的特性变化小于限定条件，终止迭代。

举例：图 6.10 给出了使用上述方法分割得到的超体素分割结果，从左往右分别是原始的激光雷达点云数据、初始化的种子点位置和超体素分割的效果图。

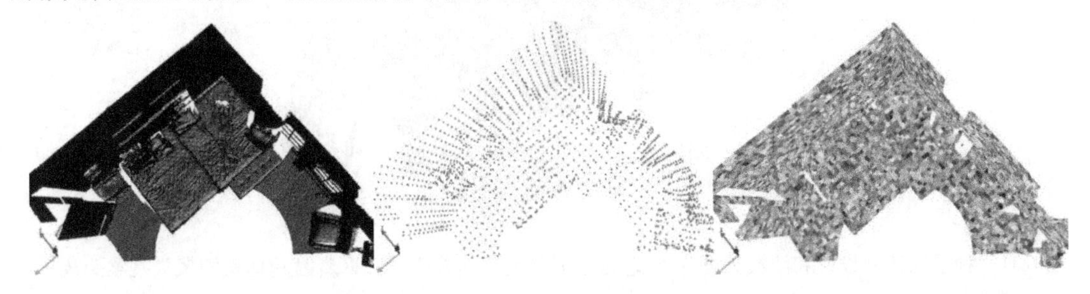

图 6.10　超体素分割效果

6.3.3　体素云连接性分割

Papon 等人在 2013 年提出的点云的体素云连接性分割（Voxel Cloud Connectivity Segmentation，VCCS）算法[46]是一种几何约束的超体素分割方法，目的是使分割结果更迎合对象边界的划分，而这种方法在实际处理中可保持良好的效率。方法首先使用八叉树算法对点云进行规则化的体素化，得到体素云。体素云的每个体素单元应具有固定的空间尺寸分辨率。然后采用 k 均值聚类算法实现超体素分割，分割算法依赖于种子点的初始化，对非均匀密度的点云分割，边界的质量会存在不确定性。

VCCS 用 k 均值聚类的一个变种来生成聚类结果，有两个重要的约束条件。首先，超体素簇的种子是通过分割三维空间而不是投影到影像层面来实现的，确保超体素是根据场景的几何属性均匀分布的。其次，迭代聚类算法在考虑聚类点时，对被占用的体素进行严格的空间连通性检测，减少超体素在三维空间中跨越对象边界，即使这些对象在投影面上是相连的。

设每个规则体素的空间分辨率为 R_{voxel}，第 i 个体素的特征向量为 $\boldsymbol{V}_R(i)$，特征向量中的特征可以是颜色、位置和法向量等属性量化的参数。

1．构建邻接关系图

构建邻接关系图是 VCCS 的一个关键步骤，这一步能够确保各个超体素不会跨越在空间中不相连的对象的边界。在体素云化的三维空间中，有 3 种相邻的形式，分别是 6 相邻、18 相邻和 26 相邻，它们分别共享一个面或边，以及面、边或顶点。VCCS 论文[46]中主要使用了 26 相邻的邻接关系。构造体素云的邻接图通过搜索规则体素的 KD 树完成，对于一个给定的体素，所有 26 个相邻体素的中心被包含在 $3\times R_{\text{voxel}}$ 中。

2．选择种子点

选择种子点用于 k 均值聚类初始化超体素。为此，首先将空间划分为具有选定分辨率 R_{seed} 的体素网格，该分辨率明显大于 R_{voxel}。通过选择体素云中最靠近每个被占据的种子体素中心的体素来选择最初的候选体素。种子的搜索设置和滤波处理如图 6.11 所示。增大种子的分辨率 R_{seed} 对点云超体素分割的效果影响如图 6.12 所示。

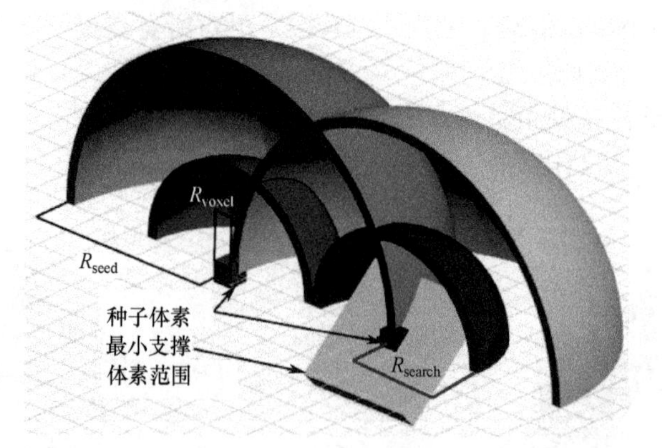

图 6.11　种子的搜索设置和滤波处理（R_{voxel} 是点云体素化的分辨率；R_{seed} 是超体素的聚类搜索距离；R_{search} 用来确定一个种子是否有足够数量的被占据体素来支撑）[46]

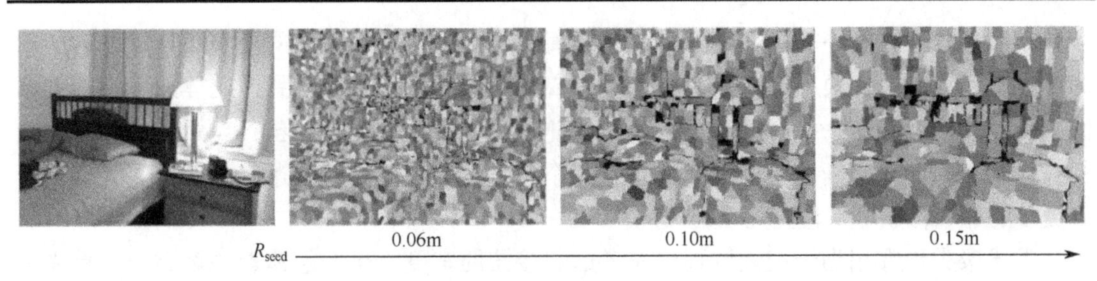

图 6.12　效果影响

选好种子体素后，有必要对种子进行滤波处理，检测可能存在的空间中属于噪声的孤立的种子，从而仅保留那些落在平坦区域的种子。为此，在每个种子周围都建立一个小的搜索半径 R_{search}，统计搜索范围内是否有至少一半以上的规则体素与种子体素共面，如图 6.11 中的绿色平面所示。如果不满足该条件，则将该种子从种子列表中删除。种子滤波处理后，将对应删除的体素转移到搜索范围内的梯度最小连接种子。梯度计算为

$$G(i)=\sum_{k\in V_{\text{adj}}}\frac{\|V(i)-V(k)\|\text{CIELab}}{N_{\text{adj}}} \tag{6.20}$$

VCCS 使用 CIELab 空间中相邻体素之间距离的总和，这就要求对由连通的相邻体素的数量度量的梯度进行标准化。

3．设计特征空间和度量函数

一旦种子体素被选中，就通过在特征空间中找到种子体素的中心和待聚类体素两者内的连接邻域来初始化超体素特征向量。VCCS 的超体素使用 39 维的特征空间，定义为

$$F=[x,y,z,L,a,b,\text{FPFH}_{1\ldots33}] \tag{6.21}$$

其中 x,y,z 是空间坐标，L,a,b 是 CIELab 空间中的颜色，$\text{FPFH}_{1\ldots33}$ 是快速点特征直方图（Fast Point Feature Histograms，FPFH）中的 33 个元素。

为了计算特征空间中的距离，必须首先对特征分量进行标准化，因为距离及它们的相对重要性将随着种子分辨率 R_{seed} 的变化而变化。限制每个聚类集群的搜索空间，使搜索限制在其邻近的体素范围中心。可以使用聚类所考虑的最大距离 $\sqrt{3}R_{\text{seed}}$ 来规范空间搜索距离。

颜色距离 D_{c} 是 CIELab 空间中的欧氏距离，用常量归一化；D_{s} 是空间几何位置距离；FPFH 空间中的距离 D_{f} 是利用直方图相交核计算的。这里得到一个标准化距离度量 D

$$D=\sqrt{\frac{\lambda D_{\text{c}}^2}{m^2}+\frac{\mu D_{\text{s}}^2}{3R_{\text{seed}}^2}+\quad D_{\text{Hik}}^2} \tag{6.22}$$

其中，在聚类过程中，λ、μ 和 ϵ 分别控制了颜色、空间几何位置距离 D_{s} 和几何特征相似度 D_{Hik} 对聚类的影响。在实践中，保持空间距离常数与另外两个常数的关系，以便超体素占据一个相对的球形空间，但这并不是严格必要的。

4．基于约束的迭代聚类

将体素分配给具体的某个超体素是使用 k 均值聚类迭代完成的，聚类时考虑连通性和流约束聚类过程（Flow Constrained Clustering）。聚类步骤如下。

从离聚类集群中心最近的体素开始，向外流到邻近的体素，并使用式（6.22）计算每

个体素到超体素中心 j 的距离。如果这个距离是这个体素所存储过的最小距离，则它的聚类标签被设置为 j。使用邻接图将其距离中心更远的邻近体素添加到该超体素标签的搜索队列中。然后继续下一个超体素的判别，如此一来，从中心向外的每一层对所有的超体素都是同时考虑的。不断地向外进行，直到每个超体素从中心出发到达它的搜索边缘或者没有更多的邻域体素可供检查为止。

上述聚类步骤相当于搜索过程优先考虑邻接图的宽度，每个超体素的聚类中心首先在相同的距离宽度上检查待判别的体素，避免了体素跨越相邻边缘。当到达一个超级体素的所有邻接图的叶子节点，或者在当前层中搜索的所有节点都没有被设置为它的标签时，搜索就结束了。这个搜索过程如图 6.13 所示，其中第 3 层，由于节点 b 和 c 等已在之前被添加到搜索队列中，因此无须搜索邻接图中的虚线边缘。

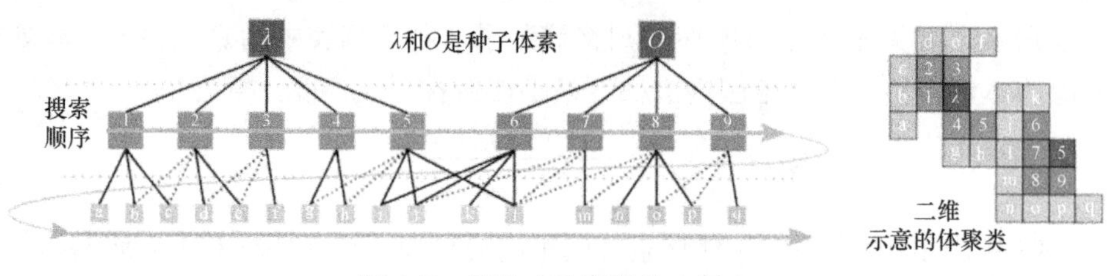

图 6.13 流约束的聚类搜索顺序

5. 更新聚类中心，再迭代直至收敛

一旦搜索所有的超体素邻接图结束，更新每个超体素的聚类中心，使其等于所有超体素组成体素的均值。这个过程迭代进行直到中心稳定下来，或达到设定的迭代次数为止。实践中，该迭代过程经历 5 次就能得到良好的结果。该方法有两个重要的优点：第一，因为只考虑相邻的体素，所以超体素标签不能跨越三维空间中没有实际接触到的对象边界；第二，在三维空间中，超体素标签将趋向连续，因为标签从每个超体素的中心向外流动，在空间中以相同的速度膨胀。

6.3.4 评价指标

超像素最重要的特性是每个超体素都能够不跨越物体的边界。为了定量地测定这一性质，使用两种边界相关的标准测量方法，即边界回忆和欠分割错误。

边界回忆测量的是在超像素边界的至少两个体素范围内的实际真值边界的比例。高边界回忆表明，超体素在实际真值标记中正确地跟随物体的边缘。

欠分割错误是度量跨对象边界的溢出量。对于具有区域 $g_i,\cdots,g_M$ 和来自过度分割 $s_1,\cdots,s_K$ 的超体素集合的实际真值分割，将欠分割不足误差定义为

$$E_{\text{useg}}=\frac{1}{N}\left[\sum_{i=1}^{M}\left(\sum_{s_j|s_j\cap g_i}|s_j|\right)-N\right] \tag{6.23}$$

式中，$s_j|s_j\cap g_i$ 是覆盖地面真相标签 g_i 所需的超体素集，N 是标记的实际真值的数量。越小的值意味着越少的超体素穿过真值边界。

6.4　目标级别分割

6.4.1　目标分割引言

点云分割是将拥有相似特征的同质点划分为独立的区域，这些分割的区域具有语义层面同属的意义。分割结果将有助于从多个方面分析一个场景，例如，定位识别物体和场景事件理解。

人类可以轻松地从三维空间中感知物体的形状、大小和类别性质。然而，计算机自动从三维点云中分割物体是一项困难的任务。点云数据通常是充满噪声的和无序的。基于影像匹配和三维重建获得的三维点云，由于有标定参数的误差和同名像素匹配的误差，因此会存在比较明显的表面噪声；而用三维扫描仪获取的三维数据，由于具有不同的线速率和角速率，因此点的采样密度一般也是不均匀的。另外，表面形状可以是拥有尖锐特征的任意形状并且在数据中也没有统计学分布规律。受观测条件的限制，有时候前景和背景混杂在一起，还有遮挡造成的数据缺失，这些问题都为点云目标自动分割带来了很大的困难。

早期的分割算法主要利用来自数据特征的低级信息，研究者更倾向于直接把影像处理领域中在理论上较为成熟的方法应用到激光点云数据中。人们将研究重点主要放在对数据本身特性的理解上，来设计出面向点云的算法流程。在 2015 年之前，检测和分类模型以线性模型、图（Graph）模型、支持向量机（Support Vector Machine，SVM）和决策树等模式识别方法为主。

近些年发展起来的语义分割算法利用高级对象知识边界来帮助消除分割边界的歧义，尤其是在深度学习推广之后，对于学习方法本身的研究越来越多。此外，基于点云的目标分割检测的一个难点是对小物体的精度不高，这是因为点云的采样密度随着距离的增加而降低。目标越远，其稀疏性越明显，因此容易造成远处物体漏检或者误检等情况。一种解决办法是将点云数据与光学影像进行融合，利用影像提供更丰富的信息，用于模型的训练。

良好的三维点云分割算法应当具有以下三条性质。

第一，算法要能够使用几种不同种类的特征，例如，树与车这两种目标物有着不同的特征。当特征的数量变多时，分割算法要能够学会如何自动地调整它们。

第二，针对那些在采样稀疏区域的点，分割算法需要能够根据应用领域的先验信息推断点的类别。

第三，良好的分割算法需要适用于数据采集时使用的不同类型的传感器，因为不同的传感器会产生不同质量的数据。

6.4.2　基于底层特征的分割

点云的底层特征包含每个点的空间位置、局部密度、亮度颜色、法向量和曲率等，这些简单特征构成了数据分析的基础。即便是复杂的高级对象知识模型，也需要依靠这些简单的底层特征，通过组合和概括的方法提炼出对象级的特征。

1．基于边缘的目标分割

目标的边缘描绘了物体的形状特征。基于边缘的目标分割方法探测点云中的多个域的边界来得到分割点云。这种方法的原则是定位那些有着快速的密度变化或法向量变化的区域点，定义其为边缘点，根据边缘点连接起来的边缘线将场景点云分割开。尽管基于边缘的目标分割方法速度快，但是准确性较差，这种方法对在点云数据中经常出现的噪声和密度不均匀问题非常敏感。

2．基于区域特性的目标分割

基于区域特性的目标分割方法利用应用领域的先验信息，合并那些有相似性质的邻近点，获取独立的区域。基于区域特性的目标分割方法比基于边缘的目标分割方法更加准确，但是它有过分割和分割不足的问题，在确定区域边界时也不够准确。基于区域特性的目标分割方法可分为两类：种子区域方法（自底向上）和非种子区域方法（自顶向下）。

种子区域方法的分割过程首先要确定一些种子点，类似于超体素分割过程，然后从这些种子点开始，每个区域都会纳入周围满足一些兼容条件的点。算法包含两个步骤：首先初始化种子点，通常是根据在一定搜索范围内的点的曲度变化情况，找到变化小的点来提取种子点；然后依据预先制定的兼容标准，如点的接近程度和面的平面性，来让种子点区域生长。这种方法的一个缺点是，它对噪声很敏感，并且很耗时间。有大量研究对此种子区域方法进行改进，比如生成一幅不规则锥形图表来计算各个域之间的相关信息，或者研究使用基于平滑度限制的种子区域方法。

种子区域方法非常依赖于种子点的选择。不正确的种子点选择会影响分割的过程并且导致过分割或分割不足。选择种子点和控制生长过程是很费时的，分割的结果受选择的特征相似性的阈值的影响很大。

非种子区域方法是一种自顶向下的方法，可以视为将一个大的区域不断瓦解成小区域的过程。首先，所有点都被归到一个区域。然后，瓦解过程开始把它分成更小的区域。只要有一项匹配标准高于阈值，区域细分就会继续。非种子区域方法最主要的困难是设计一个区域需要瓦解的准则和瓦解细分的方法。另一个限制就是需要大量的先验知识，这些知识在复杂场景中通常是不知道的，这类方法的使用相对于种子区域方法并不普遍。

3．基于特征空间聚类的方法

基于特征空间聚类的方法是基于点云的独立特征，使用模式识别中的聚类算法对点云进行分割的算法。上述的基于边缘或者基于区域特性的方法都可以认为是基于特征空间聚类的方法特例。

基于特征空间聚类的方法包含两个独立的步骤。第一步是设计并提取点云的点的特征向量；第二步是根据模式识别方法，在特征空间中基于每个点的特征向量对点进行聚类分割。

基于点的特征的分割方法，特征参数选择的灵活性比较强，但是依赖于点之间邻域的定义及点云数据的点密度。这些方法的另一个限制是当处理大量输入点的多维数据时很耗时。

6.4.3 基于模型拟合的分割

基于模型拟合的分割方法使用几何基元来分类，如球、圆锥、平面和圆柱等，这些几何基元在人造场景中是普遍存在的。基于模型拟合的分割方法自动检测点云中那些能够拟合出具有稳定几何参数基元的点，并将其分到同一个片段，该方法在工业建模应用中具有良好的应用潜力。

自动从非结构化的点云中提取几何基元的常用方法有三维霍夫变换（Hough Transform）平面检测和随机抽样一致性检测（Random Sample Consensus，RANSAC）方法。

1．三维霍夫变换平面检测

霍夫变换最早被应用在影像中，用于提取直线或圆形等特征。它利用了像平面坐标系中的直线和霍夫参数空间（极坐标空间）中的点的对偶性。在影像空间中的直线上的每个点都会映射到参数空间中的相同参数点，如果影像上有足够多的点能够支持一条线特征的提取，那么在参数空间中，这些点支持的线的参数会在同一个位置聚集。

三维霍夫变换平面检测是将二维的直线检测原理推广到三维空间中的平面检测，算法的关键在于寻找合适的平面基元的参数化表达式。在极坐标系下，使用原点到平面的距离和法线指向，构建平面方程

$$x\cos\theta\sin\varphi + y\sin\theta\sin\varphi + z\cos\varphi = \rho \tag{6.24}$$

式中，(x,y,z)是平面上任意一点的欧氏坐标，ρ是在球极坐标系下的原点到平面的垂直距离，θ和φ分别是球极坐标系下的平面法向量指向的方位角和天顶角，如图 6.14 所示。ρ、θ和φ定义了三维霍夫参数空间，使得参数空间中的每个点对应于$\mathbb{R}^3$中的一个平面。

要在点云集合$\boldsymbol{P}$中找到平面基元，需要计算$\boldsymbol{P}$中每个霍夫参数变换。给定笛卡儿坐标系中的一个点p_i，找到该点所在的所有可能的平面参数，即找到满足式（6.24）的所有ρ、θ和φ。在霍夫参数空间中标记这些点，形成如图 6.15 所示的三维正弦曲线。霍夫参数空间中三个曲面的交点对应了这三个点共面的平面的球极坐标，如图中用黑色标记的交叉点所示。给定笛卡儿坐标系中的一组点，将所有点$p_i \in \boldsymbol{P}$变换为霍夫参数空间。在霍夫参数空间，越多的曲面相交于一个点$\boldsymbol{h}_j = [\rho \quad \theta \quad \varphi]^{\mathrm{T}}$，代表有越多的三维点能够拟合点$\boldsymbol{h}_j$所对应的平面，则点云$\boldsymbol{P}$中能够提取出平面$\boldsymbol{h}_j$的概率越大。

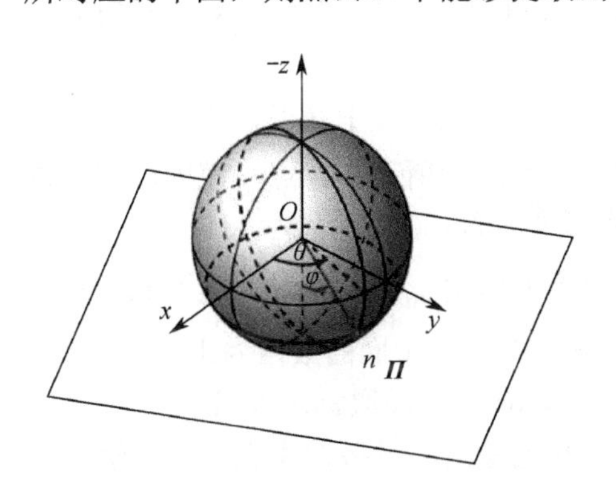

图 6.14　笛卡儿坐标与霍夫参数的对应

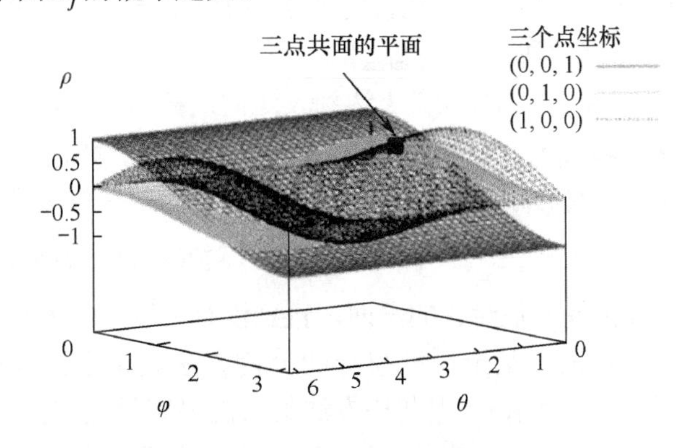

图 6.15　三维空间对应的霍夫参数空间

在实际操作中，需要将三维的霍夫参数空间进行离散化，类似于体素化，形成规则的存储计数器。对笛卡儿坐标系中的点云$\boldsymbol{P}$中的每个点都进行参数化，并在计数器中进行统计。一旦所有的点都进行了统计，计数器统计获得较高分数的单元对应的平面就被选中。霍夫参数空间的离散化和输入数据存在噪声，不建议搜索一个具有最大得分的单元，而建议搜索计数器一个范围内的最大和。使用一个三维的滑动窗口，扩展整个峰值范围。最突

出的平面对应于具有最大累积值的立方体的中心点。

霍夫变换存在较为严重的低运算效率问题，这是由点云的数量和霍夫参数空间的计数器数量巨大引起的。实际操作中需要设计一些技巧，来提升运算效率。相对于 RANSAC 方法的受欢迎程度，三维霍夫变换提取几何基元的方法使用得较少。

2．随机抽样一致性检测

Schnabel R 等人[54]在 2007 年提出使用 RANSAC 算法来分割网格和点云数据。这种方法能自动检测点云中的基本几何形状，它在保持结果正确的同时包含速度优化步骤。这种方法在面对点云数据中异常值甚至高程度噪声时依旧能保持健壮性。

RANSAC 方法通过从点云中随机选取能够拟合几何基元的最小点集，并且以此计算出几何基元的初始参数，得到候选基元。使用候选基元的参数对所有点计算拟合误差，来确定点集中与基元能够拟合点的个数或累计分数。当累计分数达到一定的要求时，则保留该基元，并且用所有符合拟合条件的点更新基元的参数。然后，对剩下的点循环进行该过程，选出其他潜在的几何基元。

下面以提取点云中的平面为例，给出 RANSAC 方法的处理过程。

（1）首先，利用随机采样的方法从点云集合 $\boldsymbol{P}$ 中任意选取不共线的三个点 $\{\boldsymbol{p}_1^k,\boldsymbol{p}_2^k,\boldsymbol{p}_3^k\}$，其中上标 k 表示第 k 次循环操作。3 个不共线的点组成了计算一个平面所需的最少条件，计算由这三个点确定的平面 $\boldsymbol{\Pi}^k$ 。

（2）计算平面 $\boldsymbol{\Pi}^k$ 的法向量 $\boldsymbol{n}_{\boldsymbol{\Pi}^k}$ 与三个点的法向量 $\{\boldsymbol{n}_1,\boldsymbol{n}_2,\boldsymbol{n}_3\}$ 的差异，判断差异是否小于预设的阈值，如果小于阈值，则将 $\boldsymbol{\Pi}^k$ 作为备选平面。否则，跳回步骤（1）。

（3）获得备选平面 $\boldsymbol{\Pi}^k$ 之后，定义一个计数器 C^k ，逐点计算 $\boldsymbol{P}$ 中的点到平面 $\boldsymbol{\Pi}^k$ 的距离和法向量交角。如果一个点的距离和法向量交角都小于预设的平面拟合阈值，则计数器 $C^k = C^k + 1$，该点被认为是平面 $\boldsymbol{\Pi}^k$ 的一个支撑点。逐点计算完后，所有的支撑点构成了 $\boldsymbol{\Pi}^k$ 的支撑点集合 $\{\boldsymbol{p}_{\text{inliers}}^k\}$ 。

（4）在循环次数 k 达到设定的次数后，在所有的平面集合 $\{\boldsymbol{\Pi}^k\}$ 中获得最多支撑点数的平面被选出，即找到符合 $\max C^k$ 的平面。然后，利用该平面的所有支撑点，使用最小二乘平面拟合方法更新计算平面的参数，由此获得参数化的平面 $\boldsymbol{\Pi}_j$ 。

（5）产生了一个平面 $\boldsymbol{\Pi}_j$ 后，对支撑点集合外的点集 $\boldsymbol{P}\setminus\{\boldsymbol{p}_{\text{inliers}}^k\}$ 重复步骤（1）到（4），继续提取其他潜在的平面，直到没有可以继续满足有效拟合一个平面的数据为止。

举例：基于模型拟合的分割方法利用了纯粹的数学准则，提取标准的几何基元（如图 6.16 所示），因此该方法最大的限制是无法提取那些无法用数学参数化表达的形状。这类方法面对点云中的噪声和异常值依然有强健的适应性。

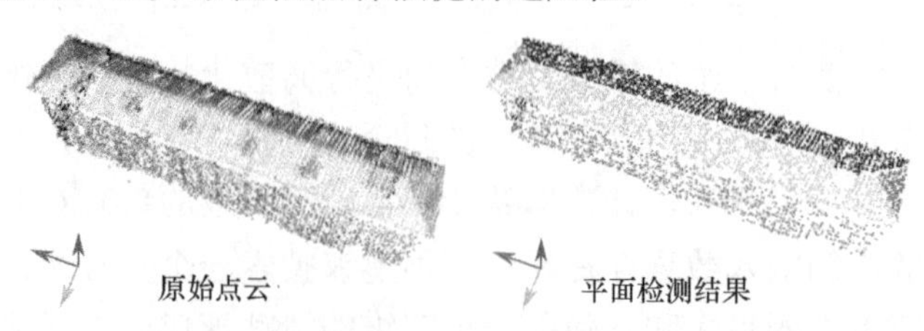

图 6.16　基于 RANSAC 的建筑物的点云平面提取

在 Schnabel R 等人的论文[53]中，除平面基元提取外，还介绍了基于 RANSAC 提取其他类型的几何基元的方法。图 6.17 给出了一个示例，输入的原始扫描点云的点数目是数十万个，RANSAC 方法能够快速有效地检测出其中的平面、圆柱、锥体和球体等几何基元，不同的基元的分割结果使用不同的颜色加以标注区分。

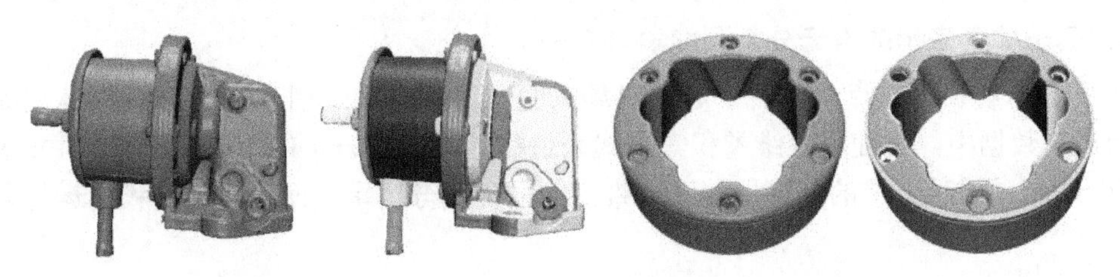

图 6.17　两组点云基于 RANSAC 方法提取的多种类型基元

6.4.4　基于深度学习的分割

使用深度学习（Deep Learning，DL）技术对二维影像进行分类已经有了大量深入的研究，并且展现出了可观的效果。深度学习通过组合低层特征形成更加抽象的高层特征，在计算机视觉领域，DL 算法由原始影像通过学习得到一个低层次表达，如边缘检测器、小波滤波器等，然后在这些低层次表达的基础上，通过线性或者非线性组合来获得一个高层次的表达。影像方面的深度学习分类任务取得良好的效果主要得益于两个关键因素：卷积神经网络（Convolutional Neural Networks，CNN）和大量标记的影像样本数据。

三维点云数据的深度学习技术正处在一个发展的阶段，其数据量近些年来增长迅速，深度学习技术从二维向三维拓展的趋势日趋明显。注意，在阅读本节内容之前，需要读者事先具备一定的深度学习理论知识基础。应用深度学习技术到三维点云处理中，面临的挑战包括：

第一，点云数据是非结构化的，不同于影像数据中像素存在的规则的邻域关系。点云在空间中的分布是离散的，没有规则化的网格结构来帮助直接应用 CNN 滤波器。

第二，数据不具备不变性排列。点云在数据存储时，本质上是一长串的三维坐标矩阵。在几何上，点的顺序不影响它在内存中的矩阵存储结构中的表示方式。如图 6.18 所示，相同的点云可以由两个完全不同的矩阵表示。

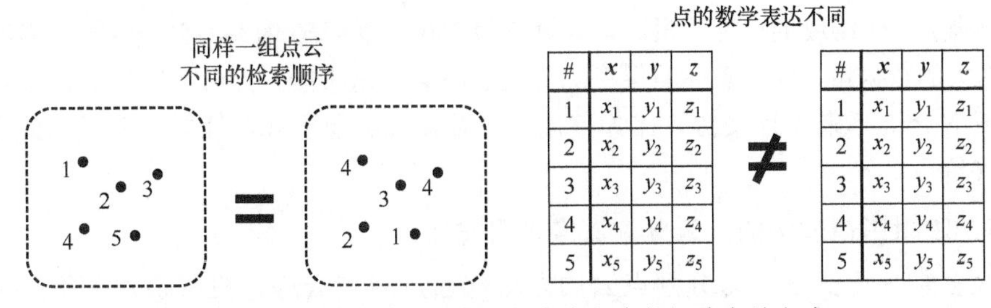

#	x	y	z
1	x_1	y_1	z_1
2	x_2	y_2	z_2
3	x_3	y_3	z_3
4	x_4	y_4	z_4
5	x_5	y_5	z_5

#	x	y	z
1	x_1	y_1	z_1
2	x_2	y_2	z_2
3	x_3	y_3	z_3
4	x_4	y_4	z_4
5	x_5	y_5	z_5

图 6.18　三维点云的顺序和其在内存中的矩阵存储方式

第三，点云数量上的变化是没有规律的。影像的像素数量是一个取决于摄像机的常数。然而，点云的数量可能有很大的变化，这取决于各种传感器。

CNN 在影像领域的成功应用，激发了早期的三维点云处理的深度学习模型设计。借鉴二维卷积神经网络的三维处理机制主要包含两大分支，分别是基于规则体素和基于映射影像的处理方法。但这两类方法都存在着采样分辨率（映射影像的分辨率或体素的网格分辨率）引起的空间量化精度问题。对此，直接在离散的三维点云上设计面向点的学习模型是目前应用深度学习处理三维点云的研究重点。

1. 基于体素表示的点云分割深度学习方法

使用了体素表示的点云学习，通过对场景空间进行分割，引入规则化的三维空间邻域关系到点云数据中，再使用三维卷积等方式来进行处理，Huang J 和 You S 提出的方法[35]如图 6.19 所示。这种方法的精度依赖于三维空间的分割分辨率，而且三维卷积的运算复杂度也较高。

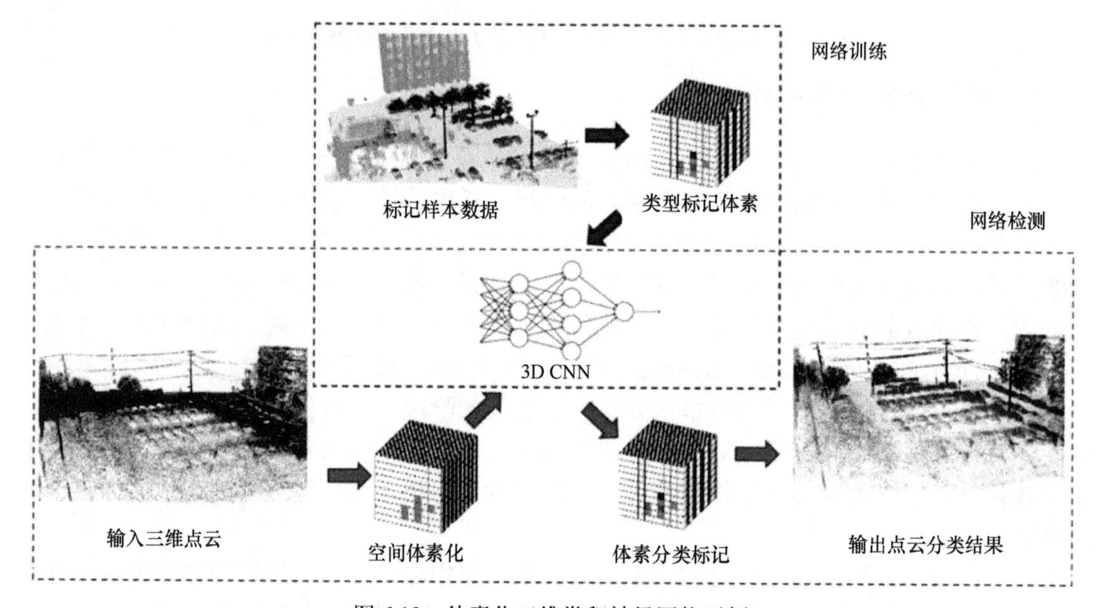

图 6.19 体素化三维卷积神经网络示例

将点云转换为规则化的体素表示，可以使用一些既有的神经网络模型来做三维滤波器，从而训练 CNN。但是，从离散点云直接转换为规则体素存在一个问题，即体素的数据量可能是非常大的。比如长、宽分别为 256 的典型影像大小，其像素个数为 256 像素×256 像素=65 536，但是如果再添加一个维度的三维体素，其数量变为 256 像素×256 像素×256 像素=16 777 216，这是一个相当大的数据量，这也意味着模型的处理速度会非常缓慢。针对数据量的问题，通常需要采取较低的分辨率来进行妥协，比如使用 64 像素×64 像素×64 像素，但是由此会付出量化误差的代价。

2. 基于映射影像表示的点云分割深度学习方法

早期大多数使用深度学习分割点云的方法都通过对点云进行投影映射，得到某些特定视角的映射影像再处理，如前视视角和鸟瞰视角，此种方式不直接处理三维的离散点。同时，也可以融合使用来自摄像机的影像信息。通过将这些不同视角的数据相结合，来实现点云数据的认知任务，比较典型的算法有多视图三维物体检测网络（Multi-View 3D Object Detection Network），简称 MV3D 网络[25]。

MV3D 网络是面向自动驾驶场景设计的融合多源数据模式的网络模型，它融合了视觉影像信息和 LiDAR 点云信息对点云进行分类。和基于体素的检测方法不同，MV3D 网络只用了点云的俯视图和前视图，这样既能减少计算量，又不至于丧失过多的信息。随后生成候选区域，把特征和候选区域融合后输出最终的目标检测框。MV3D 网络架构如图 6.20 所示。

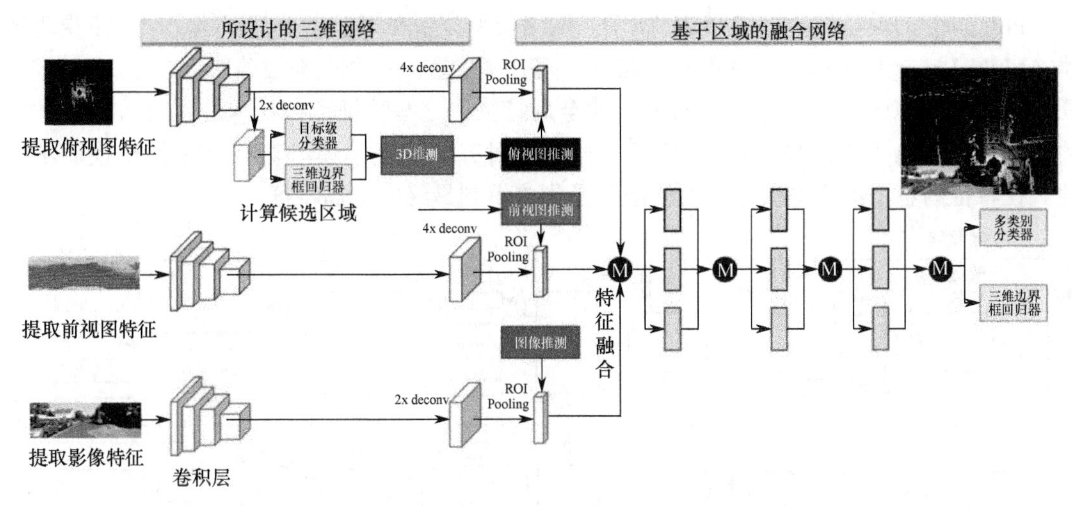

图 6.20 MV3D 网络架构[25]

（1）MV3D 网络从不同的数据中提取 3 类特征，即提取俯视图特征、前视图特征和影像特征。

① 提取俯视图特征。俯视图由高度、强度、密度组成，投影到分辨率为 0.1 的二维网格中。高度特征对于每个网格来说，由点云单元格中的最高值得出。为了编码更多的高度特征，点云被分为 m 块，对每个块都计算相应的高度图，从而获得了 m 个高度图。强度是每个单元格中有最大高度的点的映射值。密度表示每个单元格中点的数目，为了归一化特征。

② 提取前视图特征。前视图给俯视图提供了额外的信息。当激光点云非常稀疏时，投影到二维图上也会非常稀疏。相反，将它投影到一个圆柱面则会生成一个稠密的前视图。

③ 提取影像特征。提取影像特征是使用 VGG-16 网络实现的。

（2）设计候选区域网络。此处选用的是俯视图进行候选区域计算，使用俯视图的原因如下。第一，当物体投射到俯视图时保持了物体的物理尺寸，从而具有较小的尺寸方差，这在前视图/影像平面的情况下是不具备的。第二，在俯视图中，物体占据不同的空间，从而避免遮挡问题。第三，在道路场景中，由于目标通常位于地面平面上，并在垂直位置的方差较小，因此可以为获得准确的三维包围框（3D Bouding Box）提供良好的基础。候选区域网络使用的是提取候选框网络（Region Proposal Network，RPN）。

（3）把候选区域分别与提取的特征进行整合，从而把俯视图候选区域投影到前视图和影像中。给一个俯视图，网络通过一些三维预选框生成候选框。每个候选框都被参数化，就可以得到前视图和影像中的锚点。经过兴趣区域池化（ROI Pooling）整合成同一维度，目的是在融合之前保证数据是同一维度的。

（4）融合网络。网络最后使用整合后的数据得到最终的目标检测框。

3. 面向点设计的深度学习模型

在 2017 年后，PointNet[47]的提出使基于点的深度学习方法有了大幅度的发展。PointNet 是由斯坦福大学的 Qi C R 等人于 2017 年提出的一种直接作用于离散点的深度学习模型。PointNet 最重要的特点是设计了转换矩阵，保证了模型对特定空间转换的不变性。

PointNet 的模型结构如图 6.21 所示。网络模型分别在每个点上都训练了一个多层感知器（Multi-Layer Perceptron，MLP），在点之间分享权重。每个点都被映射到一个 1024 维空间中，为每个点云提供了一个 1×1024 的全局特征，这些特征点被送入非线性分类器。然后，利用 T-Net 网络学习到的转换矩阵相乘来对齐，保证了模型对特定空间转换的不变性。在特征的各个维度上执行最大值池化操作来得到最终的全局特征。

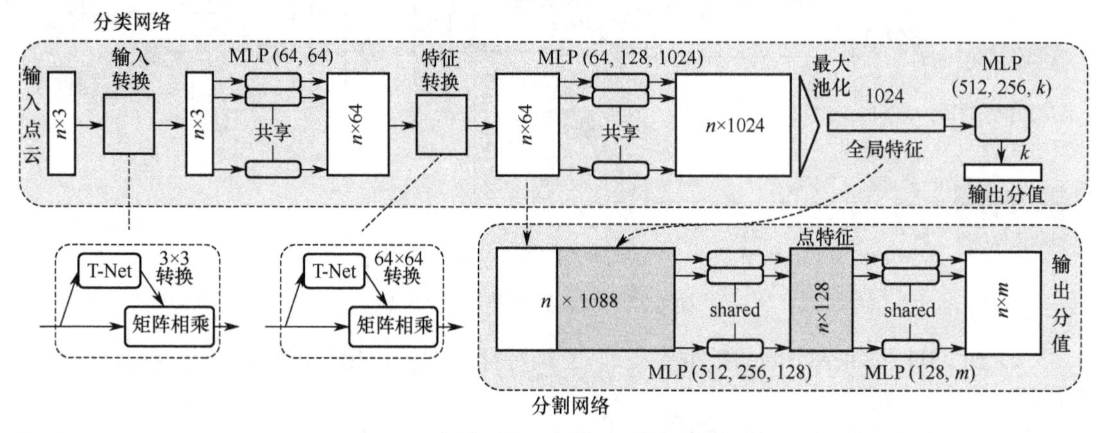

图 6.21　PointNet 的模型结构[47]

另外，由于参数数量的大幅增大，引入了一个损失项来约束 64×64 矩阵接近正交。对分类任务，将全局特征通过 MLP 来预测最后的分类分数；对分割任务，将全局特征和之前学习到的各点云的局部特征进行串联，再通过 MLP 得到每个数据点的分类结果。PointNet 的模型对 ModelNet40 数据集的准确率高达 89.2%。

在 PointNet 被提出后不久，又引入了 PointNet++网络模型[48]。通常，点云在不同区域的点密度是不均匀的，如车载激光雷达扫描距离较远地方而获得的点云比近处的点云的密度更小。这种点密度非均匀的特性给点云特征学习带来了很大的挑战，在密集的数据中学习的特征可能不会推广到稀疏的采样点云。同样，通过稀疏点云训练出来的模型可能无法识别具有精细局部结构的目标类型。PointNet++网络本质上是 PointNet 的分级分组（Hierarchical Grouping）的优化版本，该算法沿着分级结构逐步抽象出越来越大的局部区域，如图 6.22 所示为 PointNet++网络架构。每个层级都有三个核心层：采样层（Sampling Layer）、分组层（Grouping Layer）和点网络层（PointNet Layer）。在第一阶段选择质心，在第二阶段，把它们周围的邻近点（在给定的半径内）创建多个子点云，然后将它们传递给一个 PointNet 网络，并获得这些子点云的高维抽象特征表示。然后，重复这个过程，能够获得更高维的特征表示。这种分级分组学习高维度抽象特征的技术方法，在一定程度上减小了点云密度不均匀对特征学习的影响。

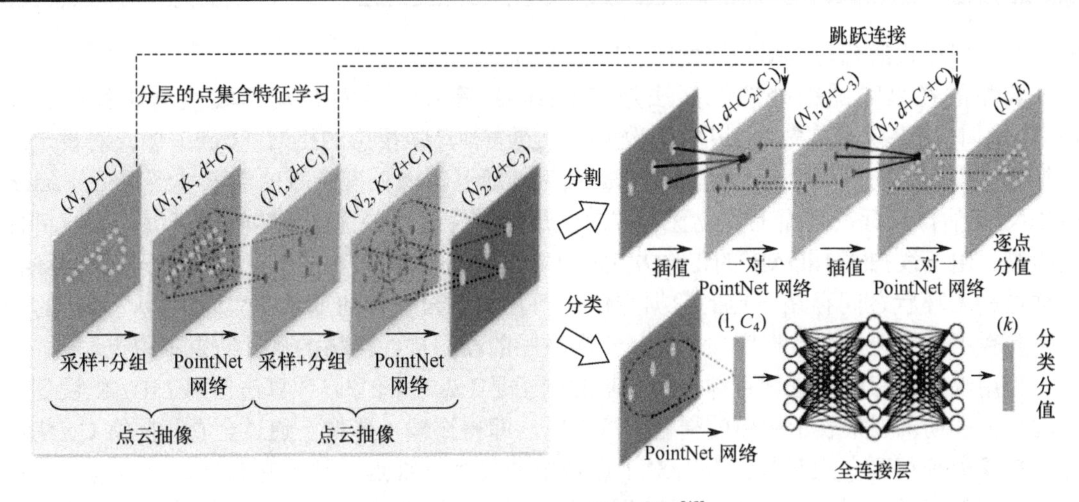

图 6.22　PointNet++网络架构[48]

举例：PointNet++与 CNNs 相似，从小的邻域中提取局部特征来捕捉精细的几何结构；这些局部特征被进一步结合到更大的单元中并进行处理，以产生更高层次的特征。重复这个过程直到得到整个点云的特征。图 6.23 提供了一组室内三维扫描数据的对象分割结果比较。PointNet 算法没有成功地分割出其中的部分家具，相反 PointNet++对这些室内家具的分割效果与真实家具对象的类型有较好的对应。

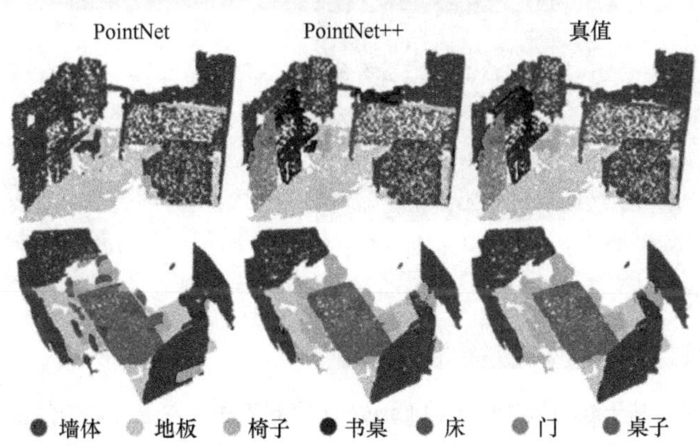

图 6.23　PointNet 和 PointNet++用于目标分割的效果比较[48]

4．面向自动驾驶类 LiDAR 点云的目标检测分割

在自动驾驶领域中，车载载体常配有机械式的激光雷达 LiDAR，也称为线扫式 LiDAR。这类 LiDAR 的核心硬件是由若干组可以旋转的激光发射器和接收器组成的，发射器发射的一条激光束称为“线”，激光束多使用在 900nm 左右的近红外波段。设备类型有单线、4 线、16 线、32 线、40 线、64 线和 128 线等不同配置。

由于绝大多数的车辆是在路面上行驶的，因此以路面为边界，三维场景被约束到一个路面之上的半空间范围中。基于该前提，很多面向自动驾驶的物体检测算法的思路是先做地面分割然后做聚类，最后对聚类得到的地面上的点云集合进行识别。为了提高算法的速度，很多算法并不直接作用于三维点云数据，而是先将点云数据映射到二维平面中再处理。这与前面介绍的“基于映射影像表示的点云分割深度学习方法”思路是一致的。常见的二维数据形式的有鸟瞰图和深度图（Rang Image）。

典型的在鸟瞰图中处理的算法是 Beltran J 等人[20]针对自动驾驶检测任务提出的 BirdNet。该网络模型首先将 LiDAR 数据投影到一种鸟瞰投影的格网（Cell）中，对设定的特征进行编码，得到一个三通道的影像。然后，通过影像处理领域的卷积神经网络 Faster-RCNN 来估计目标在平面上的位置和方向。最后，经过一些优化策略输出高度，完成目标的检测。由于线扫式 LiDAR 的工作方式有一定的角分辨率，会在地面上形成一圈圈的环状采样结构，环状之间存在一定的数据空白。因此，点云映射的鸟瞰图大而稀疏，格网的分辨率参数不容易选择，数据空白会使基于鸟瞰图的卷积神经网络的运行结果不稳定。

使用映射的深度图进行目标检测分割的例子是 LaserNet[43]。该算法使用 LiDAR 设备固有的扫描视场范围来表示构建的稠密的深度图，即得到输入影像。通过全卷积网络 CNN 对输入影像处理得到一组目标预测。对于影像中的每个三维点，预测它属于每个类别的概率值，并在俯视图中对边界框中的概率分布进行回归。这些点的类别分布通过均值偏移聚类相结合，以减小各预测中的噪声。在训练阶段，对整个检测器做端到端的训练，并在边界框上定义损失函数。在目标检测阶段，利用一种新颖的自适应非最大抑制算法来消除重叠的边框中的歧义。图 6.24 中的左下图展示了这种稠密的深度图，可以发现能够很容易地把影像处理中的 CNN 技术运用到这样的深度图上。

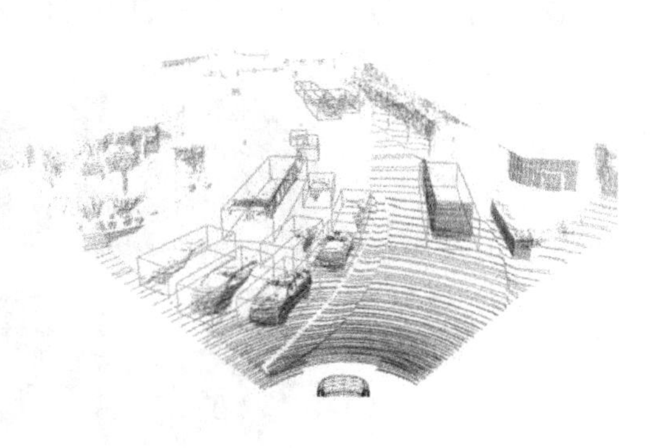

图 6.24 基于映射的深度图的 LaserNet 检测算法（左上：场景的影像；左下：构建的深度图；右：目标检测分割的结果）[43]

应用深度学习技术处理三维场景分割和识别面临的另一个重要挑战是：带有语义标注信息的三维空间数据集仍然比较匮乏。近几年涌现出了一些三维公共数据集，但相对于现实场景的丰富多样结构，现有数据集仍有很大的拓展空间。

6.5 小结

本章首先分析了采样点云数据的一些特性，说明了三维点云处理面临的问题挑战。然后介绍了点云空间结构增强算法，为点云局部特征估计提供帮助。针对点云采样不均匀的问题，密度加权投影采样算法是在前人设计的局部最优投影算法的基础上的改进算法，提高了算法对采样密度不均匀的响应能力，同时有效地抑制了噪声和外点的分布。介绍了超体素分割算法，超体素具有简化和概括点云的能力，具有良好的很广泛的应用价值。最后，介绍了从点云中提取目标的技术，该技术目前仍处于一个前沿探究的阶段，各种方法的更新迭代快速。深度学习技术通过设计深层的非线性网络结构，可以实现复杂函数的逼近，展现出了强大的从大量无标注样本集中学习数据集本质特征的能力。当今处在一个点云数据向大数据时代发展的背景下，当拥有海量的点云数据时，基于深度学习技术的模型检索成为可能。基于深度学习自动学习特征的能力极大地推进了三维点云数据处理的智能自动化。

参考文献

[1] 程效军，郭王，李泉，等. 基于强度与颜色信息的地面 LiDAR 点云联合分类方法[J]. 中国激光，2017，44（10）：267-274.

[2] 蒋晶珏，张祖勋，明英. 复杂城市环境的机载 LiDAR 点云滤波[J]. 武汉大学学报（信息科学版），2007，32（5）：402-405.

[3] 李卉，李德仁，黄先锋，等. 一种渐进加密三角网 LIDAR 点云滤波的改进算法[J]. 测绘科学，2009，34（03）：39-40.

[4] 李广云，李明磊，王力，等. 地面激光扫描点云数据预处理综述[J]. 测绘通报，2015（11）：1-3.

[5] 李明磊，刘少创，杨欢，等. 双层优化的激光雷达点云场景分割方法[J]. 测绘学报，2018，47（2）：269-274.

[6] 刘春，陈华云，吴杭彬. 激光三维遥感的数据处理与特征提取[M]. 北京：科学出版社，2010.

[7] 孙金虎，周来水，安鲁陵. 应用最小生成树实现点云分割[J]. 中国图象图形学报，2012，17（7）：858-865.

[8] 谭凯，程效军. 双阈值法地面激光点云强度图像边缘提取[J]. 同济大学学报（自然科学版），2015，43（009）：1425-1431.

[9] 王晏民. 深度图像化点云数据管理[M]. 北京：测绘出版社，2013.

[10] 王晏民，郭明，黄明. 海量精细点云数据组织与管理[M]. 北京：测绘出版社，2015.

[11] 王永波. 基于地面 LiDAR 点云的空间对象表面重建及其多分辨率表达[M]. 南京：东南大学出版社，2011.

[12] 魏征，董震，李清泉，等. 车载 LiDAR 点云中建筑物立面位置边界的自动提取[J]. 武汉大学学报（信息科学版），2012，37（11）：1311-1315.

[13] 谢宏全，谷风云. 地面三维激光扫描技术与应用[M]. 武汉：武汉大学出版社，2016.

[14] 谢宏全，谷风云，李勇，等. 基于激光点云数据的三维建模应用实践[M]. 武汉：武汉大学出版社，2014.

[15] 闫利，谢洪，胡晓斌，等. 一种新的点云平面混合分割方法[J]. 武汉大学学报（信息科学版），2013，38（5）：517-521.

[16] 杨必胜，董震. 点云智能处理[M]. 北京：科学出版社，2020.

[17] 杨必胜，魏征，李清泉，等. 面向车载激光扫描点云快速分类的点云特征图像生成方法[J]. 测绘学报，2010，39（05）：540-545.

[18] 张继贤，林祥国，梁欣廉. 点云信息提取研究进展和展望[J]. 测绘学报，2017，46（10）：1460-1469.

[19] Andoni A, Indyk P. Near-optimal hashing algorithms for approximate nearest neighbor in high dimensions[C]. In Proceedings of 47th Annual IEEE Symposium on Foundations of Computer Science. Los Alamitos, 2006, 459-468.

[20] Beltran J, Guindel C, Moreno F M, et al. BirdNet: a 3D Object Detection Framework from LiDAR information[C]. 2018 21st International Conference on Intelligent Transportation Systems (ITSC). IEEE, 2018.

[21] Aubry M, Schlickewei U, Cremers D. The wave kernel signature: a quantum mechanical approach to shape analysis[C]. 2011 IEEE International Conference on Computer Vision Workshops. Piscataway, 2011, 1626-1633.

[22] Belton D, Lichti D D. Classification and segmentation of terrestrial laser scanner point clouds using local variance information[J]. The International Archives of the Photogrammetry, Remote Sensing and Spatial Information Sciences, 2006, 36(5):44-49.

[23] Berkmann J, Caelli T. Computation of surface geometry and segmentation using covariance techniques[J]. IEEE Transactions on Pattern Analysis and Machine Intelligence, 1994, 16(11):1114-1116.

[24] Chang A X, Funkhouser T, Guibas L, et al. ShapeNet: an information-rich 3D model repository[J/OL]. https://arxiv.org/abs/1512.03012v1, 2015.

[25] Chen X, Ma H, Wan J, et al. Multi-view 3D object detection network for autonomous driving[C]. Proceedings of 30th IEEE Conference on Computer Vision and Pattern Recognition. New York, 2017, 6526-6534.

[26] Dai A, Chang A X, Savva M, et al. SCANNET: richly-annotated 3d reconstructions of indoor scenes[C]. Proceedings of 30th IEEE Conference on Computer Vision and Pattern Recognition. New York, 2017, 2432-2443.

[27] Demantké J, Mallet C, David N, et al. Dimensionality based scale selection in 3D LiDAR point clouds[C]. The International Archives of the Photogrammetry, Remote Sensing and Spatial Information Sciences. Gottingen: Copernicus Gesellschaft MBH, 2011, 97-102.

[28] Golovinskiy A, Funkhouser T. Min-cut based segmentation of point clouds[C]. Proceedings of 2009 IEEE 12th International Conference on Computer Vision Workshops. Piscataway, 2009, 39-46.

[29] Gressin A, Mallet C, Demantké J, et al. Towards 3D LiDAR point cloud registration improvement using optimal neighborhood knowledge[J]. ISPRS Journal of Photogrammetry and Remote Sensing, 2013(79):240-251.

[30] Han X F, Jin J S, Wang M J, et al. A review of algorithms for filtering the 3D point cloud[J]. Signal Processing: Image Communication, 2017, 57:103-112.

[31] He K, Zhang X, Ren S, et al. Deep residual learning for image recognition[C]. Proceedings of the IEEE Conference on Computer Vision and Pattern Recognition. New York, 2016, 770-778.

[32] Huang H, Li D, Zhang H, et al. Consolidation of unorganized point clouds for surface reconstruction[J]. ACM Transactions on Graphics, 2019, 28(5):176-183.

[33] Huang H, Ascher U. Surface mesh smoothing, regularization and feature detection[J]. SIAM Journal on Scientific Computing, 2008, 31(1):74-93.

[34] Huang H, Wu S, Gong M, et al. Edge-aware point set resampling[J]. ACM Transactions on Graphics, 2013, 32(1):1-12.

[35] Huang J, You S. Point cloud labeling using 3D convolutional neural network[C]. Proceedings of 2016 IEEE 23rd International Conference on Pattern Recognition. Los Alamitos, 2016, 2670-2675.

[36] Krizhevsky A, Sutskever I, Hinton G E. Imagenet classification with deep convolutional neural networks[J]. Advances in Neural Information Processing Systems, 2012, 25:1097-1105.

[37] Lange C, Polthier K. Anisotropic smoothing of point sets[J]. Computer Aided Geometric Design, 2005, 22(7):680-692.

[38] Li M. A super voxel-based Riemannian graph for multi scale segmentation of LiDAR point clouds[J]. ISPRS

Annals of the Photogrammetry, Remote Sensing and Spatial Information Sciences, 2018, IV-3, 135-141.

[39] Lipman Y, Cohen-Or D, Levin D, et al. Parameterization-free projection for geometry reconstruction[J]. ACM Transactions on Graphics, 2007, 26(3):26-31.

[40] Lin M, Chen Q, Yan S. Network in network[J/OL]. https://arxiv.org/abs/1312.4400, 2013.

[41] Luciano L, Hamza A B. Deep learning with geodesic moments for 3D shape classification[J]. Pattern Recognition Letters, 2018, 105: 182-190.

[42] Masci J, Boscaini D, Bronstein M, et al. Geodesic convolutional neural networks on riemannian manifolds[C]. In Proceedings of the IEEE International Conference on Computer Vision Workshops. New York, 2015, 832-840.

[43] Meyer G P, Laddha A, Kee E, et al. LaserNet: An Efficient Probabilistic 3D Object Detector for Autonomous Driving[C]. IEEE/CVF Conference on Computer Vision and Pattern Recognition, Long Beach, CA., US, 2019, 12669-12678.

[44] Meyer M, Desbrun M, Schröder P, et al. Discrete differential-geometry operators for triangulated 2-manifolds[J]. Visualization and Mathematics, 2003, 3(8-9):35-57.

[45] Mitra N J, Nguyen A, Guibas L. Estimating surface normals in noisy point cloud data[J]. International Journal of Computational Geometry & Applications, 2004, 14(4-5):261-276.

[46] Papon J, Abramov A, Schoeler M, et al. Voxel cloud connectivity segmentation-supervoxels for point clouds[C]. IEEE Conference on Computer Vision and Pattern Recognition, Portland, 2013, 2027-2034.

[47] Qi C R, Su H, Mo K, et al. PointNet: deep learning on point sets for 3d classification and segmentation[C]. Proceedings of 30th IEEE Conference on Computer Vision and Pattern Recognition. New York, 2017, 77-85.

[48] Qi C R, Yi L, Su H, et al. PointNet++: deep hierarchical feature learning on point sets in a metric space[C]. NeurIPS2017, 30, 2017.

[49] Rakotosaona M J, La Barbera V, Guerrero P, et al. PointCleanNet: learning to denoise and remove outliers from dense point clouds[C]. Computer Graphics Forum. USA, NJ, Hoboken: WILEY, 2020, 185-203.

[50] Rottensteiner F, Sohn G, Gerke M, et al. Results of the ISPRS benchmark on urban object detection and 3D building reconstruction[J]. ISPRS Journal of Photogrammetry & Remote Sensing, 2014(93):256-271.

[51] Roveri R, Öztireli A C, Pandele I, et al. PointProNets: Consolidation of point clouds with convolutional neural networks[J]. Computer Graphics Forum, 2018, 37(2): 87-99.

[52] Rusu R B, Holzbach A, Blodow A, et al. Fast geometric point labeling using conditional random fields[C]. In Proceedings of 2009 IEEE/RSJ International Conference on Intelligent Robots and Systems. New York, 2009, 7-12.

[53] Schnabel R, Degener P, Klein R. Completion and reconstruction with primitive shapes[J]. Computer Graphics Forum, 2009, 28(2):503-512.

[54] Schnabel R, Wahl R, Klein R. Efficient RANSAC for point cloud shape detection[J]. Computer Graphics Forum, 2007, 26(2): 214-226.

[55] Serna A, Marcotegui B, Goulette F, et al. Paris-rue-Madame database: a 3D mobile laser scanner dataset for benchmarking urban detection, segmentation and classification methods[C]. Proceedings of 3rd International Conference on Pattern Recognition Applications and Methods. Setubal: INSTICC Press, 2014, 819-824.

[56] Sun J, Ovsjanikov M, Guibas L. A concise and provably informative multi-scale signature based on heat diffusion[C]. Computer graphics forum. Hoboken: WILEY, 2009, 1383-1392.

[57] Ural S, Shan J. Min-cut based segmentation of airborne LiDAR point clouds[C]. International Archives of the Photogrammetry, Remote Sensing and Spatial Information Sciences. Gottingen: Copernicus Gesellschaft

MBH, 2012, 167-172.

[58] Vo A V, Truong-Hong L, Laefer D F, et al. Octree-based region growing for point cloud segmentation[J]. ISPRS Journal of Photogrammetry & Remote Sensing, 2015(104): 88-100.

[59] Wang P S, Liu Y, Guo Y X, et al. O-cnn: octree-based convolutional neural networks for 3d shape analysis[J]. ACM Transactions on Graphics (TOG) , 2017, 36(4):1-11.

[60] Weinmann M, Jutzi B, Hinz S, et al. Semantic point cloud interpretation based on optimal neighborhoods, relevant features and efficient classifiers[J]. ISPRS Journal of Photogrammetry and Remote Sensing, 2015(105): 286-304.

[61] Wu Z, Song S, Khosla A, et al. 3D Shapenets: a deep representation for volumetric shapes[C]. Proceedings of 2015 IEEE Conference on Computer Vision and Pattern Recognition. New York, 2015, 1912-1920.

[62] Yi L, Kim V G, Ceylan D, et al. A scalable active framework for region annotation in 3d shape collections[J]. ACM Transactions on Graphics, 2016, 35(6):1-12.

[63] Yu Y, Li J, Guan H, et al. Learning hierarchical features for automated extraction of road markings from 3-D mobile LiDAR point clouds[J]. IEEE Journal of Selected Topics in Applied Earth Observations and Remote Sensing, 2015, 8(2):709-726.

第 7 章　点云特征提取和三维配准

将不同时刻或不同视角由影像重建或激光雷达扫描的点云数据，根据数据重叠区域的关联，找到一组转换参数，使不同组数据能够统一到相同的坐标系统下，这个过程叫作点云配准。配准算法的本质是在全局坐标系中找到不同视图之间的相对位置姿态，使对应点云的相交区域完全重合（如图 7.1 所示）。将点云配准融合成一个点云结构，可以便于进行后续的内容分割和对象表面建模。

图 7.1　第一行是多个角度扫描的点云（由于存在遮挡现象，每次扫描的数据都是不全面的），下方是配准融合得到的点云

三维数据的特征表达能力是目标特性分析的主要依据。当前的研究趋势正在从以点为单元向着以体素和对象等为单元的处理方式发展，它们是点的再组织形式。这类单元的上下文信息更丰富，能够适应不同的数据质量；而且降低了数据量，可以明显提高特征表达的效率。

点云配准算法的总体流程包含两个阶段：全局粗配准和局部精配准，也可叫作粗配准和精配准。粗配准是在两组点云没有相对位置的先验信息的情况下，找到两组点云的初始配准参数；精配准是在有先验初始配准参数的条件下，进一步优化调整参数，提高匹配精度。

与影像配准类似，点云的配准需要建立起不同点云之间的匹配对应关系，通过这种对应关系进行位置姿态参数的计算。匹配对应的基础可以是基于点特征的对应搜索，也可以是基于更高级别的单元特征的搜索。根据尺度差异，点云数据的特征一般可以分为局部特征和全局特征。例如，点的法向量和曲率特征反映的是局部结构的几何形状特征，而拓扑特征的描述属于全局特征描述。

本章首先介绍点云的特征提取技术，然后分别给出粗配准和精配准的经典算法，最后对异源数据配准的方法进行讨论。

7.1　点云特征提取

点云中的点，最原始的数据是笛卡儿坐标系下的相对于一个给定的坐标原点的一系列 (x, y, z) 坐标序列。假定坐标原点的位置不变，在 t_1 和 t_2 时刻分别观测到两个点 $\boldsymbol{p}_1$ 和 $\boldsymbol{p}_2$，即便两点的坐标值完全相同，对这两个独立点做比较也属于不适定问题。虽然相对于一些距离测度，它们的值是相等的，但是它们可能取样于完全不同的表面。比如在 t_1 和 t_2 时刻，局部环境有可能发生改变，当把 $\boldsymbol{p}_1$ 和 $\boldsymbol{p}_2$ 两点与其空间中邻近的其他点放在一起时，它们表达的场景是完全不同的信息。影像重建的点云或者异源传感器联合扫描的数据，除可提供位置坐标信息外，还可以提供亮度强度或表面反射率等信息，尽管如此，依然不能完全解决两个独立点的关联问题。如果在 t_1 和 t_2 时刻坐标原点的位置发生了变化，则坐标值相等的两个独立点更无法直接关联对应。

为了能够在不同时刻、不同视角下对比三维空间场景的结构分布情况，设计三维点的可靠的特征度量方式十分必要，而非依靠单一实体点的坐标参数。与第 3 章介绍的影像特征理论类似，三维点的特征也需要通过邻域的局部分布来建立特征描述，表达观测对象表面的几何性质，解决不适定的关联匹配问题。理想情况下，相同或相似的结构表面上的点的特征描述应当是相似的，能够在度量空间进行相似性搜索；而不同结构表面上的点的特征描述有明显差异。良好的特征描述需要满足以下几个条件，根据能否获得相近的局部表面特征描述能力，来判断点特征描述的优劣。

（1）当场景与传感器之间发生相对三维旋转和三维平移变化时，不影响特征描述，即具有平移和旋转不变性。

（2）在一个结构表面的局部范围内，采样密度无论是大还是小，应该有相近的特征描述，即具有抗密度干扰性。

（3）在数据具有低等级噪声的情况下，点的特征描述保持相同或者相似的值，即对点云噪声具有稳定性。

7.1.1 点的法向量和曲率特征

特征描述子的数学形式是一类特征向量，用量化的方式记录了空间结构的某些特性，反映指定点、局部邻域集合或全局结构的形状特征。通过在特征空间中度量向量的相似性，建立不同曲面点的对应关系。

点云中的独立点的法向量和曲率都属于点特征。法向量是过点云表面的一点垂直于切平面的方向矢量，具体计算见 6.2.1 节。曲率的大小反映了场景结构表面的凹凸特性，对于无拓扑关系的三维点云而言，利用曲率的计算只能得到近似估算值。

点特征对噪声比较敏感，如果观测数据的噪声较大，则点特征会非常不稳定。直接使用点特征难以实现匹配，这类特征不能完全表示这个点所在局部的结构分布。使用这些点特征表示场景的结果就是大多数场景会有很多相同或相近的特征值，这样会抹除场景之间的独特性。

在理想状态下，对于一个点云，希望将信息标签作为其特征，例如，位于边上的点、位于球上的点或位于平面的点等。如果可以利用这些特征和它们之间的几何约束，就可以提高在其他点云中找到它们的正确对应关系的概率。一般只把点特征作为和点坐标一样的基础数据，用于组成更高级别的特征。

7.1.2 点特征直方图

点特征直方图（Point Feature Histogram，PFH）是对邻域范围内空间差异的一种量化，通过数理统计的方法获得一个用于描述中心点邻域点集合几何信息的直方图。PFH 是将一个点的邻域均值、曲率、几何特性编码到多维的直方图中，这样的高维数据提供了大信息量的特征表达。PFH 特征不仅在旋转和平移六自由度变换下具有不变性，还能很好地适应不同程度的采样密度和噪声影响，属于一个整体尺度和姿态不变的多值特征。

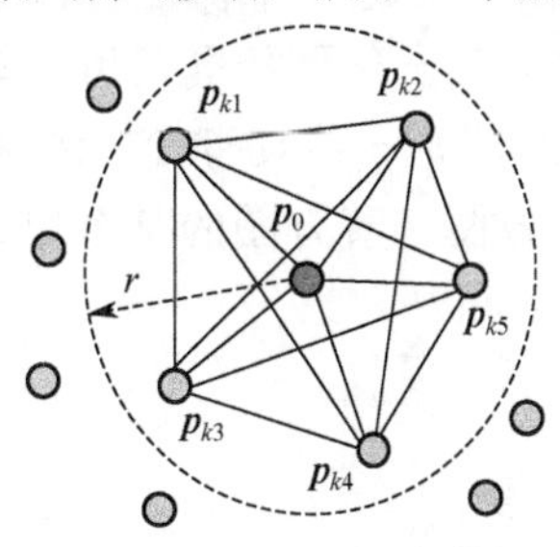

图 7.2　PFH 特征的计算范围

PFH 基于某点和其 k 邻域点之间的位置与法向量关系来刻画采样场景表面的变化情况。点云的法向量的估计质量对于该 PFH 特征的描述尤为重要。图 7.2 显示了 PFH 特征的计算范围，以 $\boldsymbol{p}_0$ 为中心，构建一个半径为 r 的三维球体，将 $\boldsymbol{p}_0$ 与球体内部的 k 个邻域点两两互相连接组成一个网络。PFH 是根据该网络关系，计算点对之间的变化而得到的直方图。因此，计算每个点的 PFH 的计算复杂度 $O(k^2)$ 的步骤如下。

- 对于每个点 $\boldsymbol{p}$，选定包含 $\boldsymbol{p}$ 在内的 k 邻域点集合。如果点云的法向量信息未知，则需要通过局部平面拟合对法向量进行估计。
- 获得所有法向量后，使用现有的视点信息一致约束来重新调整法向量方向。如果 $(\boldsymbol{v}-\boldsymbol{p}_i)\cdot\boldsymbol{n}_{p_i}<0$，则令 $\boldsymbol{n}_{p_i}=-\boldsymbol{n}_{p_i}$，其中 $\boldsymbol{n}_{p_i}$ 是 $\boldsymbol{p}_i$ 的初始法向量，$\boldsymbol{v}$ 是视点。
- 根据 $\boldsymbol{p}$ 的邻域内的每一个点对 $\boldsymbol{p}_i$ 和 $\boldsymbol{p}_j$（$i\neq j, j<i$）以及它们的法向量 $\boldsymbol{n}_i$ 和 $\boldsymbol{n}_j$，选取一个源点 $\boldsymbol{p}_s$ 和目标点 $\boldsymbol{p}_t$，源点 $\boldsymbol{p}_s$ 选择两点之中法向量与两点连线夹角更小的点。如果 $\langle\boldsymbol{n}_i,\boldsymbol{p}_j-\boldsymbol{p}_i\rangle\leqslant\langle\boldsymbol{n}_j,\boldsymbol{p}_i-\boldsymbol{p}_j\rangle$，则令 $\boldsymbol{p}_s=\boldsymbol{p}_i$，$\boldsymbol{p}_t=\boldsymbol{p}_j$，否则令 $\boldsymbol{p}_s=\boldsymbol{p}_j$，$\boldsymbol{p}_t=\boldsymbol{p}_i$。
- 然后定义以源点 $\boldsymbol{p}_s$ 为中心的一个局部坐标系（如图 7.3 所示）。

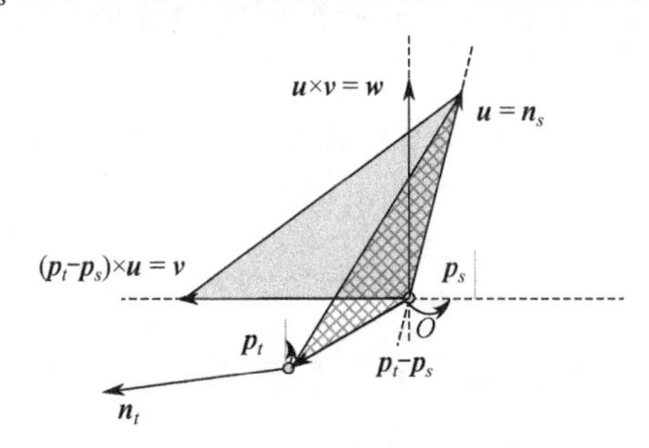

图 7.3　以源点 $\boldsymbol{p}_s$ 为中心的局部坐标系

$$\begin{aligned}\boldsymbol{u}&=\boldsymbol{n}_s\\ \boldsymbol{v}&=(\boldsymbol{p}_t-\boldsymbol{p}_s)\times\boldsymbol{u}\\ \boldsymbol{w}&=\boldsymbol{u}\times\boldsymbol{v}\end{aligned}\tag{7.1}$$

- 在此局部坐标系的基础上计算出有关点对的 4 个特征值：

$$\begin{aligned}&f_1=\alpha=\langle\boldsymbol{v},\boldsymbol{n}_t\rangle\\ &f_2=d=\|\boldsymbol{p}_t-\boldsymbol{p}_s\|_2\\ &f_3=\phi=(\boldsymbol{u}\cdot(\boldsymbol{p}_t-\boldsymbol{p}_s))/f_2\\ &f_4=\theta=\arctan(\boldsymbol{w}\cdot\boldsymbol{n}_t,\boldsymbol{u}\cdot\boldsymbol{n}_t)\end{aligned}\tag{7.2}$$

式中，s_i代表 4 个特征各自的阈值。f_2是表示两点之间的欧氏距离，剩下三个都是表示目标点的法向量在源点法向量形成的坐标系中的朝向，如图 7.4 中的(α,d,ϕ,θ)。为了给某个点创建 PFH 特征，将上述 4 个特征的信息合并到一个直方图中。合并过程是将每个特征的取值范围划分为 b 个子区间，统计每个子区间中有值的情况。由于上述 4 个特征中有 3 个是与法向量之间角度相关的度量，因此可以很容易地将它们的值归一化到相同尺度。举例来说，可以将每个特征的取值区间划分为相等间隔的两份（b=2），则一共具有 2^4=16 种可能的特征取值的组合，即构建了有 16 个单元区间（bin）的直方图。直方图的某个单元的增量，对应于4 个特征取值的组合刚好落在该单元里的点。

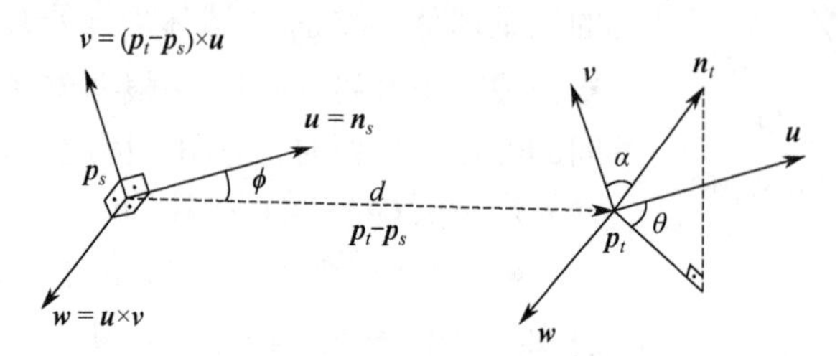

图 7.4 PFH 的几何表现形式

在使用点对点搜索匹配时，都要选择各自点云的特征点子集进行搜索匹配。为了选定一个点云的最佳特征子集，要计算出每个点的特征直方图，并求出所有直方图的均值（$\boldsymbol{\mu}$ 直方图）。通过计算每个点的特征直方图和 $\boldsymbol{\mu}$ 直方图之间的距离，构建出关于距离的概率分布，一般情况下，这个分布近似于高斯分布。多次改变求取特征直方图的邻域大小，就可以多次进行统计分析。更进一步，选出分布在$\boldsymbol{\mu}\pm\alpha\cdot\boldsymbol{\sigma}$（$\alpha$=1、2 或 3）之外的点，把它们当作独特特征，把每次统计分析得到的独特特征放到一起，就形成了这个点云的特征点子集。

计算直方图之间的距离采用 Kullback-Leibler 散度指标，这个距离的计算方式可以很好地表现出直方图之间的差异：

$$\mathrm{KL}_{\mathrm{divergence}}=\sum_{i=1}^{16}(p_i^f-\mu_i)\cdot\ln(p_i^f/\mu_i) \tag{7.3}$$

式中，p_i^f 和 μ_i 分别代表点 $\boldsymbol{p}$ 的直方图和 $\boldsymbol{\mu}$ 直方图的第 i 个分量。

7.1.3 快速点特征直方图

快速点特征直方图（Fast Point Feature Histogram，FPFH）是 PFH 的快速版本，与 PFH 特征的大部分特性和原理相同。区别在于，FPFH 简化了 PFH 计算特征元素的过程，降低了算法的复杂度，同时保留了 PFH 的大部分判别能力。快速版本采取一些简化和优化措施来提升计算速度。需要再次强调，点云的法向量质量对于 FPFH 特征的质量有很大影响。

首先，FPFH 将原有的 4 个特征简化为 3 个特征，只保留了 3 个角度特征。

其次，在 PFH 中，求查询点 $\boldsymbol{p}_0$ 的特征直方图需要计算 $\boldsymbol{p}_0$ 和 k 邻域内所有点$\{\boldsymbol{p}_k\}$组成的集合 $\boldsymbol{p}_0\cup\{\boldsymbol{p}_k\}$ 中的所有两两点之间的特征，这无形中添加了很多冗余的计算。在 FPFH 中，只计算中心点和邻域点的点对$(\boldsymbol{p}_0,\boldsymbol{p}_k)$之间的特征，与中心点 $\boldsymbol{p}_0$ 无关的点对就不再计

算，这样就构成了一个新的简化点特征直方图（Simple Point Feature Histogram，SPFH）。

然后，使用中心点 $\boldsymbol{p}_0$ 和{ $\boldsymbol{p}_k$ }中每个点的 SPFH 加权求和构成了所谓的 FPFH

$$\text{FPFH}(\boldsymbol{p}_0)=\text{SPFH}(\boldsymbol{p}_0)+\frac{1}{k}\sum_{i=1}^{k}\frac{1}{\omega_k}\cdot\text{SPFH}(\boldsymbol{p}_k) \tag{7.4}$$

这里的权重 ω_k 可以使用在给定的度量空间中的距离权，所以 FPFH 并没有丢掉原本点之间的距离信息。当然，在这里也可以选用其他度量方式来设置这个权重。

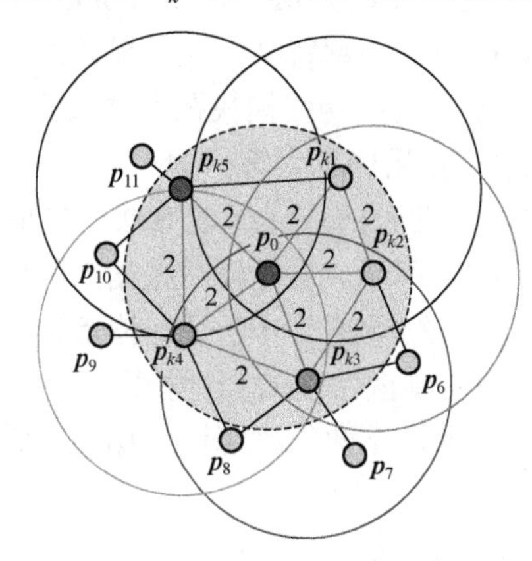

图 7.5　FPFH 的计算模式

为了理解加权方式，图 7.5 与图 7.2 的对比进一步解释两种计算模式的区别。FPFH 与 PFH 相比，有以下几个不同的方面。给定一个点 $\boldsymbol{p}_0$，快速版本首先通过该点与它的 k 邻域计算 SPFH，并依次对 k 邻域中的所有邻域点都执行这一步。但此时对比 PFH 会发现，其缺少了邻域点之间的联系和影响。因此，需要加权其所有邻域点 $\boldsymbol{p}_k$ 的 SPFH 并与 $\boldsymbol{p}_0$ 自身的 SPFH 相结合，从而算得点 $\boldsymbol{p}_0$ 最终的 FPFH 特征。PFH 特征模型建立在中心点周围的一个精确的半径范围内，而 FPFH 还包括半径 r 范围以外的一些额外点，容易推导出最大的影响范围不超过 $2r$。对比 PFH，每个点参与计算 SPFH 的点对数据大幅减少，因此 FPFH 的计算复杂度被大大地降低，为 $O(nk)$。

7.1.4　三维 Harris 特征

Harris 角点最早被应用于二维影像特征提取，3.3.1 节内容已经对其做了介绍。后来，Harris 角点提取算法被拓展到三维数据处理中。三维 Harris 特征方法基于三维点云的局部邻域形状的可求导性研究，用一个函数对邻域点进行拟合，并将该函数的导数较大的点提取并作为特征点。与影像不同，三维数据可能具有任意的拓扑结构和采样密度，这使得导数的计算复杂化。

三维 Harris 特征算法：对某个点 $\boldsymbol{p}$，首先检索其 k 邻域内的所有点组成的一个点集合{ $\boldsymbol{p}_k$ }，使用类似于式（7.1）的定义方法建立局部正交坐标系。然后，用一个形式为 $f(u,v)=\boldsymbol{a}^{\mathrm{T}}(u^2,uv,v^2,u,v,1)$ 的二次型函数来拟合坐标变换后的邻域点集，得到局部曲面的显性的参数化表示。这里 u 和 v 表示在切平面上坐标的变量值，$\boldsymbol{a}$ 表示二次面片参数。

计算一个 2×2 的对称矩阵：

$$E=\frac{1}{\sqrt{2\pi\sigma}}\int_{\mathbb{R}^2}\exp\left(-\frac{u^2+v^2}{2\sigma^2}\right)\begin{bmatrix} f_u^2(u,v) & f_u(u,v)f_v(u,v) \\ f_u(u,v)f_v(u,v) & f_v^2(u,v)\end{bmatrix}d_u d_v \tag{7.5}$$

在观测点云表面的每个点 $\boldsymbol{p}$ 时，三维 Harris 算子定义为 $\boldsymbol{H}(\boldsymbol{p})=\det(E)-0.04\,\mathrm{tr}^2(E)$。选择固定百分比的具有最高值 $\boldsymbol{H}(\boldsymbol{p})$ 的点作为特征点。另外，可以对每个点自适应地选择邻域选择范围 k 和高斯方差 σ，以使该方法独立于采样密度。

7.1.5 面向深度学习网络的特征

本节与 6.4.4 节介绍的面向点云的基于深度学习的分割内容类似，在实现大规模三维点云语义分割的智能系统时，点特征的设计和提取方法是必不可少的。基于深度学习的分割而设计的点特征提取技术，通常需要依靠计算昂贵的内核化或图形构造，概括起来的技术分类有：（1）基于投影的方法；（2）基于体素的方法；（3）基于点的方法，比如 PointNet 和 PointNet++。目前已经有不少研究使用神经模块来学习每个点的局部特征，这些模块通常可分类为：邻域特征池化、图消息传递、核卷积和注意力聚合。这些网络模块在小体量的点云数据上已显示出了不错的效果，但是也面临着高计算和内存占用成本大等问题。

举例：Ao S 等人于 2021 年提出了一种面向配准的三维局部特征提取算法“空间点转换器”（Spatial Point Transform，SPT）算法[29]，如图 7.6 所示。SPT 算法根据点的局部法向量信息，将局部数据块与计算的参考坐标轴进行对齐，然后建立一个规则体素化的球极坐标系，对数据进行球面体素化。然后，按照类似于地图制图法中的圆柱投影方法，将三维点的属性扩展到一个分辨率为$\left(J\times K\times L\times D\right)$的规则化采样空间中。这样的规则化表达为其后续的三维卷积神经网络模型提供了支持。

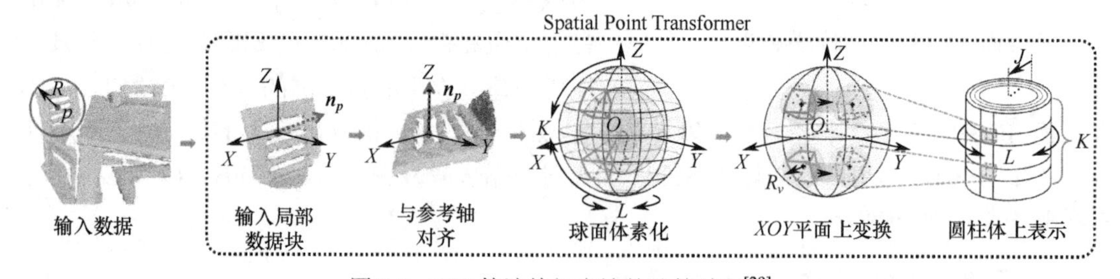

图 7.6 SPT 算法特征表达的计算过程[29]

7.2 点云精配准

就解决具体问题的过程而言，粗配准操作要在精配准操作之前完成。然而从理论知识的介绍而言，首先介绍精配准更具有意义。如果提供了良好的粗配准结果作为精配准的初始值，那么通常算法可以保证配准结果的收敛。但是，在一个完全陌生的观测场景中，粗配准是一项更具有挑战性的工作，这项工作目前仍是一个研究热点。遵循由简入难的原则，本节先对精配准算法进行介绍。

7.2.1 迭代最邻近点算法

迭代最邻近点（Iterative Closest Point，ICP）算法被认为是当今应用最广泛的一种精配准参数优化算法，该算法由 Besl P J 和 Mckay H D 在 1992 年提出[15]，是一种高层次的基于自由形态曲面的配准方法。ICP 算法不仅能够处理点云与点云之间的配准问题，而且对点云到模型、模型到模型的配准问题同样具有一定的效果。

ICP 算法的基本思路是利用迭代循环的方法，在两组点云之间找到最近的对应点，由这些对应点计算出一个旋转平移变换矩阵；然后根据该矩阵将待配准的点云进行坐标变换，得到新的点云；再用新点云和参考点云重复以上步骤，直到达到预先设定的迭代终止阈值。

设有两组数据分别是参考视图点云数据 $\boldsymbol{P}^r=\{\boldsymbol{p}^r\}$ 和待配准的目标观测点云数据 $\boldsymbol{P}^t=\{\boldsymbol{p}^t\}$，算法的核心是求最小化配准后的对应点的偏差，最小化目标方程为

$$\min \boldsymbol{E}(\boldsymbol{R},\ \boldsymbol{T})=\min\sum_{i=1}^{n}\left\|\left(\boldsymbol{R}\,\boldsymbol{p}_i^t-\boldsymbol{T}\right)-\boldsymbol{p}_i^r\right\|^2 \tag{7.6}$$

其中，$\boldsymbol{p}_i^r$ 和 $\boldsymbol{p}_i^t$ 表示第 i 对最邻近对应点，$\boldsymbol{R}$ 和 $\boldsymbol{T}$ 是待求解的旋转矩阵和平移矩阵，即配准转换参数。

这个目标函数实际上就是最小化所有对应点之间的欧氏距离的平方和，即 $\varepsilon^2=\|(\boldsymbol{R}\,\boldsymbol{p}_i^t-\boldsymbol{T})-\boldsymbol{p}_i^r\|^2$。如图 7.7 所示，对于每个目标数据点，通过计算欧氏距离在参考点云数据中找到最近的点，从而获得对应点对列表。有了对应点对列表后，计算两组数据的坐标转换矩阵有 closed-form 形式的解。有多种方法可用于计算这一类三维刚体变换的最小二乘估计，包括基于奇异值分解（Singular Value Decomposition，SVD）、单位四元数（Unit Quaternion）、对偶四元数（Dual Quaternion）和正交矩阵（Orthonormal Matrices）的方法。

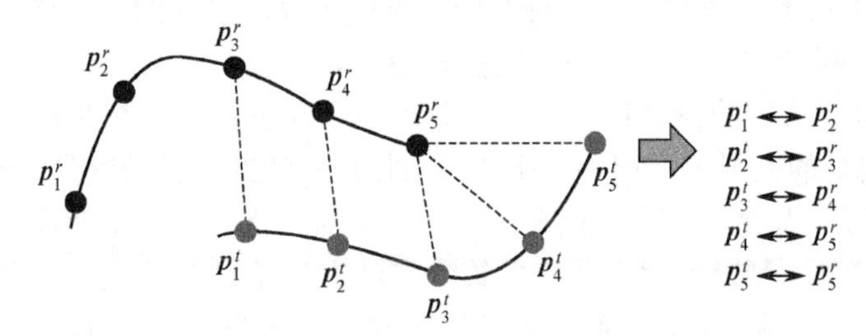

图 7.7　在参考数据和目标数据之间找到点对应关系

下面介绍一种保持精度的转换参数求解方法。在找到两组点云集合之间的对应点对后，计算两组数据的重心点坐标，即均值点 $\boldsymbol{\mu}^r$ 和 $\boldsymbol{\mu}^t$。将两个点集分别进行中心化。所有点坐标都减去各自的重心坐标，得到对应的新点集 $\boldsymbol{P}^{r\prime}$ 和 $\boldsymbol{P}^{t\prime}$

$$\boldsymbol{\mu}^r=\frac{1}{n}\sum_{i=1}^{n}\boldsymbol{p}_i^r,\quad \boldsymbol{\mu}^t=\frac{1}{n}\sum_{i=1}^{n}\boldsymbol{p}_i^t \tag{7.7}$$

由两组点云计算协方差矩阵 $\boldsymbol{C}$

$$\boldsymbol{C}=\frac{1}{n}\sum_{i=1}^{n}\left(\boldsymbol{p}_i^t-\boldsymbol{\mu}^t\right)\left(\boldsymbol{p}_i^r-\boldsymbol{\mu}^r\right)^{\mathrm{T}} \tag{7.8}$$

对矩阵 $\boldsymbol{C}$ 进行 SVD 分解可以得到 $\boldsymbol{C}=\boldsymbol{USV}^{\mathrm{T}}$，其中 $\boldsymbol{U}$ 和 $\boldsymbol{V}$ 是两个正交矩阵，$\boldsymbol{S}$ 是奇异值的对角矩阵。旋转矩阵 $\boldsymbol{R}$ 可根据正交矩阵计算为

$$\boldsymbol{R}=\boldsymbol{VU}^{\mathrm{T}} \tag{7.9}$$

Umeyama S 于 1991 年指出[45]，当观测数据质量较差时，这种解决方案可给出一个镜像的旋转矩阵。因此，可以对式（7.9）进行修改来始终返回正确的旋转矩阵

$$\boldsymbol{R}=\boldsymbol{VS'U}^{\mathrm{T}} \tag{7.10}$$

$$\boldsymbol{S}'=\begin{cases} I & 若\det(\boldsymbol{U})\det(\boldsymbol{V})=1 \\ \mathrm{diag}(1,1,\cdots,1,-1) & 若\det(\boldsymbol{U})\det(\boldsymbol{V})=-1 \end{cases}$$

在求出旋转矩阵的估计值后，可以用两个点集的重心计算出平移向量

$$T = \mu^r - R\mu^t \tag{7.11}$$

使用 R 和 T 对目标数据点云 P^t 进行坐标转换计算，将其映射到一个新的点云。使用新点云在参考点云 P^r 中重新寻找对应点，计算所有对应点对的距离平方和，当差值小于判断阈值时，就停止算法迭代。

虽然 ICP 算法已经可以成功地解决许多配准问题，但仍有几个关键问题需要注意，特别是以下情况需要考虑。

- 参与配准的两组观测数据必须彼此接近。否则，ICP 算法可能会陷入局部极小值。这个问题通常通过两组点云的预对齐来解决，也称为粗配准。7.3 节将重点介绍一些典型的粗配准的技术方法。
- 两组观测数据的视场范围必须基本一致，或者待配准视图数据 P_s 必须是参考视图数据 P_t 的子集。算法中，ICP 为每个待配准的数据点都分配一个最近的参考数据点。实际观测中，如果一个待配准数据点没有已采集的对应的参考数据点，那么算法将创建一个虚假的对应关系，这种对应关系成为算法输入的一个异常值，致使配准转换参数存在偏差或无法获得正确的变换参数。

ICP 算法有两个重要的参数：一个是最邻近距离阈值，另一个是迭代的终止条件。这些参数的选择与实际的应用工程相关，比如，当扫描系统的测量精度是 5mm 时，距离小于 5mm 的两个点可以认为是对应点，而最终也可以用对应点之间平均距离小于 5mm 作为迭代终止条件。实践中，可以使用自适应的策略来动态调整这些参数，在迭代过程中逐步减小，最初使用较大的对应点距离参数，然后逐步减小到一个较小的值。

ICP 算法需要旋转和平移参数初值，也就是需要粗配准。如果初值不太理想，那么这种贪婪迭代优化的策略极有可能使其目标函数下降到某一个局部最优点。因此，一个比较准确的初始值对于 ICP 算法具有十分重要的意义，这也就是粗配准需要注意的工作。

7.2.2 迭代最邻近点算法拓展

ICP 算法的两个重要关注点是配准速度和精度。通常，以提高速度为重点的方法都试图加快最近点的检索速度，这是算法的主要性能瓶颈。此外，有些方法通过提出新的距离度量替代式（7.6）中的欧氏距离来解决配准收敛问题，比如利用附加信息来度量对应关系之间的相似度，而不仅仅是距离误差。

1. 提高配准速度

配准算法的速度对于许多应用是至关重要的。当待配准的点云的点数量很大时，经典 ICP 算法会变得很慢。为了解决这一问题，已经提出了许多策略，下面对这些策略简要概述。

（1）降采样方法。降采样可以仅作用于待配准的目标点云数据，也可以同时应用于参考点云数据和待配准点云数据。随机和均匀的采样策略都是常见的方法。正态分布的采样是一种更为复杂的方法，它选择点的依据是使得所选点之间的正态分布尽可能分散。这增加了较小细节的影响，这些细节对于更好地消除平移滑动导致的刚性变换的歧义至关重要。

（2）最近点计算。最近点计算是配准算法运算效率的一个瓶颈，如果不加策略，在寻找每个点的对应关系时，ICP 算法存在二次复杂度$O(n^2)$。

早期的最近点计算策略是用 KD 树对参考点云进行组织，可以将最近点搜索的复杂度降低到$O(n\log n)$。最近点缓存也加快了 ICP 的速度，缓存方法是指在点对应搜索时仅在上一次迭代中最近点的周围点子集中进行搜索。为了进一步提高 ICP 的速度，有方法将 KD 树结构和子集缓存结合起来。

另一种有效的方法是基于反向校准模式（Reverse Calibration Paradigm）。其思想是将待配准的数据点云投影到参考数据点云的模型视图上，该视图被编码为深度图影像。具体而言，已知扫描传感器的外参数，能够执行从三维点云到深度图的投影。最近点搜索被转换为在深度图中寻找匹配对应点。反向校准模式方法对于某些实时应用特别有效，比如应用于对地形的推扫式数据采集，能比较容易地获得深度图，进而用于建立场景的三维拼接。

（3）距离定义。图 7.8 显示了两种距离的模式，分别是从目标点到参考点的欧氏距离、从目标点到参考点云的网格模型表面的欧氏距离。点到面的距离是根据点投影计算的，点云表面模型的知识将在第 8 章中介绍。尽管距离公式的复杂度增大，但收敛所需的 ICP 迭代次数减少了。

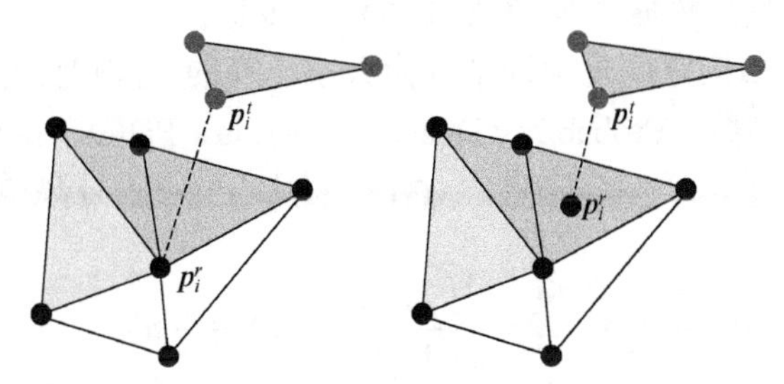

图 7.8　点到点（左）和点到面（右）的欧氏距离

2．提高配准精度

准确性是配准最关注的内容，即使两个视图之间存在很微小的不对齐，也会影响整个三维表面模型建模的效果。

第一，可以使用最简单的策略剔除异常值。由于观测错误或视图之间存在不重叠的部分，最近点计算可能产生虚假的对应。通常情况下，可以通过距离阈值剔除离群的异常点。阈值可以手动设置为常数，或者设为最大距离值对应点对的某个百分比距离，如 10%。有些算法通过对距离残差进行统计来设置阈值，比如将阈值设置为标准差的 2.5 倍。

第二，可以借助其他辅助信息（如颜色和纹理或局部几何特性等）来提高精度。常规的 ICP 算法的计算对应关系只考虑点的接近程度。但是，在其他特性方面，对应点对之间也应该具有相似性。有研究试图利用采集过程或表面特性分析附加信息，对距离公式进行了修改，以整合这些信息。附加信息包括局部表面特性、信号强度特性或颜色等。

第三，基于概率的方法是提高精度的一类有效方法。概率方法为了提高配准的稳健性，应用多重加权匹配的思想。Granger S 和 Pennec X 于 2002 年[24]介绍了一种基于期望最大化（Expectation Maximization，EM）范式的概率方法，即 EM-ICP。利用隐变量对点匹配进行建模。在高斯噪声假设的前提下，该方法对应于由归一化高斯权重加权的多个匹配的 ICP，高斯分布的方差被解释为尺度参数。方差较大时，EM-ICP 得到许多匹配；方差较小时，EM-ICP 的结果类似于标准 ICP。

7.2.3 正态分布变换算法

正态分布变换（Normal Distributions Transform，NDT）算法[30]起初是面向激光雷达扫描数据的二维并发定位与制图（Simultaneous Localization and Mapping，SLAM）研究而提出的。大多数成功的匹配算法的基础是建立两个扫描的元数据之间的准确对应关联，比如特征点匹配。然而 NDT 算法的不同之处在于，它不需要建立明确的匹配点对应关系。在计算机视觉目标关联方法中，有一类视觉词袋技术，使用单词的概率密度替换影像亮度作为匹配基础。受此启发，NDT 算法使用比独立点更高层次的单元，通过局部正态分布的集合来模拟一次扫描的所有重建点的分布，作为配准算法的核心基础。

NDT 算法将观测范围用二维平面单元格的形式划分，对每个单元格都计算并分配一个正态分布模型，该模型能够模拟局部测量点的概率分布。这样一来，NDT 算法得到的是一个分段连续可微的概率密度，可以使用牛顿算法来优化另一个扫描数据的匹配参数。将待配准的扫描点云与 NDT 的匹配定义为将待配准点云在该密度上的对齐的总和最大化。

下面具体介绍二维扫描数据的 NDT 配准算法的步骤。

（1）将观测场景的二维空间规则地细分为大小不变的矩阵单元格，使用单元格内的所有点计算一个概率密度函数（Probability Density Function，PDF），执行以下操作。

设单元格中所有二维扫描点的集合为 $\{\boldsymbol{p}_i\}$，$i=1,2,\cdots,n$，计算点集合的均值 $\boldsymbol{\mu}$ 和协方差矩阵 $\boldsymbol{\Sigma}$

$$\boldsymbol{\mu}=\frac{1}{n}\sum_i \boldsymbol{p}_i,\ \ \boldsymbol{\Sigma}=\frac{1}{n-1}\sum_i(\boldsymbol{p}_i-\boldsymbol{\mu})(\boldsymbol{p}_i-\boldsymbol{\mu})^{\mathrm{T}} \tag{7.12}$$

协方差矩阵 $\boldsymbol{\Sigma}$ 的对角元素表示每个变量的方差，而非对角元素表示对应两个变量的协方差。现在单元格中某个二维点 $\boldsymbol{p}_j$ 位置处的测量样本的概率可以由正态分布模型 $N(\boldsymbol{\mu},\boldsymbol{\Sigma})$ 计算出来

$$\mathcal{P}(\boldsymbol{p}_j)\sim\exp\left(-\frac{(\boldsymbol{p}_j-\boldsymbol{\mu})^{\mathrm{T}}\boldsymbol{\Sigma}^{-1}(\boldsymbol{p}_j-\boldsymbol{\mu})}{2}\right) \tag{7.13}$$

注意式（7.13）的表达，NDT 算法划分的每个网格内的所有位置都可以计算得到一个概率值，因此单元格内是连续可微的。用概率密度的形式，整个观测范围有了分段连续可微的描述。

回顾 6.2.1 节关于点云法向量估计方法中所介绍的协方差矩阵的特征向量和特征值的意义，这里每个单元格的 PDF 与之类似，也可以反映点云表面局部结构的朝向和平整度信息。如图 7.9 所示，不同形状的三维结构的正态分布能够反映特征值之间的关系。箭头方向是场景结构的特征向量方向，箭头长度由特征向量对应的特征值决定。

当一个单元格内少于 3 个点时，常会存在协方差矩阵不可逆，所以实践中只对点个数大于 5 的单元格进行计算。图 7.10 展示了某矿井隧道的二维激光扫描及其相应的正态分布，图中越亮的区域代表有点的概率越大。图 7.11 展示的是激光雷达扫描数据的三维 NDT 表示。

（a）近球形结构三个特征值几乎相等

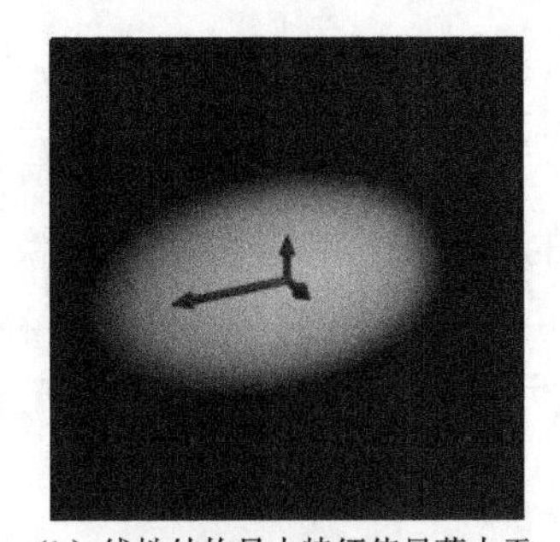

（b）线性结构最大特征值显著大于另外两个特征值

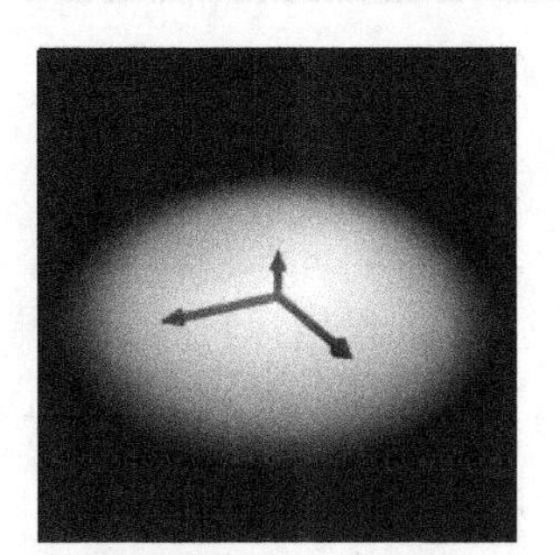

（c）平面型结构有一个特征值显著小于另外两个特征值

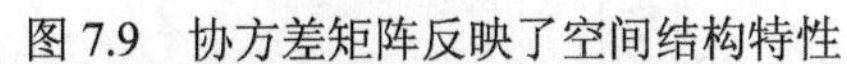

图 7.9 协方差矩阵反映了空间结构特性

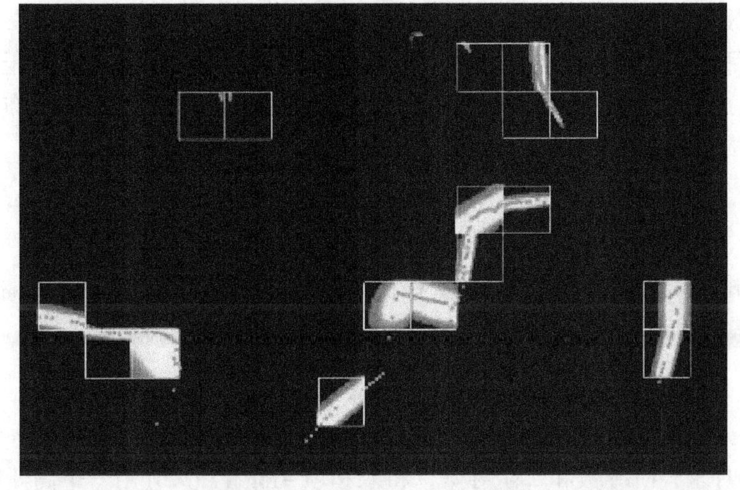

图 7.10 矿井隧道的二维激光扫描和描述表面形状的 PDF，单元格宽度为 2m[30]

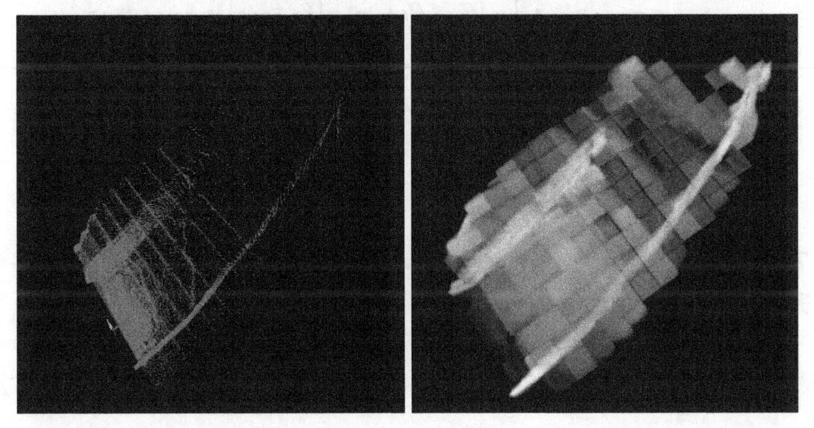

图 7.11 俯视角度展示的某矿井隧道的原始点云（左）和 NDT 表示（右），单元格宽度为 1m[30]

（2）计算完成参考扫描数据的每个单元格的 PDF 后，将待配准的扫描点云的每个点按照初始化的坐标转换矩阵进行转换。初始转换参数可以通过设备的其他辅助信息提供，如惯导或里程计，也可以设为零矩阵。二维坐标的刚性变换的转换参数 $\boldsymbol{\theta}$ 由一个旋转角 ϕ 和两个平移量组成，$\boldsymbol{\theta}=\begin{bmatrix}\phi & t_x & t_y\end{bmatrix}^{\mathrm{T}}$，用空间映射 $\boldsymbol{T}_{\boldsymbol{\theta}}$ 表示坐标转换过程。

$$\boldsymbol{T}_{\theta}:\begin{pmatrix}x'\\y'\end{pmatrix}=\begin{pmatrix}\cos\phi & -\sin\phi\\ \sin\phi & \cos\phi\end{pmatrix}\begin{pmatrix}x\\y\end{pmatrix}+\begin{pmatrix}t_x\\t_y\end{pmatrix} \tag{7.14}$$

配准的目标是利用两个位置的扫描数据恢复出刚性变换的转换参数$\boldsymbol{\theta}$。

（3）设坐标转换后的待配准的扫描点云为$\{\boldsymbol{q}_j\}$，找到点$\boldsymbol{q}_j$落于参考点云的某个单元格内，比如第k格Cell_k。使用该单元格的概率分布$N(\boldsymbol{\mu}_k,\boldsymbol{\Sigma}_k)$计算点$\boldsymbol{q}_j$如果落在该单元格将会响应的概率值：

$$\mathcal{P}\left(\boldsymbol{q}_j\right)=\frac{1}{\left(2\pi\right)^{D/2}\sqrt{\left|\boldsymbol{\Sigma}_k\right|}}\exp\left(-\frac{(\boldsymbol{q}_j-\boldsymbol{\mu}_k)^{\mathrm{T}}\boldsymbol{\Sigma}_k^{-1}(\boldsymbol{q}_j-\boldsymbol{\mu}_k)}{2}\right) \tag{7.15}$$

式中，D代表数据的维度，二维数据$D=2$。

（4）配准目标是找到一组转换参数，最大化所有的待配准的扫描点位于参考点云中的位置的概率值，即最大似然函数。最大概率值是通过评估每个映射点的分布并对结果求积来确定的。最大化的目标函数为

$$\Psi\left(\boldsymbol{\theta}\right)=\prod_{j=1}^{n}\mathcal{P}(\boldsymbol{q}_j) \tag{7.16}$$

为方便使用现有数学工具求解，通常优化问题被设计为最小化问题。因此将式（7.16）的优化目标用最小化的函数代替，最大化$\Psi\left(\boldsymbol{\theta}\right)$等价于最小化$\boldsymbol{f}\left(\boldsymbol{\theta}\right)$：

$$\boldsymbol{f}\left(\boldsymbol{\theta}\right)=-\log_2\Psi(\boldsymbol{\theta})=-\sum_{j=1}^{n}\log_2\left(\mathcal{P}\left(\boldsymbol{q}_j\right)\right) \tag{7.17}$$

为了方便对$\boldsymbol{f}\left(\boldsymbol{\theta}\right)$求一阶导数和二阶导数，将求和项$-\log_2(\mathcal{P}(\boldsymbol{q}_j))$用一个高斯函数来代替：

$$\tilde{\mathcal{P}}(\boldsymbol{q}_j)=\exp\left(-\frac{(\boldsymbol{q}_j-\boldsymbol{\mu}_k)^{\mathrm{T}}\boldsymbol{\Sigma}_k^{-1}(\boldsymbol{q}_j-\boldsymbol{\mu}_k)}{2}\right) \tag{7.18}$$

因此，式(7.17)变换为

$$\boldsymbol{f}\left(\boldsymbol{\theta}\right)=-\sum_{i=1}^{n}\tilde{\mathcal{P}}\left(\boldsymbol{q}_j\right)=-\sum_{i=1}^{n}\exp\left(-\frac{(\boldsymbol{q}_j-\boldsymbol{\mu}_k)^{\mathrm{T}}\boldsymbol{\Sigma}_k^{-1}(\boldsymbol{q}_j-\boldsymbol{\mu}_k)}{2}\right) \tag{7.19}$$

对式（7.19）通过优化来计算一个新的参数估计，优化值的求解是通过牛顿算法来完成的。计算完$\boldsymbol{\theta}$后，回到第（2）步迭代计算，直到满足收敛准则。

下面以二维配准为例，简要介绍用牛顿算法求解极值的步骤。

牛顿算法迭代地找到参数$\boldsymbol{\theta}=(\theta_i)^{\mathrm{T}}$使函数$\boldsymbol{f}\left(\boldsymbol{\theta}\right)$最小化。每次迭代求解如下方程：

$$\boldsymbol{H}\Delta\boldsymbol{\theta}=-\boldsymbol{g} \tag{7.20}$$

其中，$\boldsymbol{g}$是$\boldsymbol{f}$的转置梯度，$g_i=\dfrac{\partial f}{\partial\theta_i}$。$\boldsymbol{H}$是$\boldsymbol{f}$的Hessian矩阵，$H_{ij}=\dfrac{\partial f}{\partial\theta_i\partial\theta_j}$。

式(7.20)所示的线性系统的解是对当前参数估计量$\boldsymbol{\theta}$加上改正量$\Delta\boldsymbol{\theta}$

$$\boldsymbol{\theta}\leftarrow\boldsymbol{\theta}+\Delta\boldsymbol{\theta} \tag{7.21}$$

如果矩阵$\boldsymbol{H}$是正定的，那么$\boldsymbol{f}(\boldsymbol{\theta})$将首先在$\Delta\boldsymbol{\theta}$的方向上减小。如果$\boldsymbol{H}$不是正定矩阵，

那么 $\boldsymbol{H}$ 被 $\boldsymbol{H}'=\boldsymbol{H}+\lambda\boldsymbol{I}$ 代替，选择 λ 时保证 $\boldsymbol{H}'$ 是满足正定的。

对式（7.21）求偏导数来建立梯度矩阵和 Hessian 矩阵，为简化表达，令 $\boldsymbol{q}=\boldsymbol{q}_j-\boldsymbol{\mu}_k$。$\boldsymbol{\mu}_k$ 是常量，所以 $\boldsymbol{q}$ 对 θ_i 的偏导数等于 $\boldsymbol{q}_j$ 对 θ_i 的偏导数。此时，$\tilde{\mathcal{P}}(\boldsymbol{q}_j)$ 表示为

$$\tilde{\mathcal{P}}\left(\boldsymbol{q}_j\right)=-\exp\frac{-\boldsymbol{q}^{\mathrm{T}}\boldsymbol{\Sigma}^{-1}\boldsymbol{q}}{2} \tag{7.22}$$

使用链式法则，梯度的分量为

$$\tilde{\boldsymbol{g}}=-\frac{\partial\tilde{\mathcal{P}}}{\partial\theta_i}=-\frac{\partial\tilde{\mathcal{P}}}{\partial\boldsymbol{q}}\frac{\partial\boldsymbol{q}}{\partial\theta_i} \tag{7.23}$$

$$=\boldsymbol{q}^{\mathrm{T}}\boldsymbol{\Sigma}^{-1}\frac{\partial\boldsymbol{q}}{\partial\theta_i}\exp\frac{-\boldsymbol{q}^{\mathrm{T}}\boldsymbol{\Sigma}^{-1}\boldsymbol{q}}{2}$$

$\boldsymbol{q}$ 对 θ_i 的偏导数由空间映射 $\boldsymbol{T}_{\boldsymbol{\theta}}$ 的雅可比矩阵 $\boldsymbol{J}_{\boldsymbol{T}}$ 给出

$$\boldsymbol{J}_{\boldsymbol{T}}=\begin{bmatrix}1 & 0 & -x\sin\phi-y\cos\phi\\ 0 & 1 & x\cos\phi-y\sin\phi\end{bmatrix}$$

一个求和项 $\tilde{\mathcal{P}}$ 在 Hessian 矩阵 $\boldsymbol{H}$ 中的项是

$$\tilde{H}_{ij}=-\frac{\partial\tilde{\mathcal{P}}}{\partial\theta_i\partial\theta_j} \tag{7.24}$$

$$=-\exp\frac{-\boldsymbol{q}^{\mathrm{T}}\boldsymbol{\Sigma}^{-1}\boldsymbol{q}}{2}\left[\left(-\boldsymbol{q}^{\mathrm{T}}\boldsymbol{\Sigma}^{-1}\frac{\partial\boldsymbol{q}}{\partial\theta_i}\right)\left(-\boldsymbol{q}^{\mathrm{T}}\boldsymbol{\Sigma}^{-1}\frac{\partial\boldsymbol{q}}{\partial\theta_j}\right)+\left(-\boldsymbol{q}^{\mathrm{T}}\boldsymbol{\Sigma}^{-1}\frac{\partial^2\boldsymbol{q}}{\partial\theta_i\partial\theta_j}\right)+\left(-\frac{\partial\boldsymbol{q}^{\mathrm{T}}}{\partial\theta_j}\boldsymbol{\Sigma}^{-1}\frac{\partial\boldsymbol{q}}{\partial\theta_i}\right)\right]$$

其中，$\boldsymbol{q}$ 的二阶导数为

$$\frac{\partial^2\boldsymbol{q}}{\partial\theta_i\partial\theta_j}=\begin{cases}\begin{pmatrix}-x\cos\phi+y\sin\phi\\ -x\sin\phi-y\cos\phi\end{pmatrix}, & i=j=3\\ \begin{pmatrix}0\\0\end{pmatrix}, & \text{其他}\end{cases} \tag{7.25}$$

从这些方程可以看出，建立梯度和 Hessian 矩阵的计算成本很低，每个点只调用一次指数函数和少量的乘法。三角函数只依赖于角度的当前估计 ϕ，因此每次迭代只能调用一次。对于小移动的扫描任务，优化算法通常需要最多 5 次迭代就可以收敛。

实践中，为了减小点云被离散化时落在不同的网格位置引起的概率不稳定影响，使用四重网格模式进行网格划分。首先在场景中放置单元边长为 l 的网格；然后放置第二个网格，水平移动 $l/2$；第三个网格沿垂直方向移动 $l/2$；第四个网格放置在分别沿水平和垂直方向移动 $l/2$ 的位置。现在每个二维点都会落在四个单元格内。因此，如果计算一个点的概率密度，是在计算所有四个单元格的密度，并将结果相加。

第二个问题是，对于无噪声的测量情况，协方差矩阵将是奇异的，不能被倒转。在实际应用中，协方差矩阵有时会近似奇异。为了防止这种情况的发生，检查最小的特征值是否满足至少是最大的特征值的 0.001 倍。如果不满足此条件，则将其设置为此值。

7.2.4 正态分布变换算法拓展

三维 NDT 算法（3D-NDT）是对二维算法的拓展，3D-NDT 与二维算法的主要区别在于空间映射 $\boldsymbol{T}_{\boldsymbol{\theta}}$ 的参数个数和其偏导数计算不同。3D-NDT 使用欧拉角表达旋转矩阵，用 6 个自由度分别对应 3 个平移参数和 3 个旋转参数。转换参数为 $\boldsymbol{\theta}=\left[\phi_x\ \phi_y\ \phi_z\ t_x\ t_y\ t_z\right]^{\mathrm{T}}$，使用欧拉转角顺序 $z\to y\to x$ 表示的三维变换映射为

$$\begin{aligned}\boldsymbol{T}_{\boldsymbol{\theta}}(\boldsymbol{\theta},\boldsymbol{q})&=\boldsymbol{R}_x\boldsymbol{R}_y\boldsymbol{R}_z\boldsymbol{q}+\boldsymbol{t}\\&=\begin{bmatrix}c_yc_z & -c_ys_z & s_y\\ c_xs_z+s_xs_yc_z & c_xc_z-s_xs_ys_z & -s_xc_y\\ s_xs_z-c_xs_yc_z & c_xs_ys_z+s_xc_z & c_xc_y\end{bmatrix}\begin{bmatrix}x_q\\ y_q\\ z_q\end{bmatrix}+\begin{bmatrix}t_x\\ t_y\\ t_z\end{bmatrix}\end{aligned}\tag{7.26}$$

式中，$c_i=\cos\phi_i$，$s_i=\sin\phi_i$。于是，式（7.26）对参数的一阶偏导数对应了雅可比矩阵的第 i 列向量

$$\boldsymbol{J}_{\boldsymbol{\theta}}=\begin{bmatrix}1&0&0&0&c&f\\0&1&0&a&d&g\\0&0&1&b&e&h\end{bmatrix}\tag{7.27}$$

其中：

$$\begin{gathered}a=x_q\left(-s_xs_z+c_xs_yc_z\right)+y_q\left(-c_xs_ys_z-s_xc_z\right)+z_q\left(-c_xc_y\right)\\ b=x_q\left(c_xs_z+s_xs_yc_z\right)+y_q\left(c_xc_z-s_xs_ys_z\right)+z_q\left(-s_xc_y\right)\\ c=x_q\left(-s_yc_z\right)+y_q\left(s_ys_z\right)+z_q\left(c_y\right)\\ d=x_q\left(s_xc_yc_z\right)+y_q\left(-s_xc_ys_z\right)+z_q\left(s_xs_y\right)\\ e=x_q\left(-c_xc_yc_z\right)+y_q\left(c_xc_ys_z\right)+z_q\left(-c_xs_y\right)\\ f=x_q\left(-c_ys_z\right)+y_q\left(-c_yc_z\right)\\ g=x_q\left(c_xs_z-s_xs_ys_z\right)+y_q\left(-c_xs_z-s_xs_yc_z\right)\\ h=x_q\left(s_xc_z+c_xs_ys_z\right)+y_q\left(c_xs_yc_z-s_xs_z\right)\end{gathered}$$

式（7.26）将参数的二阶偏导数对应了 Hessian 矩阵的元素 H_{ij}，H_{ij} 元素的具体数学形式在此不一一列出

$$\boldsymbol{H}=\begin{bmatrix}H_{11}&\cdots&H_{16}\\ \vdots&&\vdots\\ H_{61}&\cdots&H_{66}\end{bmatrix}\tag{7.28}$$

三维 NDT 算法最重要的参数是单元格的尺寸。尺寸太大，容易导致损失一些局部特征；尺寸太小则会增加很多计算量。点个数很少的单元格会失去统计的意义，少数数据对结果影响过大。对空间进行单元格划分的方法有以下几种。

（1）固定尺寸划分。固定尺寸是最常见的划分方式之一，初始化操作简单，而且能容易找到每个点对应的网格。每个单元只需要计算一组 PDF 参数，对于算法的性能而言，点对单元格的查找可以在恒定时间内完成，因为单元格可以存储在简单的内存阵列中。

（2）八叉树划分。如何快速找到每个点对应的网格是搜索速度的关键，八叉树结构是常见的三维搜索树。八叉树版本的 3D-NDT 仍使用固定大小的单元格，不同之处在于每个单元格都是八叉树的节点。只有一个节点内的点分布的方差大于特定阈值的单元格才会被递归地分割。对于许多类型的扫描数据，可以指定合理的基本单元尺寸，从而仅需要分割扫描表面特别不均匀的部分中的少数单元格空间。

（3）尺寸细化迭代划分。好的初始位置可以加快收敛过程，一种常见的方法就是迭代起始位置，将上一次的终点位姿作为本次的起点位姿。以连续的不断细化的单元格分辨率执行多次 NDT 运行。粗分辨率的单元格运行将扫描数据紧密地结合在一起，后面运行的精细化的单元格 NDT 可以不断改善初始匹配的结果。

（4）自适应聚类划分。对点云数据采用聚类算法（如 K 均值聚类）划分为多个聚类，每个聚类都作为一个 NDT 单元。聚类算法形成非固定尺寸的单元格划分，更好地表现出每个局部数据的特征。

（5）连接单元格。之前提到少于 5 个点的单元格会被舍弃，导致出现一些空的单元格，因而损失了数据的完整性。一种改进措施是将这些有数据的未计算单元格用指针连接到最近的非空单元格上，以填补该处的 PDF。由于较少点的单元格一般处于结构的边缘位置，值虽然很小，但是保证了数据的完整性。

（6）三线性插值。由于固定尺寸划分的单元格计算的 PDF 在单元格边界出现不连续的情况，插值的方法相当于做了平滑。图 7.12 是对图 7.11 的拓展。插值计算时考虑所有含该数据点的网格取最优值，计算量大约是原来的 4 倍，但效果也有较大的改善。

将 NDT 算法与 ICP 算法进行比较，ICP 算法需要剔除不正确的异常关联点对，包括距离过大的点对或包含边界的点对。ICP 算法每次迭代都要搜索最近点，计算代价较大。相反，NDT 算法是一种高效的点云配准算法，参考点云数据的单元格 PDF 初始化是一次性工作，不需要消耗大量的代价计算最近邻搜索匹配点，并且概率密度函数在两次扫描数之间可以离线计算出来。但 NDT 算法也在存在许多问题，包括收敛域差、代价函数的不连续性及稀疏室外环境下不可靠的姿态估计等。无论是 ICP 算法还是 NDT 算法，良好的初始位置姿态参数估计对于配准算法的收敛都具有至关重要的作用。

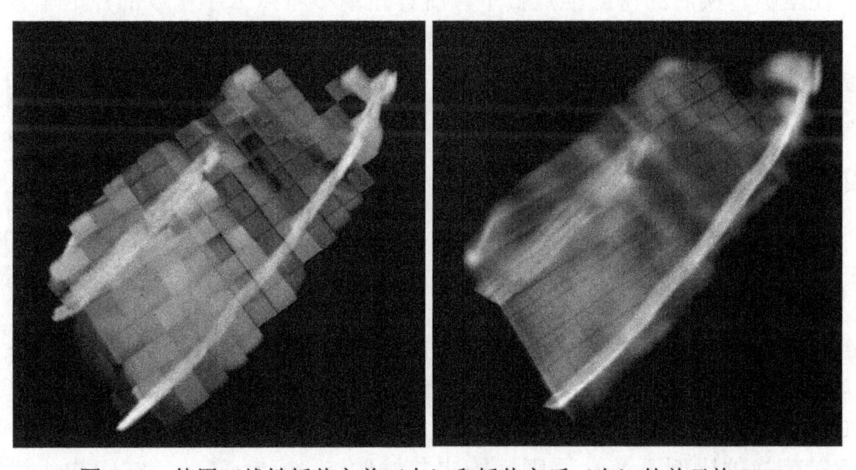

图 7.12　使用三线性插值之前（左）和插值之后（右）的单元格 PDF

7.3 点云粗配准

点云数据的自动化粗配准目前来说还是一个难点。针对不同的数据，有许多不同的方法被提出。粗配准算法求出的位置姿态参数结果可以用作精配准的初始值，从而在局部进行优化配准。在实践中，粗配准预对齐技术不是搜索密集的点对点对应，而是从视图中提取出稀疏的特征点之间的最佳关联对应。

简单来说，特征可以是全局的，也可以是局部的。前者是一种紧凑的表示，有效而简洁地描述了整个观测视图；后者基于观测视图的一部分子集计算出局部的和具有区分能力的描述符集合。全局特征描述难以捕捉细节的细微变化，对物体遮挡敏感。如 7.1 节所介绍的特征提取的内容，局部几何特征一般是点云局部结构上的关键点，提取这些三维关键点的方式与从影像中提取二维特征的方式类似。用于点云匹配的常用特征提取技术有 PFH、FPFH、从点云投影的二维深度影像上提取 SIFT 特征。

7.3.1 简单搜索

为了评价粗配准的效果，这里使用最大共同点集（Largest Common Pointset，LCP）的概念。LCP 的目标是使得变换后的待配准点云 $\boldsymbol{P}^t$ 与参考点云 $\boldsymbol{P}^r$ 的重叠度最大。变换后的待配准点云内的某点能在 $\boldsymbol{P}^r$ 中找到一点，使二者的差异在容差范围内，则认为该点是重合点。重合点数量占所有 $\boldsymbol{P}^t$ 点数量的比例就是重叠度。

解决上述 LCP 问题，最简单的方法就是简单强力（Brute Force）遍历搜索。假设点集 $\boldsymbol{P}^r$ 和 $\boldsymbol{P}^t$ 的大小分别为 m 和 n，求解一个刚性变换的转换参数至少需要 3 组对应点，那么使用简单强力遍历搜索的复杂度是 $O(m^3n^3)$。对于动辄几百万个点的点云，这种复杂度是不可接受的。因此，许多搜索策略被提出，随机抽样一致性（Random Sample Consensus，RANSAC）搜索法是其中比较经典的一种。

RANSAC 搜索法的步骤如下：

第一，在两组点云中分别任意选取三个点，组成对应点对；

第二，由对应点对可以计算一个坐标转换矩阵 $\boldsymbol{T}_i$，将待配准的点云根据坐标转换矩阵重新计算坐标；

第三，在坐标转换后的待配准点云中，统计距离参考点云小于 δ 的点的个数 k_i。如果 k_i 足够大，则认为 $\boldsymbol{T}_i$ 较好，否则重复上述步骤。

上述循环过程会被设置一个循环操作次数 L，在所有循环中选择最高的 k_i 所对应的 $\boldsymbol{T}_i$ 作为最后的结果。算法的目的是使用较少的循环操作次数，得到 LCP 值较大的坐标转换矩阵。

7.3.2 四点一致集 4PCS 搜索

四点一致集（4-Point Congruent Set，4PCS）配准算法[12]是由 Aiger D 等人在 2008 年提出来的适用于各种点云的一种快速搜索关联点对的算法，4PCS 不需要先验信息的搜索策略。

如图 7.13 所示，4PCS 配准算法首先在参考点云 $\boldsymbol{P}^r$ 中找到四个共面的点作为基准 Base。然后，采用一定的算法在待配准点云 $\boldsymbol{P}^t$ 中寻找近似仿射相等的共面四点，能够与 Base 近似一致。判断这些共面四点与 Base 是否在一定的距离约束下相等，近似一致的标准是指两组四点集经过刚性变换后的差异值在允许范围 δ 内。

根据仿射变换的比例不变性原则，给定共线的 3 个点 $\boldsymbol{a},\boldsymbol{b},\boldsymbol{c}$，它们构成线段的比率 $r=\|\boldsymbol{a}-\boldsymbol{b}\|/\|\boldsymbol{a}-\boldsymbol{c}\|$ 在两次不同观测中是不变的。进一步而言，如图 7.13 所示，共面四点

$\boldsymbol{a}, \boldsymbol{b}, \boldsymbol{c}, \boldsymbol{d}$ 相交于点 $\boldsymbol{e}$，构成了两个独立的比率

$$r_1 = \| \boldsymbol{a} - \boldsymbol{e} \| / \| \boldsymbol{a} - \boldsymbol{b} \| \tag{7.29}$$
$$r_2 = \| \boldsymbol{c} - \boldsymbol{e} \| / \| \boldsymbol{c} - \boldsymbol{d} \|$$

比率 r_1 和 r_2 的值在不同的观测位置是保持不变的。在参考点云中，已经通过共面四点计算了两个独立比率 r_1 和 r_2。下一步，在待配准的点云 $\boldsymbol{P}^t$ 中，对每一对点 $(\boldsymbol{q}_1, \boldsymbol{q}_2)$（$\boldsymbol{q}_1, \boldsymbol{q}_2 \subset \boldsymbol{P}^t$）计算中间点

$$\begin{aligned} \boldsymbol{e}_1 &= \boldsymbol{q}_1 + r_1 (\boldsymbol{q}_2 - \boldsymbol{q}_1) \\ \boldsymbol{e}_2 &= \boldsymbol{q}_1 + r_2 (\boldsymbol{q}_2 - \boldsymbol{q}_1) \end{aligned} \tag{7.30}$$

在 $\boldsymbol{P}^t$ 中任意两对这样的点中，一对由 r_1 计算得到中间点 $\boldsymbol{e}_1$，另一对由 r_2 计算得到中间点 $\boldsymbol{e}_2$。在待配准的点云中，通过任意两点 $\boldsymbol{q}_1$ 和 $\boldsymbol{q}_2$ 由式（7.30）可以计算得到 2 个 $\boldsymbol{e}_1$ 点（由 r_1 计算得到）和 2 个 $\boldsymbol{e}_2$ 点（由 r_2 计算得到），如图 7.14（左）所示。对于待配准的点云中的两条线段（两对点）而言，在构成的所有潜在的中心点组合 $(\boldsymbol{e}_1, \boldsymbol{e}_2)$ 中，如果两个中心的差异 $\Delta(\boldsymbol{e}_1, \boldsymbol{e}_2)$ 在允许范围内，那么可以认为这两对点可能是与参考点云 $\boldsymbol{P}^r$ 中的仿射共面四点是匹配对应的，如图 7.14（右）所示。

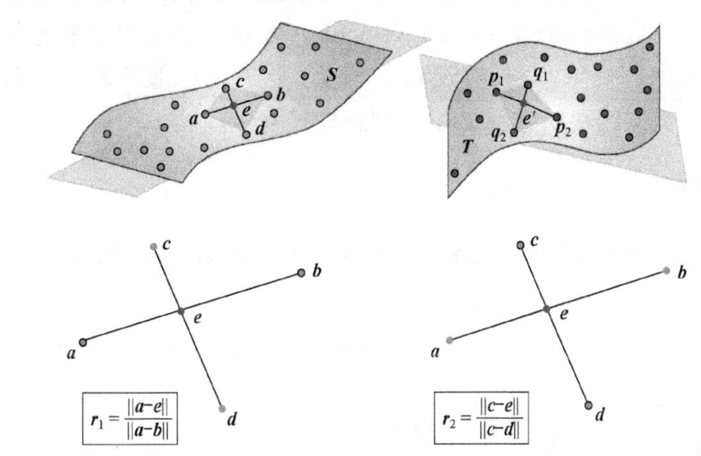

图 7.13　4PCS 配准算法的搜索策略，分别在两组点云中找到四个共面的点

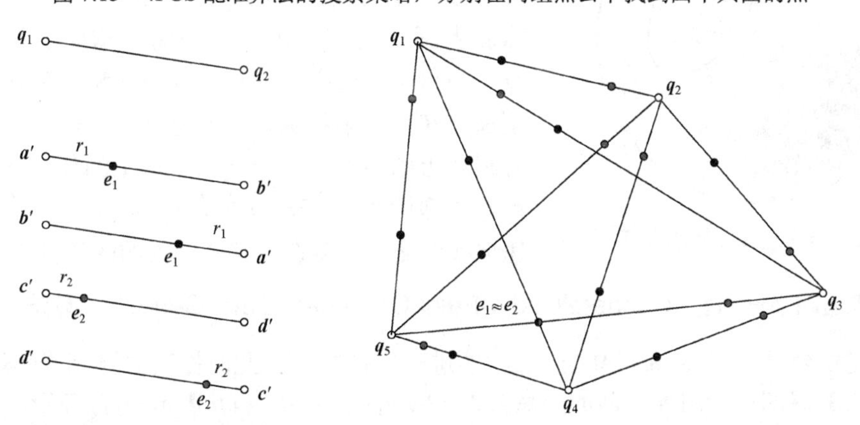

图 7.14　待配准点云中的两点可以得到 2 个 $\boldsymbol{e}_1$ 和 2 个 $\boldsymbol{e}_2$（左），$\boldsymbol{e}_1 \approx \boldsymbol{e}_2$ 确定可能匹配的四点（右）

由于在待配准点云 $\boldsymbol{P}^t$ 中是用比率确定的对应点对，因此可能存在比率相同但尺度相差很多的情况。因此，会在尺度上进行约束，计算共面四点的两点之间的距离

$$d_1 = \| \boldsymbol{a} - \boldsymbol{b} \|, \ d_2 = \| \boldsymbol{c} - \boldsymbol{d} \| \tag{7.31}$$

在点云 $\boldsymbol{P}^t$ 中就仅考虑在 $d_1 \pm \delta, \ d_2 \pm \delta$ 范围内的点对来参与中心点计算。

综上，4PCS 配准算法的计算过程就可以描述为如下。

- 在参考点云 $\boldsymbol{P}^r$ 中选择一些共面四点集 $\text{Base} = \{\boldsymbol{a}, \boldsymbol{b}, \boldsymbol{c}, \boldsymbol{d}\}$。实际在选择时，先随机选择 3 个点，再选择能够与这 3 个点在一定范围内组成共面四点集的另一个点。若选择的这个点与已选的 3 个点较远，则可以提高配准的稳定度。然而，如果选择的点过远，则可能导致共面四点不全在两组点云的公共区域，从而无法计算出合理的转换矩阵。可以使用重叠度来预估这个最大距离。
- 对于给定的 Base，从待配准点云 $\boldsymbol{P}^t$ 中提取出所有在一定范围 δ 内可能与 Base 相符合的共面四点集的集合 $\boldsymbol{U} \equiv \{\boldsymbol{U}_1, \boldsymbol{U}_2, \cdots, \boldsymbol{U}_s\}$。对其中的任意一个 $\boldsymbol{U}_i = \{\boldsymbol{a}_i, \boldsymbol{b}_i, \boldsymbol{c}_i, \boldsymbol{d}_i\}$，通过 Base 和 $\boldsymbol{U}_i$ 的关系可以计算出一组刚性变换的转换矩阵 $\boldsymbol{T}_i$。
- 对待配准点云 $\boldsymbol{P}^t$ 根据转换矩阵计算 $\boldsymbol{T}_i(\boldsymbol{P}^t)$，统计有多少个点与 $\boldsymbol{P}^r$ 之间的距离小于 δ。得到个数最多的转换矩阵就是这一组 Base 对应的转换矩阵。距离的计算采用近似最近邻（Approximate Nearest Neighbor，ANN）搜索算法来提高效率。
- 对于不同共面四点集 Base_j，按照上述方法找到对应的转换矩阵 $\boldsymbol{T}_j$。最后，根据最大共同点集原则在所有的 $\boldsymbol{T}_j$ 中找到最佳转换矩阵。

7.3.3 4PCS 拓展

1. 超级四点（Super 4-Point Congruent Set，Super 4PCS）算法

Super 4PCS 算法是对 4PCS 配准算法拓展的加速方案[31]。这种算法在 4PCS 配准算法的基础上额外记录两条直线相交的角度，判断角度 θ 是否在一定范围 ξ 内，从而排除一些无效的匹配来加速配准。

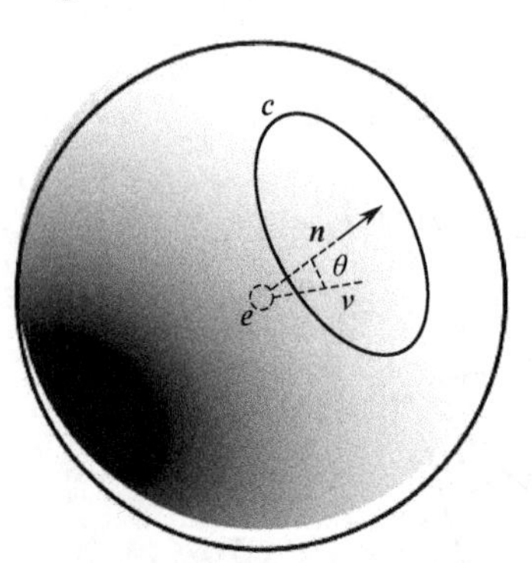

图 7.15 点对连线之间的夹角[31]

如图 7.15 所示，Super 4PCS 算法采用的类似在球面上画圆的方式来确定夹角。球面上在圆 c 上的点，与点 $\boldsymbol{e}$ 相连产生的任一向量 $\boldsymbol{v}$ 和向量 $\boldsymbol{n}$ 之间的夹角都是 θ。如果将圆 c 设定为有一定厚度，那么这个薄圆环上的所有点与点 $\boldsymbol{e}$ 相连产生的任一向量 $\boldsymbol{v}$ 和向量 $\boldsymbol{n}$ 之间的夹角就会分布在 $\theta \pm \xi$ 里，这样就可以快速地找到交叉角度在一定范围内的两条直线。

2. 普适四点一致集（Generalized 4-Point Congruent Set，G-4PCS）算法

G-4PCS 算法是对 Super 4PCS 算法的进一步扩展[32]，此时提取的 4 个点不再要求共面。G-4PCS 算法设一组非共面的四点集 $\boldsymbol{S} = \{\boldsymbol{p}, \boldsymbol{q}, \boldsymbol{i}, \boldsymbol{j}\}$，认定 $(\boldsymbol{p}, \boldsymbol{q})$ 和 $(\boldsymbol{i}, \boldsymbol{j})$ 在空间中相交，在线段 $\boldsymbol{pq}$ 上相交于点 $\boldsymbol{m}$，在线段 $\boldsymbol{ij}$ 上相交于点 $\boldsymbol{n}$，$\boldsymbol{mn}$ 是 $\boldsymbol{pq}$ 到 $\boldsymbol{ij}$ 的最短距离连线。

G-4PCS 算法与标准的 4PCS 算法一样，满足仿射不变的比率关系：$r_1 = \|\boldsymbol{q}-\boldsymbol{m}\| / \|\boldsymbol{q}-\boldsymbol{p}\|$，$r_2 = \|\boldsymbol{i}-\boldsymbol{n}\| / \|\boldsymbol{i}-\boldsymbol{j}\|$。除此之外还要添加 $d_3 = \|\boldsymbol{m}-\boldsymbol{n}\|$ 这个条件，满足以上三个条件才可以认为是匹配对。虽然 G-4PCS 算法将四点集 Base 从共面推广到了非共面，使算法的适用范围更广，但也会带来更多的模糊问题。由于在 4PCS 配准算法中强制选取的 4 点必须共面，因此由点云对称导致的配准错误问题并不明显，但是在 G-4PCS 算法中，这种对称则会导致较为严重的错误。

对称引起的模糊问题如图 7.16 所示，假定待配准点云中的 $\boldsymbol{\Gamma} = \{\boldsymbol{i},\boldsymbol{j},\boldsymbol{p},\boldsymbol{q}\}$ 和交叉点 $\{\boldsymbol{n},\boldsymbol{m}\}$ 是要找到的匹配对，但是同时还有 $\boldsymbol{\Gamma}_1 = \{\boldsymbol{i},\boldsymbol{j},\boldsymbol{p}_1,\boldsymbol{q}_1\}$ 、 $\boldsymbol{\Gamma}_2 = \{\boldsymbol{i},\boldsymbol{j},\boldsymbol{p}_2,\boldsymbol{q}_2\}$ 和 $\boldsymbol{\Gamma}_3 = \{\boldsymbol{i},\boldsymbol{j},\boldsymbol{p}_3,\boldsymbol{q}_3\}$ 等这样的四点集符合要求。因此有必要在寻找匹配对时删去这些模糊的匹配。这种问题可以分为垂直类型模糊和平面类型模糊。对于垂直类型的模糊，如 $\boldsymbol{\Gamma}$ 和 $\boldsymbol{\Gamma}_1$，可以计算向量 $\boldsymbol{nm}$ 和 $\boldsymbol{nm}_1$ 并分别与标准点对中的向量做对比；对于平面类型的模糊，如图 7.17（b）所示，如 $\boldsymbol{\Gamma}_2$ 和 $\boldsymbol{\Gamma}_3$，可以定义 $\boldsymbol{ij}$ 的方向，将 $\boldsymbol{i},\boldsymbol{j},\boldsymbol{m}_2,\boldsymbol{m}_3$ 映射在一个平面，计算方位角实现区分。

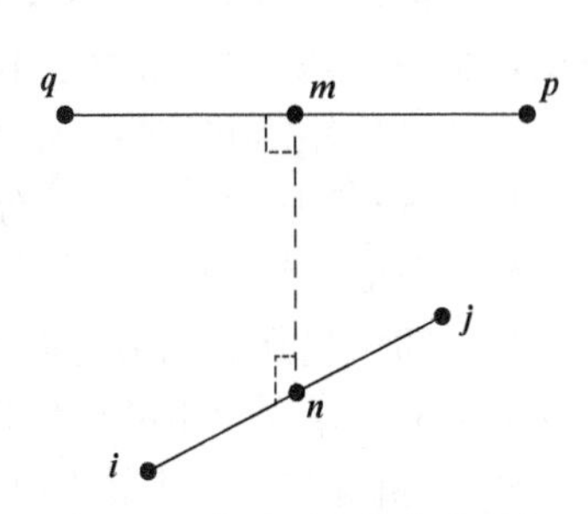

图 7.16　非共面四点集的选择

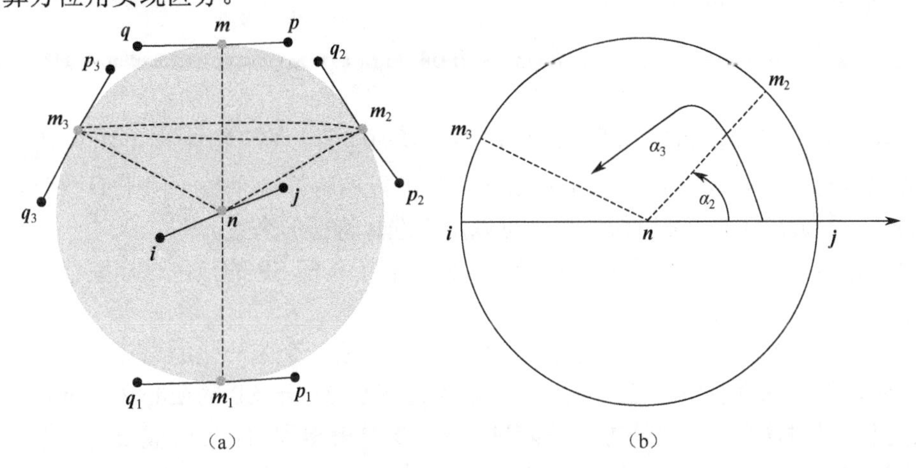

图 7.17　非共面四点对称引起的模糊和平面模糊的解决方案

7.3.4　基于深度学习的粗配准

近几年出现一些基于深度学习的配准方法，主要有两种思路。（1）使用分离的特征提取网络，专门训练获得显著的特征，满足配准对特征的需要，如 Deep Closest Point 算法和 DeepGMR 算法等，这些方案降低了特征匹配的复杂性，对部分重叠的输入点云更具鲁棒性。（2）端对端的配准，将整体的配准转换参数嵌入神经网络模型，把配准问题转换为回归分析问题。例如，DeepVCP 算法和 Deep Global Registration 等算法，神经网络模型估计出配准转换的参数，通过条件验证来最终确定的配准转换矩阵。

Elbaz 等人在 2017 年提出了一种称为 LORAX 的算法[21]，对大尺度点云与近距离扫描点云进行配准。LORAX 使用机器学习的方法提供了一种完全独立于两点云坐标系初始位置先验信息的定位方案，设计了一种超点（Super-Points，SP）结构，并用低维描述符描述每个超点的结构。然后使用这些描述符来推断潜在的匹配区域，以便进行有效的粗配准过程，最后使用 ICP 进行精配准优化。描述符的计算采用无监督机器学习，利用基于深度神经网络的自动编码器技术。

利用超点代替关键点可以更好地利用现有的几何数据来找到正确的变换。用深度神经网络自动编码器代替传统的描述符对局部三维几何结构进行编码，延续了计算机视觉应用的发展趋势，取得了良好的效果。简单来说，SP 的构建就是将点云用一个个球体分成很多小块，将每一块投影成深度图，然后采用深度神经网络对深度图进行特征压缩，最后压缩成一个 5×2 的矩阵并作为一个特征，也就是描述符。

超点 SP 实质上就是由部分点组成的一个点集合，并将这个集合当作整体处理流程的基本单元。下面介绍 LORAX 粗配准算法的基本流程。

（1）随机选择球包络内点集合（Random Sphere Cover Set，RSCS）。为了能够覆盖点云的绝大部分，采用以下的迭代步骤来定义这些超点。

- 随机选择一个不属于任何 SP 的点 $\boldsymbol{p}$；
- 以点 $\boldsymbol{p}$ 为中心，以 R_{sphere} 为半径，所有位于该球空间内的点都被定义为一个新的 SP 所包含的点。R_{sphere} 的计算如下

$$R_{\text{sphere}} \approx \left(\frac{3}{4 \times \pi} \times \frac{0.64}{2m} \times V_{\text{loval}} \right)^{\frac{1}{3}} \tag{7.32}$$

式中，0.64 是指在这个随机的球面分块中，不重复的球面占整个物体的 64%；V_{loval} 是包含待处理点云的球面的体积；m 是指最后阶段用于匹配的特征的个数，由于后面会有算法剔除一些特征，因此这里取 $2m$ 以保证最后可以用来选择特征的个数。

反复迭代以上两个步骤，直到在点云中再没有属于任何 SP 的点，这样整个点云就被分成了若干 SP。

（2）为每个 SP 建立一个归一化的局部坐标系。建立一个归一化的局部坐标系的目的是为在下一步压缩成深度图做准备。局部坐标系的坐标原点位于 SP 的质心（Centroid），三个轴的方向是通过对这个 SP 的协方差矩阵进行 SVD 分解得到的。z 轴被设定为第三个特征向量。通过把 SP 分为离散的弧度片并统计为极线直方图，选择值最高的方向为 x 轴，然后可以使用 z 轴基向量和 x 轴基向量的叉乘得到 y 轴指向。

（3）投影获得深度图。理论上在为每个 SP 建立起局部坐标系后，就可以提取归一化的局部特征，SP 之间可以直接进行特征匹配比较。但是受点的密度差异和随机噪声的干扰，直接比较的结果完全不可靠，需要对其进行降维处理。LORAX 算法将一个 SP 里的所有点的 x, y 坐标映射到一个 $d_{im1} \times d_{im1}$ 的二维栅格平面上，栅格里的像素高度值通过求落在该像素里的所有点的平均值获得。因此，形成一幅沿着 Z 方向垂直投影的深度图，最后把这个深度图裁成更小的 $d_{im2} \times d_{im2}$ 的影像消除 SP 的圆形边界。如图 7.18 所示，其中取 d_{im1}=64，d_{im2}=32。

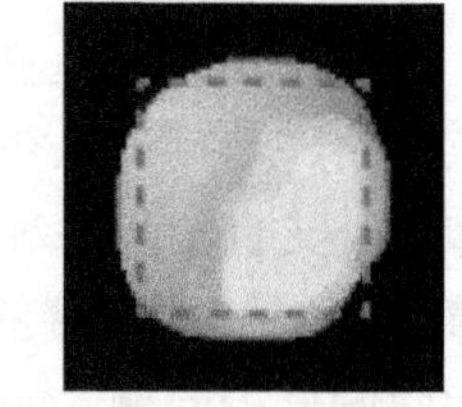

图 7.18　将 SP 映射为深度图

（4）显著性检测和 SP 筛选。为了提高配准的速度和质量，应根据点密度、几何性质和显著性水平这三个方面的特征，减少不相关的 SP。

- 点密度测试：如果一个 SP 包含的点数量少于一个阈值 N_d，就会被删去，如果它比它的 K 近邻个 SP 包含的点明显少，也会被删去。
- 几何性质测试：如果某个 SP 的协方差矩阵计算出来的 z 轴的特征值比较小，说明该 SP 内的点集合属于一个比较平坦的平面，该 SP 会被删除。
- 显著性水平测试：将全局点云的 SP 深度图转换为 d_{im2}^2 长的列向量，并对其进行主成分分析（Principal Component Analysis，PCA）。使用前三个特征向量对其进行重建，拥有相同的几何信息的 SP 会被删除。这样避免了分布在不同区域但有类似的 SP 的匹配的可能性。

（5）深度自动编码器（Deep Auto-Encoder，DAE）降维。为了压缩特征，接下来使用一个拥有 4 个全连接的隐层网络，每一层和输入的 dropout 之间采用 Sigmoid 非线性激励函数。DAE 在解码阶段从数据的紧凑表示开始，每个后续隐藏层都产生更高的维度，直到输出层的维度等于输入层的维度。损耗函数定义为输入层和输出层之间的像素误差，以此来优化网络以实现图像的最佳紧凑表示。DAE 的网络结构如图 7.19（上）所示。图 7.19（下）显示了输入 DAE 的深度图的示例，深度图被缩减为 5×2 维的超点自动编码器特征（the SP Auto-encoder based Feature，SAF），然后通过解码器重建为原始维度。重建的深度值与输入的不同，但它捕获了 SP 的一般几何结构，具有对观测噪声和微小变化更好的鲁棒性。

（6）选择候选匹配。通过检测 SAF 之间的欧氏距离，每个局部的 SP 都与来自全局的 K 近邻个 SP 建立配对关系，如果从 $i+1$ 开始距离明显增大，那就将 $i+1$ 到 K 的候选都删去。

（7）迭代寻优配准。为了解决 6 自由度的问题，至少需要 3 个匹配对，为了提高鲁棒性使得 $m=3$，采用了 RANSAC 最终得到 5 个最佳的变换矩阵。分别使用 5 个矩阵代入 ICP，最后将结果最好的那个作为最终结果。

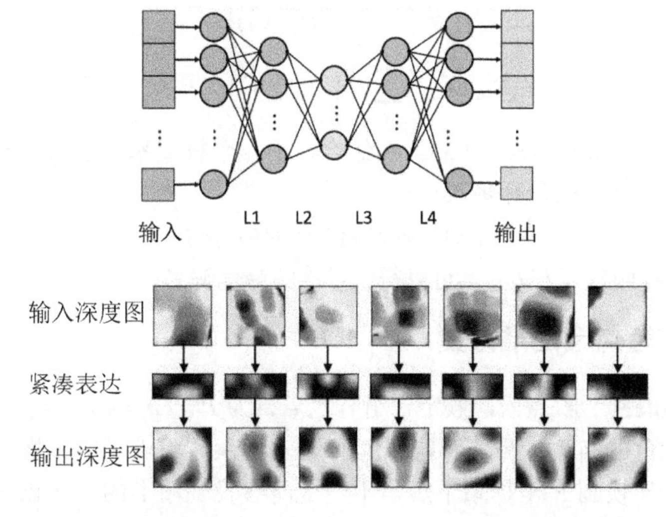

图 7.19　深度自动编码器结构（上）、DEA 降维和重建的示例（下）

7.4 异源三维数据的配准融合

异源配准算法是将点云的其他属性信息（比如颜色、强度和几何信息）相结合进行配准的方法，或者将影像重建的点云与 LiDAR 扫描的点云进行跨模态方式的配准。例如，将 RGBD 深度图基于颜色的配准方案和基于几何位置的配准方案相结合，并推广到无序点云中用于点云配准。

7.4.1 RGBD 深度图的配准融合

常规的 RGBD 影像包含颜色亮度信息 I 和深度信息 D 。给定两幅 RGBD 影像 (I_i,D_i) 和 (I_j,D_j) ，以及一个粗略的初始变换矩阵 $\boldsymbol{T}_0$，配准的目标是找到一个能使两幅影像紧密配准的最佳变换矩阵 $\boldsymbol{T}$ 。

首先，基于颜色亮度信息定义一个目标函数

$$E_I(\boldsymbol{T})=\sum_{\boldsymbol{x}}\left[I_i(\boldsymbol{x}')-I_j(\boldsymbol{x})\right]^2 \tag{7.33}$$

式中， $\boldsymbol{x}=(u,v)^{\mathrm{T}}$ 是 RGBD 影像 (I_j,D_j) 中的一个像素坐标，而 $\boldsymbol{x}'=(u',v')^{\mathrm{T}}$ 是点 $\boldsymbol{x}$ 在影像 (I_i,D_i) 中的对应点。 $\boldsymbol{x}$ 和 $\boldsymbol{x}'$ 的对应关系是通过将深度信息($\boldsymbol{x},D_j(\boldsymbol{x})$) $=(u,v,d)^{\mathrm{T}}$ 在 (I_j,D_j) 的空间中转换为三维点 $(x,y,z)^{\mathrm{T}}$ ，并使用变换矩阵 $\boldsymbol{T}$ 得到对应的 $(x',y',z')^{\mathrm{T}}$ ，再重投影到影像 (I_i,D_i) 而得到的，具体关系如下

$$\boldsymbol{x}'=g_{uv}\left(\boldsymbol{T}\cdot h\left(\boldsymbol{x},\ D_j(\boldsymbol{x})\right)\right) \tag{7.34}$$

式中， $D_j(\boldsymbol{x})$ 表示在第 j 幅影像 $\boldsymbol{x}$ 位置处的深度值； h 函数是用来将深度信息转换为三维点坐标； g 函数是 h 的反函数，将三维点转换为像素位置。

同时，根据深度信息可以定义深度信息的目标函数。由于点云是在两个不同的摄像机空间坐标系下测得的，因此需要经过变换才能比较深度信息

$$\hat{d}'=g_d\left(\boldsymbol{T}\cdot h\left(\boldsymbol{x},D_j(\boldsymbol{x})\right)\right)$$

$$E_D(\boldsymbol{T})=\sum_{\boldsymbol{x}}\left[D_i(\boldsymbol{x}')-\hat{d}'\right]^2 \tag{7.35}$$

将目标函数式（7.33）和式（7.35）相结合，由一个权重系数 α 进行权衡，设计结合亮度和深度信息的全局优化的目标函数

$$E(\boldsymbol{T})=(1-\alpha)E_I(\boldsymbol{T})+\alpha E_D(\boldsymbol{T}) \tag{7.36}$$

通过最小化目标函数（7.36）就可以得到最终的最优解 $\boldsymbol{T}$ 。

7.4.2 普适的有色点云配准方案

将以上方法拓展到一般点云，假定一组有色点云为 $\boldsymbol{P}=\{\boldsymbol{p}_i=(x,y,z)^{\mathrm{T}}\}$， i=1,⋯,n ； $I(\boldsymbol{p})$ 是通过位置检索颜色的函数。另一组待配准的点云为 $\boldsymbol{Q}$ ，由于离散采样的原因，根据转换参数将某点 $\boldsymbol{q}$ 从 $\boldsymbol{Q}$ 转换到 $\boldsymbol{P}$ 坐标系下后，不一定能够找到精准的同名点对应，因此需要通过能够连续求导的函数估计同名点的亮度和深度。

为了能够在点云表面求取梯度，将颜色检索函数转换成一个连续函数 $I_p(\boldsymbol{u})$。为此，为每一点 $\boldsymbol{p}\in\boldsymbol{P}$ 引入虚拟正交摄像机的概念。

如图 7.20 所示，$\boldsymbol{p}$ 点的法向量记为 $\boldsymbol{n}_p$，以 $\boldsymbol{p}$ 点为观察点，以 $\boldsymbol{p}$ 点的切平面 $\boldsymbol{\Pi}_p$ 为观察面，设置虚拟正交摄像机。设 $\boldsymbol{u}$ 是以 $\boldsymbol{p}$ 点为起点位于切平面上的一个向量，则 $\boldsymbol{u}\cdot\boldsymbol{n}_p=0$。函数 $I_p(\boldsymbol{u})$ 的一阶近似为

$$I_p(\boldsymbol{u})\approx I(\boldsymbol{p})+\nabla_{I_p}{}^{\mathrm{T}}\boldsymbol{u} \tag{7.37}$$

式中，∇_{I_p} 是函数 $I_p(\boldsymbol{u})$ 的亮度梯度，由对其邻域点集投影到切平面拟合得来。定义 $f(\boldsymbol{s})$ 为某三维点 $\boldsymbol{s}$ 投影到切平面的函数

$$f(\boldsymbol{s})=\boldsymbol{s}-\boldsymbol{n}_p(\boldsymbol{s}-\boldsymbol{p})^{\mathrm{T}}\boldsymbol{n}_p \tag{7.38}$$

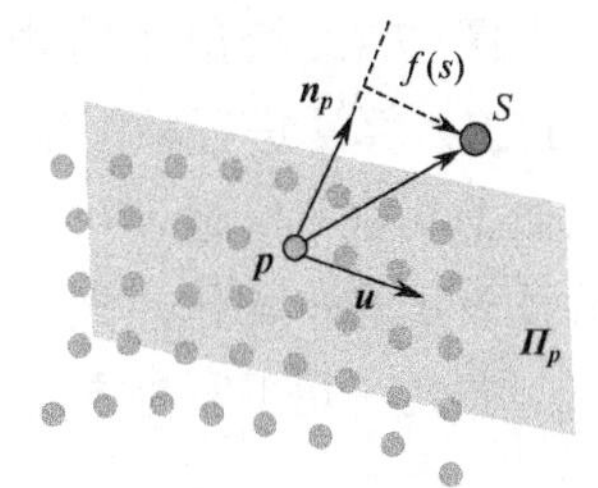

图 7.20　构建虚拟正交摄像机用于提取连续梯度

同样假设虚拟正交摄像机有深度信息，因此定义连续深度函数 $D_p(\boldsymbol{u})$，它的原点的梯度为 0，$\boldsymbol{o}_p$ 为任意的摄像机原点，通过后续推导会发现，在求解深度的差异时，原点的位置坐标会被抵消掉。连续深度函数的一阶近似为

$$D_p(\boldsymbol{u})\approx(\boldsymbol{o}_p-\boldsymbol{p})^{\mathrm{T}}\boldsymbol{n}_p \tag{7.39}$$

这样，对于两组点云 $\boldsymbol{P}$ 和 $\boldsymbol{Q}$，可以定义联合亮度和深度的优化目标函数 $E(\boldsymbol{T})$

$$E(\boldsymbol{T})=(1-\alpha)E_I(\boldsymbol{T})+\alpha E_D(\boldsymbol{T}) \tag{7.40}$$

令 $\boldsymbol{p}$ 和 $\boldsymbol{q}$ 为一对潜在的关联点，所有对应点的集合为 $\mathrm{Set}=\{(\boldsymbol{p},\boldsymbol{q})\}$。$\boldsymbol{q}'$ 是 $\boldsymbol{T}\cdot\boldsymbol{q}$ 在点 $\boldsymbol{p}$ 的切平面 $\boldsymbol{\Pi}_p$ 上的投影，$\boldsymbol{q}'=f(\boldsymbol{T}\cdot\boldsymbol{q})$。$E_I$ 和 E_D 分别为

$$E_I(\boldsymbol{T})=\sum_{(\boldsymbol{p},\boldsymbol{q})\in\mathrm{Set}}\left[I_p(\boldsymbol{q}')-I(\boldsymbol{q})\right]^2 \tag{7.41}$$

$$E_D(\boldsymbol{T})=\sum_{(\boldsymbol{p},\boldsymbol{q})\in\mathrm{Set}}\left[D_p(\boldsymbol{p})-D_p(\boldsymbol{q}')\right]^2=\sum_{(\boldsymbol{p},\boldsymbol{q})\in\mathrm{Set}}\left[(\boldsymbol{T}\cdot\boldsymbol{q}-\boldsymbol{P})^{\mathrm{T}}\boldsymbol{n}_p\right]^2 \tag{7.42}$$

通过迭代求解联合目标函数（7.40），可以找出能将两个点云配准的最优转换矩阵 $\boldsymbol{T}$。

7.5　应用举例

7.5.1　两组点云配准

如果输入数据点云中的点对点对应关系是完全已知的，那么配准问题就变得很容易解决。这意味着一组被选中的点 $\boldsymbol{p}_i\in\boldsymbol{P}_1$ 必须从特征表述的角度与另一组点 $\boldsymbol{q}_j\in\boldsymbol{P}_2$ 关联起来，其中 $\boldsymbol{P}_1$ 和 $\boldsymbol{P}_2$ 代表两个部分视图数据集。在需要创建的完整点云模型中，两组点云可以被合并在一起，如果配准后部分点的坐标非常接近，需要做重采样滤除多余点，从而减少总体点的数目。重采样可以使用第 6 章介绍的方法实现。

图 7.21 给出了一对点云通过使用 PFH 方法关联三维特征，并使用 ICP 方法最终实现配准融合的示例。本例在 PFH 特征直方图空间中创建一个 n 维的 KD 树，其中 n 表示使用的 PFH 的单元区间（bin）的数量。对于参考点云中的每个特征点，在目标点云中都进行 k 最近邻搜索，可以查找到 k 个具有最相似的直方图的点，并将它们作为对应的候选点。在第

二阶段的配准过程中，使用一种点到面的距离度量来作为偏差的近似测量。这种 ICP 变种算法使用了瞬时运动学，比常规 ICP 更快收敛。这主要是由于点到表面的距离度量不限制切向运动，从而当点云已经彼此接近时能够加速收敛。

图 7.22 给出了室内办公环境下获取的两组点云数据，本例使用一种四点一致集（4PCS）算法进行粗配准得到结果。传统的贪婪配准算法的组合性质使得它对于这样的大型数据集极其缓慢，可能的加速解决方案是对输入数据进行抽样。但是抽样点导致了对点特征表示的平均化，失去了采样表面的几何细节。本例中的 4PCS 粗配准算法没有这些缺点，并且在几乎所有方面都优于贪婪配准算法。

图 7.21 使用 PFH 和 ICP 方法配准融合示例

图 7.22 办公室点云的配准示例（左：未配准点云；中：初始配准对应点；右：配准结果）

7.5.2 多组数据配准的误差累计

本章所列的配准算法都是针对两组观测数据设计的配准算法。观测数据是序列化的多组，可以在连续的观测数据之间成对地执行配准。一般来说，即使所有的成对数据都能明显地被很好地配准，由于存在配准误差的累积和传播，在所有数据整合后，重构完整模型时依然会出现一些失准。

为了解决全局配准问题，多视点配准技术利用多视点之间的相互依赖性，引入额外的约束，以减少全局错误。Pulli K[34]提出了一种全局方法，首先将扫描数据两两对齐，然后在多视图匹配步骤中使用两两对齐作为约束。其目的是均匀地分配两两配准的误差，但该方法本身仍然是基于两两对齐的。通常减小累计误差的方法都是在所有视图中均匀地分配误差。另外，有研究基于著名的广义普罗科斯特斯分析（Generalized Procrustes Analysis）方法来设计新算法，将数学理论无缝嵌入 ICP 框架。该方法的一种变体是使用基于曲率的相似性度量对配准的对应关系进行非均匀加权，实现误差的分配。

7.5.3 柔性目标的配准

在计算配准转换参数的过程中，刚性变换约束是一种非常普适的约束，但是在某些情况下刚性的约束也不适用。比如待配准的对象不是刚性的，而是可变形的，如移动的人体或被风吹动的植被。面向可变形的柔性目标的配准算法有两个主要问题：稳定匹配对应关系的搜索和适当柔性模型的使用。随着实时深度扫描仪（如 RGBD 深度摄像机）的推广使用，近些年对柔性目标的配准需求增长明显。柔性配准算法有两种，分别是基于优化技术的配准算法和基于概率统计的配准算法。

1．基于优化技术的配准算法

基于优化技术的柔性配准算法的公式比刚性情况更复杂，且更难以使用解析求解的计算方式，需要采用更先进的优化技术。使用优化技术的优点在于能够将匹配对应点搜索和柔性转换参数联合求解。此外，还可以对其他未知参数进行建模，比如对应关系的可靠性、平滑度约束等。

为柔性目标配准引入的转换参数求解的优化模型有：

（1）应用于从距离影像均匀采样的节点的仿射变换；

（2）从表面自动提取的面片上的刚性变换；

（3）薄板样条曲线（Thin-Plate Splines，TPS）；

（4）线性混合蒙皮模型（Linear Blend Skinning model，LBS）。

误差函数可以通过列文伯格-马奎特（Levenberg-Marquardt，LM）算法、图割算法或期望最大化（Expectation-Maximization，EM）算法进行优化。配准过程可以通过匹配对应点搜索和柔性转换参数的交替优化来解决。

2．基于概率统计的配准算法

利用概率方法，可通过采用最大似然估计来解决场景目标柔性变换的不确定性。概率方法的基础是通过核密度函数对每个点集进行建模。通过引入适当的距离函数来计算这些密度函数之间的差异。配准是在没有明确建立匹配点对应的情况下进行的。实际上，该类算法通过优化一个联合概率模型来配准两组数据，该数据模型覆盖了它们之间的所有点到点对应关系。

总体来说，可靠的配准方法需要能够适应数据采集设备的多样性。利用运动恢复结构（Structure from Motion，SfM）技术已经可以从二维影像轻松地获得稀疏或密集的场景重建结构，激光雷达扫描仪也能采集广阔的场景。受噪声杂波和遮挡等因素的影响，来自不同设备的数据之间具有系统性的差异，提高配准算法的通适性仍具有挑战性。

此外，待配准的数据有时相对于整个场景（即参考数据）可能非常小。场景的局部尺度估计是一个重要的问题。当今三维扫描数据呈现出爆炸式增长的趋势，如何从大量的数据中快速检索对应点是一项挑战。为了避免穷举搜索，可以利用一些更有效的匹配策略，如基于特征点的匹配，特征点的提取和描述可以大大减少数据分析点的数量。此外，还可以使用数据的细节层次（Level of Detail，LOD）分层技术来减小搜索空间。

另一方面，传感器还可以获取纹理或颜色信息，通过有效地整合这些额外的信息来改善配准质量也有待研究。如果能够整合三维点云和二维影像，则可以很好地提高配准算法的精度。

在使用实时扫描仪时，还需要解决其他问题，比如场景中的观测对象可以移动或变形。近些年来，使用机器学习技术解决配准问题的研究越来越多，并呈现出良好的前景，特别是对于柔性目标的配准。

7.6 小结

三维数据的配准融合是一个十分活跃的研究方向，仍有许多问题需要解决。普适性、稳定性、精准性和自动化程度是评价一种配准算法的性能优劣的主要指标项。为了避免穷举搜索，许多算法利用基于三维特征提取和特征匹配的技术实现更有效的配准策略。特别是，特征点检测和描述可以大大减少分析点的数量。部分算法将三维数据与二维影像进行配准融合，为点云数据提供颜色、纹理信息，从而丰富了特征表达能力。这些努力都是为了提高特征的辨识度，但由于尺度和邻域定义存在差异，特征参数的选择仍有太多的不确定性。ICP 算法和 NDT 算法是当前应用最为广泛的两类三维点云配准算法，其原理清晰、易于实现，经过不同的改进，得到了多样化的发展。两种算法都有非常多的拓展和变体，使其能够处理更广泛的场景。在更具挑战性的情况下，例如，在杂乱或柔性目标存在的情况下，配准问题变得更加困难。异常点剔除策略、对应点检索策略、转换参数优化迭代策略都有很多值得研究和改进的地方。因此，本章内容和第 6 章中介绍的点云去噪滤波等内容在实际应用中是密不可分的。

参考文献

[1] 陈驰，杨必胜，彭向阳. 低空 UAV 激光点云和序列影像的自动配准方法[J]. 测绘学报，2015，44（5）：518-525.

[2] 戴静兰，陈志杨，叶修梓. ICP 算法在点云配准中的应用[J]. 中国图象图形学报，2007，12（003）：517-521.

[3] 马骊溟，徐毅，李泽湘. 基于高斯曲率极值点的散乱点云数据特征点提取[J]. 系统仿真学报，2008，20（9）：2341-2344.

[4] 舒程珣，何云涛，孙庆科. 基于卷积神经网络的点云配准方法[J]. 激光与光电子学进展，2017，54（3）：123-131.

[5] 王力，李广云，贺磊. 使用定标球的激光扫描数据配准方法[J]. 测绘科学，2010，35（5）：58-59.

[6] 闫利，戴集成，谭骏祥，等. SLAM 激光点云整体精配准位姿图技术[J]. 测绘学报，2019，48（3）：49-57.

[7] 杨必胜，董震. 点云智能处理[M]. 北京：科学出版社，2020.

[8] 叶勤，姚亚会，桂坡坡. 基于极线及共面约束条件的 Kinect 点云配准方法[J]. 武汉大学学报（信息科学版），2017，42（9）：1271-1277.

[9] 余先川，吕中华，胡丹. 遥感图像配准技术综述[J]. 光学精密工程，2013，21（11）：2960-2972.

[10] 张良，马洪超，高广，等. 点、线相似不变性的城区航空影像与机载激光雷达点云自动配准[J]. 测绘学报，2014，43（4）：372-379.

[11] 郑德华，岳东杰，岳建平. 基于几何特征约束的建筑物点云配准算法[J]. 测绘学报，2008，37（4）：464-468.

[12] Aiger D, Mitra N J, Cohen-Or D. 4-Points congruent sets for robust pairwise surface registration[J]. ACM Transactions on Graphics, 2008, 27(3):670-679.

[13] Arun K S, Huang T, Blostein S. Least-squares fitting of two 3-d point sets[J]. IEEE Transactions on Pattern Analysis and Machine Intelligence, 1987, 9(5):698-700.

[14] Atkinson K B. Close range photogrammetry and machine vision[J]. Empire Survey Review, 2001, 34(266):276-276.

[15] Besl P J, Mckay H D. A method for registration of 3-D shapes[J]. IEEE Transactions on Pattern Analysis and Machine Intelligence, 1992, 14(2):239-256.

[16] Blais G, Levine M D. Registering multiview range data to create 3D computer objects[J]. IEEE Transactions on Pattern Analysis and Machine Intelligence, 1995, 17(8):820-824.

[17] Das A, Servos J, Waslander S L. 3D scan registration using the normal distributions transform with ground segmentation and point cloud clustering[C]. 2013 IEEE International Conference on Robotics and Automation. New York, 2013, 2207-2212.

[18] Das A, Waslander S L. Scan registration using segmented region growing NDT[J]. The International Journal of Robotics Research, 2014, 33(13):1645-1663.

[19] Das A, Waslander S L. Scan registration with multi-scale k-means normal distributions transform[C]. 2020 IEEE/RSJ International Conference on Intelligent Robots and Systems. New York, 2012, 2705-2710.

[20] Elbaz G, Avraham T, Fischer A. 3D point cloud registration for localization using a deep neural network auto-encoder[C]. IEEE Conference on Computer Vision and Pattern Recognition. New York, 2017, 2472-2481.

[21] Elbaz G, Avraham T, Fischer A. 3D point cloud registration for localization using a deep neural network auto-encoder[C]. Computer Vision & Pattern Recognition. New York, 2017, 2472-2481.

[22] Ge X. Automatic markerless registration of point clouds with semantic-keypoint-based 4-points congruent sets[J]. ISPRS Journal of Photogrammetry and Remote Sensing, 2017, 130:344-357.

[23] Glomb P. Detection of interest points on 3D data: extending the Harris operator. In: Kurzynski, M., Wozniak, M. (eds) Computer Recognition Systems 3. Advances in Intelligent and Soft Computing[M]. Berlin: Springer, 2009.

[24] Granger S, Pennec X. Multi-scale EM-ICP: a fast and robust approach for surface registration[C]. European Conference on Computer Vision. Berlin: Springer -Verlag, 2002, 418-43.

[25] Gutmann J S, Weigel T, Nebel B. Fast, accurate, and robust self-localization in polygonal environments[J]. In Proceedings of Intelligent Robots and Systems, 1999, 3:1412-1419.

[26] Harris C G, Stephens M J. A combined corner and edge detection[C]. In Proceedings of 4th Alvey Vision Conference. Mancheste, 1988, 147-151.

[27] Hetzel G, Leibe B, Levi P, et al. 3D object recognition from range images using local feature histograms[C]. In Proceedings of the 2001 IEEE Computer Society Conference on Computer Vision and Pattern Recognition. CVPR 2001. Los Alamitos, 2001, 394-399.

[28] Hoover A, Jean-Baptiste G, Jiang X, et al. An experimental comparison of range image segmentation algorithms[J]. IEEE Transactions on Pattern Analysis and Machine Intelligence, 1996, 18(7):673-689.

[29] Ao S, Hu Q, Yang B, et al. SpinNet: Learning a General Surface Descriptor for 3D Point Cloud Registration[C]. 2021 IEEE/CVF Conference on Computer Vision and Pattern Recognition, Nashville, TN, US, 2021, 11748-11757.

[30] Magnusson M. The three-dimensional normal-distributions transform: an efficient representation for registration, surface analysis, and loop detection[D]. Sweden: Örebro University, 2009.

[31] Mellado N, Aiger D, Mitra N J. Super 4PCS fast global pointcloud registration via smart indexing[J]. Computer Graphics Forum, 2014, 33(5):205-215.

[32] Mohamad M, Ahmed M T, Rappaport D, et al. Super generalized 4PCS for 3D registration[C]. 2015 International Conference on 3D Vision. New York, 2015, 598-606.

[33] Park J, Zhou Q Y, Koltun V. Colored point cloud registration revisited[C]. 2007 IEEE International Conference on Computer Vision. New York, 2017, 143-152.

[34] Pulli K. Multiview registration for large data sets[C]. Second International Conference on 3-D Digital Imaging and Modeling. Los Alamitos, 1999, 160-168.

[35] Rabbani T, Dijkman S, Heuvel F V D, et al. An integrated approach for modelling and global registration of point clouds[J]. ISPRS Journal of Photogrammetry and Remote Sensing, 2007, 61(6):355-370.

[36] Rusinkiewicz S, Levoy M. Efficient variants of the ICP algorithm[C]. Proceedings Third International Conference on 3-D digital Imaging and Modeling. Los Alamitos, 2001, 145-152.

[37] Rusu R B, Blodow N, Beetz M. Fast point feature histograms (FPFH) for 3D registration[C]. 2009 IEEE International Conference on Robotics and Automation. New York, 2009, 3212-3217.

[38] Rusu R B, Blodow N, Marton Z C, et al. Aligning point cloud views using persistent feature histograms[C]. 2008 IEEE/RSJ International Conference on Intelligent Robots and Systems. New York, 2008, 3384-3391.

[39] Shi J, Tomasi C. Good features to track[C]. 1994 Proceedings of IEEE Conference on Computer Vision and Pattern Recognition, 1994, 593-600.

[40] Simon D A. Fast and accurate shape-based registration[D]. Pittsburgh, PA: Carnegie Mellon University, 1996.

[41] Sipiran I, Bustos B. A robust 3D interest points detector based on Harris operator[J]. Eurographics Workshop on 3D Object Retrieval, The Eurographics Association on, 2010, 7-14.

[42] Szeliski R, Shum H Y. Creating full view panoramic image mosaics and environment maps[C]. Computer Graphics Proceedings SIGGRAPH 97. New York: ACM, 1997, 251-258.

[43] Theiler P W, Wegner J D, Schindler K. Fast registration of laser scans with 4-points congruent sets-what works and what doesn't[J]. ISPRS Annals of the Photogrammetry, Remote Sensing and Spatial Information Sciences, 2014, 2:149-156.

[44] Theiler P W, Wegner J D, Schindler K. Keypoint-based 4-points congruent sets-automated marker-less registration of laser scans[J]. ISPRS Journal of Photogrammetry and Remote Sensing, 2014, 96(11):149-163.

[45] Umeyama S. Least-squares estimation of transformation parameters between two points patterns[J]. IEEE Computer Architecture Letters, 1991, 13(4):376-380.

[46] Vongkulbhisal J, De la Torre F, Costeira J P. Discriminative optimization: theory and applications to point cloud registration[C]. 2017 IEEE Conference on Computer Vision and Pattern Recognition. Honolulu, HI, USA, 2017, 3975-3983.

[47] Wahl E, Hillenbrand U, Hirzinger G. Surflet-pair-relation histograms: a statistical 3D-shape representation for rapid classification[C]. In Proceedings of 4th International Conference on 3-D Digital Imaging and Modeling. Los Alamitos, 2003, 474-481.

[48] Zhao X, Wang H, Komura T. Indexing 3d scenes using the interaction bisector surface[J]. ACM Transactions on Graphics, 2014, 33(3):1-14.

[49] Zhang Z. Iterative point matching for registration of free-from curves and surfaces[J]. International Journal of Computer Vision, 1994, 13(2):119-152.

第 8 章 三维表面建模与网格模型滤波

三维点云数据只给出场景的离散化的表达，这对于许多工程应用而言无法满足特定操作的需要，如结构的参数化存储、快速成型、表面纹理渲染和碰撞检测等。因此，在点云的基础上进行表面几何建模，生成网格化的表面模型是必要的工作（如图 8.1 所示）。生成高质量的网格模型一直是计算机图形学中的一个基本研究方向，激光雷达传感器扫描点云和基于影像重建的点云都可以作为输入数据。

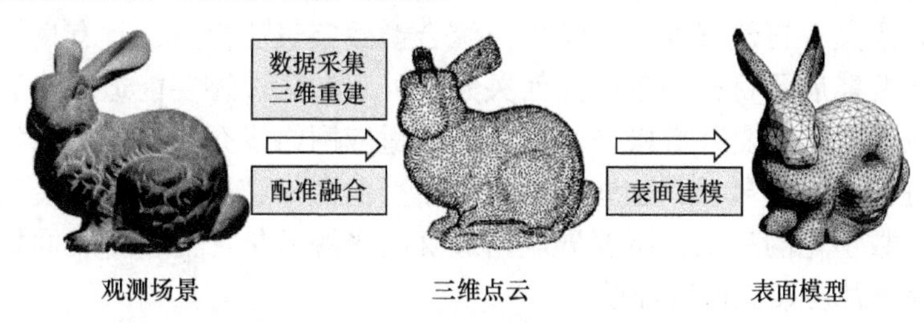

图 8.1 由采样点云构建网格化表面模型

在摄影测量领域中，可视化的三维模型研究主要开始于 20 世纪 90 年代初。三维地形模型常常表现为带有正射影像贴图的透视网格化模型。如今，随着计算机性能的提高，许多三维模型都添加了阴影和纹理，但是为了准确地可视化大场景数据，通常会减少摄影测量模型中包含的许多信息，结果是降低了数据的准确性（如许多工具使用单精度文件存储）以及地理参考（大多数软件具有其独立的坐标系）。并且有时因为需控制细节层次（Level of Detail，LOD），而无法全部使用高分辨率的纹理特征。

深度图的表示方式以其灵活性和可扩展性被大量使用。深度图重建通常需要满足窄基线的假设条件，其理论方法与典型的双目立体视觉相通。假设已有多幅观测影像和摄像机参数作为输入，在找到相邻影像的匹配相关之后，可以为参考影像重建一幅深度图。深度图能够被视为三维点云的二维映射表示，可以将多个角度的深度图合并得到三维点云模型，这种处理方法简单并且易于扩展。然而，对于复杂结构的场景，找到合适的采样方案是实现高速度和高质量的深度图重建的关键。此外，在深度不连续和遮挡对象的边界处，深度图的质量往往会显著降低。在数据合并的过程中，需要对这些引起三维重建精度下降的因素进行滤波抑制。

要将点云转换为连续曲面，需要考虑两个问题。第一，三维场景的结构表面一般是具有连续描述的，而无论是激光扫描还是影像重建的三维点云，都是对连续空间的采样，是离散化的一种形式。因此，基于点云的表面建模需要估计采样点之间的曲面值，所以表面建模的过程是一种对场景几何结构的近似估计。第二，在大型场景中，相同的表面区域可以在许多摄像机或扫描站点中被观测到，其中一些可能非常远。距离或深度估计的精度通常与观测距离成反比，即使在没有深度不连续或遮挡的情况下，也需要再次使用一些技术方法来优化较远的测站位置的深度估计。一种解决思路是利用多幅影像上的几何映射一致性关系，对相同观测区域使用不同角度的深度图进行相互确认，用联合优化的方法提高深度图质量。然而，这种思路需要反复优化计算观测位置，计算代价往往比较高。因此，可以采用对重建的数据进行后处理的方法解决数据优化的问题，在点云或重建的表面模型的基础上进行滤波处理，使问题简化。许多时候，数据点的密度和噪声的幅度是各种算法选择建模参数的重要依据。

本章主要介绍目前几种先进的表面几何建模算法，并介绍在三维表面网格上对顶点和三角形进行滤波增强优化的方法。

8.1 三维表面网格模型

三维表面网格模型是具有坐标、方向、表面积和体积等信息的几何表达方式，同时还可以包含纹理和语义等自然属性，能够作为综合型数字表达模型。具有良好的表达性能的三维模型，不但要能展示目标场景的几何关系和外观渲染，还要能适应快速有效的数据存储、查询、修改以及人工交互等操作，譬如能够适应网络媒介快速传播的特点，并能在客户端交互式地进行可视化显示。这些需求都对模型的几何精度和结构紧凑度提出了比较高的要求。此外，数字化的三维模型要展现出逼真的光源效果，需要对表面材质、灯光、视角、纹理颜色等多种要素进行组合设计。

8.1.1 网格数据存储

在计算机上存储表面模型的网格（Mesh）的方法有很多种。不同的数据结构在编码、内存和访问性能方面具有非常不同的复杂性。这些结构的核心是存储定义网格的两类信息，即在创建的网格中会编码两种类型的信息：几何信息（即顶点在空间中的位置和表面法向量）和拓扑信息（即网格的连通性以及面之间的关系）。

在图形学和三维建模中广泛使用的网格模型有三角形网格和多边形网格，网格隐含了相邻面元的连通性。简单而言，三角形网格是指模型中的所有基本面元都由三角形组成，多边形网格则由一个多边形列表组成。三角形网格是多边形网格的一个特例。

以三角形网格为例，网格中的每个三角形都和其他三角形共享边。这样的网格模型包含三类基本几何信息：

（1）顶点，每个三角形都有三个顶点，各顶点都有可能和其他三角形共享；

（2）边，一个三角形有三条边，每条边都连接了两个顶点；

（3）面，每个三角形都对应一个面，可以用顶点列表或边列表来表示面。

对于网格数据的存储格式，目前有多种开放的和专有的文件格式。例如，二进制编码格式或 ASCII (American Standard Code for Information Interchange) 编码的文本格式。前者更节省空间，而后者更易于阅读和编辑。最常用的基于文本的格式是 OBJ（最初由 Wavefront Technologies 开发）和 VRML（虚拟现实建模语言，Virtual Reality Modeling Language）。最流行的二进制编码格式是 3DS，它已经成为在三维处理软件之间传输模型的事实上的行业标准。除三维数据外， 3DS 格式还可以包括场景属性，如照明。另外，由 Greg Turk 等人于 1990 年在斯坦福大学的图形学实验室开发的 PLY（Polygon File Format）格式既可以支持 ASCII 编码，又可以支持二进制编码存储。PLY 格式改进了 OBJ 格式，能够实现对任意属性或群组扩展的能力。

在实际的数据存储中，一个网格模型通常会存储顶点列表和三角形列表（图 8.2），存储多边形网格时，还需要定义一个多边形类，用来表达有任意多顶点的面。顶点列表中的每个顶点包含的最基本数据是一个三维坐标，也可能含有点的法向量和颜色亮度等附加数据。每个三角形由对应于顶点列表的三个索引组成，其中顶点索引的顺序是非常重要的，因为一个三角形的三个顶点顺序关系到该三角形面的“正面”和“反面”。一般会用逆时针方向列出顶点指示的面为正面，这样该面的法向量与三个点的列表顺序满足右手螺旋指向，另外预先计算的面的法向量和纹理坐标等也可以存储在面列表中。

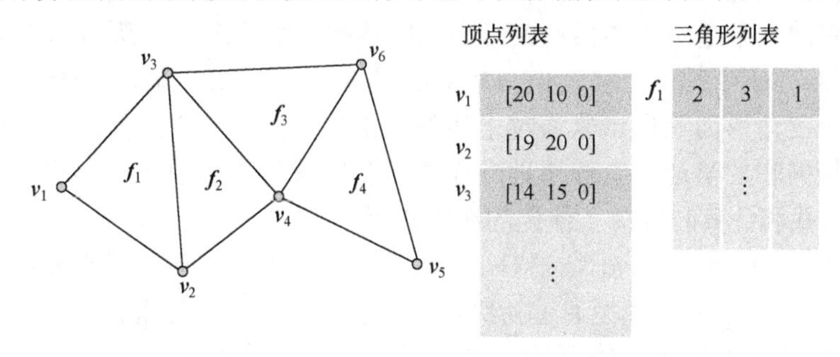

图 8.2　三角形网格的顶点索引和三角形索引存储

三角形面元的法向量可以用其中的两条边的向量进行叉乘而轻松求得。顶点的法向量计算则相对困难一些，网格在顶点处的表面通常是不连续的，因此没有直接的法向量。三角形网格是对连续表面的逼近，理想的情况是表面的法向量在空间中连续，所以一个求解顶点法向量的方法是对所用共享一个顶点的相邻三角形的表面法向量取平均，并将结果归一化得到顶点法向量。

在有限元分析中，四边形网格也是一种常用的数据格式。有限元分析通过将对象的模型分解为大量的有限元素来进行分析，用较简单的问题代替复杂问题后再求解。它将求解域视为由许多称为有限元的小的互连子域组成，对每一单元假定一个合适的近似解，然后推导求解这个域总的满足条件，从而得到问题的解。三角形网格是常应力、常应变单元，所以在有限元分析中不推荐使用。四边形网格不是常应力、常应变单元，以四边形为几何面元对于有限元的计算精度更高。有限元分析可以根据产品的三维模型预测其对现实世界中的力、热、振动、流体流动和其他物理现象做出的反应，进而分析产品是否会发生磨损、断裂或者是否在按照设计的方式工作。

在表面建模的研究中，流形（Manifold）是一个经常被提及的概念，流形在图形学上解释为满足局部欧氏特性的拓扑空间。当三维表面的局部上具有欧氏空间的性质时，可以容易地在局部建立降维的映射关系，再设法将局部映射关系推广到全局。在满足流形的模型中，每一点周围都有一个局部邻域，它在拓扑上与一个开放的单位球相同，可以创建覆盖整个曲面的局部参数化邻域。一个点云定义了一个隐式表面（Implicit Surface），也可以称为零水平集，因此可以定义一个映射，将表面附近的点投影到表面。如果一个网格模型中存在大于 2 个面共享一条边的情况，那么该模型就是非流形的（Non-manifold），因为这个局部区域由于自相交而无法展平为一个平面了。一个流形的模型不能有三个或更多的面共享同一条边。流形还约束曲面是定向的，即每个面元都有一个内部和一个外部方向，并且相邻的面都有一致的内部和外部方向。在流形的理论下，能够对高维的数据进行降维，如图 8.3 所示，在表面模型的运算中，可以实现表面的曲率计算和微分运算等操作。

半边数据结构（Halfedge Data Structure）是流形网格模型中的一种数据存储表达方式，其最大特点是定义了半边（Halfedge）的概念。如图 8.4 所示，网格的每条边都被分为两个半边，每条半边都是一个有向边，两条半边的方向相反。如果一条边被两个面元公用，则每个面元都能各自拥有一条半边。如果一条边仅被一个面元占有，则这个面元仅拥有该边的其中一个半边，另一个半边为闲置状态，即对应的表面模型的边界。构建半边数据结构的网格需要通过一个一个地添加面元来完成。使用半边数据结构的网格模型中，一个面元只需要它的一条起始边的指针或索引就能够被检索或表达。从图 8.4 容易看出，虽然一个三角形面元有三条边围绕，但只需要存储其中的任意一条就能唯一地确定一个面元。相邻的两个三角形面元也可以通过半边结构快速地找到它们之间的公共边。模型中的顶点可以根据指向它的半边，有规律地顺序访问公用该顶点的面元。半边的这些特性使其在模型的邻域查找和计算时发挥了便捷的纽带作用。

构造立体几何（Constructive Solid Geometry，CSG）是一种基于简单初级实体基元组成的对象模型表示法。CSG 的模型通过初级实体集合的布尔型运算组合在一起。实体基元和操作符可以用二叉树进行有效的存储。二叉树的叶子节点包含基元，中间节点包含运算符，根节点表示整体的对象模型。图 8.5 显示了一个由少量基元和操作符构成的复杂实体的示例。CSG 的表达直观，能够很好地与 CAD 类的软件交互。然而，对于拥有任意曲面形态的对象，使用 CSG 方法构建对象模型的过程是低效的。

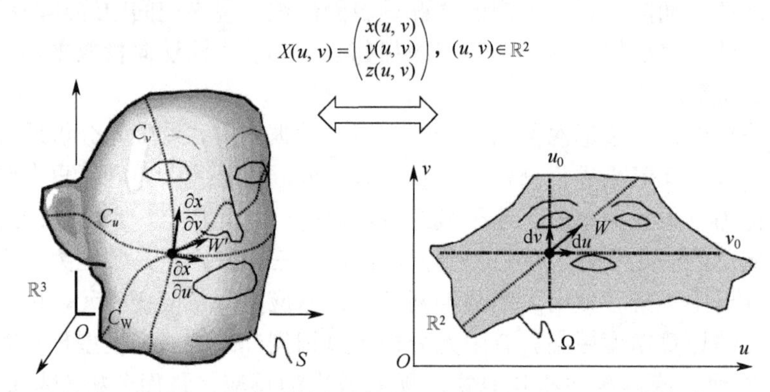

图 8.3　满足流形的表面可以把面上的元素映射到一个平面实现降维

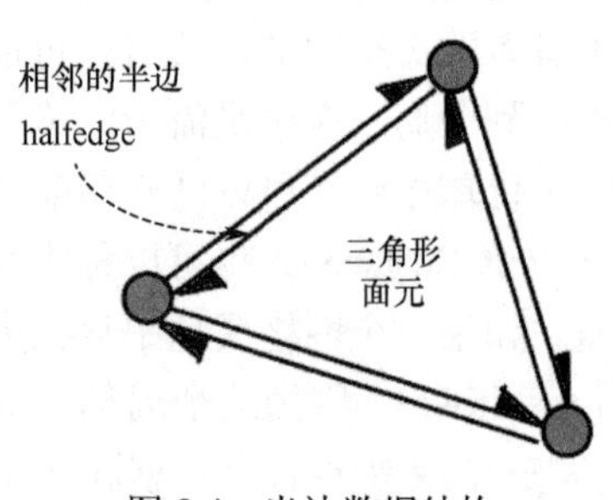

图 8.4　半边数据结构

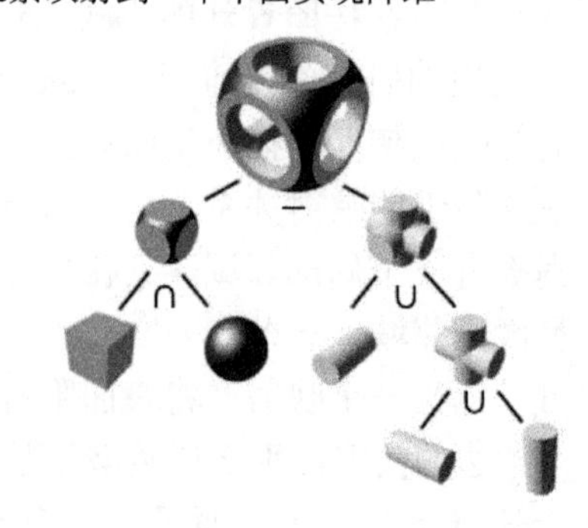

图 8.5　由几何基元和布尔运算构成的 CSG 实体[45]

8.1.2　建模算法的分类

表面几何建模算法由于输入数据类型不同和理论基础不同，可以有不同的分类方式。自动化的建模算法可以细分为数据驱动型建模算法（自下而上）和模式驱动型建模算法（自上而下）。根据算法的基本原理，可以分为计算几何建模、隐式表面重建和先导模式化建模（Pattern Prior）等。

第一类算法是直接计算几何建模算法，也称为显式建模算法，包括计算凸包（Convex Hulls）、计算狄洛尼三角剖分（Delaunay Triangulation）和计算阿尔法形状（α-shape）等代表性算法。显式建模算法主体上通过连接采样点构建三角形，是对采样点的精确插值。这类算法对噪声或错位数据敏感，缺乏适应力，会导致空洞或非流形表面的情况。事实上，非结构化的扫描点云数据可以认为是对实际场景采集的一些离散的控制点，显式建模算法很难从控制点上精确地反映曲面。在有噪声数据的情况下，重建的表面往往是斑驳不齐的，因此需要在预处理中对点云进行平滑和修正。

第二类是隐式建模算法，这类算法假设采样点云中隐含一种能够近似表达几何表面模型的隐函数。该类算法将空间区域假设为一个标量场，即由采样点云构造一个函数值分布空间。目标表面为场中一个零等值面（Zero Level Set），可以被隐式地定义为一个水平集的方程，这个函数方程能实现平滑约束并拟合接近表面，采集的点云是这个标量场中的零等值面的离散采样。建模的过程就是找到能够描述等值面的函数，使其最佳拟合到采样点云。因此，隐式建模算法是对输入点云的近似，提取出一个拟合采样数据的等值面。

隐式建模算法根据约束性质和隐函数定义形式，又可以分为：径向基函数法（Radial Basis Functions，RBF）、移动最小二乘法（Moving Least Squares，MLS）、多级单元划分法（Multi-level Partition of Unity，MPU）和泊松重建法（Poisson Reconstruction）等。隐式建模算法和显式建模算法都属于数据驱动型的方法。图 8.6 所示为在二维视角下的一组显式和隐式建模算法的对比示意图。

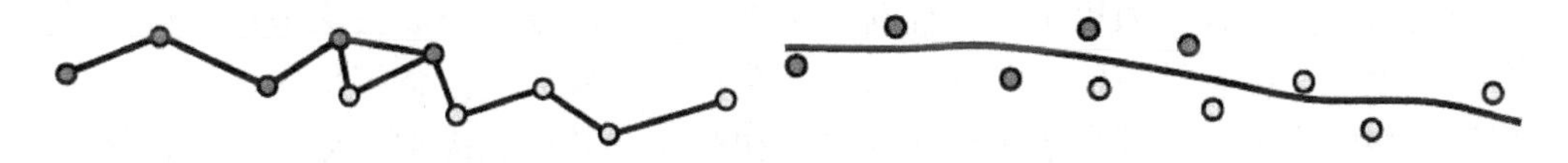

图 8.6　显式建模（左）和隐式建模（右）算法的形式区别

第三类算法是利用先导模式化结构对目标进行建模，是一种自上而下的建模算法。在第 6 章中介绍基于模型的场景结构分割的理论时，对模式化的结构有所定义，可以说这里的模式化建模就是在点云模型化分割的基础上形成网格的一种后处理。基于模板或者先验模式的重建方法可以细分出更多种类、更复杂的子类，随应用场景的不同而可以有多种多样的设计形式。通常，这类算法假设场景结构存在某些潜在的先导模式化的结构，通过提取这些结构并进行有效的组合来达到最终表面建模的目标。例如，使用随机抽样一致性（Random Sample Consensus，RANSAC）检验方法提取基本几何元素，如平面、球面、锥面、柱面等。设计优化函数最小化表面积和附加距离惩罚，得到能够附和到几何元素的闭合表面模型。除基于标准的几何图元的分割和建模外，在针对人造目标的表面建模工作中，曼哈顿假设也被广泛使用。该算法找到三个主导场景信息的正交轴，使重建模型精简，但有时无法全面地表达场景内容。规则化的屋顶模块预设模型经常被用在对航空设备扫描的建筑物点云数据进行建模。这些算法根据预设的模型可以得到表面规则的三维模型。

计算几何建模算法和隐式建模算法对于采样不均匀、结构缺失、噪声强烈的三维点云建模都有自身的局限性，而且重建结果往往是由数量巨大的几何面元组成的，无法满足可靠的精度、舒适的视觉感受和便捷的存储传输等需求。此外，目前的研究主要考虑场景特征的统计特性而较少关心场景中的物体语义，或者区域的空间分布关系。因此，当前的研究趋势正从整体的数据驱动建模方式向以先验模式为前提假设的先导模式化建模转化。从空间离散分布的大规模点云出发，设计算法进行语义引导的自动分类分割处理也是一项研究热点，这类分割处理可以实现面向目标的表面建模。表面建模研究越来越多地考虑现实世界中特定环境下的目标组成，以及不同种类目标之间存在的依赖性和逻辑关系等。

除自动化建模技术外，交互式建模算法也是目前广泛使用的技术。交互式建模算法主要以半自动的形式加以人工干预达到建模目标，在建筑物建模过程中应用广泛。此外，根据设定的模式，利用集成好算法的软件，人工交互的程序化建模方式是使用非常广泛的一种建模方式。

近几年出现了一些基于深度学习技术的表面建模研究，比如深度行进立方体（Deep Marching Cubes）方法，其基本思路是基于点云数据来学习一个类似隐式函数的分类器，对八叉树节点上的采样点进行分类，最后使用行进立方体算法构网。目前的深度学习建模算法的计算效率较低，而且在结构特征保持和场景泛化等方面仍存在许多问题，距离实际使用还有较大的差距。

8.1.3 可视化渲染

在许多应用中，如粒子跟踪、雾、云或水等大量点的可视化，只需绘制所有样本点即可将数据可视化。但是，对于某些对象（不是非常密集的点云），此技术无法提供良好的结果，也无法提供逼真的可视化效果。

对于网格模型而言，如果未执行任何基于深度信息的隐藏表面去除操作，将难以区分观察者是从哪个角度看模型的。相反，着色和渲染可以极大地增强模型的真实感。决定要生产哪种类型的模型，必须考虑不同的因素，如时间、硬件和需求。如果时间有限或硬件无法容纳大文件，则可能不需要详细的阴影模型。另一方面，演示或虚拟飞行确实需要纹理化模型。总之，在真实世界中物体的光影效果是一系列复杂过程的产物。

1. 纹理模式

纹理模式是用于三维模型的真实可视化的直观表达方式，纹理是让三维模型看起来接近现实物体的一个最基本的要素。最简单形式的纹理贴图涉及将单个纹理（如照片或正射影像）映射到由一个或多个多边形组成的表面多边形上。当将影像映射到对象上时，每个对象的多边形颜色都将由从纹理派生的相应颜色进行修改。与平面着色相比，纹理贴图会增加使用的多边形数量，但可以提高模型的视觉愉悦度。渲染逼真的三维纹理化模型需要大量的内存，因此，因特尔公司在 1997 年开发了加速图形端口（Accelerated Graphics Port，AGP）用于实现高速视频输出的点对点通道传输。AGP 能够直接访问系统内存，而不仅仅依赖于显卡内存，允许将纹理存储在比显卡内存更强大的主内存中，并可以加快大纹理在内存、CPU 和显卡之间的传输。2002 年推出的 PCIe（PCI Express stands for

Peripheral Component Interconnect Express）又逐渐取代了 AGP，在数据传输速度上做出了重大升级，成为目前最主要的标准显卡接口之一。

通常，相比于单纯使用网格表示，增加阴影或纹理来创建三维模型，能够更好地对最终结果进行可视化。纹理贴图的工作是对网格的每个面元都建立一个受控的纹理面片或颜色对应链接列表，用于对模型进行纹理增强。每个网格单元都可以从相应的影像位置收集影像颜色值，进而允许通过访问颜色统计信息以多种方式增强原始纹理。从纹理链接算法自然派生的一些特性包括：

第一，能够消除纹理颜色的高光和反射部分。计算相应纹理值的中值或稳健平均值，以丢弃影像伪影，如传感器噪声、镜面反射和高光。

第二，计算超分辨率纹理。对应链接不局限于影像的像素分辨率，因为可以通过插值从视差图中查询对应像素的亮度值。在多视图重建的模型中，从许多视角的影像都可以观测到物体，有些视角的像素分辨率有限，通常每个影像的像素网格都会有略微移位。通过将所有影像融合到一个更精细的重采样网格上，可以创建超分辨率纹理。

第三，选择最高纹理分辨率的最佳视图。对于像素周围的每个表面区域，将根据对象距离和视角选择具有最高纹理分辨率的影像，综合考虑所有视图的分辨率融合成纹理。

对于三维数字地形模型（Digital Terrain Model，DTM）而言，常见的表示方法是等高线图、彩色阴影模型（水压阴影）或斜率图。在等高线图中，通过将水平面与网络相交，可以由三维地形模型生成并显示等高线。在带阴影的模型中，模型的高度信息会使用伪彩色显示。

2. 阴影模式

阴影模式（Shading Model）是基于光学理论（兰伯特余弦定理）设计的，该理论指出，基于完美散射起伏表面的任何小区域（多边形）的亮度都会随着入射平行光角度的余弦而增大。该算法中，最广为人知的是平面阴影和平滑阴影。平面阴影和平滑阴影之间的主要区别在于使用法线的方式。平面阴影只为每个三角形分配一个法线向量，并且在每个面上分别进行照明。为了获得平滑的阴影，对周围表面的表面法线进行平均，并在每个顶点处都分配一条法线。如果光源和观察者处于无限远，则平坦（或恒定）阴影适用于小物体。对于高精度级别渲染，需要大量的平面阴影多边形，因此对现实性没有多大价值。平滑（或内插）阴影可用于许多算法，两种“经典”方法是 Gouraud 和 Phong。Gouraud 底纹为每个顶点和多边形指定一种颜色，然后通过顶点之间的插值沿每个边生成中间色。Phong 阴影需要对每个像素进行常规插值，因此对于实时性处理而言，这是成本高且耗时的。

3. 光照模式

要为真实场景创建这样一个完整的模型，需要使用大量的视图。这些视图可以视为具有相应颜色值的光线集合，它们是一个完全连续函数的离散样本。考虑到物理限制的附加信息，必须从记录的光线中插入未表示的光线。

通常将建模的观测对象考虑为朗伯体，这意味着物体的每个点在所有可能的方向上都具有相同的辐射值和反射率。如果两条观察光线在某个表面点相交，则它们具有相同的颜色值。如果发生镜面效应，就不再是这样了。如果两条观察光线的方向相似，并且它们的交点靠近产生其颜色值的真实场景点，则它们具有相似的颜色值。为了呈现一幅新的视图，假设有一个虚拟摄像机在看场景。确定那些最接近这台摄像机的观察光线，光线离给定的光线越近，对颜色值的影响就越大。

有一种被称为四维光场的数据表示方式，它采用双平面参数化的表达方法，将空间中的光线从 (x,y,z) 位置和 (φ,θ) 方向五个维度降维到四维。每条光线会通过两个平行平面，与两个平面相交的坐标为 (s,t) 和 (u,v)，其中 (u,v) 对应的平面是将所有摄像机焦点放置在常规网格点上的视点平面；(s,t) 对应的平面是焦平面。新视图可以通过将虚拟摄像机的每条查看光线与两个平面相交来渲染，其值为 (s,t,u,v)。由此产生的辐射是对规则网格的一种查找。对于通过 (s,t) 和 (u,v) 栅格坐标的光线，将应用插值查找，该插值将根据场景几何体的结构影响渲染质量。

四维光场包含一个隐含的几何假设，即场景几何是平面的，并且与焦平面重合。场景几何体偏离焦平面会导致影像退化，即模糊或重影。为了使用手持摄像机采集的影像，解决方案是将影像重新生成到规则网格。这种重新生成网格的缺点是，由于微缩近似几何体中的错误，插值规则结构已经包含不一致和重影瑕疵。在渲染过程中，重影效果会重复，因此会出现重复的重影效果。

在模型的可视化渲染中，人们常会使用 OpenGL 库进行编程。OpenGL 是一种非常广泛的面向图形硬件的软件接口，它包含若干过程和功能，可以轻松地以二维和三维形式绘制对象并通过硬件加速器控制其渲染。OpenGL 最初是作为 IrisGL 的一种开放且可复制的替代品而被创建的，而 IrisGL 是 Silicon graphics 工作站上的专有图形应用程序接口。虽然 OpenGL 最初在某些方面与 IrisGL 相似，但由于 IrisGL 缺乏正式的规范和一致性测试，因此不适合广泛采用。Mark Segal 和 Kurt Akeley 编写了 OpenGL 1.0 版本的规范，该规范试图将图形 API 的定义形式化，并支持实现跨平台工作，到 2017 年已经发展到了 4.6 版本。OpenGL 支持增量式的状态更改，它提供交互式动画和抗锯齿功能，但不提供便携式 3D 模型，可以与 C、Fortran 和 Delphi 等编程语言结合使用。

8.1.4 海量数据的压缩

如今的扫描测量技术产生的数据量是非常惊人的，有时建模方法可以将海量的扫描数据转换为具有数亿个多边形的网格模型。对于这样规模的数据，网格模型的实时可视化、动画演示和快速传输的通用算法是行不通的。因此，在过去的十多年间，尤其是在图形学领域中，许多研究围绕着如何解决大数据的采样表示方法进行开展。数据压缩的典型需求是：能够加快大型几何模型的传输；能够保持渲染和可视化性能；在不丢失重要信息的情况下降低存储和内存的成本。

面向上述的需求，基于网格模型的几何信息和拓扑结构这两个信息，学者们针对三角形网格模型提出了许多压缩算法。

（1）压缩数据的几何形状：这类算法试图改善网格的数字信息（顶点的位置、法线、颜色等）的存储，或者寻求对网格拓扑进行有效编码的方法。

（2）控制细节层次（LOD）：出于可视化目的，软件可以用 LOD 技术在整个场景中平滑变化，不同位置的渲染的细腻程度取决于观察者所在的当前位置。控制 LOD 允许对网格进行基于视图的优化，这样就不会显示不可见的细节，如被遮挡的基元或背面。可以使用类似影像金字塔、视点替用特效或依赖于视图的纹理映射等方法达到控制 LOD 的效果。

（3）网格滤波（Filtering）优化和简化（Decimation）：这些算法简化了网格，去掉了冗余的顶点、边和三角形基元，可以迭代地移除不符合特定距离/角度标准的顶点，或将边折叠成唯一的顶点。其他的一些处理算法包括基于顶点聚类、维纳滤波和小波变换等方法。

（4）点渲染：特别适用于点云可视化，并且通过显示较少数量的图元来工作。QSplat 是一个基于点的渲染系统，能够使用不同复杂形状的溅斑（Splat）图元和不同的透明度来渲染相同的对象，以避免锯齿边缘，在实时性和渲染方面显示出良好的效果。它是在斯坦福大学的大型项目“数字米开朗基罗”中开发的，目标是构建一个在没有特殊三维支持的低端计算机上也可以使用的软件。

8.2　显式建模方法

8.2.1　数据的凸包

凸集有两种定义方式。第一种：如果对任意两点 $\boldsymbol{p},\boldsymbol{q}\in\boldsymbol{S}$，线段 $\boldsymbol{pq}\subset\boldsymbol{S}$，则集合 $\boldsymbol{S}$ 是凸的。第二种：如果集合 $\boldsymbol{S}$ 是（可能无限多个）半空间的交集，则 $\boldsymbol{S}$ 是凸的。图 8.7 给出了凸集和非凸集的二维示例。

不限于三维点，给定一个有限点集 $\boldsymbol{P}=\{\boldsymbol{p}_1,\cdots,\boldsymbol{p}_n\}$，$\boldsymbol{P}$ 的凸包是一个最小的凸集 $\boldsymbol{C}$，使得 $\boldsymbol{P}\subset\boldsymbol{C}$。对于三维点云而言，$\boldsymbol{P}$ 的凸包是一个顶点在 $\boldsymbol{P}$ 上的三角化的网格（如图 8.8 所示）。给三维点云计算凸包并不能准确地表达场景的结构，但可以实现对场景的初级近似。对于一组给定的点云数据，它的凸包是唯一的。

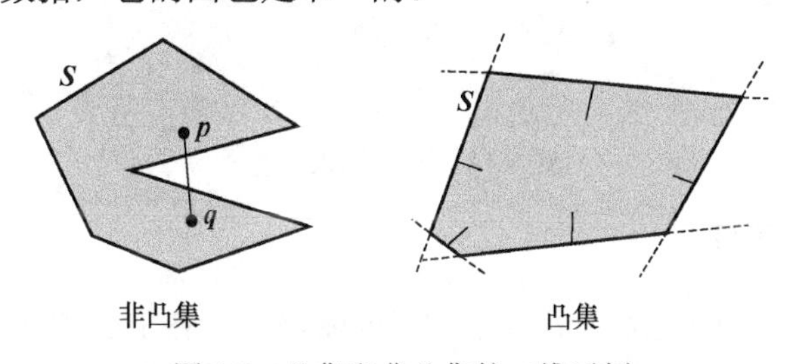

图 8.7　凸集和非凸集的二维示例

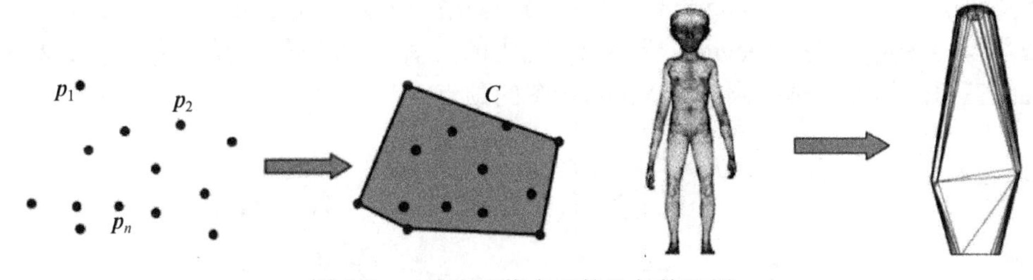

图 8.8　二维和三维点云的凸包的示例

计算凸包的算法有暴力穷举算法（Brute Force）、卷包裹算法（Gift Wrapping）和分治法（Divide and Conquer）等。

暴力穷举算法对所有的两点组成的线段进行测试，看看它是否构成了凸包的一个边缘。如果其余的点位于线段的一侧，则该线段位于凸包上，如图 8.9 所示。

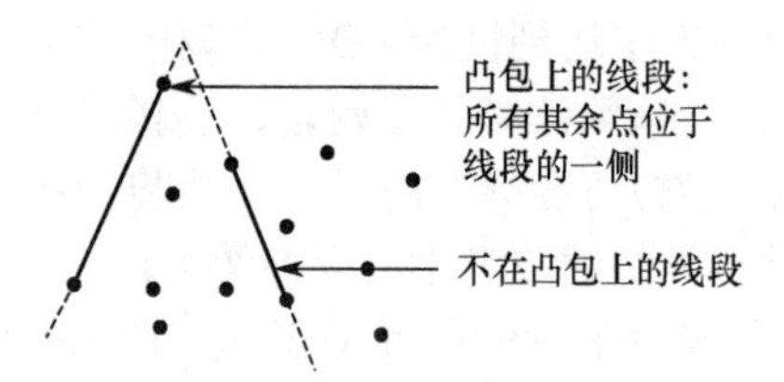

图 8.9　暴力穷举算法测试每一条线段

卷包裹算法最早由 Chand 和 Kapur 在 1970 年设计提出。如图 8.10 所示，算法首先从一个必然在凸包上的点开始，向着一个方向依次选择最外侧的点，当回到最初的点时，所选出的点集就是所要求的凸包。凸包上初始点可以选坐标值最大或者最小的点。寻找下一点可以使用向量叉积的方法，根据角度值找到最外点。卷包裹算法的时间复杂度为 $O(nh)$，其中 n 是集合中的点数，h 是凸包上的点数。在最坏的情况下，复杂度是 $O(n^2)$ 。

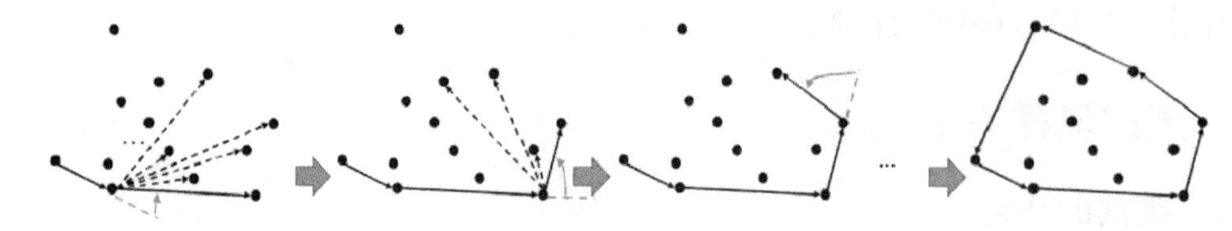

图 8.10　卷包裹算法示意图

分治法最早由 Preparata 和 Hong 在 1977 年提出，它的思想是：求小集合的凸包比求大集合的凸包容易（如图 8.11 所示），所以算法先对所有的点集进行分割，构成一些子区域，然后对每个子区域进行凸包算法求得子凸包。找到两条外公切线即可合并凸包，从左凸包最右点、右凸包最左点开始，固定左端顺时针转、固定右端逆时针转，轮流前进直到符合凸包要求且下一步就会破坏其规则为止，同理可以得到另一半。分治法的复杂度为 $O(n\log n)$ 。

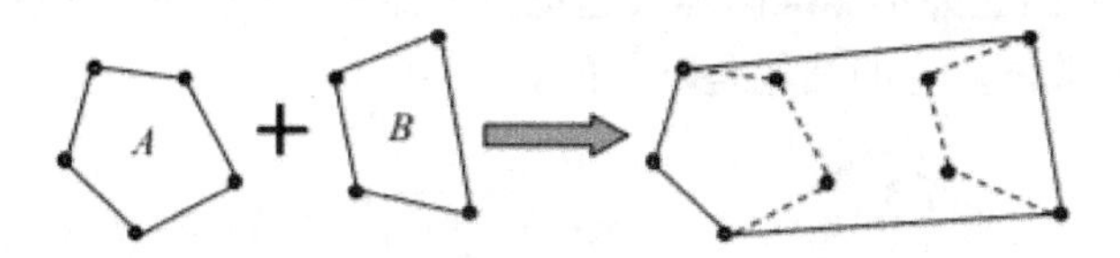

图 8.11　分治法求凸包

8.2.2　狄洛尼三角剖分

狄洛尼三角剖分最早由鲍里斯・狄洛尼（Delaunay B N）在 1934 年发明[30]，该方法的基本思路是每个三角形的外接圆的内部都不能包含其他任何顶点，从而避免了产生细长的三角形。

沃罗诺伊图（Voronoi Diagram）也称作狄利克雷镶嵌（Dirichlet Tessellation），它是由俄国数学家 Georgy Fedoseevich Voronoi 发明的一种空间分割算法。如图 8.12 所示，Delaunay 三角形的外接圆的圆心是 Voronoi 图的顶点。

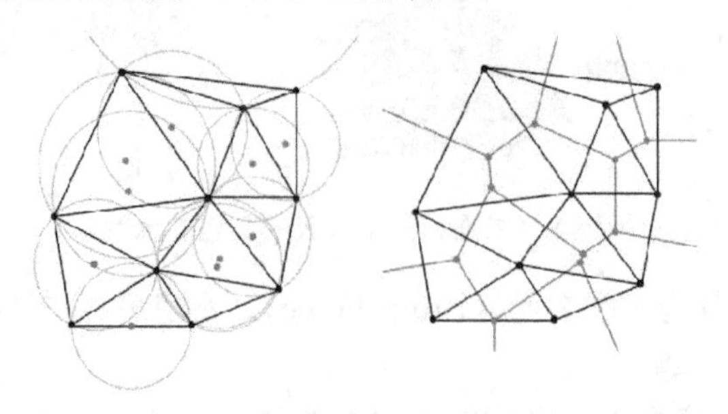

图 8.12　Delaunay 三角剖分（左）和 Voronoi 图（右）

Delaunay 三角剖分广泛应用于不同领域的科学计算。在测绘遥感领域中，将采集到的地形表面的离散的高程点数据，由狄洛尼三角剖分生成不规则三角网（Triangulated Irregular Network，TIN）模型是最常用的方法，如图 8.13 所示。TIN 模型用三角化的网格拟合地表或其他不规则表面，形成数字高程模型等测绘产品。实际上，这种 TIN 模型的三角剖分是一种二维层面的处理，仅使用地形点的平面坐标进行三角剖分，地形被建模为一个连接非重叠三角形的大网络，高程值是作为平面位置的附加属性存储的，通常高程值不参与三角剖分的几何运算。

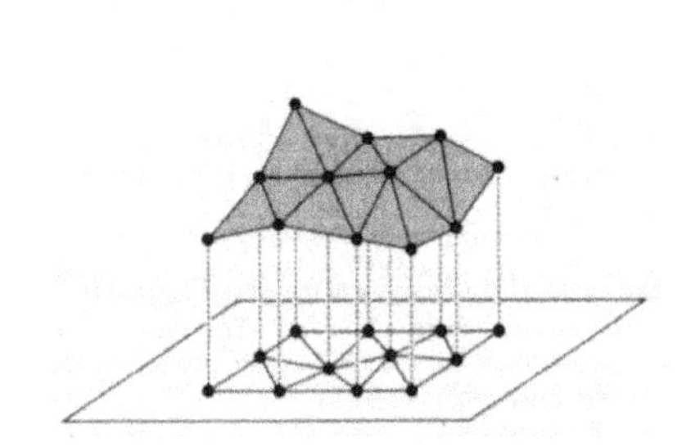

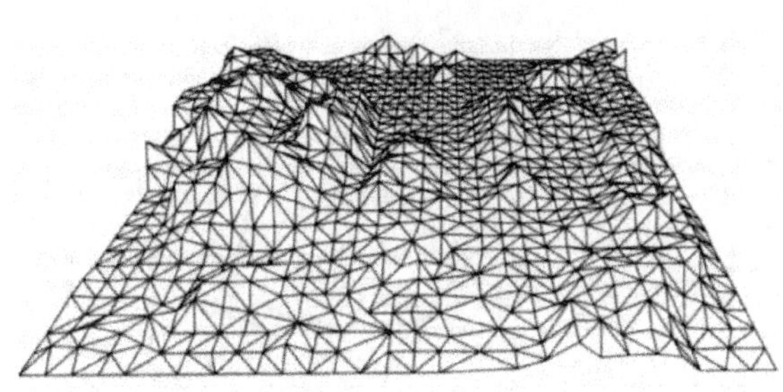

图 8.13　根据狄洛尼三角剖分生成的 TIN 模型

虽然 Delaunay 三角形的属性定义十分明确，但当点集存在退化时，三角剖分的结果并不唯一。例如，在二维空间中，一个正方形的四个顶点位于同一圆上，此时存在两种划分方式。对于 Delaunay 三角剖分，新增、删除或移动某一个顶点时，只会影响邻近的三角形。三角剖分后的三角网最外层的边界形成一个凸多边形的外壳，即凸包。

1. 二维空间的 Delaunay 三角剖分

Delaunay 三角剖分是一种标准，已有许多计算 Delaunay 三角剖分的算法，它们主要依赖于检测点是否在三角形的外接圆内，需要设计快速存储三角形的有效数据结构。增量式的构网算法是最直接有效地计算 Delaunay 三角剖分的算法。这类算法通过逐点添加的形式插入新顶点，确定图形受影响的部分，仅对一部分区域进行三角剖分约束判断和优化调整。

Lawson 在 1977 年提出了一种逐点插入算法，原理清晰，易于实现。首先建立一个大的三角形，把所有数据点包围起来。向图形中添加新的顶点 $\boldsymbol{v}$，将包含 $\boldsymbol{v}$ 的三角形分割成三个。然后逐个对它们进行空外接圆检测，当三角形不满足 Delaunay 约束时，翻转交换凸四边形的对角线（如图 8.14 所示），直到所有三角形满足空外接圆约束或最大化最小角的约束。通过翻转对角线的方法总是能够保证所形成的三角网为 Delaunay 三角网。

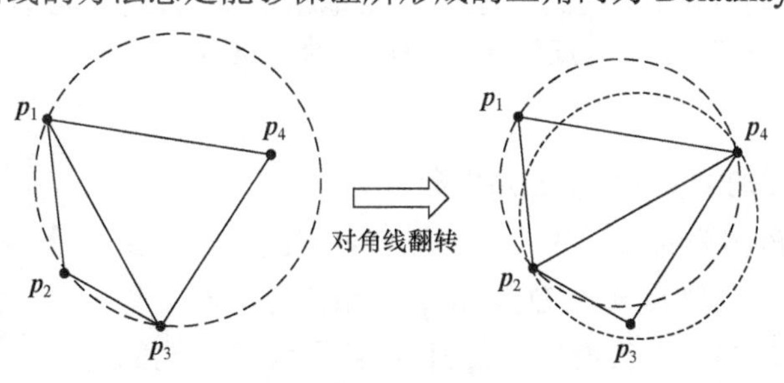

图 8.14　对角线翻转

Lawson 算法需要存储执行的拆分和翻转的历史记录，每个三角形存储一个指向替换它的两个或三个三角形的指针。要找到包含 $\boldsymbol{v}$ 的三角形，从根三角形开始，沿着指向包含 $\boldsymbol{v}$ 的三角形的指针，直到找到一个尚未替换的三角形。在完成构网后，增加新点时，无须对所有的点进行重新构网，只需对受到插入点影响的三角形进行局部优化（如图 8.15 所示），且局部优化的方法简单易行。同样，点的删除、移动也可快速动态地操作。但是当点集较大时，Lawson 算法速度的较慢，如果点集范围是非凸区域或者存在内环，则会产生非法三角形。

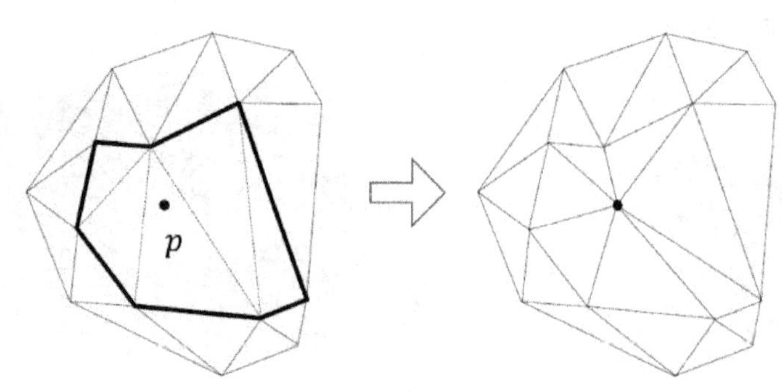

图 8.15　增量式的构网方法在插入新顶点时仅需要对受影响的图形进行调整

Bowyer-Watson 算法为增量式三角剖分提供了另一种方法，该方法也是目前主流采用的，其主要步骤如下。

- 首先，构造一个超级三角形，包含所有的输入数据点，存储在一个三角形链表中。
- 然后，将点集中的点逐个插入已有网形，在三角形链表中找出其外接圆包含插入点的三角形，即受到该点影响的三角形，删除影响三角形的公共边，将插入点同影响三角形的全部顶点连接起来，从而完成一个点在 Delaunay 三角形链表中的插入。
- 根据优化准则对局部新形成的三角形进行优化，将新的三角形放入链表中。
- 循环执行上述步骤，直到完成对所有的输入点插入。

为了提高算法的效率，学者们提出了分治算法（Divide and Conquer）。分治算法已被证明是最快的 Delaunay 三角剖分算法之一。在该算法中，递归地画一条线来将点集分成两个集合，对每个集合分别进行 Delaunay 三角剖分，然后沿分割线对两个集合进行合并。使用一些巧妙的技巧，合并操作可以在时间 $O(n)$ 内完成，因此总运行时间是 $O(n\log n)$ 。对于某些类型的点集，如均匀随机分布，通过智能地选择分割线，可以将预期时间缩短到 $O(n\log\log n)$ 。Cignoni P 等人[29]提出了一种在三维空间执行三角剖分的分治方法。

2. 三维点云数据的 Delaunay 三角剖分

把 Delaunay 三角剖分的属性从二维扩展到更高的三维，其背后的原理是一致的。三维点云的 Delaunay 三角剖分的约束是四个点组成的四面体（4 个三角形）的外接球不包含其他的点，即要生成符合空外接球规则的四面体组成。如图 8.16 所示为一个简单的三维 Delaunay 三角剖分，它是由 $\boldsymbol{p}_1$、$\boldsymbol{p}_2$、$\boldsymbol{p}_3$、

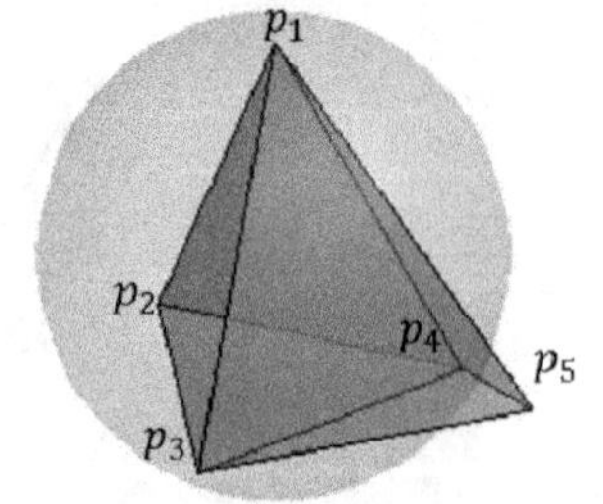

图 8.16　三维点云的三角剖分以四面体为单元

$\boldsymbol{p}_4$ 和 $\boldsymbol{p}_5$ 这 5 个点构成的两个四面体组成的，其中 $\boldsymbol{p}_5$ 是在一个四面体的外接球之外，突出显示空外接球规则。

在处理二维空间中的点集时，对于四个点构成的四边形只有两条对角线，其对角线翻转判断只需要考虑两种情况。但是，在三维空间中，判断的对象是 5 点，由 4 个点组成一个四面体，再判断第 5 个点是否在四面体的外接球的内部。这样一来，一共有 5 种可能的翻转交换的方式。

对三维点云处理，依然适用增量式的 Delaunay 三角剖分算法。

首先，初始化一个大的四面体，能够将场景中的所有三维点都包含在内，大四面体的顶点不一定是输入数据的点。然后，依次逐点向其中插入新的顶点，进行判断和构网。每次插入新顶点 $\boldsymbol{p}$ 时，需要判断点 $\boldsymbol{p}$ 是落在哪一个四面体的内部，这个四面体被视为一个父节点，新的顶点会将父节点四面体剖分重组，父节点四面体进而被标注为无效。新生成的四面体被视为子节点。寻找父节点的方法可以是遍历已经生成的列表中的所有四面体，也可以是通过设计数据结构加速检索。

新插入的顶点对父节点四面体的重构影响如图 8.17 所示，当新顶点 $\boldsymbol{p}$ 在四面体内部时，父四面体会被分为 4 个新的四面体；当 $\boldsymbol{p}$ 落在父四面体的一个面上时，父四面体会被分为 3 个新的四面体，同时另一侧的与其公用该面的四面体也会被分为 3 个新的四面体；当 $\boldsymbol{p}$ 落在父四面体的一条边上时，该四面体会被分为 2 个新四面体，同时所有公用该边的四面体都会被分为 2 个新四面体。

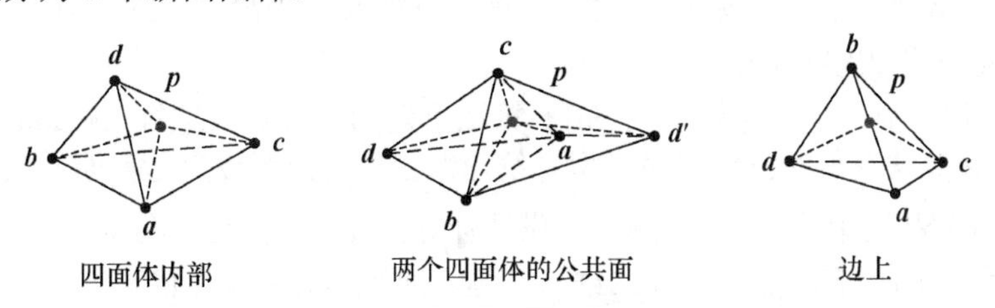

图 8.17　新插入的顶点对父节点四面体的重构影响

然后，对新构成的四面体进行空外接球约束检验，如果在外接球内没有第 5 个顶点，则满足约束；否则，需要对局部的四面体进行翻转调整。

最后，删除初始化时刻的大四面体，因为它的顶点不属于输入数据本身的点。所有使用了初始化时刻的大四面体的顶点的四面体都将被删除。

对于三维点云的表面建模而言，在采样点密度足够高且不考虑噪声的情况下，点云的最外层三角网的空间结构应该接近场景的表面结构。所以，在三维点云构成的 Delaunay 四面体的面集合中，去除那些不在表面的三角形面元，仅保留最外层的三角形，这些三角形面元就实现了网格化的表面重构。

常用的去除非表面的面元的算法有 Crust 和 Cocone 等算法[31]。Crust 算法的原理是利用采样点的 Voronoi 图划分单元，向着垂直于预测表面的方向上延伸。这些单元的极值点称为极点，可以用来估计一个中轴，并剔除那些不属于表面的四面体的三角形面。Conone 算法使用一种更简单的方法，它是通过比较面的法向量与极点来判断是否保留该面的。

8.2.3 阿尔法形状模型

基于阿尔法形状（$\alpha-$shape）的重建算法是利用一种用雕刻（Carving）操作进行建模的方法。首先，对给定的数据点进行 Delaunay 三角剖分；然后，删除不能由半径为α的球体限定的四面体，剩余的三角形构成了数据点的 α-shape。值得注意的是，对于$\alpha=0$，结果是输入数据点本身，而对于$\alpha=\infty$，结果的形状就是数据集的 Delaunay 三角剖分。图 8.18 显示了二维空间中的$\alpha-$shape工作原理。图（a）显示了 6 个点的 Delaunay 三角剖分；图（b）、图（c）和图（d）分别显示了基于三个不同α值的边缘消除后构成的边界线。

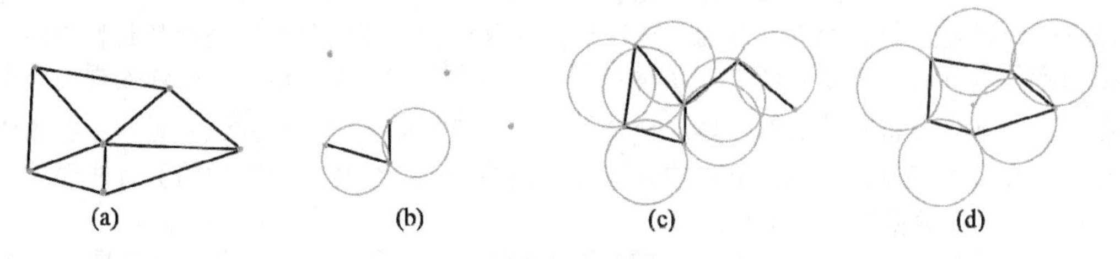

图 8.18　二维空间点计算 α-shape

对三维点云数据，计算构成表面的面时采用以下准则：计算通过每个三角形顶点的两个半径为α的球体，如果两个球体中至少有一个不包含点云中的任何其他点，则三角形属于模型表面的面元。该方法简单，全局参数只有α。如果采样密度不均匀，使用单个α值可能会导致重建效果不佳。如果α值太大，重建可能会太平滑；而对于α值太小的情况，重建结果可能会产生很多孔洞。

举例：图 8.19 显示了一个通过对 SfM 算法重建的三维点云进行 Delaunay 三角剖分和用$\alpha-$shape重建算法获得的三维表面模型。纹理贴图后的模型较为逼真地反映了实物对象的形象。此外，开源社区中的“Qhull 库”提供了计算凸壳、狄洛尼三角剖分、Voronoi 图、关于点的半空间相交的程序，能够处理二维、三维、四维和更高维度的离散度数据求凸包的问题。图（a）为实物影像；图（b）为由 SfM 技术重建的点云；图（c）为点云的三维 Delaunay 剖分；图（d）通过消除所有影像中的背景元素的三角形进行雕刻，获得表面网格；图（e）和图（f）是应用纹理贴图后的模型。

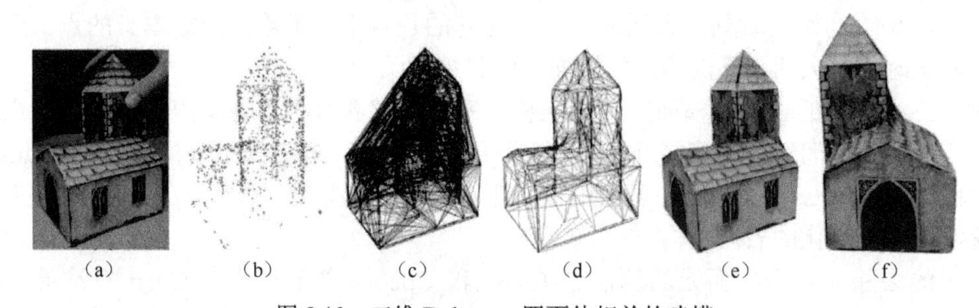

图 8.19　三维 Delaunay 四面体相关的建模

8.3 隐式建模方法

与基于 Delaunay 三角剖分的算法不同，隐式建模方法生成的表面可能不会经过数据采样点，这样能够从带有噪声的点云中重建出平滑的表面。大多数隐式建模的算法可以有效地处理带有噪声的数据，只要噪声的尺度相比数据点的局部特征尺度较小。

8.3.1　隐函数基本思想

把表面点 $\boldsymbol{x}\in\boldsymbol{F}$ 处的局部特征尺寸（Local Feature Size，LFS）定义为 $\boldsymbol{x}$ 到表面 $\boldsymbol{F}$ 的中轴最近点的距离。如果表面 $\boldsymbol{F}$ 上的任意点 $\boldsymbol{x}$ 与它在数据采样点集 $\boldsymbol{S}$ 中的最近点的距离都小于 $\epsilon\cdot\mathrm{lfs}(\boldsymbol{x})$，则称数据 $\boldsymbol{S}$ 为"ϵ 采样样本"。Amenta 和 Bern 在 1999 年证明了从 ϵ 采样样本 $\boldsymbol{S}$ 的 Delaunay 三角剖分可以得到表面 $\boldsymbol{F}$ 的一个很好的逼近。ϵ 的值一般取决于数据的采样密度。

设表面重建算法的输入点云是点集合 $\boldsymbol{S}=\{\boldsymbol{s}_1,\cdots,\boldsymbol{s}_n\}$，可以认为 $\boldsymbol{S}$ 是对场景或物体的连续平滑表面 $\boldsymbol{F}$ 的一组离散化的采样，$\boldsymbol{s}_i\in\boldsymbol{S}$ 是可能带有噪声的采样点。每个采样点 $\boldsymbol{s}_i$ 都有一个表面法向量的近似法向量 $\boldsymbol{n}_s$。重建算法的输出是对表面 $\boldsymbol{F}$ 的近似估计，近似值可以隐式地表示为某种标量函数的零等值面，这样的标量函数就是表面的隐函数。

对于表面 $\boldsymbol{F}$ 上的每个数据点 $\boldsymbol{x}$，首先定义一个点函数 $\phi(\boldsymbol{x})$，该函数的目的是用样本点自身或局部邻域信息求出一个标量值。常用的一种标量函数是逼近真实表面 $\boldsymbol{F}$ 的有符号距离函数（Signed Distance Function，SDF）。然后，使用权函数将所有的点函数融合在一起，得到一个整体隐函数 $f(\boldsymbol{x}):\mathbb{R}^3\to\mathbb{R}$。所有取零值的点的位置是 $\{\boldsymbol{x}\in\mathbb{R}^3:f(\boldsymbol{x})=0\}$，就是重构的表面，如图 8.20 所示。在没有观测噪声和误差的理想情况下，将采样点 $\boldsymbol{s}$ 代入这个标量函数，应该得到 $f(\boldsymbol{s})=0$。

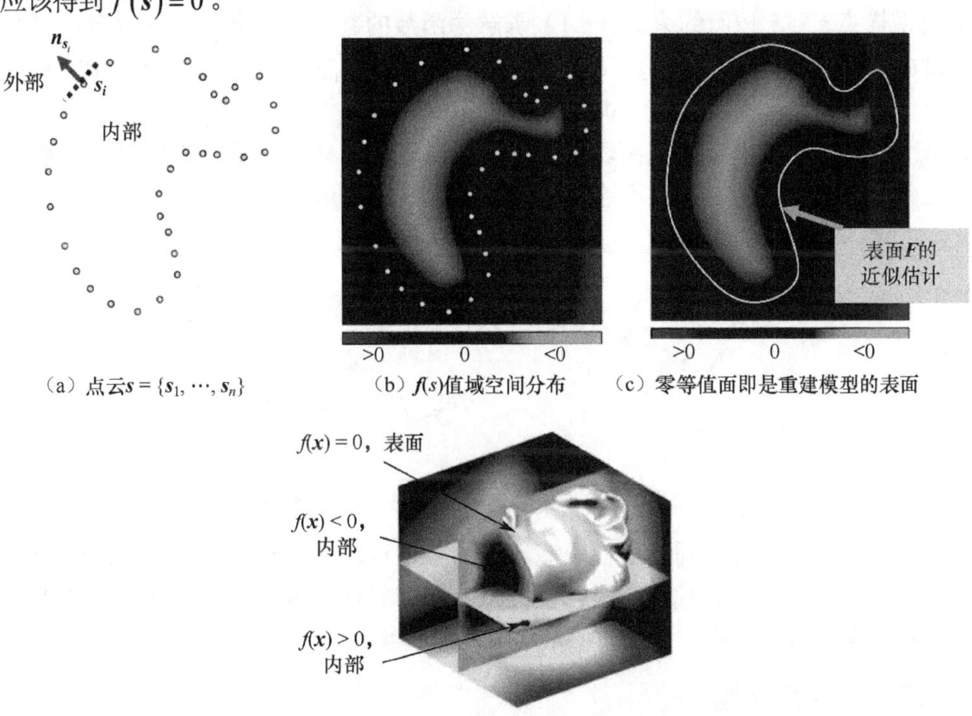

（a）点云 $\boldsymbol{s}=\{\boldsymbol{s}_1,\cdots,\boldsymbol{s}_n\}$　（b）$f(s)$值域空间分布　（c）零等值面即是重建模型的表面

（d）隐函数的函数值空间分布与模型表面的关系

图 8.20　隐函数表面重建的函数值分布

举例：以球心在坐标原点 $\boldsymbol{O}$ 且半径为 r 的一个球形表面 $\boldsymbol{F}$ 为例（图 8.21），设计最简单

的隐函数表达式

$$f(\boldsymbol{x})=\sqrt{\|\boldsymbol{x}-\boldsymbol{O}\|^2}-r$$

当 $f(\boldsymbol{x})>0$ 时，点 $\boldsymbol{x}$ 在球形表面的外部；当 $f(\boldsymbol{x})<0$ 时，点 $\boldsymbol{x}$ 在球形表面的内部；而当 $f(\boldsymbol{x})=0$ 时，点 $\boldsymbol{x}$ 恰好在球形表面上，即 $f(\boldsymbol{x})$ 的零等值面就是重建模型的表面。

同样这个示例，它的显式建模是用参数化的方程直接表达模型，所以球型表面建模的显式公式是 $f(\varphi,\theta,r)$：

$$[x \quad y \quad z]^{\mathrm{T}}=[r\sin\theta\cos\varphi \quad r\sin\theta\sin\varphi \quad r\cos\theta]^{\mathrm{T}}$$

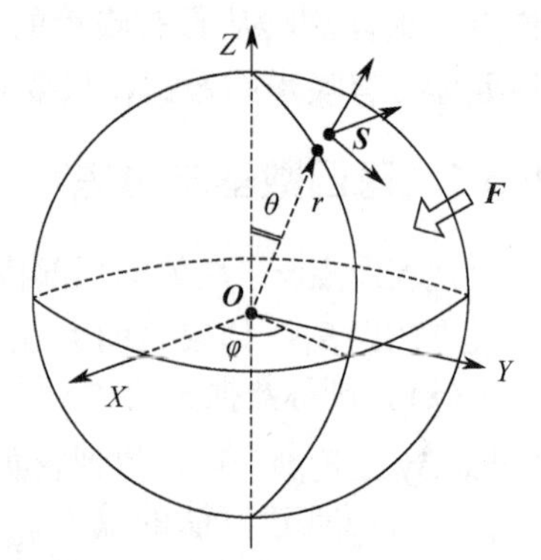

图 8.21 球形表面的简单隐函数表达

一般情况下，在由样本点构造有符号距离函数 SDF 时，只有点的距离值是不够的，还需要有对距离的方向的分辨能力，即分辨点在内部还是外部，这就要求数据中有表面法向量信息作为判断依据。在 6.2.1 节已经介绍了点云的法向量计算方法，本章假设输入的点云数据已经计算了相应的法向量信息。

隐式表面建模对应的是一个插值问题。点云数据只给出了有限的数据采样点，而求解连续表面上的未知点的函数值实际是一个插值问题。将空间点插值的约束条件设为“点在表面上约束（On-surface）”，即对点 $\boldsymbol{x}$ 要求

$$\operatorname{dist}(\boldsymbol{x})=0 \tag{8.1}$$

如果使用采样点 $\boldsymbol{s}_i\in\boldsymbol{S}$ 按照约束式（8.1）求解隐函数的参数，则会造成过拟合，使插值点的值不准确。因此，可以将约束式（8.1）调整为“偏离表面约束（Off-surface）”，即

$$\operatorname{dist}(\boldsymbol{x}\pm\varepsilon\boldsymbol{n}_{\boldsymbol{x}})=\pm\varepsilon \tag{8.2}$$

式中，$\boldsymbol{n}_{\boldsymbol{x}}$ 是点 $\boldsymbol{x}$ 的法向量。“偏离表面约束”可以避免采样点总是投影到最邻近数据点的切平面上使 $f(\boldsymbol{x})\equiv 0$，避免导致不连续的表面，如图 8.22 所示。

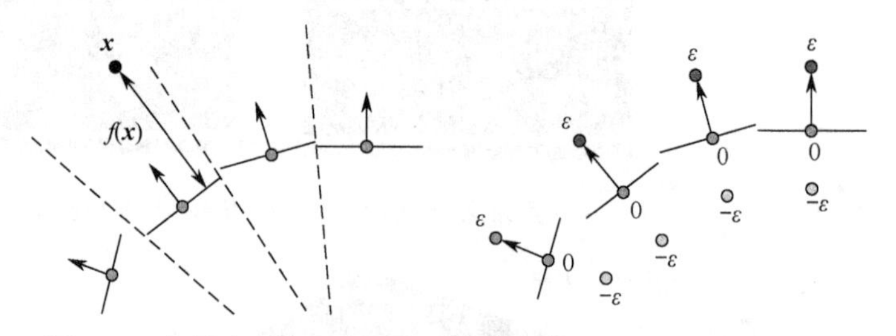

图 8.22 左图为“点在表面上约束”，右图为“偏离表面约束”

注意，在本节中，使用符号 $\boldsymbol{s}$ 代表观测到的数据点，即已有数据，可以理解为曲面插值问题中的控制点；使用 $\boldsymbol{x}$ 代表变量位置的点，即需要估计数值的点。接下来的工作就是探讨如何设计隐函数的形式，以及如何求解隐函数的参数。

8.3.2 径向基函数重建

径向基函数（Radial Basis Functions，RBF）是一种常用的对离散数据插值的函数方法。对于一组给定采样数据，RBF 方法使用一组径向对称的基函数的线性组合生成高度平滑的拟合结果[28]。在三维表面重建问题中，RBF 方法找到一个由基函数 $\phi(\boldsymbol{x})$ 定义的隐函数

$f(\boldsymbol{x})$，函数的零等值面就是对观测表面的拟合估计。

RBF 通常定义为空间中任一点 $\boldsymbol{x}$ 到某个中心 $\boldsymbol{x}_c$ 之间的欧氏距离 $\|\boldsymbol{x}-\boldsymbol{x}_c\|$ 的单调函数，其数学形式记为 $\phi_{\boldsymbol{x}_c}(\boldsymbol{x})=\phi(\|\boldsymbol{x}-\boldsymbol{x}_c\|)$。径向基函数的形式有很多，常用的如下。

（1）距离三次方函数 $\phi(r)=r^3$，它是一个紧密的线性对称函数，并且二阶连续平滑；

（2）高斯核函数 $\phi(r)=\exp(-\beta r^2)$；

（3）调和样条（Polyharmonic Spline）函数

$$\phi(r)=\begin{cases} r^k, & k=1,3,5,\cdots \\ r^k\ln r, & k=2,4,6,\cdots \end{cases} \tag{8.3}$$

在选定了径向基函数的核之后，将插值点到表面的距离定义为一个移动加权核函数的求和

$$\operatorname{dist}(\boldsymbol{x})=\sum_{i=1}^{n}w_i\phi_i(\boldsymbol{x})=\sum_{i=1}^{n}w_i\phi\|(\boldsymbol{x}-\boldsymbol{s}_i)\| \tag{8.4}$$

其中，$\boldsymbol{s}_i\in\boldsymbol{S}$ 是采样点，即给插值点提供参考的中心点；$\phi_i(\boldsymbol{x})$ 根据参数点 $\boldsymbol{x}$ 的位置而移动选择中心 $\boldsymbol{s}_i$；w_i 是权重，是待求解的函数系数。

根据约束方程（8.1）和（8.2），控制点从原有的 n 个增加到 $3n$ 个，设计方程组

$$\begin{aligned} &\operatorname{dist}(\boldsymbol{x}_j)=\sum_{i=1}^{n}w_i\phi(\|\boldsymbol{x}_j-\boldsymbol{s}_i\|)=0, && j=1,2,\cdots,n \\ &\operatorname{dist}(\boldsymbol{x}_j+\varepsilon\boldsymbol{n}_{\boldsymbol{x}_j})=\sum_{i=1}^{n}w_{n+i}\phi(\|(\boldsymbol{x}_j+\varepsilon\boldsymbol{n}_{\boldsymbol{x}_j})-\boldsymbol{s}_i\|)=\varepsilon, && j=1,2,\cdots,n \\ &\operatorname{dist}(\boldsymbol{x}_j-\varepsilon\boldsymbol{n}_{\boldsymbol{x}_j})=\sum_{i=1}^{n}w_{2n+i}\phi(\|(\boldsymbol{x}_j-\varepsilon\boldsymbol{n}_{\boldsymbol{x}_j})-\boldsymbol{s}_i\|)=-\varepsilon, && j=1,2,\cdots,n \end{aligned} \tag{8.5}$$

将隐函数定义为

$$f(\boldsymbol{x})=\sum_{i=1}^{n}w_i\phi(\|\boldsymbol{x}-\boldsymbol{s}_i\|)+\sum_{i=1}^{n}w_{n+i}\phi(\|\boldsymbol{x}-(\boldsymbol{s}_i+\varepsilon\boldsymbol{n}_{\boldsymbol{s}_i})\|)+\sum_{i=1}^{n}w_{2n+i}\phi(\|\boldsymbol{x}-(\boldsymbol{s}_i-\varepsilon\boldsymbol{n}_{\boldsymbol{s}_i})\|) \tag{8.6}$$

把已采集的数据点 $\boldsymbol{s}\in\boldsymbol{S}$ 代入方程，得到 $3n$ 个观测方程，用向量的形式表示为

$$\begin{pmatrix} \phi(\|\boldsymbol{s}_1-\boldsymbol{s}_1\|) & \cdots & \phi(\|\boldsymbol{s}_1-(\boldsymbol{s}_n-\varepsilon\boldsymbol{n}_{\boldsymbol{s}_n})\|) \\ \vdots & \ddots & \vdots \\ \phi(\|(\boldsymbol{s}_n-\varepsilon\boldsymbol{n}_{\boldsymbol{s}_n})-\boldsymbol{s}_1\|) & \cdots & \phi(\|(\boldsymbol{s}_n-\varepsilon\boldsymbol{n}_{\boldsymbol{s}_n})-(\boldsymbol{s}_n-\varepsilon\boldsymbol{n}_{\boldsymbol{s}_n})\|) \end{pmatrix}\begin{pmatrix} w_1 \\ \vdots \\ w_{2n} \\ \vdots \\ w_{3n} \end{pmatrix}=\begin{pmatrix} 0 \\ \vdots \\ \varepsilon \\ \vdots \\ -\varepsilon \end{pmatrix} \tag{8.7}$$

上述方程组是一个形如 $\boldsymbol{K}_{3n\times3n}\boldsymbol{W}_{3n\times1}=\boldsymbol{d}_{3n\times1}$ 形式的线性方程组，根据 $\boldsymbol{K}$ 和 $\boldsymbol{d}$ 求解线性系统，就得到了权重系数 w_i。

此外，通过变换式（8.6）的形式，还可以设计不同的 RBF 重建算法。比如使用一个低阶的多项式，如 $\kappa_1+\kappa_2x_x+\kappa_3x_y+\kappa_4z_z$，则相应的隐函数形式变为

$$f(\boldsymbol{x})=\kappa_1+\kappa_2x_x+\kappa_3x_y+\kappa_4z_z+\sum_{i=1}^{n}w_i\phi(\|\boldsymbol{x}-(\boldsymbol{s}_i+\varepsilon\boldsymbol{n}_{\boldsymbol{s}_i})\|) \tag{8.8}$$

使用数据 $\boldsymbol{S}$ 作为控制点代入得到观测方程，通过求解线性方程组，可以得到隐函数式（8.8）中的系数 κ_i 和 w_i。

用全局支持的基函数来构建表面的一个优势在于生成的隐函数是全局平滑的。因此，RBF 在采样密度不均匀或数据缺失的情况下，可以产生一个表面无缝的模型。使用 RBF 建模在样本数量非常大时，求解 RBF 权系数的线性系统解会变得困难。

8.3.3 移动最小二乘重建

移动最小二乘（Moving Least Squares，MLS）算法将重建表面近似为一个空间变化的低阶多项式。如 8.3.1 节所述，隐式表面建模对应的是一个插值问题，MLS 算法用局部多项式 $f(\boldsymbol{x})$ 逼近表面 $\boldsymbol{F}$。用移动最小二乘算法将插值问题变为一个函数优化问题，$f_{\boldsymbol{x}}(\boldsymbol{x})$ 被选为对数据点 $\boldsymbol{x}$ 的最佳多项式逼近。

为了设计距离函数 $\phi(\boldsymbol{x})$，构建一个局部切平面，$\phi(\boldsymbol{x})$ 是插值点 $\boldsymbol{x}$ 投影到局部切平面上的距离。局部切平面可以由 $\boldsymbol{x}$ 在数据点中找到最邻近的点 $\boldsymbol{q}$，由 $\boldsymbol{q}$ 的最邻近点集合 $\boldsymbol{N}_{\boldsymbol{x}}=\{\boldsymbol{s}_1,\cdots,\boldsymbol{s}_m\}$ 拟合，m 是 $\boldsymbol{N}_{\boldsymbol{x}}$ 中点的个数。如果输入数据没有法向量，距离函数可以定义为无符号；如果包含法向量信息，使用点 $\boldsymbol{x}$ 到切平面的有向距离

$$\phi(\boldsymbol{x})=(\boldsymbol{x}-\boldsymbol{q})\cdot\boldsymbol{n}_{\boldsymbol{q}} \tag{8.9}$$

如图 8.23 所示，仅使用距离点 $\boldsymbol{q}$ 小于半径 r 的邻域点集 $\boldsymbol{N}_{\boldsymbol{x}}$ 的球内的数据点，确定多项式 $f_{\boldsymbol{x}}(\boldsymbol{x})$ 的系数，拟合多项式的条件是最小化所有投影点和数据点的距离函数差值的加权平方和。

为了表达曲面，在三元 k 次多项式函数空间 $\mathcal{L}_k^3$ 中选择多项式 $f(\boldsymbol{x})\in\mathcal{L}_k^3$

$$f(x,y,z)=a_0+a_1x+a_2y+a_3z+a_4x^2+a_5xy+\cdots+a_*z^k \tag{8.10}$$

使用向量的形式表示为

$$f(\boldsymbol{x})=\boldsymbol{b}_{\boldsymbol{x}}{}^{\mathrm{T}}\boldsymbol{a} \tag{8.11}$$

$$\boldsymbol{a}=(a_0,a_1,a_2,\cdots,a_*)^{\mathrm{T}},\ \boldsymbol{b}_{\boldsymbol{x}}=(1,x,y,z,x^2,xy,\cdots,z^k)^{\mathrm{T}}$$

在点 $\boldsymbol{x}$ 处的插值问题变为求解 $f_{\boldsymbol{x}}(\boldsymbol{x})$ 的参数问题，输入数据是邻近观测点 $\boldsymbol{N}_{\boldsymbol{x}}=\{\boldsymbol{s}_1,\cdots,\boldsymbol{s}_m\}$；每个数据点都对应一个权函数 θ；输出结果是多项式系数 $\boldsymbol{a}$，使函数最佳拟合

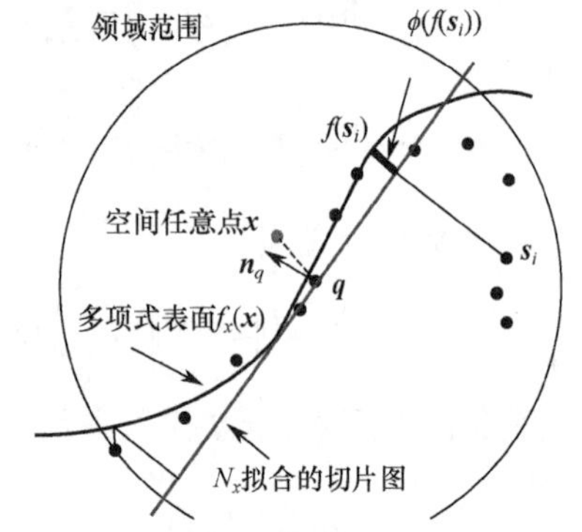

图 8.23 MLS 方法最小化加权距离函数求表面多项式 $f_{\boldsymbol{x}}(\boldsymbol{x})$

$$\boldsymbol{a}=\arg\min\sum_{i=1}^{m}\theta(\|\boldsymbol{x}-\boldsymbol{s}_i\|)\left(\phi(f(\boldsymbol{s}_i))-\phi(\boldsymbol{s}_i)\right)^2 \tag{8.12}$$

$$\boldsymbol{a}=\arg\min\sum_{i=1}^{m}\theta(\|\boldsymbol{x}-\boldsymbol{s}_i\|)\left((\boldsymbol{b}_{c_i}{}^{\mathrm{T}}\boldsymbol{a}-\boldsymbol{q})\cdot\boldsymbol{n}_{\boldsymbol{q}}-\phi(\boldsymbol{s}_i)\right)^2 \tag{8.13}$$

其中，$\phi(\cdot)$ 是点到切平面的距离函数，权函数 θ 是一个随距离 $\|\boldsymbol{x}-\boldsymbol{s}_i\|$ 的增大而减小的函数。如果下降得过缓，会造成过平滑，如果下降得太快，会引起数值不稳定，可以使用高斯核权函数

$$\theta(r)=\exp\left(-\frac{r^2}{h^2}\right) \tag{8.14}$$

式中，h是平滑系数。

给定了参数点坐标$\boldsymbol{x}=[x \quad y \quad z]^{\mathrm{T}}$后，式（8.13）中的$\theta(\|\boldsymbol{x}-\boldsymbol{s}_i\|)$和$-\boldsymbol{q}\cdot\boldsymbol{n}_{\boldsymbol{q}}-\phi(\boldsymbol{s}_i)$都是常数值，未知量只有$\boldsymbol{a}$。将函数写成关于$\boldsymbol{a}$的线性系统，最小化的目标函数形如

$$\boldsymbol{a}=\arg\min(\boldsymbol{Ba}-\boldsymbol{d})^2 \tag{8.15}$$

其中，$(\boldsymbol{Ba}-\boldsymbol{d})^2=(\boldsymbol{Ba}-\boldsymbol{d})^{\mathrm{T}}(\boldsymbol{Ba}-\boldsymbol{d})=\boldsymbol{a}^{\mathrm{T}}\boldsymbol{B}^{\mathrm{T}}\boldsymbol{Ba}-2\boldsymbol{a}^{\mathrm{T}}\boldsymbol{B}^{\mathrm{T}}\boldsymbol{d}+常值$。

根据二次型求极值的原理，最小化式（8.13），需要使

$$\frac{\mathrm{d}(\boldsymbol{Ba}-\boldsymbol{d})^2}{\mathrm{d}\boldsymbol{a}}=2\boldsymbol{B}^{\mathrm{T}}\boldsymbol{Ba}-2\boldsymbol{B}^{\mathrm{T}}\boldsymbol{d}=0 \tag{8.16}$$

所以，得到参数$\boldsymbol{a}$的最小二乘解

$$\boldsymbol{a}=(\boldsymbol{B}^{\mathrm{T}}\boldsymbol{B})^{-1}\boldsymbol{B}^{\mathrm{T}}\boldsymbol{d} \tag{8.17}$$

举例：如图 8.24 给出的一维数据示例，将多项式函数设为一元二次方程$f(\boldsymbol{x})=a_0+a_1\boldsymbol{x}+a_2\boldsymbol{x}^2$，即$f(\boldsymbol{x})\in\mathcal{L}_2^1$。根据观测点集$\{s_i\}$设计相应的 MLS 算法的具体表达式为$\boldsymbol{a}_x=\arg\min\sum_{i=1}^{n}\theta(\|\boldsymbol{x}-\boldsymbol{s}_i\|)(f(s_i)-d_i)^2$。与普通的最小二乘相比，MLS 算法能够更好地反映局部的变化，是微分几何的一种良好的应用。

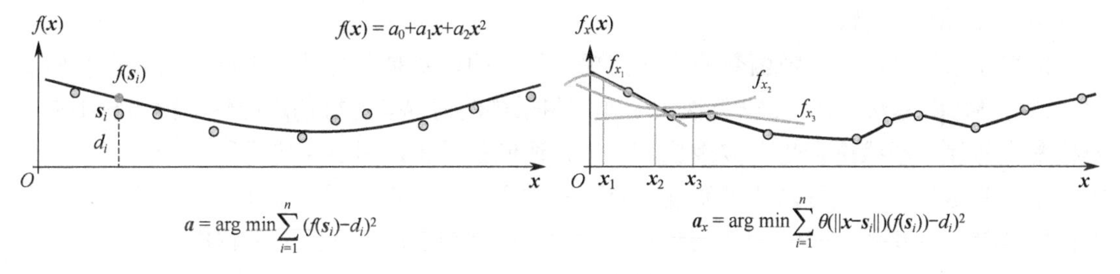

图 8.24　一元二次方程拟合示例

多项式$f(\boldsymbol{x})\in\mathcal{L}_k^3$的设计方法需要考虑采样点的密度，如果每个点的位置都能构造一个定义良好的切平面，那最简单的多项式是$f(\boldsymbol{x})=a_0+a_1x+a_2y+a_3z$，即这是一个三元一次平面。在实际情况中，当无法满足采样密度均匀或采样结果稀疏时，表面近似的过程可以放弃采用切平面而采用高阶近似，如代数点集曲面，高阶近似使用的局部形状类似于球面。

MLS 的一个关键属性是加权函数的使用，拟合切平面的数据支撑范围的选取对构造多项式的影响很大。通过允许权重函数有一个更大的响应空间，即邻域选择的范围更大，可以处理较高水平的噪声。通常，$\boldsymbol{F}$的平滑度是和权函数θ的平滑度一致的。除式（8.14）中的类似高斯核权函数外，还可以使用距离r的平方的倒数作为权函数，即

$$\theta(r)=\frac{1}{\|r\|^2+\varepsilon^2} \tag{8.18}$$

其中的ε^2是一个较小的数，可防止$r=0$出现分母退化情况，保证一个较大的权重。不同的权函数对拟合结果的影响如图 8.25 所示。

对于非均匀采样，MLS 算法能够通过设计权函数使其空间变化的性质适应采样密度变化的情况。然而存在缺失数据的情况下，MLS 算法很难提供一个良好的表面近似，因为此时它需要使用一个相当大的支撑范围来拟合切平面或曲面，在这样一个大的支持空间中提供的拟合平面通常已经失去了对采样点表面的近似表达。

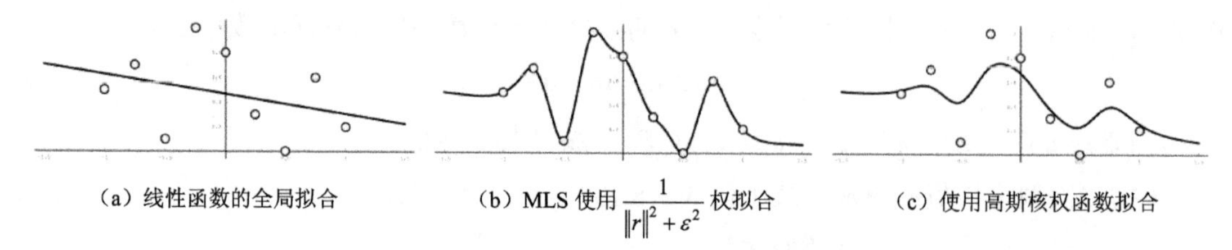

（a）线性函数的全局拟合　（b）MLS 使用 $\frac{1}{\|r\|^2+\varepsilon^2}$ 权拟合　（c）使用高斯核权函数拟合

图 8.25　不同的权函数对拟合结果的影响

将 MLS 算法与 RBF 方法相比，RBF 方法使用了全局的数据参与处理求解系数，计算量较大；而 MLS 算法只使用了邻域部分的点对参数进行求解，求解速度相对快，但同时异常值会对 MLS 的参数有较大的影响。

多级单元划分法。多级单元划分（Multi-level Partition of Unity implicits，MPU）法[52]将重建问题作为一个分层的拟合问题处理。在一定层级上，如果局部拟合表面的误差残差足够小，则确定这个拟合是适定的，否则将该部分数据所占用的空间进行重新划分，并重新拟合。一旦完成了所有的局部形状拟合，通过平滑地合并邻近拟合区域，可以形成一个跨越整个表面的隐函数。

值得注意的是，一个隐函数的定义前提是拟合的形状是恰当的，因此需要存在有向法向量。与 MLS 算法相比，MPU 法对于非均匀采样的情况有更好的适应性，因为它不需要采样密度估计，形状拟合是否被接受是一个自适应的过程，通过判定是否低于一定的残差阈值来控制迭代过程。可以通过调整拟合残差的承受能力获得平滑性和抗噪鲁棒性，对于采样数据缺失的情况，MPU 可以通过拟合形状的外推和邻近形状混合来解决。

8.3.4　泊松表面重建

泊松表面重建方法（Poisson Reconstruction）是 Kazhdan M 等人在 2006 年提出的一种隐函数建模方法[43]，并且提供了开源代码，是目前广为使用的一种表面建模方法。泊松表面重建方法利用 Poisson 函数来解决有向点云的表面拟合问题。与 RBF 方法类似，泊松表面重建也用一种全局优化的思路来分析解决问题。它结合了全局拟合和局部拟合两类方法的特点，因此在速度和精度两个方面有较好的效果。由于全局优化的特性，在形成邻近区域、选择面片类型和调整权重时不涉及启发式的决策。另外，基函数是和周围空间相关的而不仅是和数据点相关的，有一个局部层次支持的结构，从而产生稀疏的优良表现。

如图 8.26 所示，设目标实体 $\boldsymbol{M}$ 的表面为 $\partial\boldsymbol{M}$，每个样本点 $\boldsymbol{s}$ 包含点的位置 $\boldsymbol{p}$ 和法向量 $\boldsymbol{n}$ 两个属性，即 $\boldsymbol{s}(\boldsymbol{p}_s,\boldsymbol{n}_s)\in\boldsymbol{S}$。之前介绍的隐式表面重建方法的目标是估计实体模型的内部和外部指示函数，并提取过渡位置的等值面，但泊松表面重建对目标做了转化。

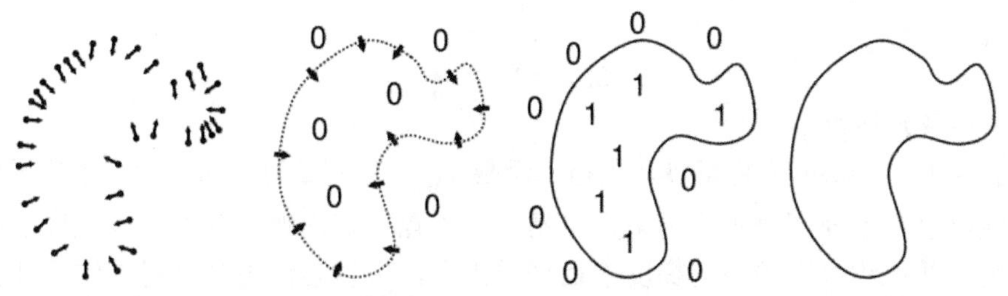

(a) 有向点云 S　(b) 指示函数梯度 $\nabla\chi_M$　(c) 指示函数 χ_M　(d) 实体 M 的表面 ∂M

图 8.26　引入指示函数 χ_M 来表示目标模型 M 的内、外

定义指示函数（Indicator Function）χ_M 用来指示目标模型 M 的内部和外部空间（χ_M 在外部值为 0，内部为 1）。χ_M 的梯度场 $\nabla\chi_M$ 几乎处处为零，除了内、外交界面上的点，在那里它等于向内的表面法线。所以，可以把有向点 S 视为函数 χ_M 的梯度 $\nabla\chi_M$ 的采样样本。因此，计算指示函数 χ_M 的问题转化为：使 χ_M 的梯度 $\nabla\chi_M$ 满足最佳拟合矢量场 V，这里的 V 是由样本的法向量数据定义的，即

$$\min_{\chi}\|\nabla\chi_M - V\| \tag{8.19}$$

矢量场 V 在 p_s 位置上的矢量为 n_s。

对于标量函数 χ_M 而言，拉普拉斯运算被定义为梯度的散度

$$\Delta\chi_M \equiv \nabla\cdot\nabla\chi_M = \nabla\cdot V \tag{8.20}$$

由于指示函数 χ_M 是一个分段常函数，如图 8.26（b）所示，显式计算梯度场会导致在表面边界处的矢量场出现无限大值。为了避免这种情况，用一个平滑滤波器对指示函数进行卷积，然后考虑平滑后的函数的梯度场。平滑后的指示函数的梯度 $\nabla\chi_M$ 可以表示为曲面法向量场的一个积分关系。对于任意表面点 $p\in\partial M$，令 $N_{\partial M}(p)$ 表示指向内部的法向量，$\tilde{F}(q)$ 为一个平滑滤波器，$\tilde{F}_p(q)=\tilde{F}(q-p)$ 表示它到点 p 的传递。Kazhdan M 等人[43]证明了在某一点 q_0 处，“平滑后的指示函数的梯度”等于“通过平滑表面法向量场对应的向量场”，即

$$\nabla\left(\chi_M * \tilde{F}\right)(q_0) = \int_{\partial M}\tilde{F}_p(q_0)N_{\partial M}(p)dp \tag{8.21}$$

相对于连续表面积分问题，实际的采样点云是离散的数据，有向点 S 提供了有用的信息来通过离散求和近似计算曲面积分。具体地，使用 S 把 ∂M 分割为不同的小区块 $\mathcal{P}_s\subset\partial M$，根据样本点的位置 p_s 和小区块的面积乘积近似计算小区块 $\mathcal{P}_s$ 上的积分

$$\nabla\left(\chi_M * \tilde{F}\right)(q) = \sum_{s\in S}\int_{\mathcal{P}_s}\tilde{F}_p(q)N_{\partial M}(p)\mathrm{d}p \approx \sum_{s\in S}|\mathcal{P}_s|\tilde{F}_{p_s}(q)n_s \equiv V(q) \tag{8.22}$$

实际操作中，滤波器 $\tilde{F}$ 的选择是一个需要注意的问题，一方面带宽不能太大而过度平滑，同时带宽的宽度需要足够使点位 p_s 的值和小区块的面积的乘积能够逼近于 $\mathcal{P}_s$ 上的积分。实践中较好的滤波器是方差取约等于采样密度的高斯函数。

在推导出了矢量场 V 后，寄希望于找到一个 $\hat{\chi}_M$，使它的梯度极尽可能地接近法向量定义的矢量场 V。然而由于 V 是与路径有关的，因此通常是不可积的，这种问题的精确解一般不存在。为了找到最小二乘近似解，算法中应用散度算子来组成 Poisson 方程，方程形式

为

$$\Delta\chi_M = \nabla \cdot \boldsymbol{V} \tag{8.23}$$

其中∇表示拉普拉斯算子。

通过解这个 Poisson 方程可以得到指示函数 χ_M，从而重建表面。利用平滑梯度场的方法处理问题可以有效地解决不均匀采样、噪声、外点值等问题，并在一定程度上解决数据丢失的情况。通过约束隐函数的梯度落在采样点上，可以强制得到平滑的结果和良好的拟合质量。此外，泊松表面重建方法对于存在小的配准误差的情况，在估计法向量方向取得一致时，仍然可以产生一个明确的梯度指示函数，从而得到较为理想的结果。泊松表面重建方法中一个关键的问题是需要有可靠的点云法向量作为支持。

8.3.5 基于行进立方体提取网格

在前面介绍的隐式建模方法中，各种算法解决了对空间数据的插值拟合问题，但要生成最终的三维网格模型，还要对连续的空间位置进行离散化采样。与 Delaunay 三角剖分不同，隐式建模的表面不再是从扫描采集的数据点上进行构网，而是通过在隐式函数 $f(\boldsymbol{x})$ 的位置参数空间 $\boldsymbol{x}\in\mathbb{R}^3$ 中找到采样点使 $f(\boldsymbol{x})=0$，由采样点进行构网。行进立方体（Marching Cubes，MC）算法是一种经典的算法，实现了采样点的选择和网格模型的构建[49]。

MC 算法的主要思想是在三维空间中建立体素化的分割，然后根据体素的顶点 $\boldsymbol{v}\in\mathbb{R}^3$ 线性插值找到等值面上的采样点，如图 8.27 所示为在斯坦福兔子（Stanford Bunny）数据上的体素划分示例。

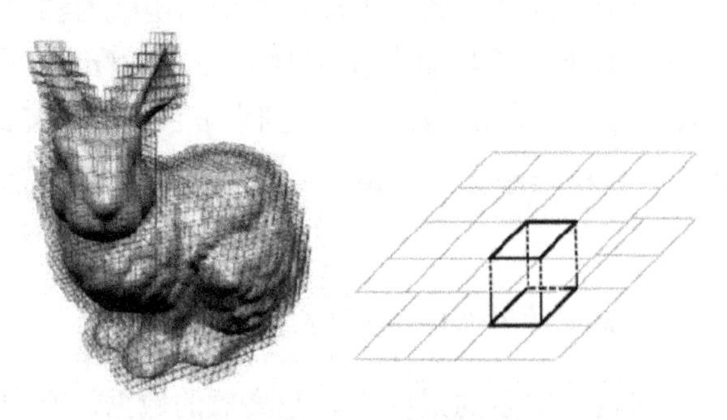

图 8.27 体素的顶点根据空间函数分布求解标记

下面介绍用 MC 算法构建网格模型的步骤。

（1）将三维空间规则地进行体素化，离散后的每个体素单元都包含 8 个顶点 $\{\boldsymbol{v}_1,\cdots,\boldsymbol{v}_8\}$，每个顶点都能够由隐函数计算出对应的函数值，即计算出 $f(\boldsymbol{v}_i)$。

（2）对体素的顶点进行标记。如果 $f(\boldsymbol{v}_i)$ 的值大于或等于零等值面的值，则认为该顶点位于等值面之外，标记为“0”；相反，如果顶点的函数值小于零等值面的值，则顶点位于内部，标记为“1”。

（3）根据 8 个顶点的二进制标记值计算体素的索引号 index。每个体素的每个顶点都有内和外两种取值可能，所以体素的顶点分布共存在 $2^8=256$ 种可能的模式。程序实现时可以用一字节存储一个体素的顶点标记模式，1Byte=8bit。由于存在对称性，因此所有的体素模式都可以归纳为 15 种基本模式，其他 241 种模式都可以通过这 15 种基本模式的旋转、对称和求补集的方式实现。

可以预先编制好所有可能的网格构建的连接方式，如图 8.28 所示，立方体内的半透明多边形就是根据顶点的标记找到潜在等值面上的点会经过的边，从而设计好的网格连接方式。例如，当只有一个顶点的函数值为 1 时，体素内只会构成一个三角形面元，其与过该顶点的三条边相交，三角形面元的法向量背离该顶点，如图 8.28 的第一行第二列。显然，这种模式根据顶点的位置改变还存在另外 7 种相关配置。相反，如果只有一个顶点在外部值为 0，通过反求法向，相应地也有 8 种配置。同理，根据顶点的内外个数和位置的不同，相应地有不同的三角形连接方式。每种基本模式都是由 1 个到 4 个三角形连接的。

（4）根据体素的索引号 index，在预先构建好的查找表中找到体素内的网格的连接方式。图 8.29 给出了一个示例，顶点 $\boldsymbol{v}_1$ 和 $\boldsymbol{v}_6$ 位于模型内，取值为 1，其余顶点的值为 0，该体素的索引值等于 33。此时的等值面会穿过边 $(\boldsymbol{v}_1\boldsymbol{v}_2)$、$(\boldsymbol{v}_1\boldsymbol{v}_4)$、$(\boldsymbol{v}_1\boldsymbol{v}_5)$、$(\boldsymbol{v}_6\boldsymbol{v}_2)$、$(\boldsymbol{v}_6\boldsymbol{v}_5)$、$(\boldsymbol{v}_6\boldsymbol{v}_7)$。在查找表中找到对应的网格连接，形成了两个三角形面元。

（5）尽管知道了等值面会穿过哪条边，如边 $(\boldsymbol{v}_a\boldsymbol{v}_b)$，但具体在边上会经过的点位置还没有确定。此时，需要通过插值计算找到，可以使用边的两个顶点位置由简单的线性插值计算

$$\begin{aligned}\boldsymbol{v}_s &= t\boldsymbol{v}_a + (1-t)\boldsymbol{v}_b \\ t &= \frac{f(\boldsymbol{v}_b)}{f(\boldsymbol{v}_b) - f(\boldsymbol{v}_a)}\end{aligned} \tag{8.24}$$

其中，$\boldsymbol{v}_a$ 和 $\boldsymbol{v}_b$ 分别是被等值面切割的边的两个顶点，t 是线性插值的比例，它由两个顶点的函数值 $f(\boldsymbol{v}_a)$ 和 $f(\boldsymbol{v}_b)$ 决定。

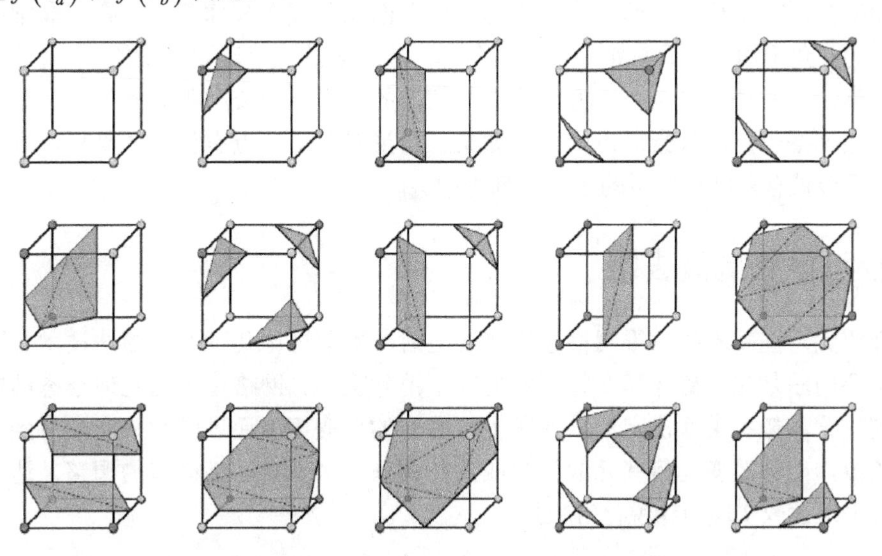

图 8.28　行进立方体的顶点标记的 15 种基本模式

按照上述步骤，在体素空间中，逐个地计算每个体素内的网格构建方式。所有体素处理完成后，就从连续的函数值空间中生成了一个离散化的由采样点组成的网格模型。

相邻的两个体素会共享 4 个顶点，如果相邻体素选择的模式不协调，会造成重建的模型存在很多孔洞。如图 8.30 所示的两个体素，在公共面上形成了一个孔洞。

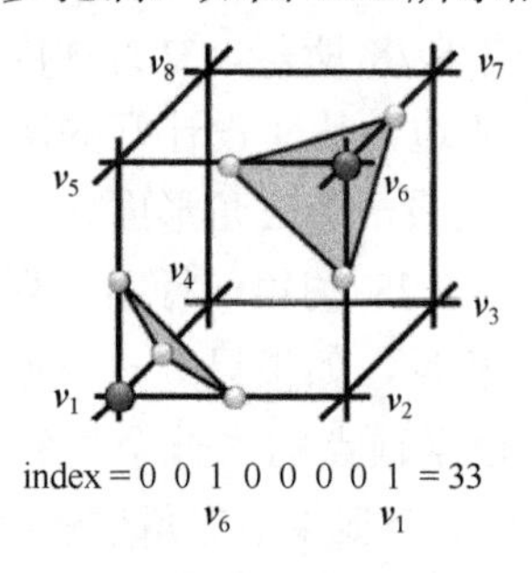

图 8.29 一个体素的标记索引和设计好的网格连接方式举例

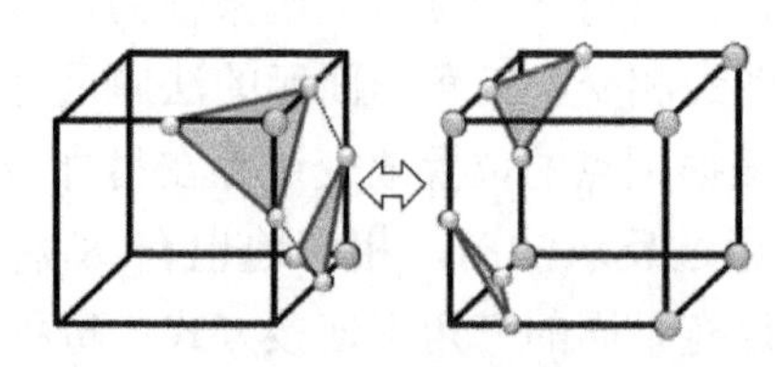

图 8.30 相邻体素选择的模式不协调会形成孔洞

（6）消除歧义。在算法中设计了根据体素顶点的法向量消除这样的不连贯歧义。在整体的体素划分空间中，每个顶点有上、下、左、右、前、后 6 个相邻的顶点，采用中心差分方法可以计算该顶点的梯度矢量

$$\begin{aligned} g_x(\boldsymbol{v}) &= \left(f\left(\boldsymbol{v}+\boldsymbol{d}_x\right)-f\left(\boldsymbol{v}-\boldsymbol{d}_x\right)\right)/2\boldsymbol{d}_x \\ g_y(\boldsymbol{v}) &= \left(f\left(\boldsymbol{v}+\boldsymbol{d}_y\right)-f\left(\boldsymbol{v}-\boldsymbol{d}_y\right)\right)/2\boldsymbol{d}_y \\ g_z(\boldsymbol{v}) &= \left(f\left(\boldsymbol{v}+\boldsymbol{d}_z\right)-f\left(\boldsymbol{v}-\boldsymbol{d}_z\right)\right)/2\boldsymbol{d}_z \end{aligned} \tag{8.25}$$

然后，根据体素单元上的顶点的法向量，通过线性插值计算每个三角形面元的各顶点的法向量，从而保证相邻体素的公共网格点的法向量一致，避免歧义的发生。

MC 算法使用规则化的体素采样点，有可能会导致三角形边缘的损坏。比如模型表面与体素相交接近一个顶点，形成非常小的三角形面元；或者与体素的一条边非常接近，形成非常窄的三角形面元。具有很短边的三角形在模型表达上是浪费资源的。

一种解决方案是设置一个立方体顶点与插值的模型点的最小距离阈值，如果小于该阈值，则直接把插值点用体素顶点代替。如果三角形有两个顶点有相同的坐标，则该三角形被舍弃，不会被存入结果模型的三角形列表中。

8.4 模型网格滤波去噪

在介绍完一些基本的三维网格建模算法之后，本节讨论几种网格滤波技术。网格滤波去噪的主要问题是在不破坏真实特征的情况下消除噪声。网格模型的几何形态结构是由几何基元的位置和拓扑关系决定的。数学上，曲面的形变可以通过函数来建模得到。通过设计滤波函数，能够改变几何基元的位置或拓扑关系，实现对网格模型的调整，达到平滑去噪、增强平坦性或实现边缘锐化等效果。

8.4.1 网格的双边滤波

双边滤波（Bilateral Filter）算法最早由 Tomasi 和 Manduchi 于 1998 年在影像处理领域中提出。双边滤波利用像素的距离差异和亮度差异两类信息设计加权平均的平滑算子，在

对亮度值降噪平滑的同时保持影像的梯度边缘特征。

受到了影像处理领域中双边滤波算法的启发，学者们提出了作用在三维网格上的双边滤波算法，对含有噪声的网格模型去噪。不同于影像数据，三维网格不存在结构化的上、下、左、右领域关系，而且也没有灰度、亮度等属性信息，因此，三维网格的双边滤波需要重新组织邻域关系，并提炼能够作为相似性度量的属性信息。

双边滤波器的有效性取决于核函数的作用范围，该范围将平均权重与信号强度差相关联。设计双边滤波需要分别定义网格模型的空间域和值域，Fleishman S 等人[35]于 2003 年设计的空间域的参数是欧氏空间中的中心点 $\boldsymbol{u}$ 到它的邻域范围内的其他点 $\boldsymbol{p} \in \boldsymbol{N_u}$ 的距离 $\rho = \|\boldsymbol{p}-\boldsymbol{u}\|$；任意一点 $\boldsymbol{p}$ 的值域的值 $I(\boldsymbol{p})$ 定义为它到 $\boldsymbol{u}$ 的切平面 $\boldsymbol{\Pi_u}$ 的带符号距离。通过沿着 $\boldsymbol{u}$ 的法向量 $\boldsymbol{n_u}$ 移动其位置，达到在值域中平滑 I 的目的。具体公式为

$$\hat{I}(\boldsymbol{u}) = \frac{\sum_{p \in N_u} \alpha(\rho)\beta(|I(\boldsymbol{p}) - I(\boldsymbol{u})|)I(\boldsymbol{p})}{\sum_{p \in N_u} \alpha(\rho)\beta(|I(\boldsymbol{p}) - I(\boldsymbol{u})|)} \tag{8.26}$$

$$\alpha(\rho) = \exp\frac{-\rho^2}{2\sigma_\rho^2},\quad \beta(|I(\boldsymbol{p}) - I(\boldsymbol{u})|) = \exp\frac{-|I(\boldsymbol{p}) - I(\boldsymbol{u})|^2}{2\sigma_I^2}$$

$\alpha(\cdot)$ 和 $\beta(\cdot)$ 分别是空间域和值域的核函数，它们都选择高斯型的核函数，即随着距离的增大，权重会减小。式（8.26）算出的 $\hat{I}(\boldsymbol{u})$ 是每次对顶点 $\boldsymbol{u}$ 计算的有向移动距离，更新的坐标为

$$\boldsymbol{u}' = \boldsymbol{u} + \hat{I}(\boldsymbol{u})\boldsymbol{N_u} \tag{8.27}$$

对网格模型的所有点进行遍历，计算其偏移距离，然后更新网格的顶点坐标，再迭代运算，直到达到预先设立的迭代终止条件，比如达到更新距离的阈值或迭代次数。

同年，Jones T R 等人提出了基于三角形面元的三维网格双边滤波算法[42]。网格中的任意一个三角形面元 q 都有 3 个顶点，能够计算一个重心点 $\boldsymbol{c}_q$，即 3 个顶点坐标的均值位置。首先，该方法定义的空间域参数仍然是点之间的欧氏距离，具体是从滤波点 $\boldsymbol{u}$ 到它的邻域三角形面元的重心点 $\boldsymbol{c}_q$ 的距离，$\rho = \|\boldsymbol{c}_q - \boldsymbol{u}\|$。邻域三角形面元 $\boldsymbol{q} \in \boldsymbol{S_u}$ 是指其重心满足条件 $\|\boldsymbol{c}_q - \boldsymbol{u}\| < 2\sigma^2$ 的三角形。第二，值域的定义是从滤波点 $\boldsymbol{u}$ 投影到三角形面元 $\boldsymbol{q}$ 的投影点位置的 $\boldsymbol{\Pi}_q(\boldsymbol{u})$，值域的权重函数的参数是 $\|\boldsymbol{\Pi}_q(\boldsymbol{u}) - \boldsymbol{u}\|$。之前 Fleishman 方法[35]需要按照式（8.27）迭代计算偏移距离来更新顶点的位置，而 Jones 方法[42]是通过滤波函数直接计算更新点的位置，顶点的计算式为

$$\boldsymbol{u}' = \frac{\sum_{q \in S_u} A_q \alpha(\rho) g(\|\boldsymbol{\Pi}_q(\boldsymbol{u}) - \boldsymbol{u}\|)\boldsymbol{\Pi}_q(\boldsymbol{u})}{\sum_{q \in S_u} A_q \alpha(\rho) g(\|\boldsymbol{\Pi}_q(\boldsymbol{u}) - \boldsymbol{u}\|)} \tag{8.28}$$

$$g(\|\boldsymbol{\Pi}_q(\boldsymbol{u}) - \boldsymbol{u}\|) = \exp\frac{-\|\boldsymbol{\Pi}_q(\boldsymbol{u}) - \boldsymbol{u}\|^2}{2\sigma_g^2} \tag{8.29}$$

式中，g 是值域的核函数，仍选择高斯型核函数；A_q 为三角形面元 $\boldsymbol{q}$ 的面积。

通过式（8.28）可直接计算得到新顶点的位置 $\boldsymbol{u}'$。$\boldsymbol{\Pi}_q(\boldsymbol{u})$ 为点 $\boldsymbol{u}$ 在三角形面元 $\boldsymbol{q}$ 平面

上的投影点，但该投影点并不是在原始网格上计算的。文章提出忽略双边滤波公式中的值域核函数 g，并令 $\boldsymbol{\Pi}_q(\boldsymbol{u})=\boldsymbol{c}_q$，即利用高斯滤波得到一个虚拟网格，而 $\boldsymbol{\Pi}_q(\boldsymbol{u})$ 即为顶点 $\boldsymbol{u}$ 到虚拟网格中三角形面 $\boldsymbol{q}$ 切平面上的投影点。

8.4.2 法向量引导滤波

法向量是一种能够反映场景几何表面形态的重要参数，平滑区域的三角形面元的法向量应当是接近平行的；而表面转折明显的边缘区域的三角形面元的法向量表现出较大的夹角。

法向量引导滤波（Normal Guided Filter）[59]是指利用网格面元的法向量信息来引导面元的顶点更新的技术，它可以拆解为法向量更新和顶点更新两个主要的步骤。首先，对网格的三角形面元的法向量进行平滑滤波，得到调整后的法向量信息；然后，根据调整后的法向量更新面元的顶点坐标，使之能够与法向量的信息匹配一致。

在网格化的三维模型中，每个三角形面元 f_i 都可以计算一个垂直于表面的法向量 $\boldsymbol{n}_{f_i}$。三角形面元通过边连接的拓扑关系，能够找到三角形面元的邻域集合 $f_j \in \boldsymbol{S}_{f_i}$，如图 8.31 所示。根据马尔可夫特性，相邻的面元的法向量之间有较强的相关性，因此对每个法向量根据邻域范围内的法向量进行平滑滤波，消除由噪声引起的法向量不稳定。

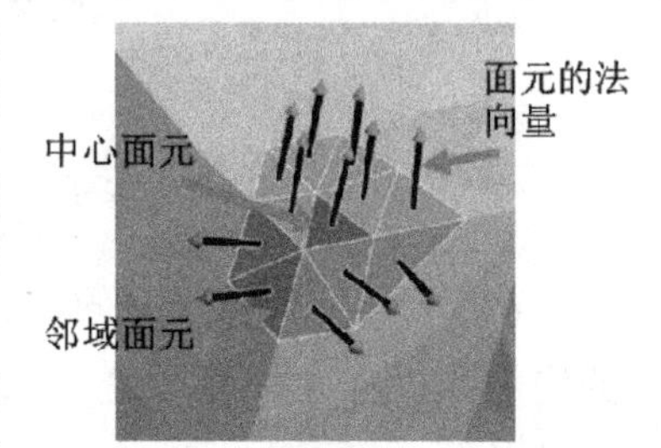

图 8.31 三角形面元的法向量

与影像处理中的亮度值平滑处理类似，影像运算的属性变量是像素亮度值，而这里设计的三维网格运算的属性变量是三角形面元的法向量。法向量的平滑算法也有均值滤波、中值滤波（Median Filter）、α-截断滤波（Alpha-trimming Filter）、模糊矢量中值滤波（Fuzzy Vector Median Filter）等方法。均值滤波器会受到较大噪声的影响，并且可能丢失细节特征；中值滤波器能够保持网格的细节特征，但当网格噪声较大时，效果并不好。

下面介绍几种法向量滤波的改进技术。

（1）在 Sun X 等人[56]设计的法向量滤波中，滤波结果是邻域法向量的加权平均

$$\boldsymbol{n}_{f_i}' = \text{normalize}(\sum_{f \in \boldsymbol{S}_q} h_{f_j} \boldsymbol{n}_{f_i}) \tag{8.30}$$

$$h_{f_j} = \begin{cases} (\boldsymbol{n}_{f_j} \cdot \boldsymbol{n}_{f_i} - T)^2 & \boldsymbol{n}_{f_j} \cdot \boldsymbol{n}_{f_i} > T \\ 0 & \boldsymbol{n}_{f_j} \cdot \boldsymbol{n}_{f_i} \leqslant T \end{cases} \tag{8.31}$$

权重 h_{f_j} 中的 T 是一个取值在 $[0,1]$ 之间的阈值，它决定了邻域三角形面元中会有多少参与计算。当 $T=1$ 时，只有与 $\boldsymbol{n}_q$ 相等的法向量才会参与计算；当 $T=0$ 时，所有邻域的法向量都会参与计算。当网格有明显的棱角时，T 可以取相对较小值；而当网格模型比较光滑时，T 可以取相对较大值。

三角形面元 f_i 的邻域集合 $\boldsymbol{S}_{f_i}$ 的选择有两种方式，分别是边连接邻域和点连接邻域。一个三角形的边连接邻域至多有 3 个，分别共享中心三角形的三条边；而点连接的邻域三角形则所有共享顶点的三角形都统计在内。

（2）在 Li M 和 Nan L[46]设计的法向量滤波中，使用法向量的双边滤波来更新法向量，滤波中的两类权重分别定义为距离差异权重 α_{ij} 和法向量差异权重 β_{ij}，对三角形面元 f_i 定

义它的邻域为 $f_j \in \boldsymbol{S}_{f_i}$，加权更新的法向量 $\boldsymbol{n}_i'$ 的计算公示如下

$$\boldsymbol{n}_{f_i}' = \frac{\sum_{f_j \in \boldsymbol{S}_{f_i}} A_{f_j} \cdot \alpha_{ij} \cdot \beta_{ij} \cdot \boldsymbol{n}_{f_j}}{\left\| \sum_{f_j \in \boldsymbol{S}_{f_i}} A_{f_j} \cdot \alpha_{ij} \cdot \beta_{ij} \cdot \boldsymbol{n}_{f_i} \right\|} \tag{8.32}$$

$$\alpha_{ij} = \exp\left(-\frac{\mathrm{dist}(f_i, f_j)^2}{2\sigma_{\mathrm{dist}}^2}\right), \beta_{ij} = \exp\left(-\frac{\left\|1 - \boldsymbol{n}_{f_i} \cdot \boldsymbol{n}_{f_j}\right\|^2}{2\sigma_\theta^2}\right)$$

式中，A_{f_j} 是三角形的面积；$\mathrm{dist}(f_i, f_j)$ 表示两个三角形的距离，利用三角形重心点的欧氏距离计算；σ_{dist} 是相邻三角形距离的标准差，用网格中所有边的平均边长的一半近似；σ_θ 表示相邻三角形法向量的夹角的标准差；等号右边的分母项是对法向量进行归一化运算的模值。

由于距离差异权重 α_{ij} 和法向量差异权重 β_{ij} 都是类高斯型的权函数，它们随着差异的增大，权值显著减小，因此，属性越相似的法向量，相互影响越大，而属性越不同的法向量，影响越小，从而达到双边滤波的效果。在网格平坦区域，相邻三角形面元法向量相近，β_{ij} 权重趋于 1，此时空间域 α_{ij} 权重起主要作用，相当于进行高斯平滑；在网格的边缘区域，法向量变化很大，β_{ij} 权重变大，从而起到保持边缘信息的效果。

（3）在法向量引导的顶点更新算法中，法向量的准确性直接关系到顶点更新的准确性。在计算机图形学中使用的许多网格都是分段平滑的，即它们的表面包含由尖锐的边缘隔开的平滑区域。在对尖锐边缘附近的表面三角形面元的法向量进行滤波时，应避免将其与跨边缘的外部法向量相联系。

为了提高滤波的精度，Zhang W 等人[59]设计了一种法向量一致性函数，用以筛选参与法向量滤波的面元，在邻域面元中挑选那些满足一致性的面元集合，仅由这个筛选的集合的法向量来进行法向量滤波。一致性函数由两项的乘积组成，分别是法向量的最大差异和边的显著性。

文献[59]中提出对于一个三角形面元 f_i，把包含 f_i 在内的邻域三角形面元集合区域记为 $\mathcal{P}$，根据选择不同的邻域能够找到多种这样的区域，把所有的候选区域集合记为 $\mathcal{C}_{f_i} = \{\mathcal{P}_k \mid f_i \in \mathcal{P}_k\}$。在这些 $\mathcal{P}_k$ 中，使用一致性函数找到法向量差异最小的那一个区域，而不是简单地根据边连接或顶点连接的方式选择邻域。

对于一个区域 $\mathcal{P} \in \mathcal{C}_{f_i}$，一致性函数定义为

$$H(\mathcal{P}) = \Phi(\mathcal{P}) \cdot R(\mathcal{P}) \tag{8.33}$$

其中，$\Phi(\mathcal{P}) = \max_{f_j, f_k \in \mathcal{P}} \| \boldsymbol{n}_{f_j} - \boldsymbol{n}_{f_k} \|$，$R(\mathcal{P}) = \dfrac{\max_{e_j \in E_{\mathcal{P}}} \varphi(e_j)}{\varepsilon + \sum_{e_j \in E_{\mathcal{P}}} \varphi(e_j)}$，$\varphi(e_j) = \| \boldsymbol{n}_{f_{j1}} - \boldsymbol{n}_{f_{j2}} \|$。

$\Phi(\mathcal{P})$ 为区域 $\mathcal{P}$ 内三角形面元法向量的最大偏差；$R(\mathcal{P})$ 测量区域 $\mathcal{P}$ 中存在边的显著性，体现相邻的三角形面元的法向量的相对变化程度；$E_{\mathcal{P}}$ 代表边的集合，要求边的两个面都在区域 $\mathcal{P}$ 中；$\varphi(e_j)$ 通过计算边 e_j 的两个面元的法向量差异来计算边的显著性；ε 是为了防止分母退化为 0 而添加的一个小的正实数。最后，选择能够使一致性函数取最小值的区域里的三角形面元求更新法向量，更新的法向量为这些邻域面元的法向量的面积加权平均

$$\hat{\boldsymbol{n}}_{f_i}=\frac{\sum_{f_j\in\mathcal{P}^*}A_{f_j}\boldsymbol{n}_{f_j}}{\|\sum_{f_j\in\mathcal{P}^*}A_{f_j}\boldsymbol{n}_{f_j}\|} \tag{8.34}$$

式中，$\mathcal{P}^*=\min_{\mathcal{P}}H(\mathcal{P})$。

在介绍完法向量滤波改进技术之后，下面解释如何通过更新法向量计算网格的顶点坐标。

三角形面元的顶点和法向量之间存在着隐含的关系，即顶点连接的边与法向量是垂直的。任意一个三角形面元 f，它的三个顶点为（$\boldsymbol{v}_1,\boldsymbol{v}_2,\boldsymbol{v}_3$），应当存在

$$\begin{aligned}\boldsymbol{n}_f\cdot(\boldsymbol{v}_1-\boldsymbol{v}_2)&=0\\\boldsymbol{n}_f\cdot(\boldsymbol{v}_2-\boldsymbol{v}_3)&=0\\\boldsymbol{n}_f\cdot(\boldsymbol{v}_3-\boldsymbol{v}_1)&=0\end{aligned} \tag{8.35}$$

但是，法向量滤波在对每个三角形面元的法向量进行滤波计算后，三角形的顶点没有变化，而法向量改变了。此时的法向量不再满足垂直于三角形面元的条件式（8.35）。因此，需要使用更新的法向量调整三角形面元的三个顶点的坐标，使法向量与面元上任意线段的点积最小，即最小化目标函数

$$\min\sum_{f_i}\sum_{(\boldsymbol{v}_m,\boldsymbol{v}_n)\in E}\boldsymbol{n}_{f_i}'\cdot(\boldsymbol{v}_m-\boldsymbol{v}_n) \tag{8.36}$$

其中，$\boldsymbol{v}_m$ 和 $\boldsymbol{v}_n$ 是三角形面元 f_i 的两个顶点。

式（8.36）是关于顶点 $\boldsymbol{v}$ 的线性系统，可以使用梯度下降法进行迭代求解 $\boldsymbol{v}_i^k\rightarrow\boldsymbol{v}_i^{k+1}$。

依据更新的法向量 $\boldsymbol{n}_{f_i}'$，迭代计算的方法为

$$\boldsymbol{v}_m^{k+1}=\boldsymbol{v}_m^k+\lambda\sum_{\boldsymbol{v}_n\in\boldsymbol{N}_{\boldsymbol{v}_m}}\sum_{(\boldsymbol{v}_m,\boldsymbol{v}_n)\in\boldsymbol{E}_f}(\boldsymbol{n}_{f_i}'\cdot(\boldsymbol{v}_m^k-\boldsymbol{v}_n^k))\boldsymbol{n}_{f_i}' \tag{8.37}$$

其中，上标 k 代表第 k 次迭代；$\boldsymbol{N}_{\boldsymbol{v}_m}$ 为顶点 $\boldsymbol{v}_m$ 的一环邻域的顶点集合；$(\boldsymbol{v}_m,\boldsymbol{v}_n)\in\boldsymbol{E}_f$ 表示 f 的一条边。更进一步，使用顶点的一环邻域的三角形的重心点进行更新，顶点更新公式为

$$\boldsymbol{v}_m^{k+1}=\boldsymbol{v}_m^k+\frac{1}{\mathrm{size}(\boldsymbol{N}_{\boldsymbol{v}_m})}\sum_{f\in\boldsymbol{N}_{\boldsymbol{v}_m}}\left[(\boldsymbol{c}_f-\boldsymbol{v}_m)\cdot\boldsymbol{n}_f\right]\cdot\boldsymbol{n}_f \tag{8.38}$$

其中，$\boldsymbol{N}_{\boldsymbol{v}_m}$ 表示所有使用了顶点 $\boldsymbol{v}_m$ 的三角形面元的集合；$\mathrm{size}(\boldsymbol{N}_{\boldsymbol{v}_m})$ 是集合中三角形面元的个数；$\boldsymbol{c}_f$ 是面元 f 的重心点坐标。注意，$\boldsymbol{c}_{f_j}-\boldsymbol{v}_m$ 是三角形面元上的一条线段，仍满足潜在的与法向量垂直的条件。

8.5 应用举例

8.5.1 三维建模

数字化的三维模型几乎已经应用到了各行各业中，比如图 8.32 列举的例子。根据具体的应用需求不同，建模所选择的方法会有所区别，但整体而言，寻求精简、保真和表面流形的要求是大多数算法都需要满足条件。

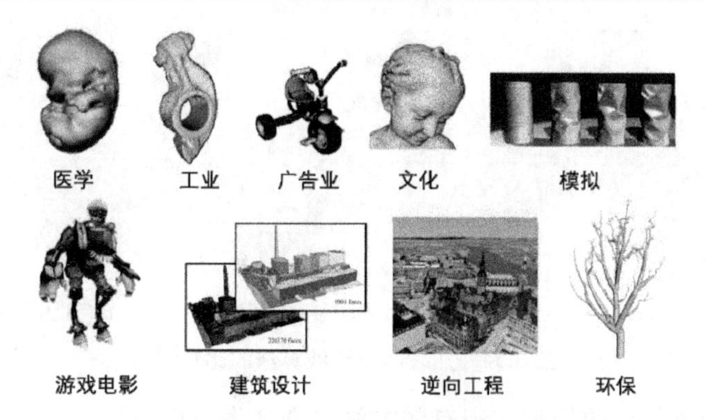

图 8.32　表面网格化的三维模型应用举例

斯坦福兔子（Stanford Bunny）是计算机图形学中最常用的测试模型之一。该模型是由69451 个三角形组成的集合，它是对一只大约 7.5 英寸高的兔子陶土模型扫描获得的数据。图 8.33 列举了几种表面建模方法的比较结果。由于 Poisson 表面重建方法对同一问题提供了一个自适应的解决方案，采用了自适应的空间网格划分方法构建八叉树，根据点云的密度调整树的深度，Poisson 表面重建方法不会丢弃显著的高频信息，图 8.33（f）证实了该方法保持了高抗噪性。这些对比方法在斯坦福兔子数据上重建的运行时间、峰值内存占用量和三角形个数的统计结果列在表 8.1 中。

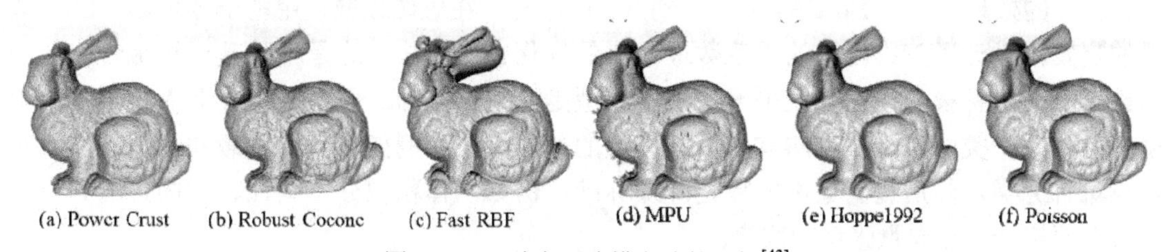

图 8.33　几种表面建模方法的比较[43]

表 8.1　几种表面建模方法在斯坦福兔子数据上的性能统计

方　　法	运行时间/s	内存占用峰值/MB	三角形面元个数/个
Power Crust	380	2653	554332
Robust Cocone	892	544	272662
Fast RBF	4919	796	1798154
MPU	28	260	925240
Hoppe1992	70	330	950562
Poisson（深度 9）	263	310	911390

8.5.2　网格滤波处理

图 8.34 展示了一组利用各种网格去噪滤波算法对网格模型进行处理的对比实验，放大视口展示了局部的三角网分布。从图中可以看出模型经过滤波后，平滑区域的网格更加趋近于平坦，而转折处的网格仍较好地保持了边缘特征。

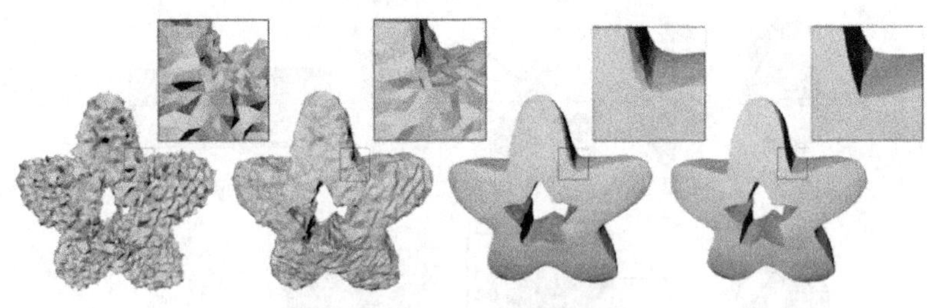

（a）带噪声的网络　（b）双边滤波　（c）移动均值滤波　（d）法向量引导滤波

图 8.34　几种网格滤波算法的比较[59]

对于采样极为不规则的模型，现有的方法仍会产生不良结果，因为无论是拓扑邻域还是几何邻域，都不能正确地解释法向量在滤波过程中的邻域面元的贡献。其次，对于噪声很大的模型，尽管平滑可以改善指向，但恢复的锐利特征可能不如预期的那样平滑或笔直。此外，在法向量引导的滤波技术中，顶点更新的步骤仅针对过滤后的法向量和新面元之间的正交性，而不考虑面元的朝向，这在某些情况下会引入倒置的三角形面元。为了改善结果，可以将其他一些约束（如线特征的形状先验和三角剖分的密度质量）融合到滤波的过程中。

此外，近些年来有许多影像领域的其他滤波算法被引入三维网格的滤波处理，并且取得了良好的效果。比如 He L 等人[40]受到 Xu L 等人[58]在影像领域使用基于零范数（L0）去噪的启发，设计了三维网格的零范数最小化的优化去噪算法。这是一种基于稀疏性优化的理论方法，这种稀疏性在分段平滑的表面模型是非常普遍的，但不适用于非人造类型的模型。另外有一类网格降噪方法首先根据模型的相关特征（例如，角、边缘和平坦区域）对顶点进行分类，然后提出适用的特定降噪标准，例如，体积积分不变性、二面角的分布、二次曲面拟合和法向量张量判决等。

图 8.35 是对一组工厂场景进行的基于影像重建的三维模型。左图是影像重建的初始三维模型，可以看到表面结构有较大的起伏并且边界存在过平滑的情况，放大视口展示了局部的三角网分布和法向量指向。从右图中可以看出网格模型经过滤波后，平滑区域的网格更加趋近于平坦，而转折处的网格仍较好地保持了边缘特征，这与人造地物的特性比较吻合。尽管部分细节在滤波过程中被丢失，比如屋顶的凸包，但这些细节在一些大场景的分析任务中的作用并不明显。

将网格滤波技术应用到建筑物的模型简化过程中，可以在抑制人造建筑物表面的噪声的同时，获得轻量化的数据模型[46]。滤波处理的网格模型能够平滑噪声区域，同时保持边缘信息，有利于人造建筑物的区域分割，如图 8.36（b）和（c）所示。该研究中，使用了融入面特征约束的边折叠（Edge Collapse）网格简化算法，能够将基于影像重建的大规模三维网格模型简化为较少的数据量，从精细复杂的三维网格模型中提炼出保持整体布局结构的极简化模型，如图 8.36（d）所示。边折叠是一种有效的网格简化算法，它的核心思想是给网格的每个边都设计一个代价函数。然后，将所有的边按照代价函数由大到小的顺序排列，合并代价函数大的边的两个顶点，从而删除该条边，重新组织网格达到减少三角形面元的目的。在通信屏蔽分析、增强现实导航和灾害评估模拟等应用中，模型的纹理信息和精细化结构并不是关键的，而快速传输、实时渲染和高效的物理计算分析才是这类应用关心的内容。因此，极简化的三维网格模型具有重要的应用价值。

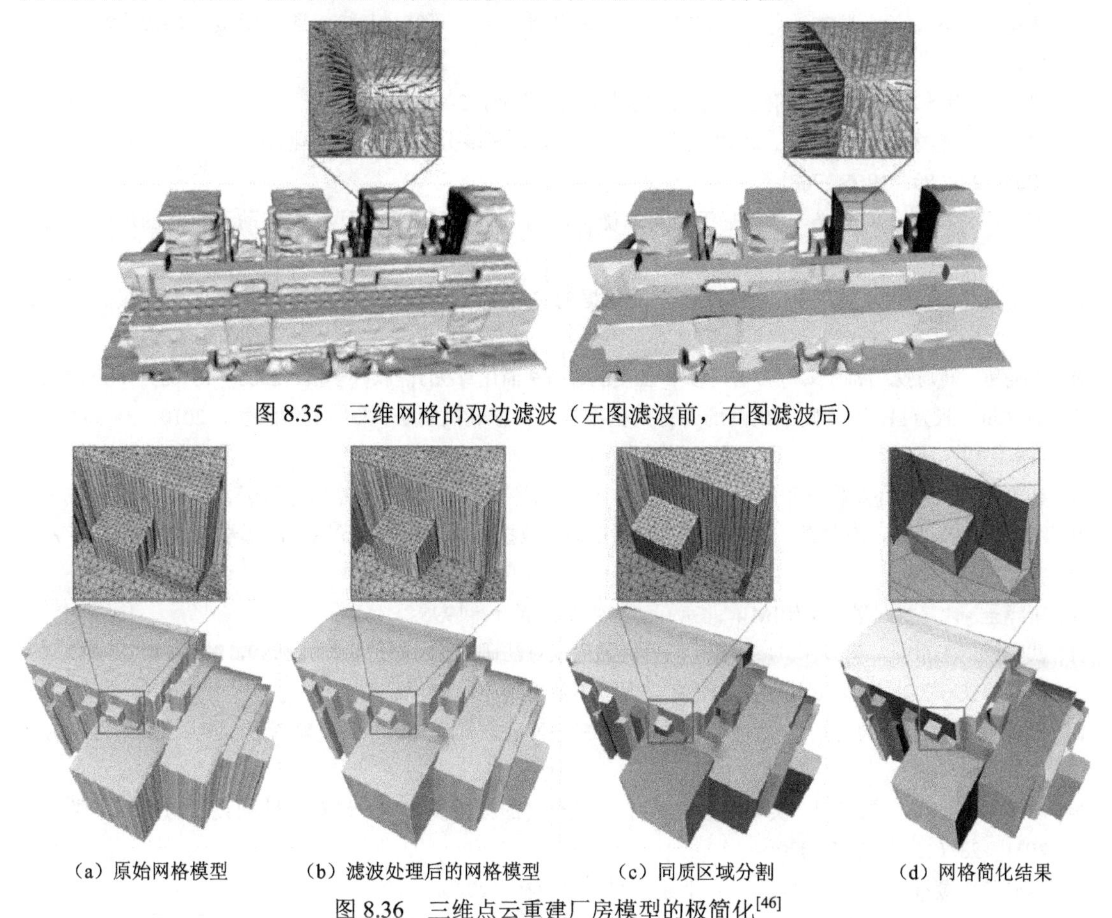

图 8.35　三维网格的双边滤波（左图滤波前，右图滤波后）

（a）原始网格模型　（b）滤波处理后的网格模型　（c）同质区域分割　（d）网格简化结果

图 8.36　三维点云重建厂房模型的极简化[46]

8.6　小结

在计算机图形学中，网格模型的各种运算是一个既有深度也有广度的研究领域。本章内容仅从三维网格的建模和滤波角度出发，介绍了一些经典的处理算法，为读者揭开该领域的面纱。三维网格的滤波算法与三维点云的滤波算法很大的相似性，尤其是在数学基础方面有许多共通内容，但在算法设计的细节中又有区别。对于更多关于模型的简化、插值、分类和分割等运算方面的知识，在图形学的相关论著中有更深入的介绍。

从第 6 章开始，本书对空间数据处理的论述发生了转换，即从基于影像重建三维结构的理论方法转向了针对三维点云和网格模型的数据处理上。所论述的理论和方法既涵盖了一些已经被广泛采纳的成熟概念和技术，也有一些新颖的观点算法。在每一种理论和算法的背后，既有初创者的睿智、洞察、开拓，也有大量学者的推敲、改进、完善，总之，本书所列内容仍然是一个活跃的、多学科交叉的、潜在巨大应用前景的研究领域，期待着更多人参与研究。

参 考 文 献

[1] 杜建丽，陈动，张振鑫，等. 建筑点云几何模型重建方法研究进展[J]. 遥感学报，2019，23（3）：374-391.

[2] 郭启全. 计算机图形学教程[M]. 北京：机械工业出版社，2003.

[3] 顾耀林，赵争鸣，魏江涛. 距离加权的二次误差测度多分辨率网格简化[J]. 计算机工程与设计，2007，28（8）：1966-1968.

[4] 李光明，田捷，何晖光，等. 基于距离均衡化的网格平滑算法[J]. 计算机辅助设计与图形学学报，2002，14（09）：820-823.

[5] 李清泉，杨必胜，史文中，等. 三维空间数据的实时获取、建模与可视化[M]. 武汉：武汉大学出版社，2003.

[6] 刘晓利，刘则毅，高鹏东，等. 基于尖特征度的边折叠简化算法[J]. 软件学报，2005，16（5）：669-675.

[7] 刘永和，张万昌. 不规则三角网的几种数据结构及其存储机制研究[J]. 测绘科学，2010，35（003）：115-117.

[8] 聂军洪. 任意拓扑结构三角网格模型优化调整技术研究[D]. 南京：南京航空航天大学，2003.

[9] 潘志庚，马小虎，石教英. 多细节层次模型自动生成技术综述[J]. 中国图象图形学报，1998，3（9）：754-759.

[10] 唐泽圣. 计算机图形学基础[M]. 北京：清华大学出版社，1995.

[11] 武晓波，王世新，肖春生. Delaunay 三角网的生成算法研究[J]. 测绘学报，1999，28（1）：28-35.

[12] 向世明. OpenGL 编程与实例[M]. 北京：电子工业出版社，1999.

[13] 徐青，常歌，杨力. 基于自适应分块的 TIN 三角网建立算法[J]. 中国图象图形学报：A 辑，2000，5（6）：461-465.

[14] 严冬明，张慧，刘玉身. 实体造型系统中消除自交的拔模操作[J]. 计算机辅助设计与图形学学报，2011，23（12）：2074-2080.

[15] 杨必胜，董震. 点云智能处理[M]. 北京：科学出版社，2020.

[16] 杨必胜，李清泉，梅宝燕. 3 维城市模型的可视化研究[J]. 测绘学报，2000，29（02）：149-154.

[17] 杨军，诸昌钤，彭强. 点模型的多边滤波器降噪算法[J]. 中国图象图形学报，2007，012（003）：406-412.

[18] 尤红建，苏林，李树楷. 基于扫描激光测距数据的建筑物三维重建[J]. 遥感技术与应用，2005，20（4）：381-385.

[19] 张必强，邢渊，阮雪榆. 基于特征保持和三角形优化的网格模型简化[J]. 上海交通大学学报，2004（8）：1373-1377.

[20] 张亚萍，熊华，姜晓红，等. 大型网格模型简化和多分辨率技术综述[J]. 计算机辅助设计与图形学学报，2010（04）：3-12.

[21] 张丽艳，周儒荣，唐杰，等. 带属性的三角网格模型简化算法研究[J]. 计算机辅助设计与图形学学报，2002（03）：199-203.

[22] Alexa M, Behr J, Cohen-Or D, et al. Computing and rendering point set surfaces[J]. IEEE Transactions on Visualization and Computer Graphics, 2003, 9(1):3-15.

[23] Alexa M, Behr J, Cohen-Or D, et al. Point set surfaces[C]. Proceedings of the IEEE Visualization Conference, San Diego, USA, 2001, 21-28.

[24] Amenta N, Choi S, Kolluri R K. The power crust[C]. Proceedings of the 6th ACM Symposium on Solid Modeling and Applications. New York: ACM, 2001, 249-266.

[25] Bernardini F, Mittleman J, Rushmeier H, et al. The ball-pivoting algorithm for surface reconstruction[J]. IEEE Transactions on Visualization and Computer Graphics, 1999, 5(4):349-359.

[26] Botsch M, Kobbelt L. An intuitive framework for real-time freeform modeling[J]. ACM Transactions on Graphics, 2004, 23(3):630-634.

[27] Boyer E, Petitjean S. Curve and surface reconstruction from regular and non-regular point sets[C]. Proceedings IEEE Conference on Computer Vision and Pattern Recognition. Los Alamitos, 2000, 659-665.

[28] Carr J C, Beatson R K, Cherrie J B, et al. Reconstruction and representation of 3D objects with radial basis functions[C]. Proceedings of the 28th Annual Conference on Computer Graphics and Interactive Techniques. New York: ACM, 2001, 67-76.

[29] Cignoni P, Montani C, Scopigno R. DeWall: a fast divide and conquer delaunay triangulation algorithm in Ed[J]. Computer-Aided Design, 1998, 30(5):333-341.

[30] Delaunay B N. Sur la sphère vide, Izvestia Akademii Nauk SSSR[J]. Otdelenie Matematicheskikh i Estestvennykh Nauk, 1934, 7:793-800.

[31] Dey T K, Goswami S. Tight cocone: a water-tight surface reconstructor[C]. Proceedings of the Eighth ACM Symposium on Solid Modeling and Applications. New York: ACM, 2003, 127-134.

[32] Dey T K, Jian S. An adaptive MLS surface for reconstruction with guarantees[C]. Symposium on Geometry processing. Eurographics Association: Vienna, Austria, 2005, 43-52.

[33] Edelsbrunner H, Mücke E P. Three-dimensional alpha shapes[J]. ACM Transactions on Graphics, 1994, 13(1):43-72.

[34] Edelsbrunner H, Shah N. Incremental topological flipping works for regular triangulations[J]. Algorithmica, 1996, 15(3):223-241.

[35] Fleishman S, Drori I, Cohen-Or D. Bilateral mesh denoising[J]. ACM Transactions on Graphics, 2003, 22(3):950-953.

[36] Gopi M, Krishnan S. A fast and efficient projection-based approach for surface reconstruction[C]. IEEE Brazilian Symposium on Computer Graphics & Image Processing. Los Alamitos, 2003, 179-186.

[37] Gopi M, Krishnan S, Silva C T. Surface reconstruction based on lower dimensional localized delaunay triangulation[J]. Computer Graphics Forum, 2010, 19(3):467-478.

[38] Guibas L, Knuth D E, Sharir M. Randomized incremental construction of delaunay and voronoi diagrams[J]. Algorithmica, 1992, 7(1-6):381-413.

[39] Guibas L, Stolfi J. Primitives for the manipulation of general subdivisions and the computation of Voronoi[J]. ACM Transactions on Graphics, 1985, 4(2):74-123.

[40] He L, Schaefer S. Mesh denoising via L0 minimization[J]. ACM Transactions on Graphics, 2013, 32(4):1-8.

[41] Hoppe H, Derose T, Duchamp T, et al. Surface reconstruction from unorganized points[J]. ACM SIGGRAPH Computer Graphics, 1992, 26(2):71-78.

[42] Jones T R, Durand F, Desbrun M. Non-iterative, feature-preserving mesh smoothing[J]. ACM Transactions on Graphics, 2003, 22(3):943-949.

[43] Kazhdan M, Bolitho M, Hoppe H. Poisson surface reconstruction[C]. Proceedings of the 4th Eurographics symposium on Geometry processing. Switzerland: Eurographics Association Aire-la-Ville, 2006, 61-70.

[44] Kazhdan M, Hoppe H. Screened poisson surface reconstruction[J]. ACM Transactions on Graphics, 2013, 32(3):61-70.

[45] Laidlaw D H, Trumbore W B, Hughes J F. Constructive solid geometry for polyhedral objects[J]. ACM

SIGGRAPH Computer Graphics, 1986, 20(4):161-170.

[46] Li M, Nan L. Feature-preserving 3D mesh simplification for urban buildings[J]. ISPRS Journal of Photogrammetry and Remote Sensing, 2021, 173:135-150.

[47] Li M, Rottensteiner F, Heipke C. Modelling of buildings from aerial LiDAR point clouds using TINs and label maps[J]. ISPRS Journal of Photogrammetry and Remote Sensing, 2019, 154: 127-138.

[48] Lian F, Gossard D C. Multidimensional curve fitting to unorganized data points by nonlinear minimization[J]. Computer-Aided Design, 1995, 27(1):48-58.

[49] Lorensen W E, Cline H E. Marching cubes: a high resolution 3D surface construction algorithm[J]. ACM SIGGRAPH Computer Graphics, 1987, 21(4):163-169.

[50] Overmars M. Computational geometry: algorithms and applications[J]. Computational Geometry Algorithms & Applications, 2000, 19(3):333-334.

[51] Nehab D, Rusinkiewicz S, Davis J, et al. Efficiently combining positions and normals for precise 3D geometry[J]. ACM Transactions on Graphics, 2005, 24(3):536-543.

[52] Ohtake Y, Belyaev A, Alexa M, et al. Multi-level partition of unity implicits[J]. ACM Transactions on Graphics, 2003, 22(3):463-470.

[53] Ohtake Y, Belyaev A, Seidel H P. A multi-scale approach to 3D scattered data interpolation with compactly supported basis functions[C]. 2003 IEEE Shape Modeling International. Seoul, Korea, 2003, 153-161.

[54] Barber C B, Dobkin D P, Huhdanpaa H T. The Quickhull algorithm for convex hulls[J]. ACM Trans. on Mathematical Software, 1996, 22(4): 469-483..

[55] Shen C, O'brien J F, Shewchuk J R. Interpolating and approximating implicit surfaces from polygon soup[C]. ACM Transactions on Graphics. New York: ACM, 2004, 896-904.

[56] Sun X, Rosin P L, Martin R, et al. Fast and effective feature-preserving mesh denoising[J]. IEEE Transactions on Visualization and Computer Graphics, 2007, 13(5):925-938.

[57] Turk G, O'Brien J F. Shape transformation using variational implicit functions[C]. In Proceedings of the 26th Annual Conference on Computer Graphics and Interactive Techniques. New York: ACM, 1999, 335-342.

[58] Xu L, Lu C, Xu Y, et al. Image smoothing via L0 gradient minimization[J]. ACM Transactions on Graphics, 2011, 30(6):1-12.

[59] Zhang W, Deng B, Zhang J, et al. Guided mesh normal filtering[J]. Computer Graphics Forum, 2015, 34(7):23-34.

反侵权盗版声明